PILZE

DAS GROSSE BESTIMMUNGSBUCH

PILZE

DAS GROSSE BESTIMMUNGSBUCH

THOMAS LÆSSØE

DK

DK | Penguin Random House

Redaktion Anna Streiffert Limerick, Miezan van Zyl
Herstellung Alice Sykes, Francesca Wardell
Umschlaggestaltung Manisha Majithia, Sophia MTT, Natasha Rees
Cheflektorat Angeles Gavira, Sarah Larter
Programmleitung Jonathan Metcalf
Bildredaktion Michelle Baxter, Ina Stradins
Art Director Philip Ormerod
Programmmanager Liz Wheeler

DK Delhi
Projektbetreuung Rupa Rao
Redaktion Pallavi Singh
Cheflektorat Rohan Sinha
DTP-Design Jagtar Singh, Vishal Bhatia, Sachin Singh
Herstellung Pankaj Sharma, Balwant Singh
Bildredaktion Mahua Sharma, Sanjay Chauhan, Upasana Sharma, Sudakshina Basu

Erstausgabe 1996 *The Mushroom Book*
Projektbetreuung Bella Pringle
Cheflektorat Mary-Clare Jerram
Herstellung Alison Jones
Bildredaktion Amanda Lunn, Sharon Moore
Designassistenz Murdo Culver
Bildrecherche Mustafa Sami
Authentifizierung Alick Henrici
Übersetzung und Bearbeitung der deutschen Ausgabe Till R. Lohmeyer

Für die deutsche Ausgabe:
Programmleitung Monika Schlitzer
Redaktionsleitung Caren Hummel
Projektbetreuung Manuela Stern
Herstellungsleitung Dorothee Whittaker
Herstellungskoordination Claudia Rode
Herstellung Inga Reinke, Claudia Bürgers

Titel der englischen Originalausgabe:
Mushrooms & Toadstools, The Definitive Guide to Fungi

Übersetzung Eva Sixt
Lektorat Ute Rather

ISBN 978-3-8310-3613-4

Colour reproduction by Imagescan Creative

Druck und Bindung Leo Paper Products, China

FSC www.fsc.org MIX Papier | Fördert gute Waldnutzung FSC® C018179

www.dk-verlag.de

Hinweis
Die Informationen und Ratschläge in diesem Buch sind von den Autoren und vom Verlag sorgfältig erwogen und geprüft, dennoch kann eine Garantie nicht übernommen werden.
Eine Haftung der Autoren bzw. des Verlags und seiner Beauftragten für Personen-, Sach- und Vermögensschäden ist ausgeschlossen.

Wer Pilze isst, handelt auf eigene Verantwortung, da Autor und Verlag weder etwaige individuelle Unverträglichkeiten noch die Sammelgewohnheiten des Einzelnen kennen. Wir warnen allgemein vor dem Genuss roher sowie zu alter Pilze. Das Prädikat »essbar« bezieht sich stets auf den durch Kochen, Braten oder andere Hitzebehandlung zubereiteten Pilz, sofern nicht anders vermerkt. Wenn Sie sich unsicher sind, ob Sie einen Pilz richtig bestimmt haben, sehen Sie davon ab, ihn zu kochen oder zu essen.

INHALT

EINFÜHRUNG

Was ist ein Pilz? 6
Der Fruchtkörper 8
Hut, Stiel und Lamellen 10
Sporenpulverfarbe und Fruchtkörpergröße 12
Bestimmungsschlüssel 14

WILDPILZE BESTIMMEN

Aufbau des Kapitels 24

SCHLAUCHPILZE

Morcheln 26
Lorcheln 29
Scheiblingsartige 30
Kelchbecherlingsverwandte 31
Becherpilze 32
Feuerkissenverwandte 35
Trüffelverwandte 40
Erdzungenverwandte 42
Stängelbecherlingsartige 43
Sklerotienbecherlinge 47
Stromabecherlingsverwandte 47
Gallertschlauchpilze 48
Schmutzbecherlingsverwandte 49
Holzkeulenverwandte 50
Kernkeulenverwandte 53
Hirschtrüffel-Kernkeulen und V. 53

STÄNDERPILZE

Ohrlappenpilzverwandte 55
Korallenpilzverwandte 57
Stoppelpilze 58
Leistlinge und Pfifferlinge 59
Herkuleskeulenverwandte 61
Schweinsohrverwandte 61
Ohrlöffelstachelingsverwandte 64
Stachelbärte 65
Schichtpilzverwandte 67
Bergporlingsverwandte 69
Sprödblättler 70
Erdwarzenpilze 96
Weißsporstachelingsverwandte 97
Borstenscheiblingsverwandte 101
Heftelnabelinge und Verwandte 105
Spaltporlingsverwandte 106
Keulenpilze 106
Fadenkeulchenverwandte 108
Fingerhutverwandte 109
Leberreischlingsverwandte 110
Spaltblättlingsverwandte 110
Seitlingsverwandte 111
Wachsblätter 113
Heidetrüffelverwandte 124
Ritterlingsverwandte 126
Rindenschwammverwandte 153
Raslingsverwandte 156
Schwindlingsverwandte 161
Helmlingsverwandte 184
Wulstlingsverwandte 197
Champignonverwandte 209
Mürblingsverwandte 234
Mistpilzverwandte 241
Träuschlingsverwandte 242
Schleierlingsverwandte 257
Risspilzverwandte 278
Rötlingsverwandte 287
Dachpilzverwandte 293
Blättlingsverwandte 298
Gluckenverwandte 298
Fältlingsverwandte 299
Lackporlingsverwandte 300
Porlingsverwandte 302
Baumschwammverwandte 314
Riesenporlingsverwandte 319
Kellerschwamm und Verwandte 321
Kremplingsverwandte 322
Holzkremplingsverwandte 322
Falscher Pfifferling und Verwandte 323
Schmierlingsverwandte 323
Dickröhrlingsverwandte 325
Kartoffelboviste und Verwandte 340
Blasssporröhrlingsverwandte 341
Schmierröhrlingsverwandte 343
Rutenpilze 347
Erdsterne 350
Gallertpilze 353
Gallerttränenverwandte 354

Glossar 355
Register 356

WAS IST EIN PILZ?

Pilze sind eine vielfältige Gruppe von Lebewesen, der auch Mikroorganismen angehören. Sie bilden ein eigenes Reich, denn sie sind weder Pflanzen noch Tiere. Anders als Pflanzen, die Fotosynthese betreiben, beziehen Pilze ihre Nährstoffe aus verrottenden organischen Substanzen, lebenden Pflanzen oder gar Tieren. Pilze spielen eine wichtige Rolle im Kreislauf der Natur: Sie sorgen dafür, dass Nährstoffe der von ihnen befallenen Stoffe wieder in den Erdboden gelangen.

LEBENSWEISE UND BEDEUTUNG

Pilze sind nicht in der Lage, durch Fotosynthese Sonnenenergie zur Bildung von Nähr- und Aufbaustoffen zu nutzen. Deshalb müssen sie Wirtsorganismen suchen oder sich von organischen Substanzen ernähren. Manche Pilzarten gehen mit einem Partner eine Symbiose ein. Bei der sogenannten Mykorrhiza umspinnt der Pilz die Wurzeln einer lebenden Pflanze mit einem Hyphengeflecht, um an Kohlenhydrate zu gelangen. Im Gegenzug versorgt er die Pflanze mit Mineralstoffen. Andere Pilze sind Parasiten. Die Mehltaue und Rostpilze etwa parasitieren lebende Pflanzen. Dabei schädigen sie ihren Wirt, töten ihn aber nicht ab. In anderen Fällen tötet der Pilz den Wirt und lebt anschließend vom abgestorbenen Organismus weiter. Pilze beeinflussen unser Leben in vielerlei Hinsicht. Manche richten Schäden an Holz an, bestimmte Arten dagegen sind sehr nützlich, weil sie Enzyme für Waschmittel oder Antibiotika produzieren. Andere verleihen Käsesorten ihren Geschmack oder lassen Brot beim Backen aufgehen.

PENIZILLIN

Schimmelpilze der Gattung *Penicillium* bilden Aromastoffe für Weiß- und Blauschimmelkäse, wie Gorgonzola, und Antibiotika, wie die Penizilline.

ECHTER HAUSSCHWAMM

Dieser verbreitete Pilz wächst in Gebäuden. Sein Myzel breitet sich oft meterweit aus. Es zerstört das befallene Holz. Die Fruchtkörper erreichen einen Durchmesser von bis zu 50 cm.

BLUTBLÄTTRIGER HAUTKOPF

Aus *Cortinarius semisanguineus*, der rotbraune Fruchtkörper mit blutroten Lamellen bildet, lässt sich ein roter Farbstoff gewinnen, mit dem vor allem Wolle eingefärbt wird. Nah verwandte Pilzarten enthalten ähnliche Farbstoffe.

LEBENSZYKLUS EINES PILZES

Es ist wichtig zu begreifen, dass die Pilze, die in Parks und Wäldern, bei Hecken und an Wegrändern wachsen, lediglich die Fruchtkörper der Pilze sind. Ihre Aufgabe ist es, Sporen zu verbreiten, damit der Pilz neue Standorte besiedeln kann. Der wichtigste Teil des Pilzes befindet sich aber im Erdboden, im Holz oder in einer anderen organischen Substanz. Er besteht aus Pilzfäden oder Hyphen, die ein verzweigtes Netz bilden, das als Myzel bezeichnet wird. Das Myzel durchwächst das jeweilige Substrat und entzieht ihm Nährstoffe. Es lebt meist viele Jahre im Substrat, aber nur bei günstigen Umweltbedingungen erscheinen auch Fruchtkörper. Jeder Fruchtkörper bildet Tausende von Sporen. Wenn eine der Sporen an einer geeigneten Stelle landet, keimt sie und wächst zu einem neuen Myzel heran.

LEBENSZYKLUS EINES MYKORRHIZAPILZES

Winzige, fadenförmige Hyphen bilden mit Baumwurzeln eine Mykorrhiza aus. Von dieser Symbiose profitieren beide Partner. Der Pilz versorgt den Baum mit Phosphat, anderen wichtigen Mineralstoffen und Wasser. Im Gegenzug stellt der Baum dem Pilz Kohlenhydrate bereit, die sein Wachstum fördern und mitunter auch seine Fortpflanzung begünstigen.

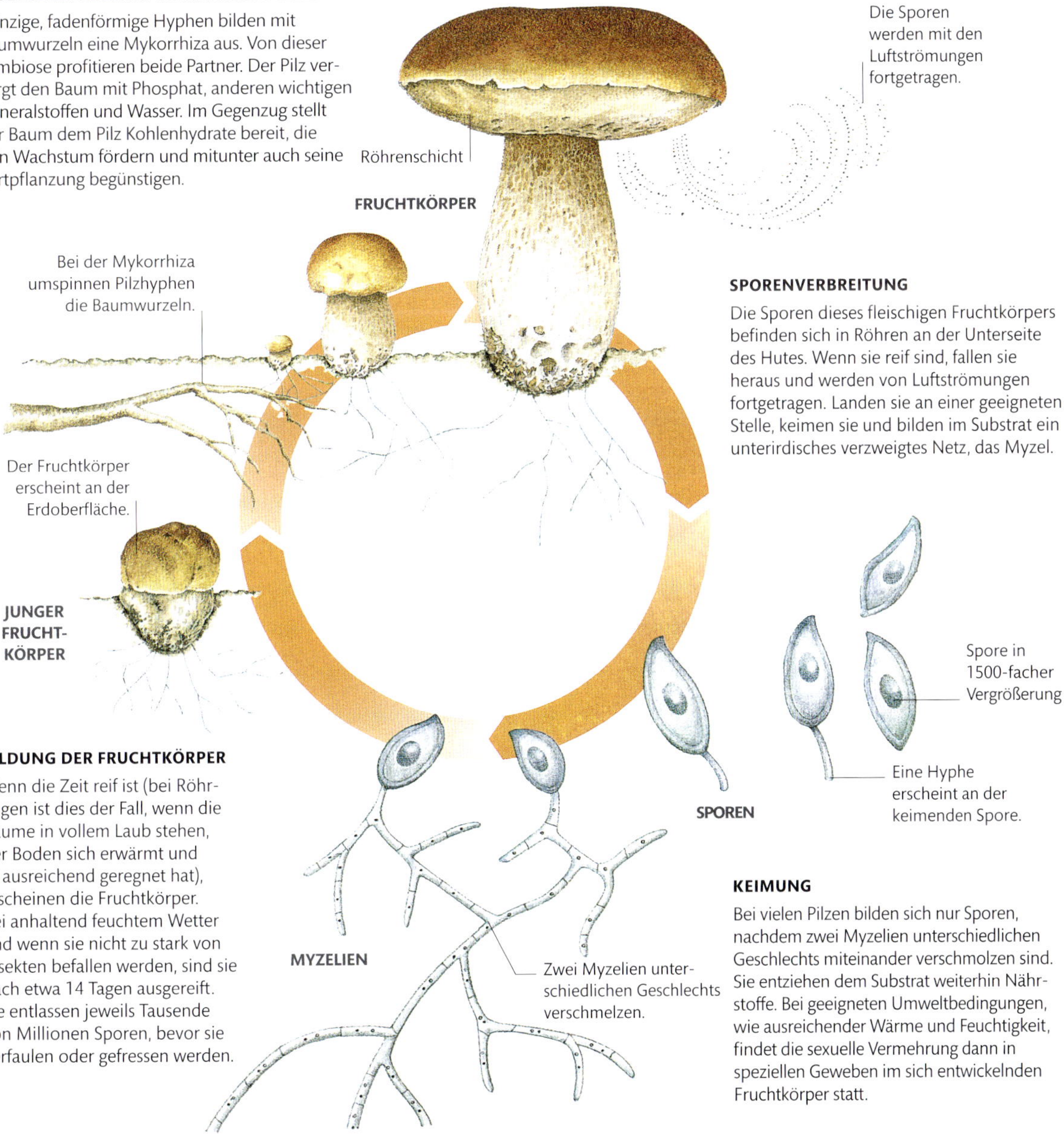

SPORENVERBREITUNG

Die Sporen dieses fleischigen Fruchtkörpers befinden sich in Röhren an der Unterseite des Hutes. Wenn sie reif sind, fallen sie heraus und werden von Luftströmungen fortgetragen. Landen sie an einer geeigneten Stelle, keimen sie und bilden im Substrat ein unterirdisches verzweigtes Netz, das Myzel.

BILDUNG DER FRUCHTKÖRPER

Wenn die Zeit reif ist (bei Röhrlingen ist dies der Fall, wenn die Bäume in vollem Laub stehen, der Boden sich erwärmt und es ausreichend geregnet hat), erscheinen die Fruchtkörper. Bei anhaltend feuchtem Wetter und wenn sie nicht zu stark von Insekten befallen werden, sind sie nach etwa 14 Tagen ausgereift. Sie entlassen jeweils Tausende von Millionen Sporen, bevor sie verfaulen oder gefressen werden.

KEIMUNG

Bei vielen Pilzen bilden sich nur Sporen, nachdem zwei Myzelien unterschiedlichen Geschlechts miteinander verschmolzen sind. Sie entziehen dem Substrat weiterhin Nährstoffe. Bei geeigneten Umweltbedingungen, wie ausreichender Wärme und Feuchtigkeit, findet die sexuelle Vermehrung dann in speziellen Geweben im sich entwickelnden Fruchtkörper statt.

DER FRUCHTKÖRPER

Pilze haben unterschiedliche Strategien zur Sporenverbreitung. Die meisten Arten setzen ihre Sporen mit einem aktiven Mechanismus frei, sodass sie mit dem Wind verbreitet werden können. Andere bauen auf passive Methoden: Ihre gesamten Fruchtkörper oder die von ihnen gebildeten Sporen werden von Säugetieren, Insekten oder durch Regenwasser verteilt. Auch die Struktur der Sporen bildenden Fruchtschicht ist ganz unterschiedlich. Bei einigen Arten ist sie glatt, bei anderen besteht sie aus Lamellen, Stacheln oder Röhren.

VERBREITUNG DER SPOREN

Lamellen, Röhren, Leisten und Stacheln sind zwar unterschiedlich aufgebaut, aber alle diese Strukturen sind von einem Hymenium überzogen, das sich aus fertilen Zellen zusammensetzt, den sogenannten Basidien (siehe S. 54). In einigen Fällen befinden sich sterile zwischen den fertilen Zellen, über deren Funktion man noch wenig weiß. Bei *Coprinus*-Arten jedoch (siehe S. 225) ragen die sterilen Zellen aus der Lamellenoberfläche heraus und verhindern, dass die dicht stehenden Lamellen miteinander verkleben. Wenn die Sporen reif sind, werden sie mit einem präzisen Mechanismus aus dem Hymenium geschleudert. Sie landen zunächst zwischen zwei Lamellen oder in der Mitte einer Röhre und fallen dann mittels Schwerkraft nach unten. Die Luftströmungen in Bodennähe erfassen sie und tragen sie fort. Die meisten Sporen landen an zum Keimen ungeeigneten Stellen. Weil aber Millionen von Sporen gebildet werden, ist die Wahrscheinlichkeit hoch, dass einige von ihnen doch keimen können.

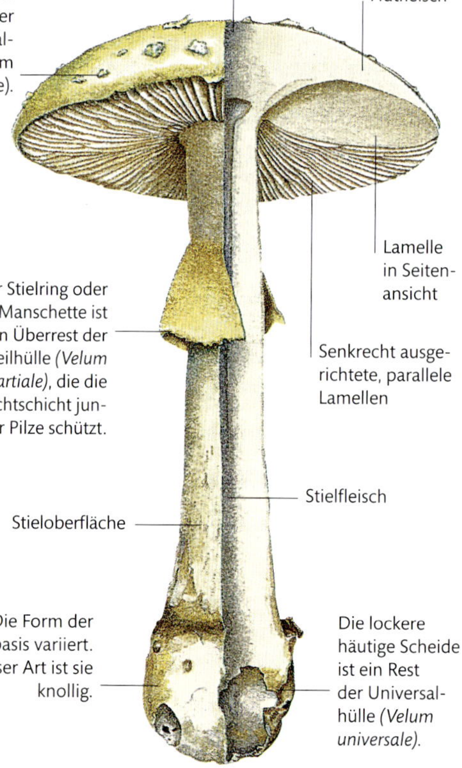

LAMELLENPILZ

DIE AUSRICHTUNG DER LAMELLEN

Damit die Sporen in die Luft geschleudert werden können, müssen die Lamellen oder Röhren senkrecht stehen. Ist das nicht der Fall, können die freigesetzten Sporen nicht herausfallen, sondern bleiben an den Wänden der Lamellen oder Röhren haften. Ein Fruchtkörper, bei dem die senkrechte Lage der Lamellen oder Röhren verändert wird, versucht sofort, sich anzupassen. Gepflückte kurzlebige Fruchtkörper, wie die der hier abgebildeten Helmlingsart, verändern deshalb im Sammelkorb die Stellung ihres Stiels, sodass Hut und Lamellen wieder in die richtige Position gelangen.

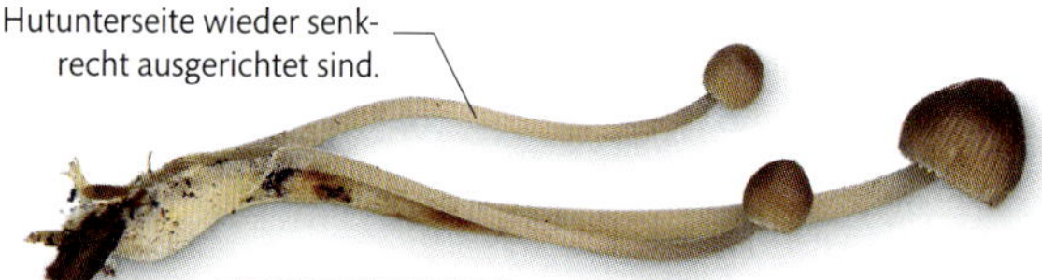

VERDREHTE STIELE

BAU DES FRUCHTKÖRPERS

Vorrangige Aufgabe des Fruchtkörpers ist die Fortpflanzung des Pilzes. Dafür hat sich seine Anatomie im Laufe der Evolution perfekt angepasst. Bei *Amanita*-Arten (siehe oben) hebt der Stiel das Sporen bildende Gewebe an den Lamellen hoch über den Erdboden, sodass die freigesetzten Sporen von Luftströmungen fortgetragen werden können. Eine Hülle schützt die jungen, sich entwickelnden Fruchtkörper.

FRUCHTKÖRPERFORMEN

Die Fruchtkörper der verschiedenen Pilzarten sind vielgestaltig, doch die Aufgabe all dieser Gebilde ist es, die Sporen bildende Fruchtschicht (Hymenium) zu stützen. Sie überzieht bei becherförmigen Fruchtkörpern die Becherinnenseite. Bei Lamellen- und Röhrenpilzen (siehe gegenüber) befindet sie sich an der Hutunterseite. Bei Bovisten, Stäublingen und Trüffeln (siehe S. 40) bildet sie sich im Inneren des Fruchtkörpers. Bei Pilzen mit passiver Sporenverbreitung sind die Fruchtkörper an diese Methode angepasst. Bei Teuerlingen z.B. schleudern Regentropfen die eiförmigen Peridiolen mit den Sporen aus dem »Nest«.

KUGELFÖRMIG
Hymenium meist im Inneren des Fruchtkörpers; Sporen werden passiv verbreitet.

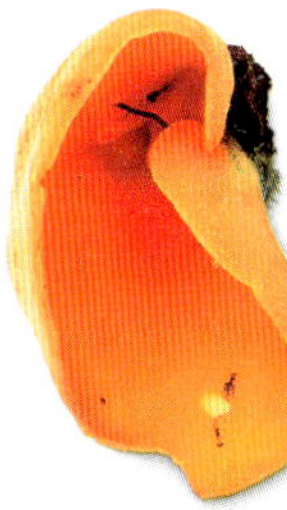

OHRFÖRMIG
Hymenium überzieht die Innen- bzw. Oberseite des Bechers; Sporen werden aktiv freigesetzt.

NAPFFÖRMIG
Eiförmige Peridiolen, in deren Innerem sich die Sporen bilden, werden durch Regentropfen herausgeschleudert.

LAPPIG
Hymenium auf Oberfläche der Lappen; Sporen werden aktiv freigesetzt.

KONSOLENFÖRMIG
Hymenium überzieht die Röhren auf der Hutunterseite; Sporen werden aktiv freigesetzt.

KRUSTENFÖRMIG
Hymenium überzieht den größten Teil der Oberfläche; Sporen werden aktiv freigesetzt.

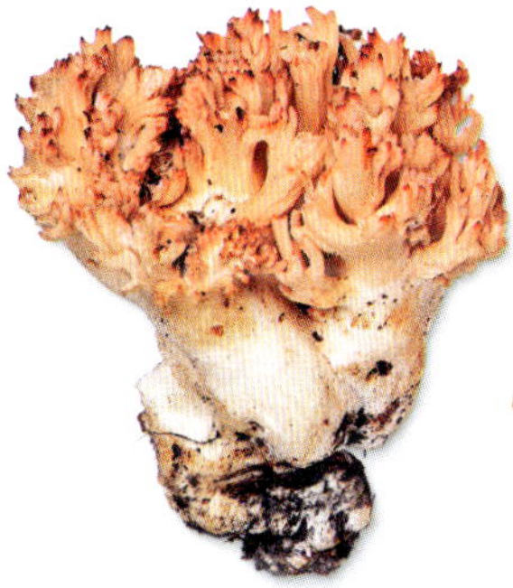

KORALLENFÖRMIG
Hymenium bedeckt den größten Teil der Oberfläche; Sporen werden aktiv freigesetzt.

STERNFÖRMIG
Hymenium in einer Kugel, deren Hülle sternförmig aufreißt; Sporen werden passiv verbreitet.

TROMPETENFÖRMIG
Hymenium überzieht die Außenseite des Fruchtkörpers; Sporen werden aktiv freigesetzt.

BIRNENFÖRMIG
Hymenium bildet sich im anfangs geschlossenen Fruchtkörper; passive Verbreitung der Sporen.

PHALLUSFÖRMIG
Hymenium bildet sich in eiförmiger Struktur auf einem Stiel; Sporenmasse wird von Fliegen verbreitet.

KEULENFÖRMIG
Hymenium überzieht die Oberfläche oder liegt dort in kleinen Gebilden (Perithezien); aktive Verbreitung der Sporen.

HUT, STIEL UND LAMELLEN

Zur genauen Bestimmung der Pilzarten verwenden Pilzkundler eine Reihe von Fachausdrücken. Wesentliche Merkmale sind die Form und Beschaffenheit der Ober- und Unterseite des Fruchtkörpers, das Aussehen des Stiels und dessen Verbindung mit dem Substrat und die Art des Lamellenansatzes am Stiel. Im Folgenden sind die wichtigsten Fachausdrücke mit Beispielen anschaulich dargestellt.

MERKMALE DES HUTES

Oft sind es Hutpilze, also in Hut und Stiel gegliederte Fruchtkörper, die dem Pilzsammler draußen zuerst ins Auge fallen. Es gilt, vor allem die vier Hauptmerkmale zu beachten: die Farbe, die Form, Strukturen auf der Oberfläche und die Beschaffenheit der Huthaut: Ist sie trocken, schmierig, schleimig oder eine Mischform?

KONVEX ODER GEWÖLBT
Der Hut ist flach gewölbt bis halbkugelig.

KONISCH ODER KEGELIG
Der Hut läuft nach oben hin spitz zu und ist relativ hoch.

TRICHTERFÖRMIG
Die Hutmitte ist tief eingedrückt.

GEBUCKELT
In der Hutmitte wölbt sich ein Buckel auf.

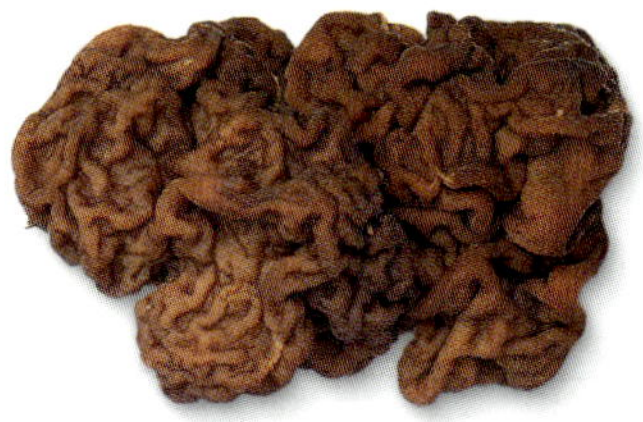

GEHIRNARTIG
Hut ist faltig gewunden oder wabenartig gekammert.

HÜLLRESTE
Abwischbare Velumreste auf dem Hut

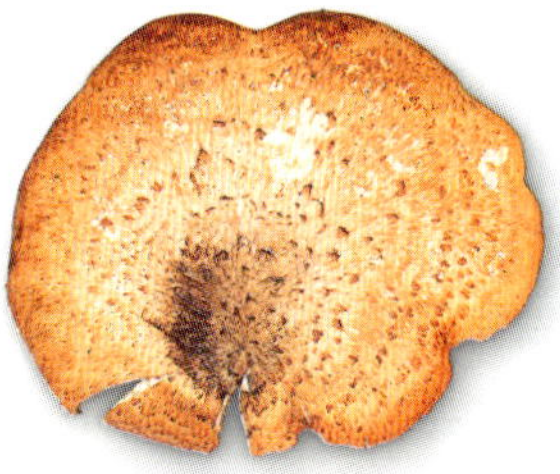

SCHUPPIG
Schuppen sind Teil der Huthaut und nicht abwischbar.

RADIAL GEFURCHT
Klare Furchen am Hutrand

DURCHSCHEINEND GERIEFT
Am dünnfleischigen Hut scheinen die Lamellen durch.

KONZENTRISCH GEZONT
Zonierung durch Wachstumsschübe

FASERSCHUPPIG
Lange, faserige Schuppen

SCHMIERIG ODER SCHLEIMIG
Huthaut mit schleimigem Überzug

EINGEROLLTER RAND
Hutrand nach innen gekrümmt

MERKMALE DES STIELS

Sehen sie sich die Größe und Form des Stiels (falls vorhanden) genauer an. Weitere Merkmale, wie das Vorhandensein eines Rings, einer Scheide oder eines Schleiers (spinnwebartige Fasern) sind wichtig. Berühren Sie den Stiel: ist er trocken oder schleimig? Prüfen Sie mit einem Längsschnitt, ob er vollfleischig, hohl oder gekammert ist.

BASIS ZUGESPITZT
Der Stiel wird zur Basis hin schmaler.

KEULIG
Basis keulenförmig verdickt

WURZELND
Stiel im Boden verwurzelt

KNOLLE UND RING
Stiel beringt; Stielbasis mit Knolle

MERKMALE DER FRUCHTSCHICHT

Bei Hutpilzen oder konsolenförmigen Fruchtkörpern befindet sich die Sporen bildende Fruchtschicht an der Hutunterseite. Sie kann Lamellen, Stacheln oder Röhren überziehen. Bei anderen Arten ist die Hutunterseite glatt oder gerunzelt. Viele Pilze sehen von oben wie Lamellenpilze aus, aber wenn man sie umdreht, erkennt man Stacheln oder Poren. Zur Unterscheidung der Lamellenpilze achten Sie auf die Art des Lamellenansatzes am Stiel.

OHNE LAMELLETTEN
Lamellen sind gleich lang.

MIT LAMELLETTEN
Lamellen und verkürzte Lamelletten vorhanden

GEGABELT
Lamellen gegabelt, meist in der Nähe des Hutrandes

ENG STEHEND
Lamellen stehen dicht beisammen.

ENTFERNT STEHEND
Zwischen den Lamellen größere Zwischenräume

MIT KOLLAR
Lamellen münden in einem Ring um den Stiel.

AUSSTRAHLEND
Lamellen verlaufen wie Strahlen zum Hutrand.

STACHELN
Stacheln bedecken die Hutunterseite.

POREN
Röhrenöffnungen auf der Hutunterseite als Poren sichtbar

LABYRINTHISCHE POREN
Fruchtkörperunterseite mit verzweigten Leisten, vom Hymenium überzogen

LAMELLENANSATZ

Kleine Unterschiede in der Art des Lamellenansatzes sind wichtige Merkmale bei der Bestimmung von Lamellenpilzen. Sind die Lamellen am Stiel angewachsen, angeheftet oder frei? Bei manchen Gattungen haben sämtliche Arten den gleichen Lamellenansatz.

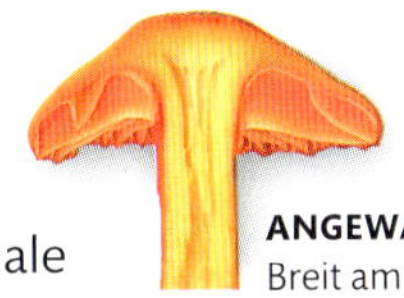

ANGEWACHSEN
Breit am Stiel angewachsen

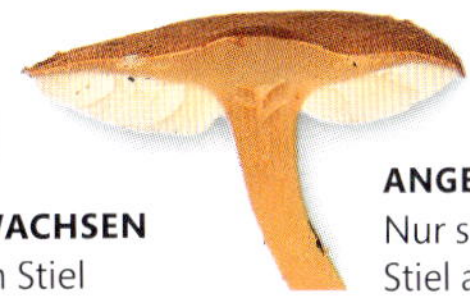

ANGEHEFTET
Nur schmal am Stiel angewachsen

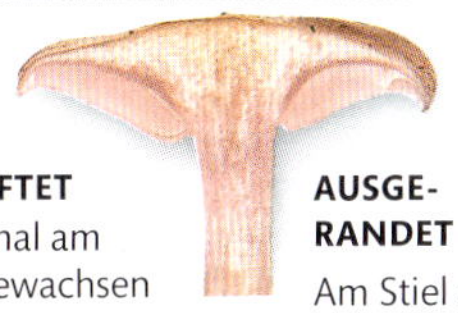

AUSGERANDET
Am Stiel aufwärts gebogen

FREI
Nicht am Stiel angewachsen

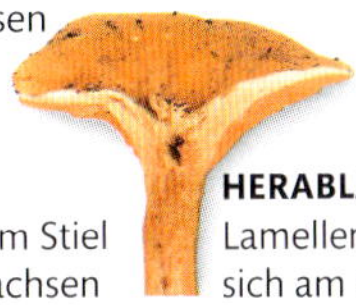

HERABLAUFEND
Lamellen ziehen sich am Stiel herab.

GESCHWEIFT UND AUSGEBUCHTET
Wellenförmige Lamellen

SPORENPULVERFARBE UND FRUCHTKÖRPERGRÖSSE

Wenn Sie vom Pilzsammeln zurückkommen, sollten Sie von Arten, die Sie nicht bestimmen konnten, Sporenpräparate anfertigen. So können Sie die Sporenfarbe ermitteln, die bei der Bestimmung der Art mitunter hilfreich ist (siehe Bestimmungsschlüssel S. 14–21). Auch die Pilzgröße kann ein Hinweis sein, sie ist aber nicht sehr zuverlässig. Hier erfahren Sie, wie man Hüte und Stiele, Lamellen und konsolenförmige Fruchtkörper korrekt vermisst.

1. SCHRITT

Legen Sie den frischen Pilzhut vorsichtig auf zweifarbiges Papier. Tropfen Sie etwas Wasser darauf und decken Sie ihn mit einer Glasschüssel ab.

SPORENABDRUCK NEHMEN

Wählen Sie einen frischen Pilz aus und schneiden Sie den Hut mit einem scharfen Messer ab. Legen Sie ihn mit den Lamellen nach unten auf weißes oder schwarzes Papier (helle Sporen sind auf schwarzem Papier besser zu erkennen). Wenn Sie nicht wissen, ob die Sporen hell oder dunkel sind, können Sie eine Huthälfte auf weißes und die andere auf dunkles Papier legen. Das beste Ergebnis bekommen Sie, wenn Sie den Hut mit einem Wassertropfen befeuchten und das Präparat mit einer Glasschüssel bedecken. Lassen Sie das Ganze mehrere Stunden oder über Nacht stehen – je länger, desto dicker wird die Sporenschicht. Am Abdruck können Sie die Anordnung der Lamellen gut erkennen.

2. SCHRITT

Lassen Sie den Hut über Nacht stehen. Heben Sie die Schüssel und den Hut vorsichtig ab. Nun ist der Sporenabdruck erkennbar.

SPORENFARBEN

Um die Sporenfarbe exakt bestimmen zu können, brauchen Sie eine dicke Sporenschicht. Betrachten Sie sie bei natürlichem Licht. Die Sporenfarbe lässt sich in folgende Kategorien einteilen: rosa bis rot; ocker; rostbraun; violettbraun; schwarzbraun; weiß bis cremeweiß. Unter den Lamellenpilzen gibt es einige Ausnahmen, wie *Chlorophyllum molybdites* (siehe S. 213), die grüne Sporen bilden. Die Sporenpulverfarbe variiert innerhalb der Gattungen kaum. Alle *Agaricus*-Arten z. B. bilden schwarzbraune Sporen.

ROSA BIS ROT

OCKER

ROSTBRAUN

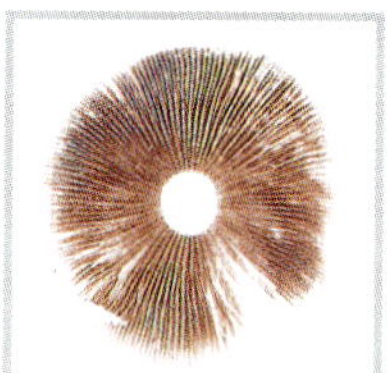

VIOLETTBRAUN

SCHWARZ

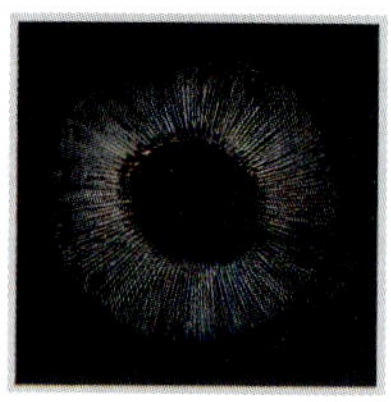

WEISS BIS CREMEWEISS

FRUCHTKÖRPER VERMESSEN

Obwohl Pilzfruchtkörper je nach den Umweltbedingungen und der Qualität des Substrats sehr unterschiedlich groß werden können, ist die Größe doch ein Bestimmungsmerkmal. Lamellenpilze und die meisten Porlinge können Sie mit einem Lineal oder Maßband recht leicht vermessen (siehe rechts). Viel schwieriger ist es, die Größe krustenbildender Arten wie des Kellerschwamms (*Coniophora*, siehe S. 321) und mancher Schichtpilze (*Stereum*, siehe S. 68) zu ermitteln. Zur Bestimmung ist die Größe bei diesen Arten aber nicht wesentlich.

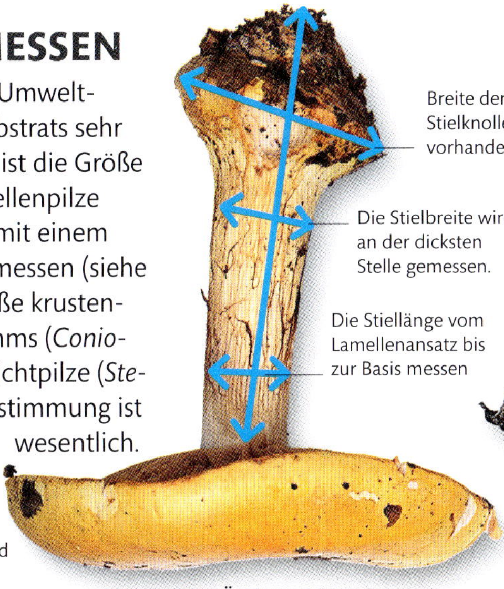

BREITE UND LÄNGE DES STIELS

HÖHE DES HUTES

BREITE UND TIEFE KONSOLENFÖRMIGER FRUCHTKÖRPER

DICKE DES KONSOLENFÖRMIGEN FRUCHTKÖRPERS

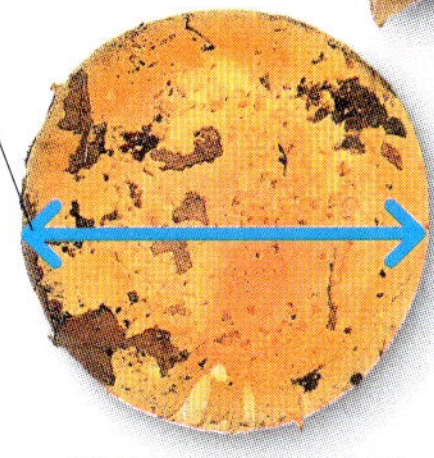

HUTDURCHMESSER

LAMELLENBREITE

STATIV

KORB

MESSER

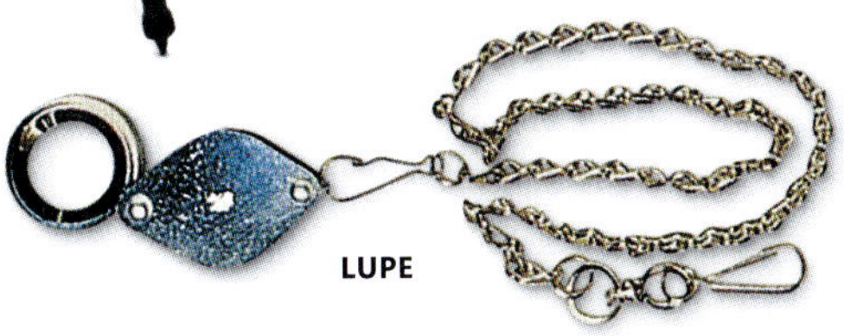

LUPE

KAMERA

NOTIZBLOCK

SAMMELAUSRÜSTUNG

Sammeln Sie Pilze immer in einem Korb. Nützlich sind eine luftdicht schließende Dose, ein Messer, ein Notizblock und Stifte oder eine Kamera mit Makro-Objektiv. Skizzieren Sie den Pilz am Standort oder fotografieren Sie ihn, um vergängliche Merkmale wie milchendes Fleisch zu dokumentieren. Kleine Details erkennen Sie mit einer Lupe besser, zarte Pilze untersuchen Sie am besten mit einer Pinzette. Wer sich intensiver mit Pilzen befassen will, benötigt ein Mikroskop, um z. B. die Form der Sporen untersuchen zu können. Der Geruch eines Pilzes ist ebenfalls ein gutes Bestimmungsmerkmal. Er wird intensiver, wenn Sie den Fruchtkörper in eine Dose legen. Wenn Sie bereits so viel Erfahrung haben, dass Sie die gefährlichsten Giftpilze gut kennen, können Sie auch den Geschmack prüfen. Kauen Sie vorsichtig ein sehr kleines Stück, notieren Sie, ob es mild, bitter oder scharf schmeckt, und spucken Sie es wieder aus.

BESTIMMUNGSSCHLÜSSEL

Zur Bestimmung eines Pilzes beantworten Sie zunächst die Fragen in der folgenden Übersicht, bis Sie zu einem Seitenverweis gelangen. Vergleichen Sie dann Ihren Pilzfund mit den auf den Seiten 22–354 vorgestellten und beschriebenen Pilzarten. Die mit einem Sternchen gekennzeichneten Pilze sind im Schlüssel mehrmals erwähnt.

WELCHE FORM HAT DER PILZ?

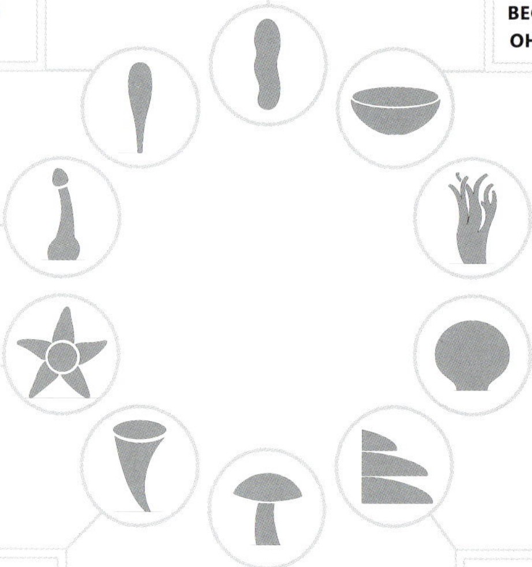

- **FLACH AUSGEBREITET, KRUSTENFÖRMIG ODER GELAPPT** weiter auf S. 21
- **BECHER-, SCHEIBEN- ODER OHRFÖRMIG** weiter auf S. 20
- **KORALLEN- ODER SCHWAMMFÖRMIG** weiter auf S. 20
- **KUGEL- ODER BIRNENFÖRMIG** weiter auf S. 19
- **FÄCHER- ODER KONSOLENFÖRMIG** weiter auf S. 18
- **HUT UND STIEL** siehe unten
- **TROMPETENFÖRMIG** CRATERELLUS siehe S. 60
- **STERNFÖRMIG** weiter auf S. 21
- **PHALLUSFÖRMIG** weiter auf S. 21
- **KEULENFÖRMIG** weiter auf S. 21

HUT UND STIEL

- HUTUNTERSEITE MIT STACHELN siehe S. 15
- UNTERSEITE MIT POREN siehe S. 15
- HUT GEFALTET
  - GEHIRNARTIG: **GYROMITRA** siehe S. 30

    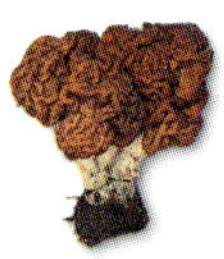

    Gyromitra esculenta
  - GEKAMMERT: **MORCHELLA** siehe S. 26

    Morchella esculenta
  - SATTELFÖRMIG: **HELVELLA** siehe S. 30

    Helvella lacunosa
  - FINGERHUTFÖRMIG: **VERPA** siehe S. 28

    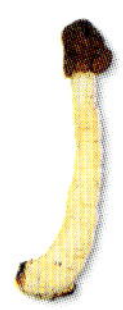

    Verpa conica
  - KÄPPCHENFÖRMIG, GALLERTIG: **LEOTIA** siehe S. 48

    Leotia lubrica
- HUTUNTERSEITE MIT LAMELLEN siehe S. 16

HUTUNTERSEITE MIT STACHELN

AUF KIEFERNZAPFEN WACHSEND

AURISCALPIUM
siehe S. 64

Auriscalpium vulgare

AUF DEM ERDBODEN WACHSEND

ZÄHES, GEZONTES FLEISCH

BRAUNE SPOREN

HYDNELLUM
siehe S. 97

Hydnellum peckii

WEISSE SPOREN

PHELLODON
siehe S. 98

Phellodon niger

BLASSES, BRÜCHIGES FLEISCH

HUT SCHUPPIG

SARCODON
siehe S. 99

Sarcodon scabrosus

HUT GLATT

HYDNUM
siehe S. 58

BANKERA
siehe S. 100

HUTUNTERSEITE MIT POREN

HUT HOLZARTIG, KONSOLENFÖRMIG

GANODERMA
siehe S. 300

HUT POLSTERFÖRMIG GEWÖLBT

HUT SCHLEIMIG-SCHMIERIG

SUILLUS
siehe S. 343–346

HUT TROCKEN

STIEL GLATT, FLOCKIG ODER GENETZT

BOLETUS
siehe S. 326–334

CHALCIPORUS
siehe S. 336

TYLOPILUS
siehe S. 338

HUT SCHUPPIG

STROBILOMYCES
siehe S. 339

Strobilomyces strobilaceus

STIEL GEKAMMERT

GYROPORUS
siehe S. 341

Gyroporus castaneus

STIEL LANG, DUNKELSCHUPPIG

LECCINUM
siehe S. 335–338

Leccinum scabrum

PILZ SEPIABRAUN

PORPHYRELLUS
siehe S. 339

HUT ZÄHFLEISCHIG, TRICHTERFÖRMIG

HUT SCHUPPIG

POLYPORUS*
siehe S. 302

HUT GLATT

POLYPORUS*
siehe S. 304

HUT GEZONT

COLTRICIA
siehe S. 102

PILZE MIT HUT UND STIEL Fortsetzung von S. 14

HUTUNTERSEITE MIT LAMELLEN

- **GLEICH LANGE LAMELLEN UND/ODER BRÜCHIGES FLEISCH**
  - FLEISCH MIT MILCHSAFT
    - **LACTARIUS** siehe S. 83–95

      Lactarius rufus
  - FLEISCH OHNE MILCHSAFT
    - **RUSSULA** siehe S. 70–83

      Russula emetica
- **LAMELLEN UNTERSCHIEDLICH LANG, FLEISCH FASERIG**
  - **WEISSE SPOREN** weiter auf S. 17
  - GRÜNE SPOREN
    - **CHLOROPHYLLUM** siehe S. 213
  - BRAUNE SPOREN
    - SPOREN TABAK- ODER LEHMBRAUN
      - **INOCYBE** siehe S. 278–286

        Inocybe rimosa
      - **AGROCYBE** siehe S. 242–243
      - **HEBELOMA** siehe S. 273–276
      - **PAXILLUS*** siehe S. 322
      - **TAPINELLA** siehe S. 322
    - SPOREN EHER RÖTLICH BRAUN
      - **PHAEOLEPIOTA** siehe S. 180
      - **CONOCYBE** siehe S. 241
      - **PHOLIOTA** siehe S. 251–256
      - **GALERINA** siehe S. 258
      - **KUEHNEROMYCES** siehe S. 257
      - **GYMNOPILUS** siehe S. 259–260
      - **CORTINARIUS** siehe S. 260–275
      - **PAXILLUS*** siehe S. 322
  - DUNKELVIOLETTE/SCHWARZE SPOREN
    - LAMELLEN FREI
      - LAMELLEN ZERFLIESSEND
        - **COPRINUS** siehe S. 225
        - **COPRINOPSIS** siehe S. 234–235
        - **COPRINELLUS** siehe S. 235–236
        - **PARASOLA** siehe S. 240
      - LAMELLEN NICHT ZERFLIESSEND
        - **AGARICUS** siehe S. 215–224

          Agaricus xanthoderma
    - LAMELLEN ANGEWACHSEN
      - **PANAEOLUS** siehe S. 236–238
      - **LACRYMARIA** siehe S. 237
      - **PSATHYRELLA** siehe S. 238–240
      - **STROPHARIA** siehe S. 245–246
      - **PSILOCYBE** siehe S. 245, S. 248, S. 250
      - **HYPHOLOMA** siehe S. 247, S. 249, S. 252
    - **CHROOGOMPHUS** siehe S. 324
    - **GOMPHIDEUS** siehe S. 201
  - ROSA SPOREN
    - LAMELLEN ANGEWACHSEN
      - **LEPISTA** siehe S. 134–137
      - **MACROCYSTIDIA** siehe S. 175
      - **CLITOPILUS** siehe S. 288
      - **ENTOLOMA** siehe S. 287–292
    - LAMELLEN FREI
      - MIT SACKARTIGER VOLVA
        - **VOLVARIELLA** siehe S. 293–294

          Volvariella bombycina
      - OHNE SACKARTIGE VOLVA
        - **PLUTEUS** siehe S. 294–297

          Pluteus cervinus

PILZE MIT HUT UND STIEL Fortsetzung von S. 16

LAMELLENPILZE MIT WEISSEN SPOREN

- LAMELLEN FREI
  - OHNE UNIVERSALHÜLLE
    - HUT SCHMIERIG/SCHLEIMIG
      - **LIMACELLA** siehe S. 208
    - HUT TROCKEN
      - **LEPIOTA** siehe S. 209–212
      - **MACROLEPIOTA** siehe S. 212
      - **LEUCOAGARICUS** siehe S. 214, S. 216
      - **LEUCOCOPRINUS** siehe S. 214
      - **CHLOROPHYLLUM** siehe S. 213
  - MIT UNIVERSALHÜLLE
    - **AMANITA** siehe S. 197–208

Amanita pantherina

- LAMELLEN ANGEHEFTET ODER ANGEWACHSEN
  - AUF DEM ERDBODEN, DER STREUSCHICHT ODER HOLZ WACHSEND
    - AUF HOLZ
      - **TRICHOLOMOPSIS** siehe S. 138
      - **ARMILLARIA** siehe S. 153
      - **MYCENA*** siehe S. 184–196
      - **MEGACOLLYBIA** siehe S. 176
      - **OUDEMANSIELLA** siehe S. 177
      - **FLAMMULINA** siehe S. 155
      - **XERULA** siehe S. 178
    - AM BODEN/IM GRAS
      - **TRICHOLOMA** siehe S. 138–149
      - **LYOPHYLLUM** siehe S. 156
      - **CALOCYBE** siehe S. 157
      - **MELANOLEUCA** siehe S. 151–152
      - **MACROCYSTIDIA** siehe S. 175
      - **CYSTODERMA** siehe S. 181
      - **RUGOSOMYCES** siehe S. 158–159
    - STREUSCHICHT/MOOS
      - **RHODOCOLLYBIA*** siehe S. 161–162
      - **MARASMIELLUS** siehe S. 173
      - **GYMNOPUS** siehe S. 163–169
      - **MARASMIUS** siehe S. 171–172
      - **CRINIPELLIS** siehe S. 174
      - **MYCENA*** siehe S. 184–196
      - **CYSTODERMA** siehe S. 181
  - AUF ANDEREN SUBSTRATEN
    - AUF FAULENDEN PILZEN
      - **ASTEROPHORA** siehe S. 160
    - AUF ABGEFALLENEN ZAPFEN
      - **STROBILURUS** siehe S. 154
      - **BAEOSPORA** siehe S. 179
- LAMELLEN HERABLAUFEND
  - HUTUNTERSEITE MIT DICKEN LEISTEN
    - **CANTHARELLUS** siehe S. 59
    - **CRATERELLUS** siehe S. 59–60
  - LAMELLEN DICK, WACHSARTIG
    - **HYGROPHORUS** siehe S. 113–114
    - **HYGROCYBE** siehe S. 115–122
    - **LACCARIA** siehe S.124–125
  - LAMELLEN NICHT WACHSARTIG
    - **LENTINELLUS** siehe S. 64
    - **RICKENELLA** siehe S. 105
    - **LICHENOMPHALIA** siehe S. 123
    - **CLITOCYBE** siehe S. 130–133
    - **PSEUDOCLITOCYBE** siehe S. 150
    - **INFUNDIBULICYBE** siehe S. 127–128
    - **AMPULLOCLITOCYBE** siehe S. 129
    - **MYCENA*** siehe S. 184–196
    - **HYGROPHOROPSIS** siehe S. 323
    - **OMPHALOTUS** siehe S. 183

FRUCHTKÖRPER KONSOLEN- ODER FÄCHERFÖRMIG Fortsetzung von S. 14

UNTERSEITE ÄDERIG ODER GERUNZELT

PHLEBIA
siehe S. 299

Phlebia tremellosa

AURICULARIA
siehe S. 56

THELEPHORA
siehe S. 96

UNTERSEITE GLATT ODER BEHAART (LUPE!)

STEREUM*
siehe S. 67–68

Stereum hirsutum

CHONDROSTEREUM
siehe S. 109

HYMENOCHAETE
siehe S. 101

UNTERSEITE MIT POREN

NORMALE POREN

ZUNGENFÖRMIG

FISTULINA
siehe S. 110

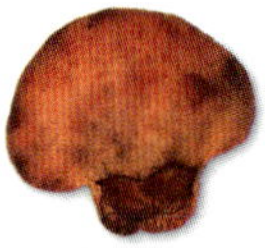

Fistulina hepatica

NIEDERGEDRÜCKT, SCHUPPIG

POLYPORUS*
siehe S. 302–306

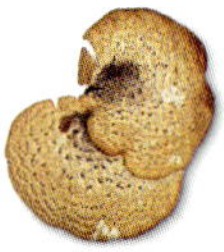

Polyporus squamosus

HUFFÖRMIG

OBERFLÄCHE MIT LACKARTIGER KRUSTE, SPOREN BRAUN

GANODERMA
siehe S. 300

Ganoderma applanatum

FLEISCH WEICH, WEISS

PIPTOPORUS
siehe S. 314

POSTIA
siehe S. 317

HAPALOPILUS
siehe S. 307

FLEISCH ZÄH BIS HOLZIG, WEISS ODER BLASS

TRICHAPTUM
siehe S. 104

TRAMETES
siehe S. 309

HETEROBASIDION
siehe S. 69

FOMITOPSIS
siehe S. 318

FOMES
siehe S. 311

FLEISCH ZÄH BIS HOLZIG, BRAUN

PHELLINUS
siehe S. 104

INONOTUS
siehe S. 103

MENSULARIA
siehe S. 103

PHAEOLUS
siehe S. 317

PYCNOPORUS
siehe S. 310

GLOEOPHYLLUM
siehe S. 298

MEHRHÜTIG

LAETIPORUS
siehe S. 315

Laetiporus sulphureus

GRIFOLA
siehe S. 319

MERIPILUS
siehe S. 320

DACHZIEGELIG

TRAMETES
siehe S. 307–309, S. 313

Trametes versicolor

INONOTUS
siehe S. 103

BJERKANDERA
siehe S. 299

TRICHAPTUM
siehe S. 104

LABYRINTHISCHE POREN

DAEDALEA
siehe S. 318

DAEDALEOPSIS
siehe S. 312

TRAMETES
siehe S. 313

NORMALE/GESPALTENE LAMELLEN

weiter auf S.19

UNTERSEITE MIT STACHELN

weiter auf S. 19

FRUCHTKÖRPER KONSOLEN- ODER FÄCHERFÖRMIG Fortsetzung von S. 18

- UNTERSEITE MIT NORMALEN LAMELLEN
  - SPOREN WEISSLICH BIS BLASSLILA
    - **PLEUROTUS** siehe S. 111

      Pleurotus ostreatus
    - **PANELLUS** siehe S. 181
  - SPOREN BRAUN
    - **CREPIDOTUS** siehe S. 281

      Crepidotus mollis
- UNTERSEITE MIT GESPALTENEN LAMELLEN
  - **SCHIZOPHYLLUM** siehe S. 110

    Schizophyllum commune
- UNTERSEITE MIT STACHELN
  - FLEISCH FEST
    - **HERICIUM** siehe S. 66

      Hericium cirrhatum
  - FLEISCH GALLERTIG
    - **PSEUDOHYDNUM** siehe S. 54

      Pseudohydnum gelatinosum

FRUCHTKÖRPER KUGEL- ODER BIRNENFÖRMIG Fortsetzung von S. 14

- UNTER DER ERDE WACHSEND
  - **TUBER** siehe S. 40
- AUF DEM ERDBODEN WACHSEND
  - ROT, GITTERARTIG
    - **CLATHRUS** siehe S. 349

      Clathrus ruber
  - DICKSCHALIG, INNEN SCHWARZ
    - **SCLERODERMA** siehe S. 340
  - DÜNNSCHALIG (BOVIST)
    - SEHR GROSS
      - **CALVATIA*** siehe S. 229

        Calvatia gigantea
    - UNREGELMÄSSIG AUFREISSEND
      - **LYCOPERDON*** siehe S. 228

        Lycoperdon excipuliformis
    - MIT ÖFFNUNG AM SCHEITEL
      - IN WÄLDERN
        - **LYCOPERDON*** siehe S. 231–233
      - AUF WIESEN UND WEIDEN
        - **LYCOPERDON*** siehe S. 230
        - **BOVISTA** siehe S. 230
- AUF HOLZ WACHSEND
  - WEICHFLEISCHIG, WEISS
    - **LYCOPERDON*** siehe S. 231–233
  - HARTFLEISCHIG, DUNKEL
    - KLEIN UND WARZIG
      - **HYPOXYLON** siehe S. 52
    - GROSS/INNEN GEZONT
      - **DALDINIA** siehe S. 51

FRUCHTKÖRPER KORALLEN- ODER SCHWAMMFÖRMIG Fortsetzung von S. 14

GUMMIARTIG-ZÄH

CALOCERA
siehe S. 354

Calocera viscosa

GEWEIHFÖRMIG, BRÜCHIG

CLAVULINOPSIS*
siehe S.107

Clavulinopsis corniculata

BADESCHWAMMARTIG

SPARASSIS
siehe S. 298

Sparassis crispa

DICHT VERZWEIGT

CLAVULINA
siehe S. 57

RAMARIA
siehe S. 61–63

MIT STACHELN

HERICIUM
siehe S. 65

Hericium coralloides

FRUCHTKÖRPER BECHER-, SCHEIBEN- ODER OHRFÖRMIG Fortsetzung von S. 14

BECHER MIT EIFÖRMIGEN PERIDIOLEN

CYATHUS
siehe S. 227

Cyathus striatus

CRUCIBULUM
siehe S. 226

BECHER- ODER SCHEIBENFÖRMIG OHNE PERIDIOLEN

AUF HOLZ WACHSEND

GELATINÖSES FLEISCH

NEOBULGARIA
siehe S. 44

Neobulgaria pura

BULGARIA
siehe S. 49

ASCOCORYNE
siehe S. 43

FESTES FLEISCH

SCHARLACHROT, GESTIELT

SARCOSCYPHA
siehe S. 31

Sarcoscypha austriaca

UNGESTIELT, ROT, RAND BEHAART

SCUTELLINIA
siehe S. 39

Scutellinia scutellata

KLEIN, NICHT BEHAART

BISPORELLA
siehe S. 46

CHLOROCIBORIA
siehe S. 45

RUTSTROEMIA
siehe S. 47

TEILWEISE UNTERIRDISCH

GEOPORA
siehe S. 37

Geopora arenicola

AUF DEM BODEN ODER AUF STROH

LANGSTIELIG

DUMONTINIA
siehe S. 47

Dumontinia tuberosa

KURZSTIELIG ODER OHNE STIEL

DISCIOTIS
siehe S. 28

PEZIZA
siehe S. 32–34

TARZETTA
siehe S. 36

ALEURIA
siehe S. 38

OHRFÖRMIG

OTIDEA
siehe S. 35

AURICULARIA
siehe S. 56

FRUCHTKÖRPER AUSGEBREITET, KRUSTENFÖRMIG ODER LAPPIG Fortsetzung von S. 14

POREN ODER ZÄHNCHEN

SCHIZOPORA siehe S. 106

FALTIG

SERPULA siehe S. 321

WARZIG

CONIOPHORA siehe S. 321

Coniophora puteana

GLATT ODER FELDERIG

STEREUM* siehe S. 67–68

Stereum rugosum

LAPPIG/GALLERTIG

TREMELLA siehe S. 353

Tremella mesenterica

EXIDIA siehe S. 55

FRUCHTKÖRPER KEULENFÖRMIG Fortsetzung von S. 14

OBERFLÄCHE WARZIG-RAU

AUF TRÜFFELN ODER INSEKTEN

CORDYCEPS siehe S. 53

Cordyceps militaris

ELAPHOCORDYCEPS siehe S. 53

AUF HOLZ

XYLARIA siehe S. 50

Xylaria hypoxylon

OBERFLÄCHE GLATT ODER BEHAART

DUNKELBRAUN BIS SCHWARZ

TRICHOGLOSSUM siehe S. 42

GEOGLOSSUM siehe S. 42

CLAVARIADELPHUS siehe S. 61

MACROTYPHULA siehe S.108

WEISS, GELB ODER ORANGEFARBEN

MITRULA siehe S. 44

CLAVULINOPSIS* siehe S. 106–107

CLAVARIA siehe S. 107

MIT SKLEROTIUM

TYPHULA siehe S. 108

Typhula erythropus

PHALLUSFÖRMIG Fortsetzung von S. 14

STIEL WEISS

PHALLUS siehe S. 347

Phallus impudicus

STIEL ORANGEFARBEN

MUTINUS siehe S. 348

Mutinus caninus

STERNFÖRMIG Fortsetzung von S. 14

ROT, GITTERARTIG

CLATHRUS siehe S. 349

Clathrus archeri

BRÄUNLICH, MIT INNENKUGEL

GEASTRUM siehe S. 350–352

ASTRAEUS siehe S. 341

WILDPILZE BESTIMMEN

Ausgestattet mit einem Messer und einem Korb kann das Sammeln beginnen. Das folgende Kapitel hilft Ihnen, Wildpilze genau zu bestimmen. Bei den Porträts finden Sie Informationen zu Standort, Verbreitung, Erscheinungszeit und Größe der Pilzfruchtkörper. Einige Speisepilze sind sehr selten oder stehen sogar unter Naturschutz – beachten Sie daher die aktuellen Roten Listen.

AUFBAU DES KAPITELS

Die im Folgenden vorgestellten Arten gehören zwei Abteilungen des Pilzreichs an: den Ascomyceten (Schlauchpilzen) und den Basidiomyceten (Ständerpilzen). Alle »herkömmlichen« Pilze, darunter Giftpilze wie auch traditionelle Speisepilze, sind Mitglieder dieser Gruppen. Die Reihenfolge der vorgestellten Arten folgt den verwandtschaftlichen Verhältnissen nach gegenwärtigem Stand der Wissenschaft. Da den beiden Abteilungen über 100 000 bekannte und wahrscheinlich Tausende noch unbekannter Arten angehören, ist es unmöglich, sie alle vorzustellen. Die getroffene Auswahl konzentriert sich auf Arten, die Sie in den gemäßigten Breiten der Nordhalbkugel mit größter Wahrscheinlichkeit finden.

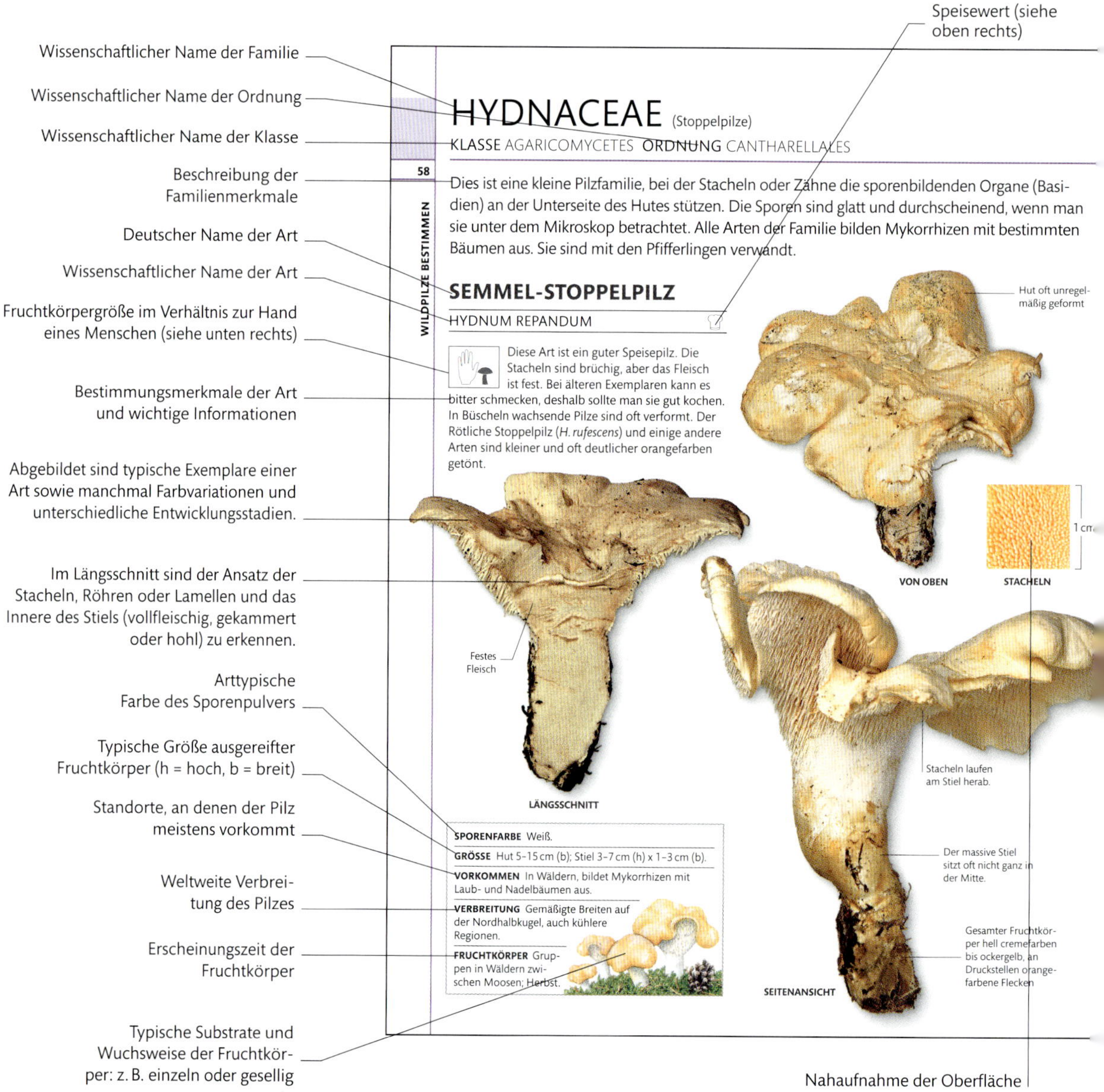

ESSBAR ODER GIFTIG?

Ein Symbol neben dem wissenschaftlichen Namen der Art zeigt an, ob der Pilz essbar oder giftig ist. Fehlt es, ist der Fruchtkörper nicht sehr schmackhaft oder so klein, dass die Art als Speisepilz ungeeignet ist. In einigen Fällen ist nicht bekannt, ob die Pilzart essbar ist. Bedenken Sie aber in jedem Fall, dass es keine allgemeingültigen Regeln gibt. Manche Menschen reagieren beispielsweise allergisch auf die in Pilzen enthaltenen Proteine. Beachten Sie, dass die Kochmütze (in Klammern oder nicht) Pilze kennzeichnet, die nur unter bestimmten Voraussetzungen essbar sind. Roh oder ungenügend gekocht oder gebraten können viele Arten erhebliche Magen-Darm-Beschwerden verursachen.

Beim Blick von unten sind Poren, Stacheln, Lamellen oder Leisten erkennbar.

Fotografie der Fruchtkörper am natürlichen Standort

GRÖSSENVERGLEICH

Die vorgestellten Pilzarten sind sehr unterschiedlich groß: Manche erreichen die Ausmaße eines Fußballs, andere sind winzig wie ein Stecknadelkopf. Es ist deshalb unmöglich, alle Arten im gleichen Maßstab abzubilden. Daher ist bei den meisten Porträts ein Pilzsymbol neben einer Hand (20 cm lang) abgebildet. So können Sie die durchschnittliche Fruchtkörpergröße realistisch abschätzen.

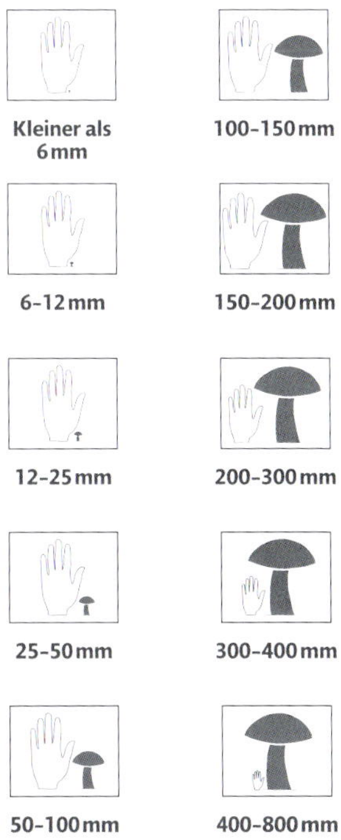

ASCOMYCOTA (Schlauchpilze)

Zur Abteilung der Schlauchpilze oder Ascomycota gehören sehr vielfältige große und kleine Pilze. Allen gemeinsam ist, dass sich ihre Sporen in schlauchförmigen Strukturen bilden, die man Asci nennt. Der Ascus ist typischerweise zylindrisch und enthält meist acht Sporen. Wenn sie reif sind, werden sie durch die Ascusspitze ausgeschleudert. Zur Gruppe gehören essbare Pilze, wie die Morcheln und Trüffeln. Viele haben becher- oder scheibenförmige Fruchtkörper, aber es gibt auch flaschenförmige Gebilde. Für die Unterscheidung der verschiedenen Familien dieser Gruppe sind die Struktur des Ascus und die Freisetzung der Sporen von Bedeutung.

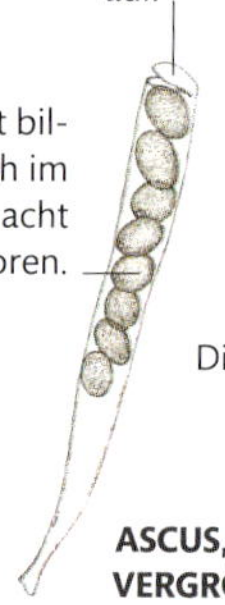

ASCUS, STARK VERGRÖSSERT

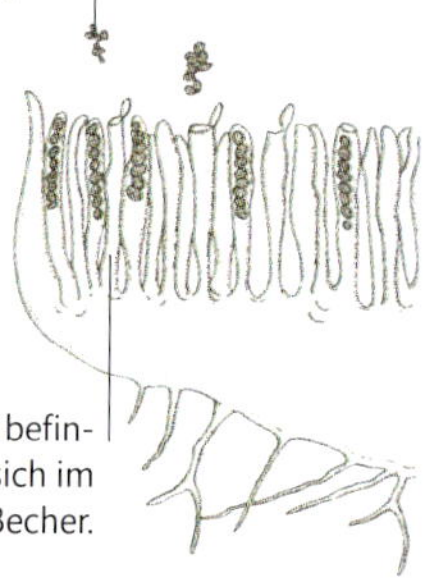

BECHERPILZ IM QUERSCHNITT

MORCHELLACEAE (Morcheln)

KLASSE PEZIZOMYCETES ORDNUNG PEZIZALES

Morcheln gehören nach Ansicht vieler Pilzkenner zu den zehn besten Speisepilzen. Ihre Fruchtkörper erscheinen im Frühjahr und sind leicht zu erkennen. In Südeuropa und Teilen Asiens und Nordamerikas sammelt man sie kommerziell. Diese Pilze kommen vor allem an Standorten vor, wo der Erdboden gestört wurde. Nach Waldbränden können sie daher massenhaft auftreten.

SEITENANSICHT

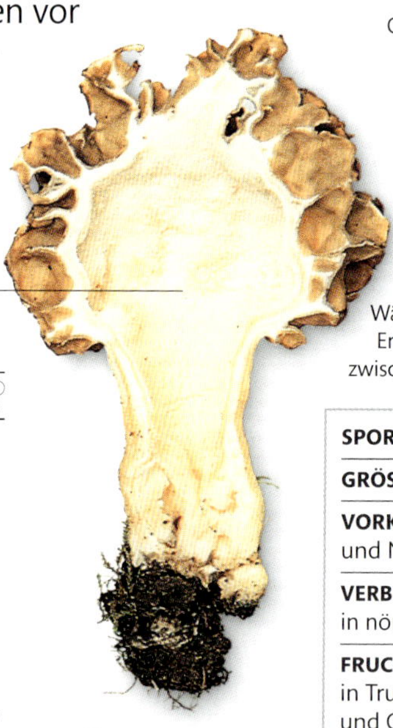

LÄNGSSCHNITT

SPEISEMORCHEL

MORCHELLA ESCULENTA

Diese charakteristische Art hat einen wabenförmig gekammerten Hut. In der Größe und Gestalt ist sie sehr variabel. Es gibt viele verschiedene Formen, von denen einige mitunter als eigene Arten geführt werden. Sie darf nicht mit der giftigen *Gyromitra esculenta* verwechselt werden (siehe S. 30), deren Hut gehirnartig gewunden ist.

SPORENFARBE Cremeweiß bis blassbraun.

GRÖSSE Hut 5–20 cm (h); Stiel 5–12 cm (h) x 2–10 cm (b).

VORKOMMEN Auf nährstoffreichen Böden in Laub- und Nadelwäldern.

VERBREITUNG Fast weltweit, seltener in nördlichen Regionen.

FRUCHTKÖRPER Einzeln oder in Trupps, oft in Falllaub und Gras; Frühjahr.

KÄPPCHENMORCHEL

MORCHELLA SEMILIBERA

Diese Art ist kleiner als *M. esculenta* (siehe gegenüber) und ihr Hut ist weniger stark entwickelt. Der Hutrand ist nicht mit dem Stiel verwachsen. Obwohl *M. semilibera* recht ähnlich schmeckt wie *M. esculenta*, ist ihr Speisewert geringer, denn das Fleisch ist dünner. Typischerweise fruchtet die Art länger als *M. esculenta*. *M. semilibera* kann mit *Verpa*-Arten verwechselt werden (siehe S. 28), deren kappenartige Hüte aber nur mit der Spitze des Stiels verwachsen sind.

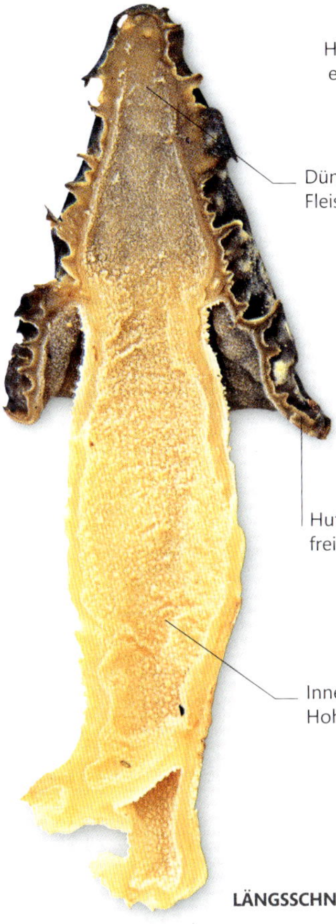

LÄNGSSCHNITT

SEITEN-ANSICHT

SEITENANSICHT

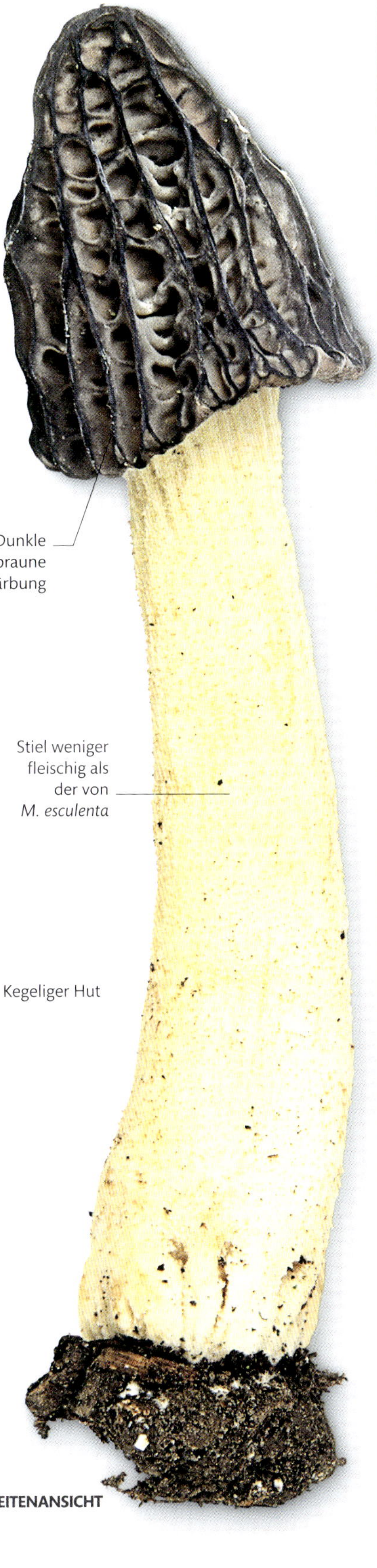

SEITENANSICHT

SPORENFARBE Cremeweiß.

GRÖSSE Hut 1–4 cm (h); Stiel 3–10 cm (h) x 1–2 cm (b).

VORKOMMEN In dichten Wäldern, an feuchten Wegrändern, auf nährstoffreichen Böden.

VERBREITUNG Weitverbreitet; in wärmeren Regionen Europas häufiger.

FRUCHTKÖRPER Oft in Trupps zwischen Kräutern; Frühjahr.

FINGERHUTVERPEL

VERPA CONICA

Verpa-Arten kann man von *Morchella* unterscheiden, indem man den Hut betrachtet: Bei *Verpa*-Arten ist er nur mit der Stielspitze verwachsen. *V. conica* kann unterschiedlich geformt sein, aber die Oberfläche des Hutes ist fast immer glatt, anders als bei der Böhmischen Verpel (*V. bohemica*), die einen gerunzelten Hut hat. Bei beiden Arten ist der Stiel im Verhältnis zur Huthöhe lang. Beide Arten sind essbar, aber meist findet man nur *V. bohemica* in lohnenden Mengen. Beide Arten stehen in einigen Ländern auf der Roten Liste und dürfen dort nicht gesammelt werden.

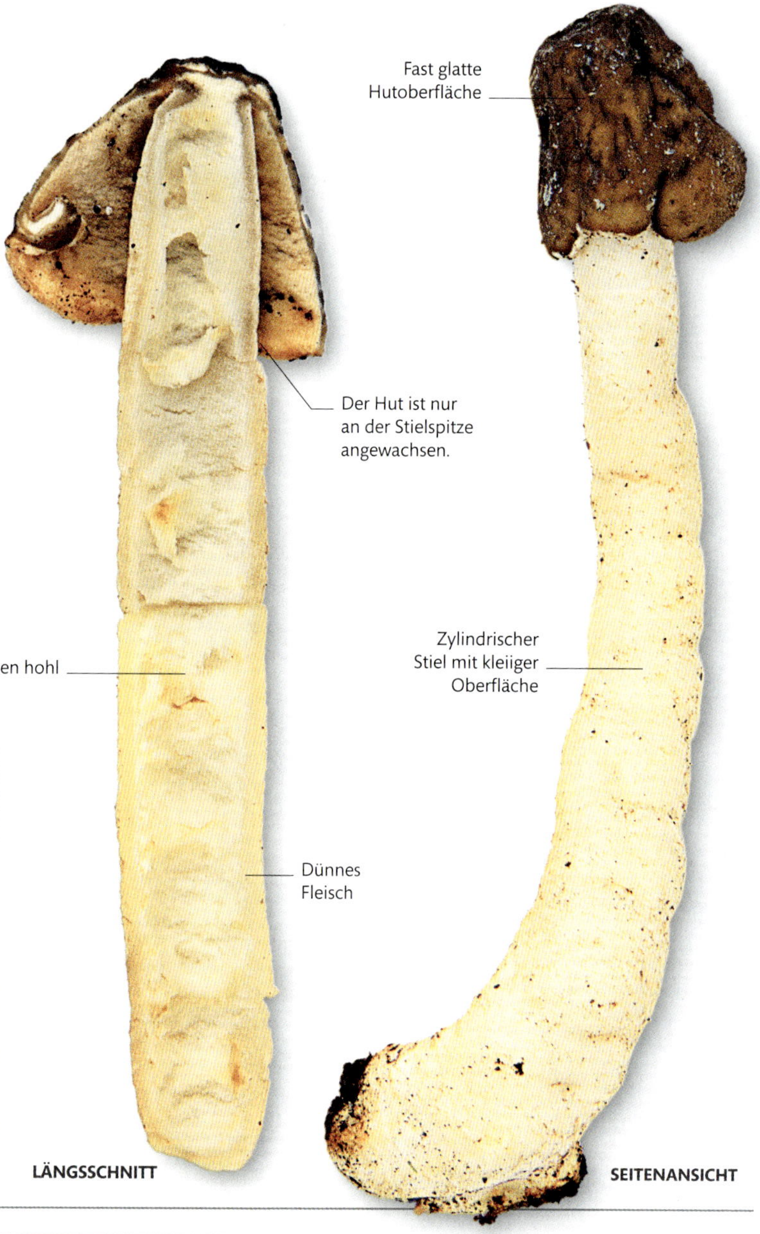

LÄNGSSCHNITT

SEITENANSICHT

SPORENFARBE Cremeweiß.

GRÖSSE Hut 2–4 cm (h); Stiel 3–10 cm (h) x 0,5–1,5 cm (b).

VORKOMMEN Auf kalkhaltigen Böden und auf Dünen.

VERBREITUNG Gemäßigte Breiten auf der Nordhalbkugel, lokal häufig, in kalten Regionen selten.

FRUCHTKÖRPER In Trupps im Falllaub, oft unter Hecken; Frühjahr.

MORCHEL-BECHERLING

DISCIOTIS VENOSA

Die Art sieht den großen *Peziza*-Arten (siehe S. 32) ähnlich. Anfangs ist sie becherförmig, später flacher und im Alter manchmal konvex aufgewölbt. Sie ist am typischen Chlorgeruch, dem sehr brüchigen Fleisch und dem zurückgebildeten Stiel zu erkennen. Größere Pilze haben oft eine netzartig gerippte Oberfläche.

SPORENFARBE Cremeweiß.

GRÖSSE Fruchtkörper 4–10 cm (b).

VORKOMMEN Auf nährstoffreichen Böden in Parks und Wäldern, oft zusammen mit *Morchella semilibera* (siehe S. 27).

VERBREITUNG In den meisten Regionen recht häufig, fehlt im arktisch-alpinen Bereich.

FRUCHTKÖRPER Einzeln oder gesellig; Frühjahr bis Frühsommer.

HELVELLACEAELES (Lorcheln)

KLASSE PEZIZOMYCETES ORDNUNG PEZIZALES

Zu dieser Familie gehören mehrere Arten, die oberflächlich *Morchella*-Arten ähneln (siehe S. 26), sich aber in mikroskopischen Merkmalen sowie ihrer chemischen Zusammensetzung unterscheiden. Die Fruchtkörper der meisten *Helvella*-Arten erscheinen im Herbst, es gibt jedoch auch einige Frühjahrsarten. Lorcheln sind giftig, aber die Giftigkeit ist von Art zu Art unterschiedlich und kann durch eine geeignete Vorbehandlung mitunter vermindert werden.

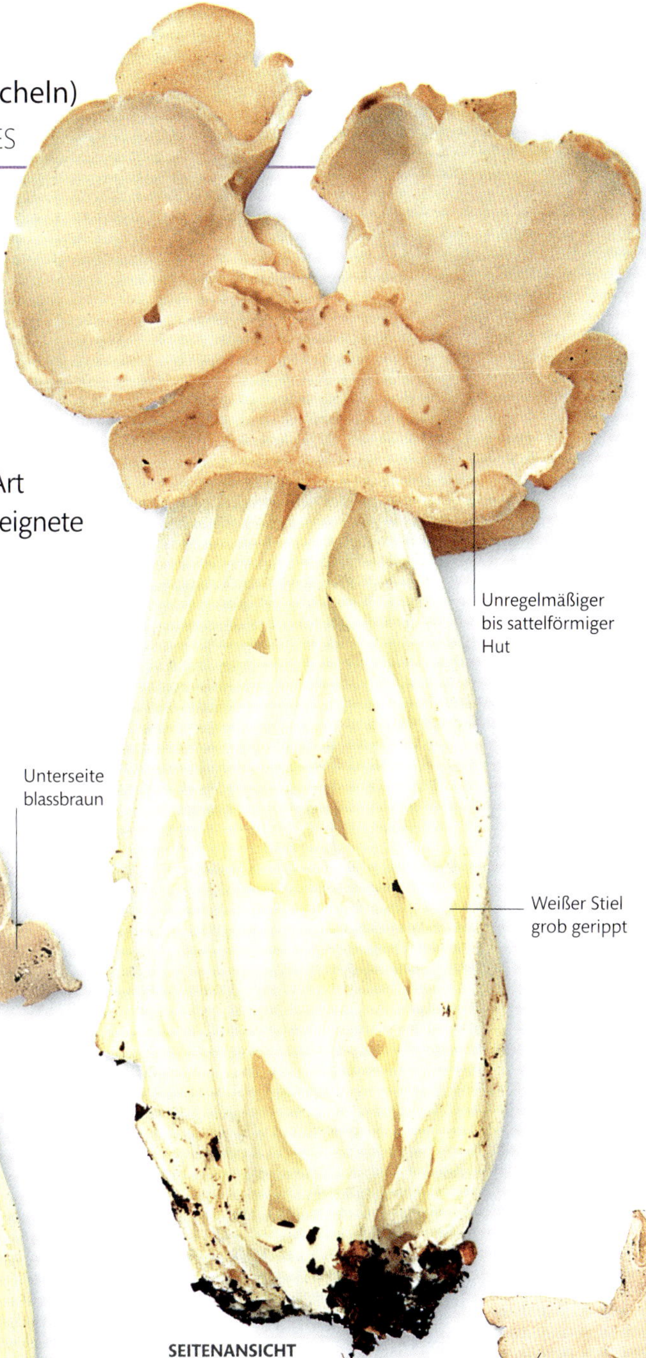

SEITENANSICHT

HERBSTLORCHEL

HELVELLA CRISPA

Diese Art ist am gerippten Stiel, dem sattelförmigen Hut und der hell cremeweißen bis beigebraunen Färbung leicht zu erkennen. Die Größe variiert, die Art zählt aber zu den großen Vertretern ihrer Gattung. Sie darf nur nach sorgfältigem Trocknen und langem Kochen gegessen werden. Diese und andere *Helvella*-Arten findet man oft neben *Peziza*- (siehe S. 32) und *Inocybe*-Arten (siehe S. 278).

LÄNGSSCHNITT

SEITENANSICHT

SPORENFARBE Weiß.

GRÖSSE Hut 2–6 cm (b); Stiel 3–12 cm (h) x 0,5–2,5 cm (b).

VORKOMMEN In Laub- und Nadelwäldern, auf alkalischen Böden.

VERBREITUNG Gemäßigte Breiten auf der Nordhalbkugel; mancherorts häufig.

FRUCHTKÖRPER Einzeln oder in Trupps; Sommer bis Herbst.

GRUBENLORCHEL

HELVELLA LACUNOSA

Dies ist vielleicht die häufigste *Helvella*-Art. Sie ist jedoch kein Speisepilz und sollte mit Vorsicht behandelt werden. In Größe, Form und Farbe ist sie sehr variabel, doch sind immer Grautöne vorhanden. Der Hut ist sattelförmig oder unregelmäßig gelappt. Wie bei *H. crispa* (siehe S. 29) ist der Stiel grubig und gerippt.

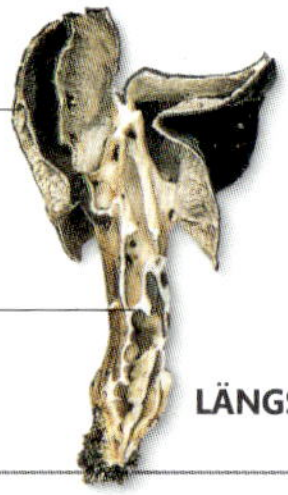

LÄNGSSCHNITT

SEITENANSICHT

SPORENFARBE Weiß.

GRÖSSE Hut 1–5 cm (b); Stiel 2–8 cm (h) x 0,5–1,5 cm (b).

VORKOMMEN Auf alkalischen Böden und Kies; kommt in Wäldern und an offeneren Standorten vor.

VERBREITUNG Gemäßigte Breiten, auch alpine Stufe, auf der Nord- und Südhalbkugel.

FRUCHTKÖRPER Einzeln oder in Trupps, oft auf gestörten Böden; spätes Frühjahr bis Herbst.

DISCINACEAE (Scheiblingsartige)

KLASSE PEZIZOMYCETES ORDNUNG PEZIZALES

Die Mitglieder der Familie Discinaceae haben braune, meist gehirnartige Fruchtkörper. Sie ähneln Arten der Familien Morchellaceae (siehe S. 26) und Pezizaceae (siehe S. 32), sind aber gewunden, nicht wabenartig gekammert oder scheiben- bis becherförmig. Das Fleisch ist dicker und fester als bei *Peziza*-Arten.

FRÜHJAHRSLORCHEL

GYROMITRA ESCULENTA ☠

Dieser Giftpilz hat einen dunkelbraunen, gehirnartig gewundenen Hut, der innen gekammert ist. Der kurze Stiel ist weiß. Die Art erscheint im Frühjahr unter Nadelbäumen und ist deshalb leicht zu bestimmen. In manchen Gegenden Europas isst man ihn, denn die Giftstoffe gehen bei sorgfältigem Trocknen zum Teil verloren. Ähnliche, auffälliger orangebraun gefärbte Arten kommen in Nordamerika vor.

SEITENANSICHT

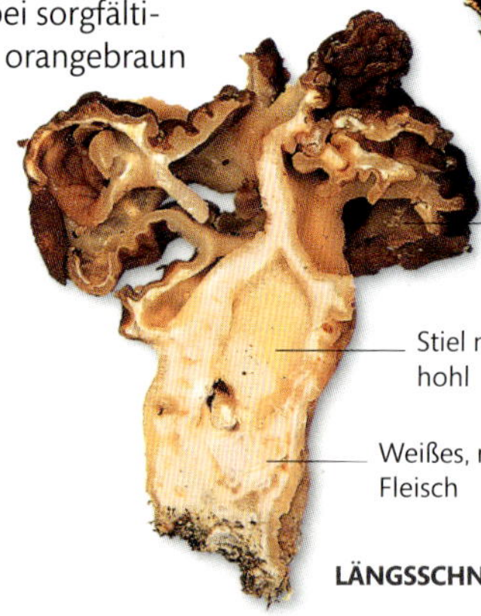

LÄNGSSCHNITT

SPORENFARBE Weiß.

GRÖSSE Hut 5–15 cm (b); Stiel 1–5 cm (h) x 2–4 cm (b).

VORKOMMEN Gern bei Nadelbäumen, oft Kiefern, auf sandigen Böden und Holzhäckselabfällen.

VERBREITUNG Gemäßigte Breiten auf der Nordhalbkugel.

FRUCHTKÖRPER In Trupps; Frühjahr.

SARCOSCYPHACEAE (Kelchbecherlingsverwandte)

KLASSE PEZIZOMYCETES **ORDNUNG** PEZIZALES

Diese oft auffällig gefärbten becherförmigen Pilze sind vor allem in den Tropen verbreitet, einige Arten kommen jedoch in den gemäßigten Breiten vor. Viele haben zähes Fleisch. Die Fruchtkörper, die bereits im Winter oder Frühjahr erscheinen, sind häufig sehr langlebig. Die Fruchtkörper der nah verwandten Familie Sarcosomataceae sind schwarz oder dunkelbraun. Einige Arten speichern darin große Wassermengen.

SEITENANSICHT

SCHARLACHROTER KELCHBECHERLING

SARCOSCYPHA AUSTRIACA

Die Becher dieser ungenießbaren Art sind innen scharlachrot mit kleinen, korkenzieherartig gedrehten Haaren an der Außenseite. Der ähnliche *S. coccinea* besitzt gerade Haare. Es gibt weitere vier ähnliche Arten mit lokaler Verbreitung.

VON OBEN

VON OBEN

SPORENFARBE Weiß.

GRÖSSE Fruchtkörper 1–8 cm (b); Stiel 2 cm (h).

VORKOMMEN Auf morschem Laubholz.

VERBREITUNG Weitverbreitet in Europa und wahrscheinlich in anderen Teilen der gemäßigten Breiten auf der Nordhalbkugel.

FRUCHTKÖRPER In Trupps; Spätherbst bis Frühsommer.

PEZIZACEAE (Becherpilze)

KLASSE PEZIZOMYCETES ORDNUNG PEZIZALES

Viele der verbreiteten Becherlinge sind Mitglieder dieser Familie, die bekanntesten gehören zur Gattung *Peziza*. Alle sind mehr oder weniger becherförmig. Die Farbe variiert von Gelb über Braun zu Violett. Die meisten Arten stoßen bei Veränderung der Luftfeuchtigkeit sichtbare Sporenwolken aus.

VON OBEN

KASTANIENBRAUNER BECHERLING

PEZIZA BADIA

P. badia ist eine der typischen braunen *Peziza*-Arten und kann nur mit einem Mikroskop eindeutig bestimmt werden. Der ungenießbare Pilz ist leberbraun, bei Sporenreife färbt sich die Becherinnenseite dunkler olivbraun.

SPORENFARBE Weiß.

GRÖSSE Fruchtkörper 1,5–7 cm (b) x 0,5–3 cm (h).

VORKOMMEN Auf Sandböden, oft an Wegrändern in Nadelwäldern.

VERBREITUNG Gemäßigte Breiten auf der Nordhalbkugel; häufig.

FRUCHTKÖRPER In Scharen; Sommer bis Herbst.

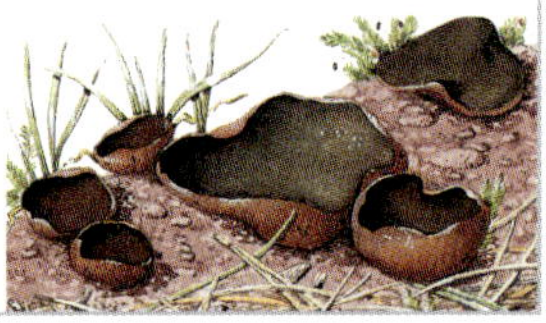

VON OBEN

SEITENANSICHT

BLASENBECHERLING

PEZIZA VESICULOSA

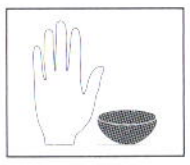

Die eng eingerollten Becherränder mit gewellten Kanten geben diesem ungenießbaren Pilz sein charakteristisches blasenartiges Aussehen. In der Mitte bleibt eine kleine Öffnung bestehen, durch die die Sporen entlassen werden. Im Gegensatz zu anderen *Peziza*-Arten breiten sich die Fruchtkörper im Alter kaum aus. Die Außenseite ist blass gelbbraun. Dieser Becherling gehört zu den dickfleischigsten Arten der Gattung. Oft findet man ihn auf nährstoffreichen Substraten.

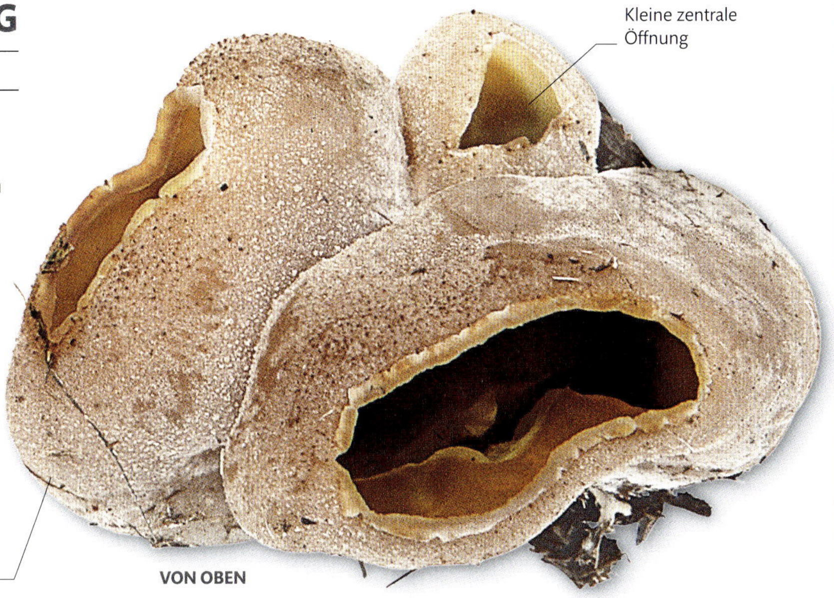

VON OBEN

VON OBEN

SPORENFARBE Weiß.

GRÖSSE Fruchtkörper 3–10 cm, bis 15 cm (b) x bis 4 cm (h).

VORKOMMEN In Parks, Gärten, nahe Bauernhöfen; auf Kompost und Mulch in Beeten; auf verrottendem Stroh.

VERBREITUNG Gemäßigte Breiten auf der Nordhalbkugel; häufig.

FRUCHTKÖRPER In dichten Scharen oder einzeln; ganzjährig.

GELBMILCHENDER BECHERLING

PEZIZA SUCCOSA

Diese ungenießbare Art ähnelt in Form und Farbe anderen Becherlingen. Ihr wichtigstes Bestimmungsmerkmal ist die Farbe des Fleisches: Wenn man es anschneidet, färbt es sich allmählich gelb und sondert einen gelben, milchigen Saft ab.

VON OBEN

VON OBEN

FRAGMENT

SPORENFARBE Weiß.

GRÖSSE Fruchtkörper 0,5–5 cm (b).

VORKOMMEN Auf lehmigen Böden, an Wegrändern in Nadelwäldern, oft in Gemeinschaft mit *Helvella*- und *Inocybe*-Arten; bildet Mykorrhizen.

VERBREITET In Europa verbreitet und häufig; kommt ebenso im östlichen und zentralen Nordamerika vor.

FRUCHTKÖRPER Einzeln oder in Gruppen; Sommer bis Herbst.

PYRONEMATACEAE (Feuerkissenverwandte)

KLASSE PEZIZOMYCETES ORDNUNG PEZIZALES

Eine große Familie mit zahlreichen bodenbewohnenden Arten. Die Fruchtkörper sind entweder typisch becherförmig oder ohrförmig mit einem Schlitz auf einer Seite. Einige der becherförmigen Arten sind lebhaft bunt und tragen dunkle Haare am Rand oder auf der gesamten Außenseite. Die Merkmale dieser Familie betreffen vor allem die Struktur des Ascus. Die Sporen werden aktiv ausgeschleudert.

ESELSOHR

OTIDEA ONOTICA

Der auffällig zitronen- bis orangegelbe Fruchtkörper dieses Becherlings erinnert an ein Ohr. Er ist ein leicht zu bestimmender Vertreter einer Gattung, deren Mitglieder oft schwierig zu unterscheiden sind. *Otidea*-Arten gelten als essbar, aber sie sind nicht sehr schmackhaft. Das kleinere, braunere Hasenohr (*O. leporina*) findet man vor allem in der Streu unter Nadelbäumen.

SCHNITT

SEITENANSICHT

SEITENANSICHT

SPORENFARBE Weiß.

GRÖSSE Fruchtkörper 1–3 cm (b) x 3–10 cm (h).

VORKOMMEN In Laub- und Nadelwäldern, gern unter Haseln und Eichen, von denen der Pilz Nährstoffe bezieht (Mykorrhizabildner).

VERBREITUNG Gemäßigte Breiten weltweit, Vorkommen aber zerstreut.

FRUCHTKÖRPER In kleinen Gruppen in der Laubstreu; Herbst.

KERBRANDIGER NAPFBECHERLING

TARZETTA CUPULARIS

Diese Art gehört einer kleinen Gattung nah verwandter Arten an, bei denen die Größe der Fruchtkörper ein wichtiges Unterscheidungsmerkmal ist. *T. cupularis* ist eine mittelgroße Art, *T. caninus ist* mit bis zu 5 cm Becherdurchmesser die größte. Beide Arten erinnern an Weingläser. Am Becherrand befinden sich kleine dreieckige Zacken. Zur Bestimmung helfen die Ausbildung des Stiels und mikroskopische Merkmale. Alle Arten der Gattung kommen in Wäldern und Parks vor.

SPORENFARBE Weiß.

GRÖSSE Fruchtkörper 0,5–1,5 cm (b) x 0,5–2,5 cm (h).

VORKOMMEN Auf lehmigen oder kalkhaltigen Böden in Parks und Wäldern.

VERBREITUNG Gemäßigte Breiten auf der Nordhalbkugel; häufig.

FRUCHTKÖRPER In kleinen Gruppen; Sommer bis Herbst.

EINGESENKTER SANDBORSTLING

GEOPORA ARENICOLA

Dieser Pilz bildet recht große, ungenießbare Fruchtkörper mit behaarter brauner Außenseite. Im Becher kann man manchmal den kleinen parasitischen Pilz *Melanospora brevirostris* finden. Früher stellte man die Sandborstlinge in die Gattung *Sepultaria*. Einige der Arten sind schwierig zu unterscheiden. Die Sporen von *G. arenicola* sind verhältnismäßig groß. Alle Sandborstlinge sind im Boden eingesenkt und manche schleudern die Sporen nur durch eine winzige Öffnung aus. Wenn sie sehr reif sind, reißen einige Fruchtkörper sternförmig auf. Der Halbkugelige Borstling (*Humaria hemisphaerica*) ist sehr ähnlich, entwickelt sich aber auf der Erdoberfläche.

SPORENFARBE Weiß.

GRÖSSE 0,5–2 cm (b).

VORKOMMEN In Kies oder Sand an Wegrändern und in Kiesgruben.

VERBREITUNG In Europa verbreitet, wird aber oft übersehen; auch im Nordosten Nordamerikas und in Kalifornien.

FRUCHTKÖRPER Trupps im Kies oder Sand; Sommer bis Herbst.

ORANGEBECHERLING

ALEURIA AURANTIA

A. aurantia ist einer der attraktivsten und häufigsten Becherlinge. Gut entwickelte Exemplare sind aber leicht von anderen Arten der Familie zu unterscheiden, obwohl es zu Verwechslungen mit dem kleineren orangeroten Mennigfarbigen Borstling (*Melastiza chateri*) kommen kann. Er wächst an ähnlichen Standorten, wie auch mehrere *Scutellinia*-Arten (siehe gegenüber). Im Gegensatz zu dem fast völlig glatten Orangebecherling trägt *Melastiza chateri* jedoch sehr kurze bräunliche Haare am Becherrand. Obwohl die Art manchmal gegessen wird, ist sie in erster Linie dekorativ. Es gibt weitere *Aleuria*-Arten mit kleineren Bechern, die aber seltener sind.

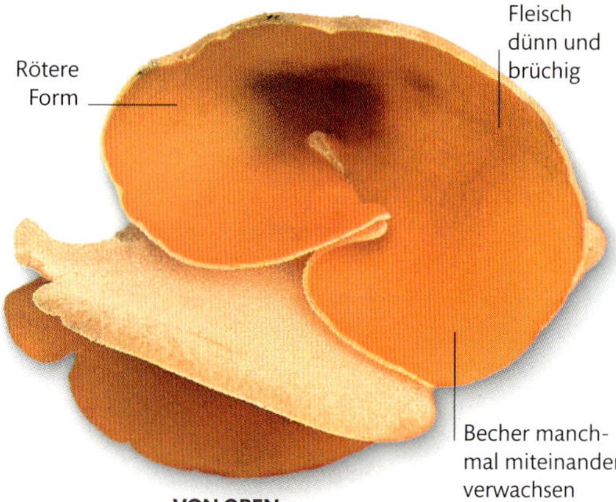

VON OBEN

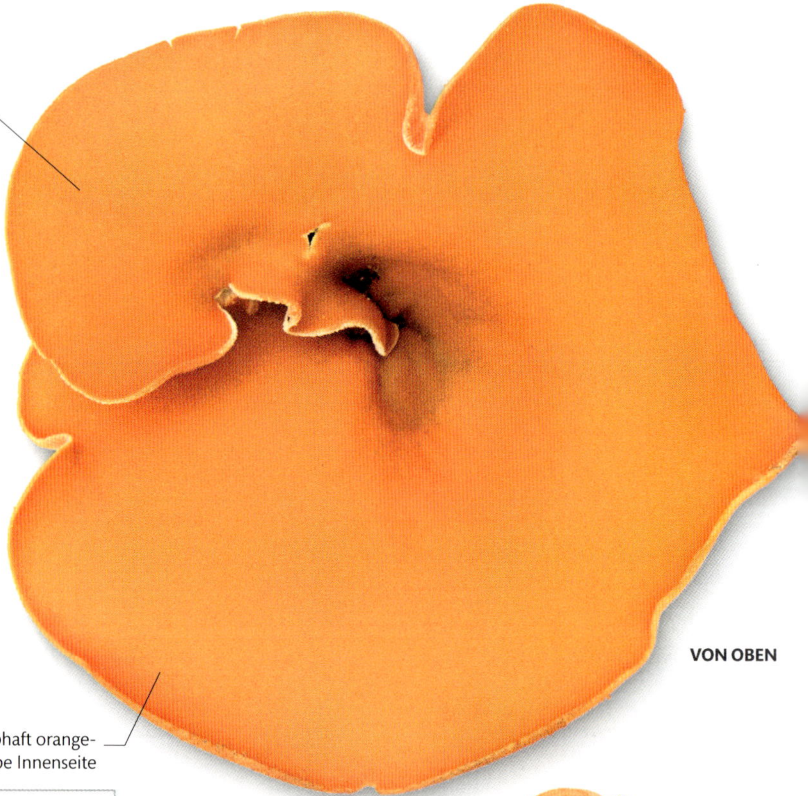

VON OBEN

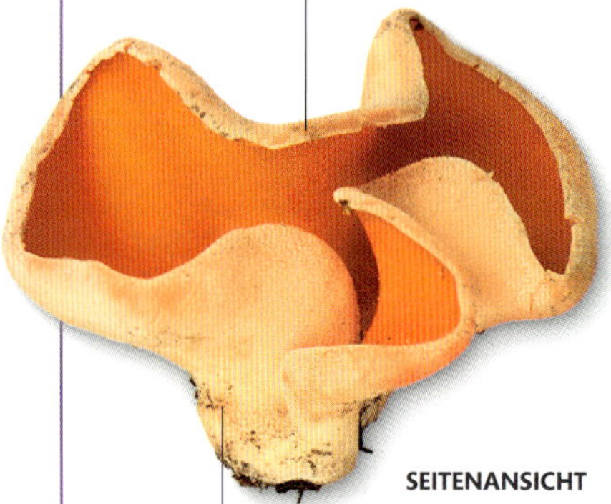

SEITENANSICHT

VON OBEN

SPORENFARBE Weiß.

GRÖSSE Fruchtkörper 2–10 cm (b); manchmal kleiner als 0,5 cm, größere Exemplare über 15 cm breit.

VORKOMMEN Auf gestörten Böden, wie in Pflasterfugen, Fahrspuren auf Feldwegen, neu angelegten Rasenflächen.

VERBREITUNG Gemäßigte Breiten auf der Nordhalbkugel; häufig.

FRUCHTKÖRPER Große Gruppen auf kiesigen Böden; Sommer bis Herbst.

GEMEINER SCHILDBORSTLING

SCUTELLINIA SCUTELLATA

Dieser häufige, nicht essbare Pilz wächst vor allem auf moosbewachsenem Holz in Wassernähe. Andere Arten der Gattung bevorzugen nasse Böden. *S. scutellata* hat sehr auffällige »Wimpern« am Becherrand. Für die rote Farbe sind Karotinoide verantwortlich, die auch bei vielen anderen orangefarbenen Pilzen vorkommen. Die Sporenform und die Sporenornamente, die nur unter dem Mikroskop erkennbar sind, sind wichtige Bestimmungsmerkmale dieser schwierigen Gattung.

Bei ausgereiften Fruchtkörpern weisen die schwarzen Haare nach außen.

VON OBEN

Meist in dichten Scharen wachsend

Wächst auf feuchtem, morschem Holz.

VON OBEN

Bei jungen Bechern sind die schwarzen Haare nach innen gerichtet.

Becherinnenseite leuchtend orangerot

VON OBEN

SPORENFARBE Weiß.

GRÖSSE Fruchtkörper 0,5–1 cm (b).

VORKOMMEN Auf feuchtem Holz bei Gewässern, gelegentlich auf humusreicher Erde; oft bei Weiden und in Sümpfen und Mooren.

VERBREITUNG Gemäßigte Breiten auf der Nordhalbkugel; häufig.

FRUCHTKÖRPER In Scharen auf moosbewachsenem Holz; spätes Frühjahr bis Winter.

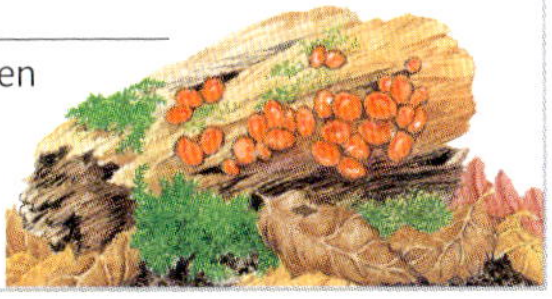

TUBERACEAE (Trüffelverwandte)

KLASSE PEZIZOMYCETES **ORDNUNG** PEZIZALES

Pilze, deren Fruchtkörper sich unterirdisch entwickeln, bezeichnet man allgemein als Trüffeln. Die essbaren Trüffeln sind die wertvollsten Speisepilze. Der sehr charakteristische Geruch und Geschmack sind für Menschen und viele Tiere attraktiv, und einige Arten gehören zu den teuersten Delikatessen. Anders als bei den meisten anderen Pilze werden die Sporen bei Trüffeln nicht aktiv ausgeschleudert. Diese Pilze sind deshalb darauf angewiesen, dass Tiere, wie Wildschweine oder Eichhörnchen, die Fruchtkörper verschleppen. Wühlmäuse und verschiedene andere Säugetiere schleppen die Fruchtkörper oft in ihre Baue und Nester.

SOMMERTRÜFFEL

TUBER AESTIVUM

Unter den essbaren echten Trüffeln ist dies die preiswerteste Art. Sie bildet in weiten Teilen Europas Mykorrhizen mit Laubbäumen aus. Wie ihre Verwandten hat sie ein charakteristisches, aber schwaches Aroma. Von den Pilzen angelockte Fliegen machen Sammler auf die Standorte aufmerksam.

SCHNITT

Festes braunes, weißlich geädertes Fleisch

SEITENANSICHT

Pyramidenförmige Warzen an der Oberfläche

SPORENFARBE Gelbbraun.

GRÖSSE Fruchtkörper 2–5 cm (b).

VORKOMMEN Unterirdisch zwischen den Wurzeln von Buchen und Birken.

VERBREITUNG Nördliches Europa bis Südskandinavien.

FRUCHTKÖRPER Einzeln; Sommer bis Herbst.

WEISSE TRÜFFEL

TUBER MAGNATUM

Die Weiße Trüffel ist eine Delikatesse aus dem italienischen Piemont. Sie schmeckt und riecht würzig. Heute kann man Bäume kaufen, deren Wurzeln mit dem Pilz beimpft wurden. Vielleicht führt das dazu, dass die Trüffeln erschwinglicher werden.

Knolle weich und kartoffelähnlich

SEITENANSICHT

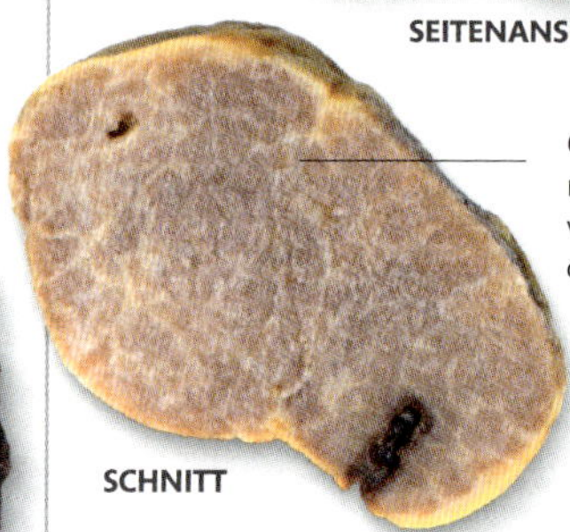

Cremefarbenes Fleisch, von Adern durchzogen

SCHNITT

SPORENFARBE Braun.

GRÖSSE Fruchtkörper 2–8 cm (b).

VORKOMMEN In kalkhaltigen Böden unterirdisch zwischen Eichenwurzeln, auch unter Pappeln und Weiden.

VERBREITUNG Beschränkt auf Norditalien, Kroatien, Schweiz und Serbien.

FRUCHTKÖRPER Einzeln; Herbst bis Winter.

PERIGORDTRÜFFEL

TUBER MELANOSPORUM

Dies ist die edelste der französischen Trüffeln, benannt nach der Region Périgord. Zur Suche setzt man abgerichtete Hunde und Schweine ein. Die wärmeliebende Art ist nur in Südfrankreich, Italien und Spanien verbreitet, wo im Jahr etwa 300 Tonnen geerntet werden. Heute sind mit Trüffelmyzel beimpfte junge Bäume im Handel erhältlich. *T. brumale*, die Wintertrüffel, ist eine verwandte Art, die weiter nördlich verbreitet ist. Weitere essbare Trüffelarten gibt es aber auch in anderen Regionen.

SCHNITT

SPORENFARBE Dunkelbraun.

GRÖSSE Fruchtkörper 2–7 cm (b).

VORKOMMEN Unter mediterranen Eichen und anderen Wirtspflanzen auf Kalkböden.

VERBREITUNG Nur im südlichen Europa.

FRUCHTKÖRPER Einzeln zwischen Baumwurzeln; Spätherbst bis zeitiges Frühjahr.

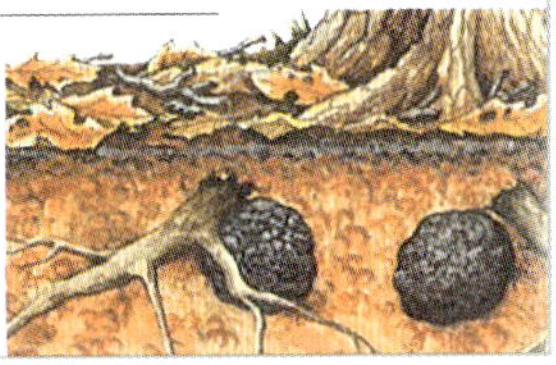

SEITENANSICHT

GEOGLOSSACEAE (Erdzungenverwandte)

KLASSE GEOGLOSSOMYCETES **ORDNUNG** GEOGLOSSALES

Bei Erdzungen und ihren Verwandten wird die sporenbildende Schicht auf gestreckten, keulenförmigen Fruchtkörpern emporgehoben. In Europa kommen die meisten Arten in offenem Gelände vor, wie Wiesen und Dünen. Einige gedeihen jedoch auch in feuchten Wäldern, manche Arten sind auf Moore und Sümpfe spezialisiert.

FEINSCHUPPIGE ERDZUNGE

GEOGLOSSUM FALLAX

Die verschiedenen Arten der Gattung *Geoglossum* sehen ähnlich aus wie die der Gattung *Trichoglossum*, ihre Fruchtkörper sind jedoch nicht behaart. Die der meisten Arten sind schwarz, die von *G. fallax* dunkelbraun mit fein beschuppter Stielspitze. Es gibt viele ähnliche Arten, von denen einige gefährdet sind. Ehemals extensiv genutztes Weideland, auf dem sie vorkommen, wird heute vielerorts in Felder umgewandelt oder aufgeforstet, sodass ihr Lebensraum stark reduziert ist.

SPORENFARBE Dunkelbraun.

GRÖSSE Fruchtkörper 3–7 cm (h) x 0,3–0,7 cm (b).

VORKOMMEN Ungedüngte, naturbelassene Wiesen.

VERBREITUNG In Europa und im östlichen Nordamerika verbreitet, wird aber oft übersehen.

FRUCHTKÖRPER In kleinen Gruppen zwischen Moosen oder hohen Gräsern verborgen; Herbst.

RAUHAARIGE ERDZUNGE

TRICHOGLOSSUM HIRSUTUM

Wesentliches Merkmal der *Trichoglossum*-Arten sind die borstigen Haare, die den gesamten Fruchtkörper bedecken. Im verdickten Teil an der Spitze befinden sich die Asci (siehe S. 26). Sie enthalten lange Sporen, die durch Querwände aufgeteilt (septiert) sind. Die Keulenspitze ist oft zusammengedrückt wie ein Kricketschläger.

SPORENFARBE Dunkelbraun.

GRÖSSE Fruchtkörper 3–12 cm (h) x 0,3–1 cm (b).

VORKOMMEN In ungedüngten Wiesen, feuchten Wäldern.

VERBREITUNG Gemäßigte Breiten auf der Nordhalbkugel; häufig.

FRUCHTKÖRPER Scharen zwischen Gräsern, Moosen oder Falllaub; Spätsommer bis Herbst.

HELOTIACEAE (Stängelbecherlingsartige)

KLASSE LEOTIOMYCETES ORDNUNG HELOTIALES

Diese sehr große Familie bildet Fruchtkörper, die typischerweise klein und scheiben- bis becherförmig sind. Die Fruchtschicht liegt im Inneren. Oben am Ascus befindet sich kein Deckel. Viele Arten gehen Beziehungen mit Wirten ein. Eine Art wächst z. B. nur an den Stängeln von Nesseln, eine andere auf Bucheckern.

NEBENFRUCHTFORM VON ASCOCORYNE SARCOIDES

GROSSSPORIGER GALLERTBECHER

ASCOCORYNE CYLICHNIUM

Das wichtigste Bestimmungsmerkmal dieses ungenießbaren Pilzes und seiner nahen Verwandten sind die rotvioletten, gallertartigen Fruchtkörper. Sie ähneln denen von *Bulgaria inquinans* (siehe S. 49), man findet sie aber auch auf Holz. Diese Art unterscheidet sich vom Fleischroten Gallertbecher (*A. sarcoides*) durch breitere Fruchtkörper und längere Sporen. *A. sarcoides* bildet außerdem eine gehirnartige Nebenfruchtform, in der asexuelle Sporen gebildet werden. Einige andere kleinere Arten kommen auf der Nordhalbkugel vor, eine von ihnen wächst auf Torfmoosen (*Sphagnum*).

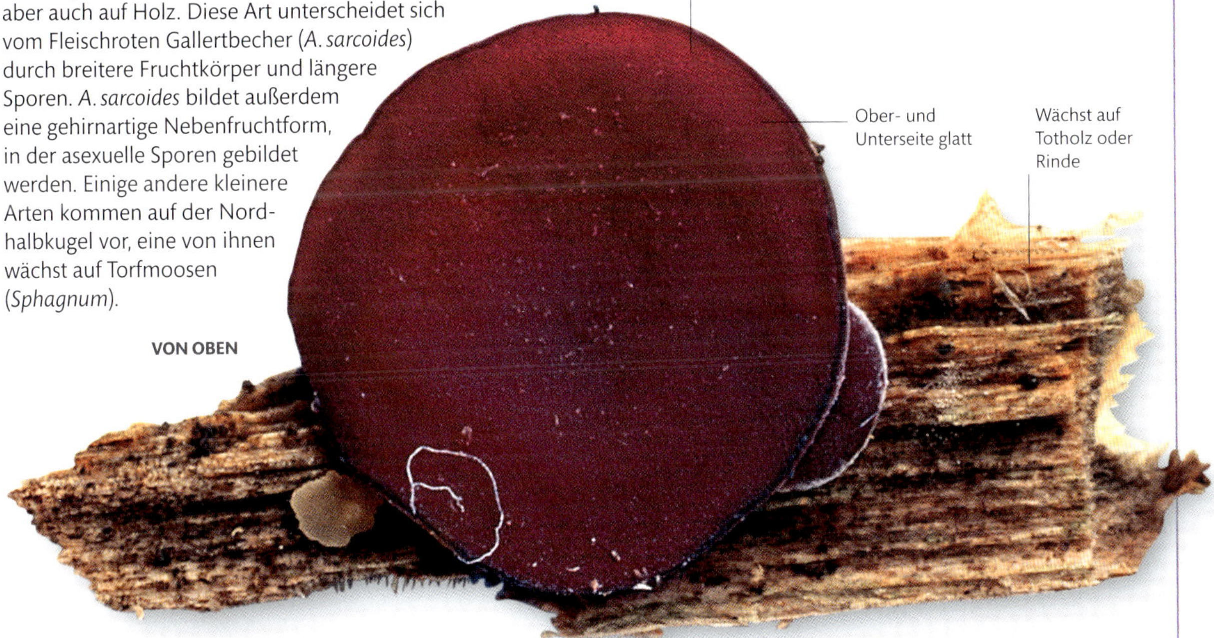

VON OBEN

SEITENANSICHT

SPORENFARBE Weiß.

GRÖSSE Fruchtkörper 0,5–2 cm (b) x 0,2–0,4 cm dick.

VORKOMMEN Auf Stümpfen und herabgefallenen Ästen von Laubgehölzen.

VERBREITUNG Gemäßigte Breiten auf der Nordhalbkugel; recht häufig.

FRUCHTKÖRPER Meist in Schwärmen; Herbst bis Winter.

BLASSROTER GALLERTBECHER

NEOBULGARIA PURA

Junge, frisch aus dem Substrat hervorbrechende Exemplare fühlen sich an wie fester Gummi. Wenn sie längere Zeit der Witterung ausgesetzt sind, kollabieren sie und werden dünner und weniger attraktiv. Dennoch überdauern sie bis in den Winter. Der Rand ist fein gezähnt und die Sporen bildende Oberfläche ist flach. Gestalt und Standort sind ähnlich wie bei *Bulgaria inquinans* (siehe S. 49), die Fruchtkörper sind jedoch heller und weicher.

SPORENFARBE Weiß.

GRÖSSE Fruchtkörper 0,5–3 cm (b) x 1 cm dick.

VORKOMMEN Auf der relativ frischen Rinde herabgefallener Buchenstämme und -äste, oft zusammen mit *Hypoxylon fragiforme* (siehe S. 52).

VERBREITUNG Gemäßigte Breiten auf der Nordhalbkugel, im Verbreitungsgebiet der Buche.

FRUCHTKÖRPER In dichten Scharen; Herbst.

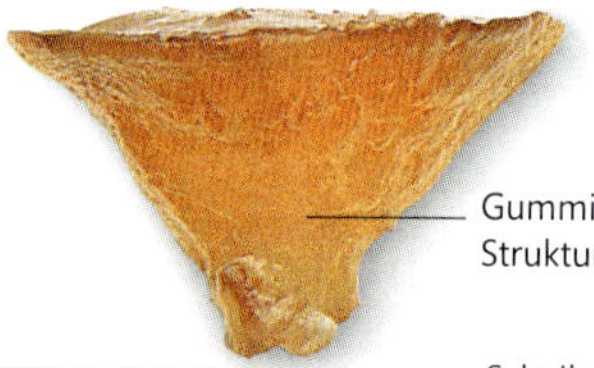

SEITENANSICHT

VON OBEN

FAMILIE NICHT FESTGELEGT

SUMPF-HAUBENPILZ

MITRULA PALUDOSA

An den sumpfigen oder moorigen Standorten fallen die leuchtend orangegelben Köpfchen auf den weißen Stielen auf. Anders als bei seinen Verwandten, den Erdzungen (siehe S. 42), sind die Sporen dieses Pilzes farblos und seine Oberfläche ist glatt. Eine Reihe ähnlicher Pilze, die an trockeneren Standorten gedeihen, werden den Leotiaceae (siehe S. 48) und den Helotiaceae (siehe S. 43) zugeordnet.

SPORENFARBE Weiß.

GRÖSSE 2–5 cm (h) x 0,2–1 cm (b).

VORKOMMEN An sauberen, langsam fließenden oder stehenden Gewässern.

VERBREITUNG Gemäßigte Breiten der Nordhalbkugel; häufiger im Norden und in höheren Lagen.

FRUCHTKÖRPER Gesellig; meist Frühsommer.

SEITENANSICHT

SEITENANSICHT

SEITENANSICHT

KLEINSPORIGER GRÜNSPANBECHERLING

CHLOROCIBORIA AERUGINASCENS

Diese Art färbt das befallene Holz blaugrün. Die zähen, schalen- bis scheibenförmigen Fruchtkörper sind ähnlich gefärbt, man sieht sie jedoch seltener. Einige verwandte Arten, besonders *C. aeruginosa*, verursachen ähnliche Verfärbungen. Die Sporengröße ist das wichtigste Unterscheidungsmerkmal.

VON OBEN

VERFÄRBTES HOLZ

SEITENANSICHT

SEITENANSICHT

SPORENFARBE Weiß.

GRÖSSE Fruchtkörper 0,2–1 cm (b) x 0,1 cm dick.

VORKOMMEN In Laubwäldern, oft an herabgefallenen Ästen von Eichen oder Haseln.

VERBREITET Gemäßigte Breiten auf der Nordhalbkugel; recht häufig.

FRUCHTKÖRPER In Scharen oder Büscheln; ganzjährig.

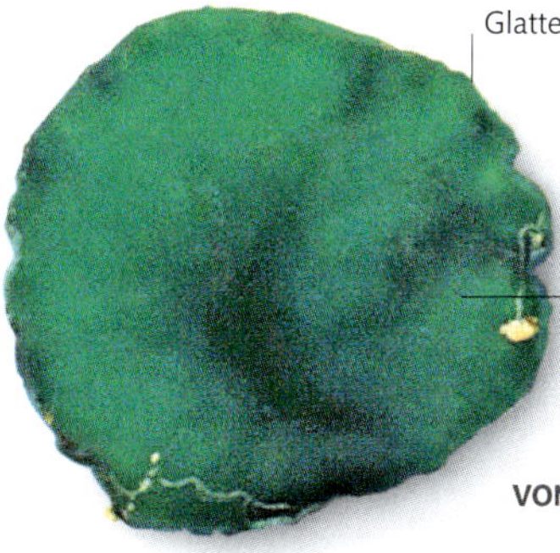

VON OBEN

FAMILIE NICHT FESTGELEGT

ZITRONENGELBER REISIGBECHERLING

BISPORELLA CITRINA

Wegen des gedrängten Wuchses und der leuchtend gelben Farbe kann man diese ungenießbare Art aus großer Entfernung entdecken. Obwohl der Pilz eine typische Form hat und an charakteristischen Standorten auftritt, kann er mit mehreren nah verwandten gelben Becherlingen verwechselt werden. Einige kann man nur unter dem Mikroskop unterscheiden, andere haben einen deutlichen Stiel.

SPORENFARBE Weiß.

GRÖSSE Fruchtkörper 0,1–0,3 cm (b); unter 1 mm dick.

VORKOMMEN Auf totem, meist entrindetem Laubholz; oft an Buche, Eiche und Hasel.

VERBREITUNG Gemäßigte Breiten auf der Nordhalbkugel; sehr häufig.

FRUCHTKÖRPER In Scharen auf Totholz; Herbst bis früher Winter.

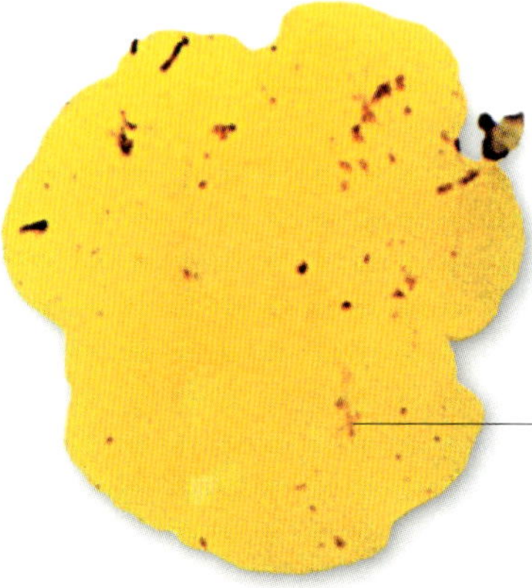

VON OBEN

SEITENANSICHT

UNTERSEITE

VON OBEN

SCLEROTINIACEAE (Sklerotienbecherlinge)

KLASSE LEOTIOMYCETES ORDNUNG HELOTIALES

Die Mitglieder dieser Schlauchpilzfamilie bilden Sklerotien aus, harte Gebilde aus Pilzhyphen mit einer festen schwarzen Rinde. Es sind Überwinterungsstadien des Pilzes, aus denen die meist langstieligen becher-, schalen- oder scheibenförmigen Fruchtkörper auswachsen. Die meisten Arten befallen lebende Pflanzen und können Schäden an Nutzpflanzen anrichten. Die Fruchtkörper sind oft braun.

Junger kastanienbrauner, becherförmiger Fruchtkörper

VON OBEN

Dicht gedrängte Fruchtkörper

VON OBEN

Becher breitet sich bei Reife aus.

Außenseite nahezu glatt

Weißes, festes Fleich

Fruchtkörper auf Sklerotium

SKLEROTIUM

ANEMONEN-BECHERLING

DUMONTINIA TUBEROSA

Die braunen Fruchtkörper dieser Art wachsen auf schwarzen Sklerotien, die unterirdisch an den Rhizomen der Buschwindröschen parasitieren. Die Art bildet innerhalb ihrer Familie wohl die größten Fruchtkörper.

Glatte Sporen bildende Oberfläche

Langer schwarzer Stiel

SEITENANSICHT

SPORENFARBE Weiß.

GRÖSSE Fruchtkörper 0,5–3 cm (b); Stiel 2–10 cm (h); Sklerotien 1,5–4 cm lang.

VORKOMMEN Parasitisch auf *Anemone*-Arten.

VERBREITUNG Weitverbreitet, in Teilen Europas häufig.

FRUCHTKÖRPER In Wäldern, an Böschungen bei Anemonen; Frühjahr.

RUTSTROEMIACEAE (Stromabecherlingsverwandte)

KLASSE LEOTIOMYCETES ORDNUNG HELOTIALES

Die Mitglieder dieser Familie sind mit den Sclerotiniaceae (siehe oben) verwandt, bilden aber weniger typische Sklerotien, die das Substrat oft nur schwärzen. Die meisten erscheinen im Frühjahr oder im Herbst. Alle bilden becherförmige Fruchtkörper, sogenannte Apothecien.

Becher im Alter verflachend

VON OBEN

Mitte nabelig vertieft

Der kurze Stiel sitzt einem Eichenast auf.

SEITENANSICHT

ZÄHER STROMABECHERLING

RUTSTROEMIA FIRMA

Diese Art bildet keine echten Sklerotien aus, ähnelt aber Arten der Sclerotiniaceae. Wie die meisten ihrer Verwandten bevorzugt sie eine bestimmte Wirtsgattung – in diesem Fall Eichen. Der Pilzbefall färbt das Holz schwarz.

Unterseite fein gerunzelt

UNTERSEITE

Wächst gesellig auf entrindetem Holz.

VON OBEN

SPORENFARBE Weiß.

GRÖSSE Fruchtkörper 0,5–1,5 cm (b); Stiel 0,2–1 cm lang.

VORKOMMEN Auf abgefallenen Eichenästen.

VERBREITUNG Weitverbreitet, in Europa vielerorts häufig.

FRUCHTKÖRPER Einzeln oder in kleinen Gruppen; Herbst.

LEOTIACEAE (Gallertschlauchpilze)

KLASSE LEOTIOMYCETES **ORDNUNG** LEOTIALES

Zur kleinen Familie Leotiaceae, die früher den Helotiaceae zugeordnet wurde, gehört heute nur die Gattung *Leotia*. Das Fleisch ist sehr gelatinös und gummiartig. Der gelbe, olivgrüne oder fast schwarze fertile Teil, dessen Ränder eingerollt sind, befindet sich oben auf einem recht langen Stiel.

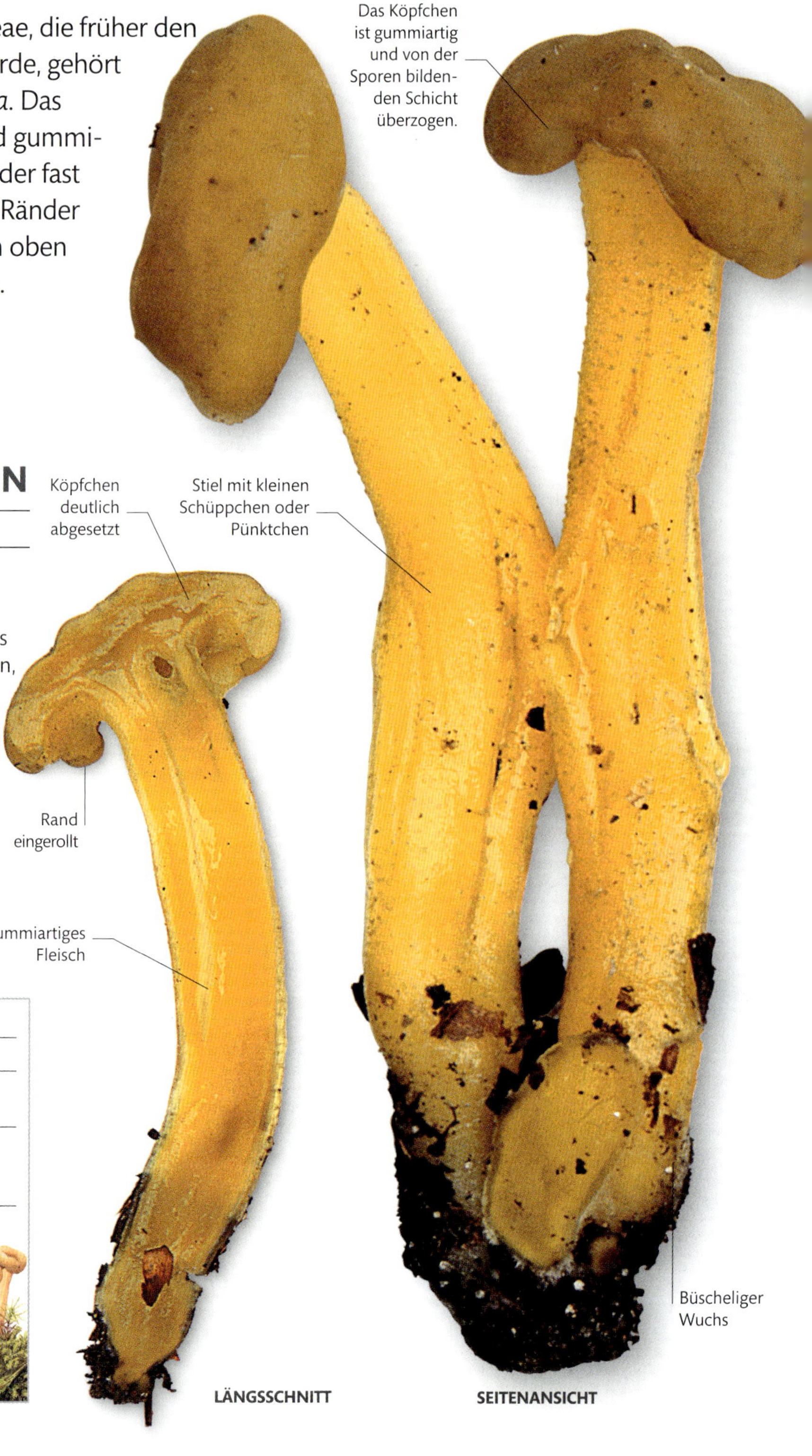

GRÜNGELBES GALLERTKÖPFCHEN

LEOTIA LUBRICA

Dieser ungenießbare Pilz hat kleine, gummiartige Fruchtkörper. Das Hymenium überzieht die konvexen, polsterförmigen Köpfchen. Das Grüngelbe Gallertköpfchen kann sich durch eine Pilzinfektion schwarzgrün verfärben, aber auch gesunde Fruchtkörper werden im Alter olivgrün.

SPORENFARBE Weiß.

GRÖSSE 2–5 cm (h) x 0,3–1 cm (b).

VORKOMMEN In feuchten Wäldern, zwischen Falllaub und Moosen.

VERBREITUNG In den meisten Regionen der gemäßigten Breiten auf der Nordhalbkugel; mancherorts häufig.

FRUCHTKÖRPER In Büscheln; Herbst.

BULGARIACEAE (Schmutzbecherlingsverwandte)

KLASSE LEOTIOMYCETES ORDNUNG LEOTIALES

Die Gattung *Bulgaria* ist die wichtigste Gattung dieser kleinen Familie. Früher wurde sie den Leotiaceae zugeordnet, aber jüngere DNA-Analysen haben die Systematik in vieler Hinsicht revolutioniert, und das gilt auch für viele Leotiomycetes. Die Mitglieder der Familie Bulgariaceae bilden braune Sporen mit langen Keimschlitzen und recht große Fruchtkörper, die gummiartig und anfangs geschlossen sind.

Wächst auf der Rinde von Buchen und Eichen.

VON OBEN

Außenseite schorfig und braun

SEITENANSICHT

SCHMUTZBECHERLING

BULGARIA INQUINANS

Ein ungewöhnliches Merkmal dieser ungenießbaren Art sind die schwarzen Sporen, die lange Keimschlitze haben. Wenn man den lakritzeartigen Fruchtkörper berührt, färben die Sporen, die sich auf ihnen abgelagert haben, die Finger schwarz. Auch die Baumrinde in der Umgebung kann von den ausgeschleuderten Sporen schwarz sein. Von den acht Sporen, die sich im Ascus bilden (siehe S. 26), färben sich nur die oberen vier schwarz. Mit ihnen hat man früher Wolle gefärbt. Die Oberfläche der Fruchtkörper erscheint in der Natur wegen der Lichtbrechung manchmal blau statt schwarz.

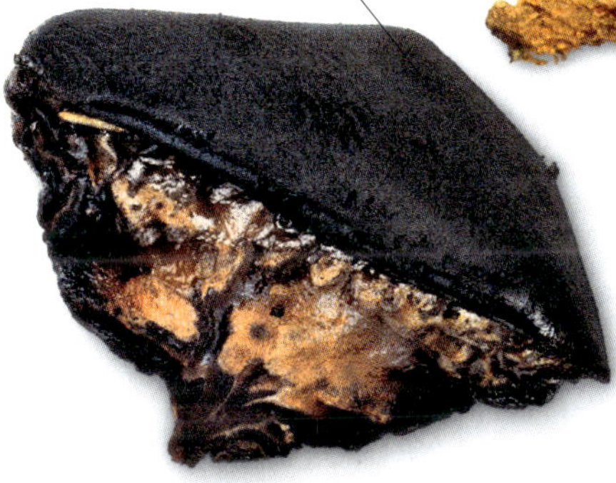

Die Fruchtkörper sind gummiartig und fest.

SCHNITT

SPORENFARBE Schwarz.

GRÖSSE 0,5–4 cm (b) x 1 cm dick.

VORKOMMEN Auf umgestürzten oder gefällten Stämmen von Buchen und Eichen, immer auf der Rinde.

VERBREITUNG In den gemäßigten Breiten auf der Nordhalbkugel im Verbreitungsgebiet der Wirtsbäume; mancherorts häufig.

FRUCHTKÖRPER In Schwärmen auf frischer Baumrinde; Herbst bis Winter.

Die Sporen bildende Oberfläche ist schwarz und glatt.

Baumrinde mit schwarzen Sporen bedeckt

Die Oberfläche der Fruchtkörper ist mit ausgeschleuderten Sporen bedeckt.

VON OBEN

XYLARIACEAE (Holzkeulenverwandte)

KLASSE SORDARIOMYCETES **ORDNUNG** XYLARIALES

Bei den Sordariomycetes entwickeln sich die Sporen im Inneren winziger kugeliger bis flaschenförmiger Organe, die Perithezien genannt werden. Viele Arten der Xylariaceae (Holzkeulen) bilden Sammelfruchtkörper, bei denen zahlreiche Perithezien in einen holzig-harten Träger eingebettet sind. Die Sporen werden ausgeschleudert und sind in der Regel sehr dunkel. Oft kann man sie mit bloßem Auge als dunklen, rußartigen Überzug auf der Baumrinde erkennen.

GEWEIHFÖRMIGE HOLZKEULE

XYLARIA HYPOXYLON

X. hypoxylon bildet geweihartig verzweigte Nebenfruchtformen, die man oft auf der Schnittfläche von gefällten Laubbäumen findet. Im Herbst erscheinen die kohlschwarzen Hauptfruchtformen, die weniger oder gar nicht verzweigt sind. Das Fleisch ist weiß wie bei den meisten Holzkeulen. Die Öffnungen der Perithezien bilden kleine, konische Strukturen auf der Oberfläche.

SPORENFARBE Schwarz.

GRÖSSE Fruchtkörper 1–6 cm (h) x 0,2–0,5 cm (b).

VORKOMMEN Auf Laubholz, häufig an Baumstümpfen in Parks und Wäldern.

VERBREITUNG Gemäßigte Breiten auf der Nordhalbkugel; häufig.

FRUCHTKÖRPER In kleinen Gruppen an Baumstümpfen; ganzjährig.

VIELGESTALTIGE HOLZKEULE

XYLARIA POLYMORPHA

Obwohl sie unauffällig am Boden wächst, ist diese Art recht bekannt. Typischerweise wächst sie in kleinen, dichten Büscheln. Die keulenförmigen Fruchtkörper haben abgerundete Spitzen. *X. longipes* ist eine ähnlich große, schlankere Art, meist an totem Ahornholz.

SPORENFARBE Schwarz.

GRÖSSE 3–10 cm (h) x 1–4 cm (b).

VORKOMMEN In Wäldern und Parks; an Buchen- und Ulmenholz; oft auf dem Erdboden.

VERBREITUNG Gemäßigte Breiten auf der Nordhalbkugel bis in die Subtropen; recht häufig.

FRUCHTKÖRPER Einzeln oder in kleinen Gruppen an morschen Baumstümpfen; Sommer bis Winter.

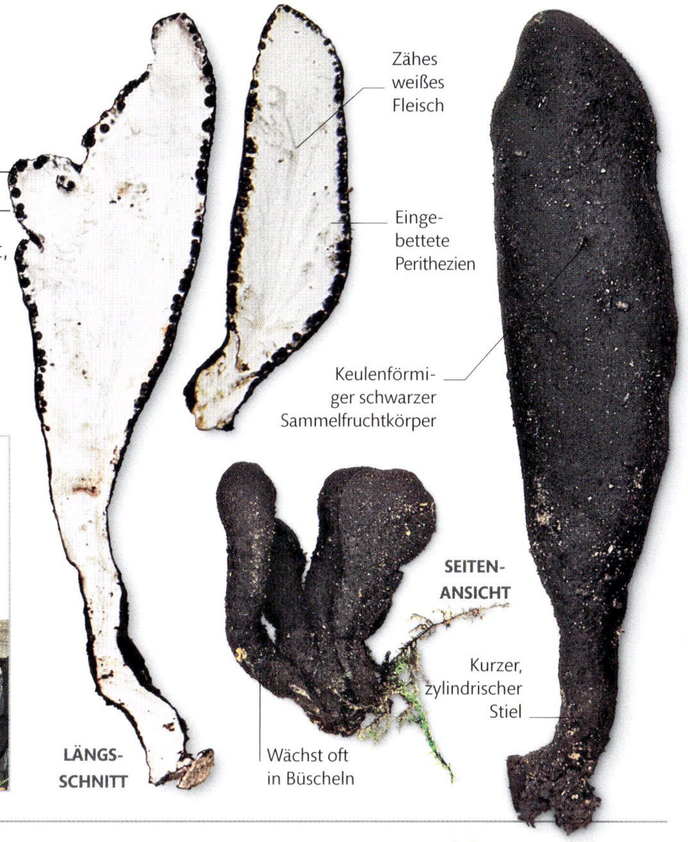

KOHLIGER KUGELPILZ

DALDINIA CONCENTRICA

Dieser Vertreter der Sordariomycetes bildet sehr große, im Inneren hell und dunkel gezonte Fruchtkörper. Die Perithezien, in denen die Sporen gebildet werden, sind in einer Schicht direkt unter der rostbraunen Oberfläche angeordnet. Die schwarzen Sporen werden aktiv herausgeschleudert, wenn sie reif sind. Die ungenießbaren Fruchtkörper halten sich sehr lange Zeit. Später färbt sich die Oberfläche schwarz und sie werden bröckelig. Es gibt noch mehrere sehr ähnliche Arten.

SPORENFARBE Schwarz.

GRÖSSE 2–10 cm (b).

VORKOMMEN Meist an noch stehenden toten oder absterbenden Stämmen; häufig an Eschen, aber auch anderen Baumarten.

VERBREITUNG In Europa vor allem atlantisch verbreitet, besonders häufig auf den Britischen Inseln.

FRUCHTKÖRPER Einzeln oder in Gruppen an Laubbäumen; ganzjährig, aber nur von Mai bis Juli in gutem Zustand.

BUCHEN-KOHLENBEERE

HYPOXYLON FRAGIFORME

Dieser ungenießbare Pilz baut vor allem Rinde ab. Die Sammelfruchtkörper sind gräulich rosa bis ziegel- oder braunrot und färben sich schwarz, wenn sie überreif sind. Den sehr ähnlichen *H. howeianum* findet man an anderen Laubbäumen. Weitere flach ausgebreitete *Hypoxylon*-Arten kommen an verschiedenen anderen Laubbäumen vor. An Haselsträuchern und Erlen findet man die Rotbraune Kohlenbeere (*H. fuscum*).

Halbkugelige Sammelfruchtkörper

ABGELÖSTE FRUCHTKÖRPER

Tote Buchenrinde, von Sporen dunkel gefärbt

VON OBEN

Überreife Sammelfruchtkörper färben sich schwarz.

FRAGMENTE

Die Rinde ist oft von den Sporen geschwärzt.

VON OBEN

SPORENFARBE Schwarz.

GRÖSSE Fruchtkörper 0,5–3 cm (b).

VORKOMMEN In Wäldern; auf der Rinde vor kurzer Zeit abgefallener Buchenäste.

VERBREITUNG Gemäßigte Breiten auf der Nordhalbkugel, im Verbreitungsgebiet der Buche; häufig.

FRUCHTKÖRPER In Scharen auf Buchenrinde; ganzjährig.

CORDYCIPITACEAE (Kernkeulenverwandte)

KLASSE SORDARIOMYCETES ORDNUNG HYPOCREALES

Bei den Mitgliedern dieser Familie sind die Fruchtkörper birnenförmige Perithezien. Die Sporen keimen auf einem lebenden Wirt, entweder einem Insekt oder einer Spinne. Der Wirt stirbt schließlich, und wenn der Pilz den toten Körper aufgezehrt hat, erscheinen die keulenörmigen oder verzweigten Sammelfruchtkörper.

PUPPEN-KERNKEULE

CORDYCEPS MILITARIS

Das Myzel dieser parasitischen Art befällt Schmetterlingsraupen oder -puppen und tötet sie ab. Nach einiger Zeit erscheint ein orangeroter, ungenießbarer Sammelfruchtkörper. In der oberen Keulenregion sind die hervorstehenden Perithezien erkennbar. Andere *Cordyceps*- und *Ophiocordyceps*-Arten parasitieren Spinnen. Die meisten dieser Arten kommen in den Tropen vor.

SPORENFARBE Weiß.

GRÖSSE Fruchtkörper 2–5 cm (h) x 0,3–0,8 cm (b).

VORKOMMEN Auf Schmetterlingsraupen und -puppen, in Wäldern, auf Wiesen.

VERBREITUNG Gemäßigte Breiten auf der Nordhalbkugel.

FRUCHTKÖRPER Einzeln oder in Gruppen; Sommer bis Herbst.

OPHIOCORDYCIPITACEAE (Hirschtrüffel-Kernkeulen und Verwandte)

KLASSE SORDARIOMYCETES ORDNUNG HYPOCREALES

Die Ophiocordycipitaceae wurden von den vor allem Insekten befallenden Cordycipitaceae abgetrennt. Die Arten der Gattung *Elaphocordyceps* parasitieren auf Hirschtrüffeln. Der Pilz löst das Innere des Wirtes auf. Ab Herbst erscheinen keulenförmige fertile Strukturen.

ZUNGEN-KERNKEULE

ELAPHOCORDYCEPS OPHIOGLOSSOIDES

Die ungenießbaren Arten der Gattung *Elaphocordyceps* parasitieren Hirschtrüffeln (*Elaphomyces*). Die Zungen-Kernkeule umschließt den unterirdischen Fruchtkörper des Wirtes mit gelben Myzelsträngen, die sich vereinen, um einen Stiel mit einem Kopfteil zu bilden, der über dem Erdboden erscheint. Auf denselben Wirten parasitieren auch *E. capitata*, *E. longisegmentis* und *E. rouxii*.

SPORENFARBE Weiß.

GRÖSSE Fertiler Kopfteil 1–3 cm (h) x 0,5–1 cm (b); Stiel einschließlich des im Boden wurzelnden Teils 10 cm lang.

VORKOMMEN Auf *Elaphomyces muricatus* oder *E. granulatus* in Laub- und Nadelwäldern.

VERBREITUNG Gemäßigte Breiten auf der Nordhalbkugel; vielerorts häufig.

FRUCHTKÖRPER Einzeln oder in Büscheln; Herbst bis früher Winter.

BASIDIOMYCOTA (Ständerpilze)

Dieser Abteilung gehören viele Arten an, die auf den ersten Blick keine Ähnlichkeiten aufweisen: Lamellenpilze und Boviste, aber auch Gallertpilze, Korallenpilze, Stachelinge, Porlinge, Schicht- und Rindenpilze. Erst unter dem Mikroskop betrachtet, werden ihre Gemeinsamkeiten erkennbar: Alle Arten bilden winzige, typischerweise keulenförmige Strukturen, die sogenannten Basidien. An der Spitze einer Basidie erscheinen meist vier Auswüchse, die Sterigmen, denen die gebildeten Sporen aufsitzen.

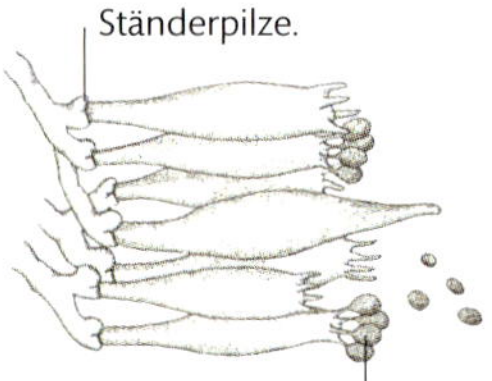

AUFBAU DER BASIDIEN

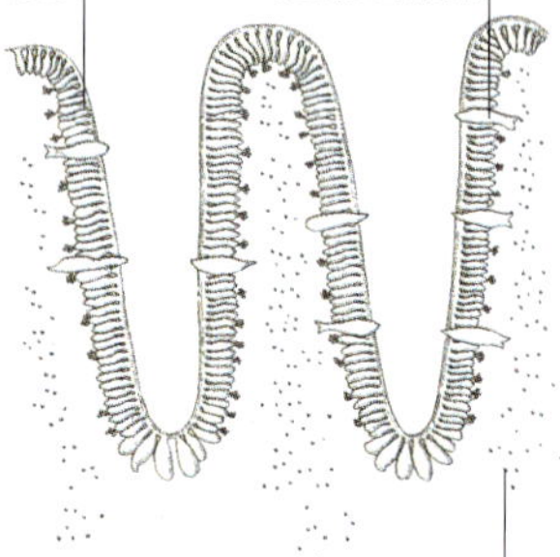

LAMELLENQUERSCHNITT

FAMILIE NICHT FESTGELEGT

ZITTERZAHN

PSEUDOHYDNUM GELATINOSUM

Obwohl der Zitterzahn einem Pilz der Familie Hydnaceae (siehe S. 58) ähnelt, ist er doch unverwechselbar und wird einer völlig anderen Gruppe zugeordnet. Das Fleisch ist gallertig, der Hut mehr oder weniger halbkreisförmig mit rauer oder flaumiger Oberfläche. Auf der Hutunterseite befinden sich blasse Stacheln, die mit der Fruchtschicht überzogen sind. Der kurze, dicke Stiel sitzt oft seitlich am Hut an. Die Farbe des Hutes variiert von fast weiß bis hin zu graubraun. Die Art ist zwar essbar, kann aber nicht empfohlen werden.

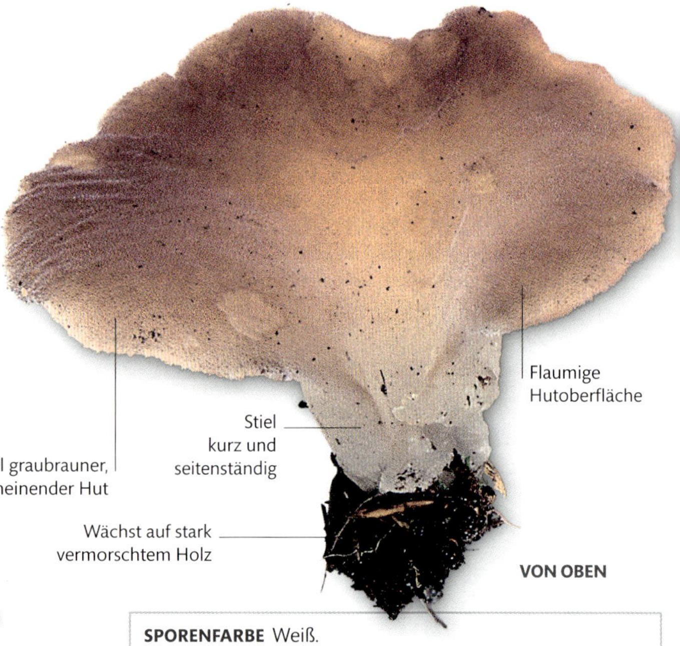

VON OBEN

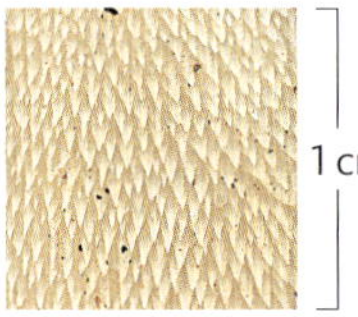

STACHELN

SEITENANSICHT

SPORENFARBE Weiß.

GRÖSSE 1–8 cm (b); Stiel 0,5–3 cm (h).

VORKOMMEN In naturbelassenen Nadelwäldern und Nadelbaumplantagen; seltener an Laubholz.

VERBREITUNG Gemäßigte Breiten auf der Nordhalbkugel; auch in wärmeren, südlicheren Regionen.

FRUCHTKÖRPER Kleine Gruppen an Baumstümpfen; Herbst bis Winter.

AURICULARIACEAE (Ohrlappenpilzverwandte)

KLASSE AGARICOMYCETES **ORDNUNG** AURICULARIALES

Diese Familie gehört zu den Gallertpilzen, die man unter anderem an der gallertartigen Beschaffenheit ihres Fleischs identifizieren kann. Unter dem Mikroskop erkennt man, dass die annähernd zylindrischen Basidien durch Längswände in zwei bis vier Zellen aufgeteilt sind. Die Fruchtschicht befindet sich auf der Unterseite der Fruchtkörper. Sie ist glatt oder gerunzelt. Nach neuerer Systematik gehören nur sehr wenige Arten dieser Familie an.

WARZIGER DRÜSLING

EXIDIA PLANA

Diese ungenießbare Art erinnert an Teer. Wenn man sie berührt, ist sie fester und weniger gallertartig als *Tremella mesenterica* (siehe S. 353). Die ähnliche, aber knopfförmigere Art *E. truncata* ist ebenfalls häufig und gedeiht an Laubholz, wie Eichen. *E. glandulosa* hat eine feinsamtige Oberfläche.

ABGELÖSTE FRUCHTKÖRPER

VON OBEN

VON OBEN

SPORENFARBE Weiß.

GRÖSSE Fruchtkörper 2–10 cm lang.

VORKOMMEN In Wäldern; auf der Rinde oder entrindetem Totholz von Laubbäumen.

VERBREITUNG Gemäßigte Breiten auf der Nordhalbkugel; häufig.

FRUCHTKÖRPER Zusammenfließend auf Holz und Rinde; Spätherbst bis Winter.

JUDASOHR

AURICULARIA AURICULA-JUDAE

Der ohrförmige Fruchtkörper ist gallertig, wird jedoch hart, wenn er eintrocknet. Die rötlich braune Oberseite ist flaumig, während die Unterseite gerunzelt ist. In Europa gilt der Pilz als nicht sehr schmackhaft, während er in China getrocknet oder gekocht gegessen wird. Zudem schreibt man ihm dort große Heilkräfte zu.

UNTERSEITE

SEITENANSICHT

SPORENFARBE Weiß.

GRÖSSE Fruchtkörper 2–10 cm (b).

VORKOMMEN An Laubholz in feuchten Wäldern, oft an Holunder.

VERBREITET Gemäßigten Breiten auf der Nordhalbkugel, wärmere Regionen.

FRUCHTKÖRPER In Büscheln oder dachziegelartig auf der Rinde; ganzjährig.

GEZONTER OHRLAPPENPILZ

AURICULARIA MESENTERICA

Diese Art hat eine attraktiv gezonte, samtig behaarte Oberfläche. Auf den ersten Blick sieht sie aus wie ein Porling (siehe S. 101), aber sobald man sie anfasst, spürt man das gallertige Fleisch. Die Art ist seltener als *A. auricula-judae* (siehe oben), aber an toten Ulmen mitunter häufig. Sie ist zwar essbar, kann aber nicht empfohlen werden.

UNTERSEITE

VON OBEN

SPORENFARBE Weiß.

GRÖSSE Fruchtkörper 4–15 cm (b) x 1–5 cm tief und 0,2–0,5 cm dick.

VORKOMMEN Fast ausschließlich an den Stämmen und Stümpfen von Ulmen in Parks und Wäldern.

VERBREITUNG Gemäßigte Breiten der Nordhalbkugel; lokal, vielerorts selten.

FRUCHTKÖRPER Dachziegelartig auf Totholz; ganzjährig.

CLAVULINACEAE (Korallenpilzverwandte)

KLASSE AGARICOMYCETES **ORDNUNG** CANTHARELLALES

Die Mitglieder dieser kleinen Familie bilden relativ große Basidien, die gewöhnlich je zwei Sporen an gekrümmten, kuhhornartigen Sterigmen tragen (siehe S. 54). Die meisten Arten bringen korallenförmige Fruchtkörper hervor, die denen der *Clavariaceae* (siehe S. 106) oder *Gomphaceae* (siehe S. 61) ähneln.

KAMMKORALLE

CLAVULINA CORALLOIDES

Dieser bekannte, ungenießbare Waldpilz ist in Form und Farbe sehr variabel, an den verzweigten Astspitzen aber gut zu erkennen. Es gibt weißliche und graue Formen sowie Übergangsformen, die das Erkennen erschweren.

SPORENFARBE Weiß.

GRÖSSE Fruchtkörper 2–6 cm (h).

VORKOMMEN Feuchte Standorte, wie Grabenböschungen in Wäldern; auch an Wegrändern.

VERBREITUNG Gemäßigte Breiten auf der Nordhalbkugel.

FRUCHTKÖRPER Einzeln oder in Gruppen; Sommer bis früher Winter.

HYDNACEAE (Stoppelpilze)

KLASSE AGARICOMYCETES **ORDNUNG** CANTHARELLALES

Dies ist eine kleine Pilzfamilie, bei der Stacheln oder Zähne die sporenbildenden Organe (Basidien) an der Unterseite des Hutes stützen. Die Sporen sind glatt und durchscheinend, wenn man sie unter dem Mikroskop betrachtet. Alle Arten der Familie bilden Mykorrhizen mit bestimmten Bäumen aus. Sie sind mit den Pfifferlingen verwandt.

SEMMEL-STOPPELPILZ

HYDNUM REPANDUM

Diese Art ist ein guter Speisepilz. Die Stacheln sind brüchig, aber das Fleisch ist fest. Bei älteren Exemplaren kann es bitter schmecken, deshalb sollte man sie gut kochen. In Büscheln wachsende Pilze sind oft verformt. Der Rötliche Stoppelpilz (*H. rufescens*) und einige andere Arten sind kleiner und oft deutlicher orangefarben getönt.

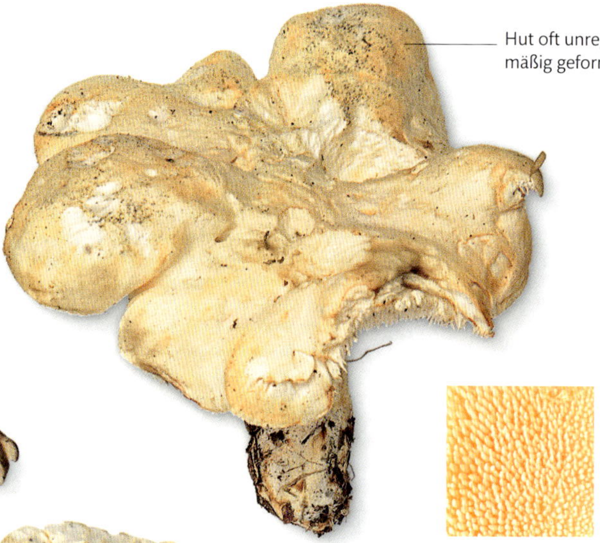

VON OBEN

1 cm

STACHELN

LÄNGSSCHNITT

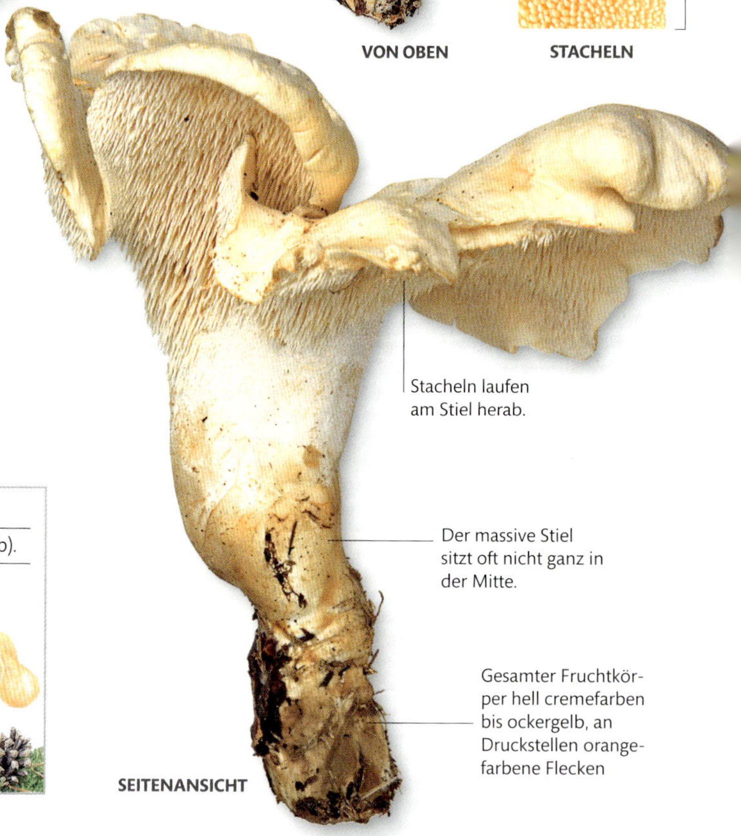

SEITENANSICHT

SPORENFARBE Weiß.

GRÖSSE Hut 5–15 cm (b); Stiel 3–7 cm (h) x 1–3 cm (b).

VORKOMMEN In Wäldern, bildet Mykorrhizen mit Laub- und Nadelbäumen aus.

VERBREITUNG Gemäßigte Breiten auf der Nordhalbkugel, auch kühlere Regionen.

FRUCHTKÖRPER Gruppen in Wäldern zwischen Moosen; Herbst.

CANTHARELLACEAE (Leistlinge und Pfifferlinge)

KLASSE AGARICOMYCETES ORDNUNG CANTHARELLALES

Wegen ihres Geschmacks gehören der Echte Pfifferling und seine Verwandten zu den beliebtesten Speisepilzen. In der Form erinnern sie an die Trichterlinge (*Clitocybe*, siehe S. 127), aber auf der Unterseite des Hutes befinden sich keine Lamellen, sondern dicke, oft wellige und gegabelte Leisten. Bei einigen Arten ist die Unterseite auch glatt. Die Mitglieder der *Cantharellaceae* bilden an ihren Basidien oft mehr als vier Sporen aus. Alle Arten sind Mykorrhizapilze.

ECHTER PFIFFERLING

CANTHARELLUS CIBARIUS

Diese Art variiert in der Färbung stark, oft ist sie jedoch gelb mit rötlichem Beiton. Alle Formen riechen ähnlich wie getrocknete Aprikosen und sind hervorragende Speisepilze. Die Haupterscheinungszeit ist der Sommer. Wenn es wenig regnet, kann die Ernte gering ausfallen. Der ähnliche *Hygrophoropsis aurantiaca* (siehe S. 323) ist harmlos, während der ebenfalls ähnliche *Omphalotus olearius* (siehe S. 183) giftig ist.

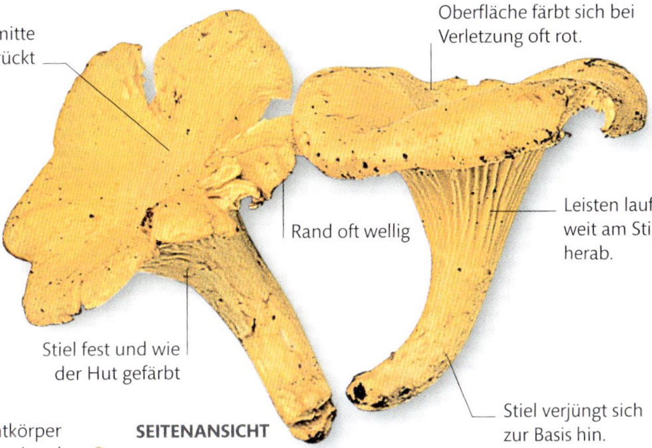

SEITENANSICHT

UNTERSEITE

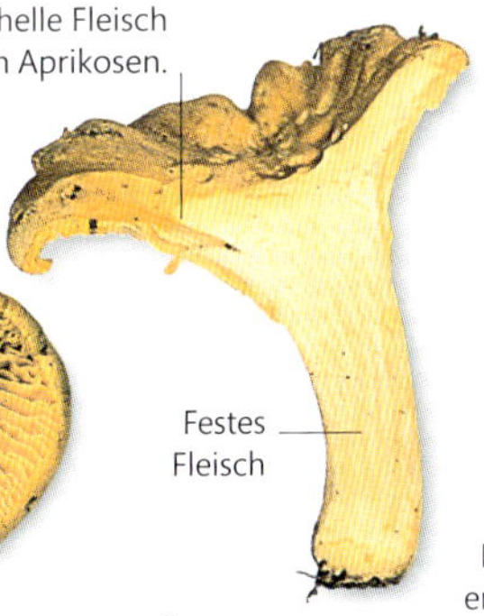

LÄNGSSCHNITT

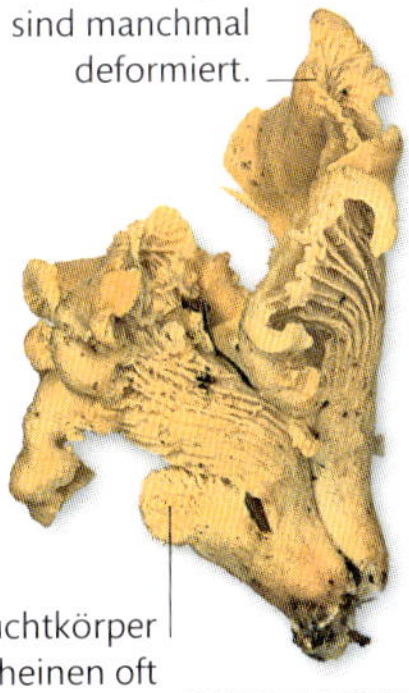

SEITENANSICHT

SPORENFARBE Hell cremefarben.

GRÖSSE Hut 2–12 cm (b); Stiel 2–10 cm (h) x 0,4–1,5 cm (b).

VORKOMMEN Bei Fichten und Kiefern, aber auch unter Laubbäumen, wie Eichen.

VERBREITUNG Gemäßigte Breiten auf der Nordhalbkugel; mancherorts sehr häufig, in anderen Regionen selten.

FRUCHTKÖRPER In Scharen auf durchlässigen Böden; Sommer bis Herbst.

GOLDSTIELIGER LEISTLING

CRATERELLUS LUTESCENS

Diese Art kommt in Wäldern auf Kalkböden vor. Der gelbbraune Hut ist mehr oder weniger trichterförmig. Der Stiel ist hohl und das Fleisch recht dünn. Die Fruchtschicht auf der Hutunterseite ist fast glatt und heller als die Leisten des Trompetenpfifferlings (*C. tubaeformis*, siehe S. 60). Die Art ist ein hervorragender Speisepilz.

SPORENFARBE Hell cremefarben.

GRÖSSE Hut 2–7 cm (b); Stiel 3–7 cm (h) x 0,3–0,8 cm (b).

VORKOMMEN In feuchten, moosigen Wäldern auf Kalkböden; Mykorrhizapilz.

VERBREITUNG Warm-gemäßigte Regionen in Nordamerika, Europa und Asien; oft lokal verbreitet.

FRUCHTKÖRPER In Scharen im Moos auf Waldböden; Frühherbst bis früher Winter.

TROMPETENPFIFFERLING

CRATERELLUS TUBAEFORMIS

Wegen seiner unauffälligen Hutfarbe verschmilzt der Trompetenpfifferling geradezu mit dem Waldboden und ist recht schwierig zu finden. Anders als der Echte Pfifferling (*Cantharellus cibarius*, siehe S. 59) ist er dünnfleischig und hohl. In der Regel wächst die Art in so großen Mengen, dass es sich lohnt, die Pilze zum Trocknen oder zur sofortigen Zubereitung zu sammeln.

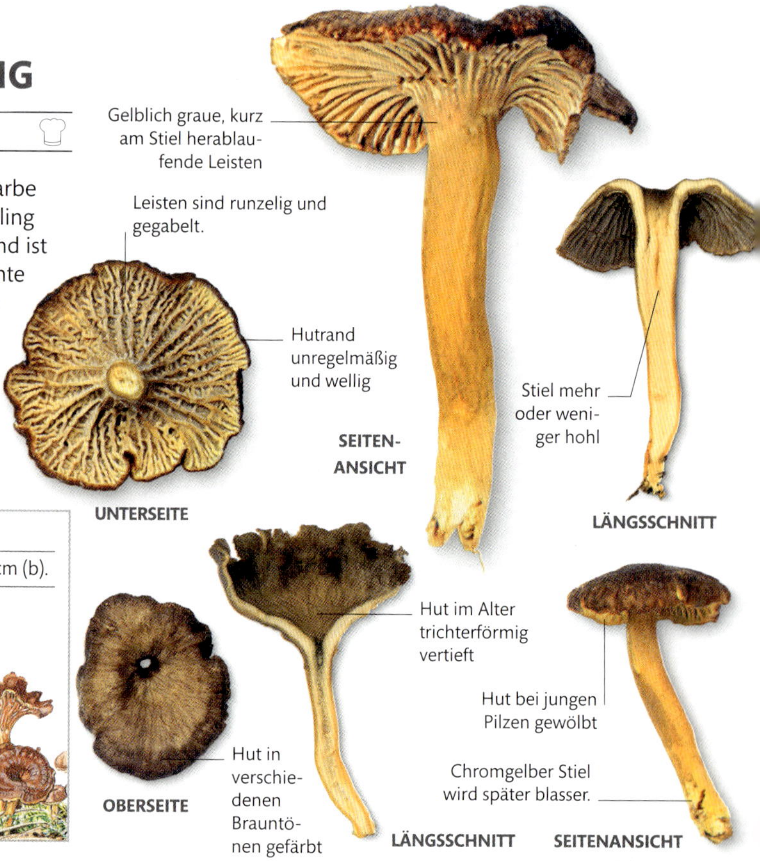

SPORENFARBE Weiß.

GRÖSSE Hut 1–6 cm (b); Stiel 3–8 cm (h) x 0,3–0,8 cm (b).

VORKOMMEN Unter Laub- und Nadelbäumen, vor allem in älteren moosreichen Fichten- und Tannenwäldern.

VERBREITUNG Gemäßigte Breiten auf der Nordhalbkugel.

FRUCHTKÖRPER Große Trupps zwischen Moosen auf Waldböden; Herbst bis Winter.

TOTENTROMPETE

CRATERELLUS CORNUCOPIOIDES

Trotz des besorgniserregenden Namens ist diese Art mit ihrem milden und angenehmen Geschmack ein hervorragender Speisepilz. Wie *C. tubaeformis* (siehe oben) ist der dunkle Pilz schwer zu entdecken. Hat man jedoch einen Standort ausfindig gemacht, findet man oft Unmengen der Fruchtkörper. Eine ähnliche nordamerikanische Art, *C. fallax*, ist noch aromatischer.

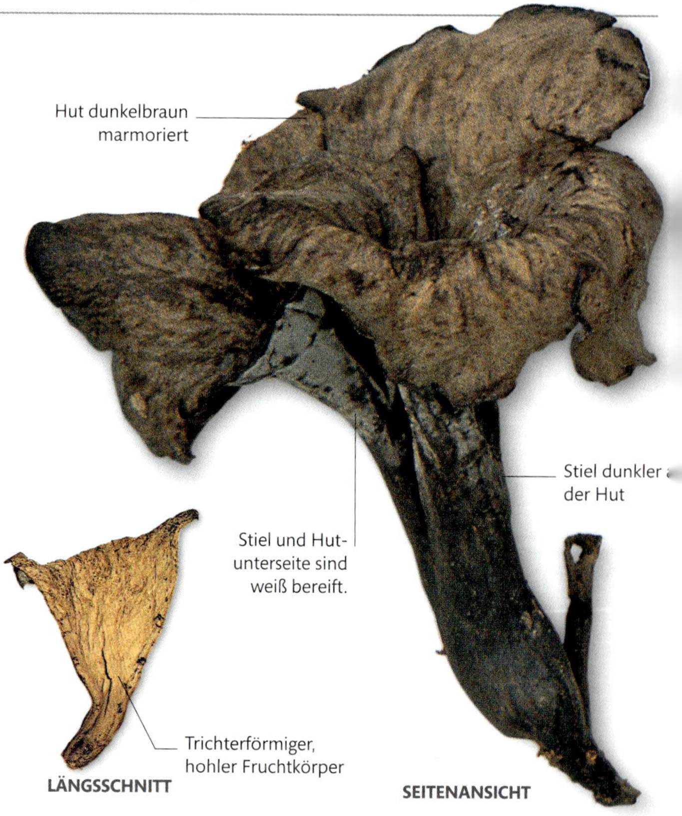

SPORENFARBE Weiß.

GRÖSSE Hut 3–10 cm (b); Stiel 5–12 cm (h) x 0,5–2 cm (b).

VORKOMMEN Auf nährstoffreicheren, oft kalkhaltigen Böden in Laubwäldern, manchmal auch in Nadelwäldern.

VERBREITUNG Gemäßigte Breiten auf der Nordhalbkugel; mancherorts häufig, andernorts fehlt die Art.

FRUCHTKÖRPER In Scharen oder kleinen Gruppen; Sommer bis Herbst.

CLAVARIADELPHACEAE (Herkuleskeulenverwandte)

KLASSE AGARICOMYCETES ORDNUNG GOMPHALES

Die recht kleine Familie *Clavariadelphaceae* wurde von den *Gomphaceae* abgetrennt. Ihr gehören die großen, keulenförmigen Arten der Gattung Clavariadelphus an, die vermutlich Mykorrhizen mit Bäumen bilden. Alle Arten sind gelblich bis blassbraun.

HERKULESKEULE

CLAVARIADELPHUS PISTILLARIS

Die Fruchtkörper dieser beeindruckend großen Art sind zitronengelb, werden aber im Alter matt rotbraun. Verletztes Fleisch fleckt rotbraun. Der Pilz riecht angenehm, schmeckt aber bitter und ist kein Speisepilz. Die ähnliche Abgestutzte Riesenkeule (*C. truncatus*) wächst in Nadelwäldern auf nährstoffreichen Böden.

SPORENFARBE Weiß.

GRÖSSE Fruchtkörper 10–20 cm (h) x 2–6 cm (b).

VORKOMMEN Wälder auf Kalkböden, oft unter Buchen.

VERBREITUNG Gemäßigte Breiten auf der Nordhalbkugel; lokale Vorkommen, dort stellenweise häufig.

FRUCHTKÖRPER In kleineren Gruppen im Falllaub; Herbst.

GOMPHACEAE (Schweinsohrverwandte)

KLASSE AGARICOMYCETES ORDNUNG GOMPHALES

Die wichtigste Gattung dieser Familie ist *Ramaria*. Deren Arten sind stark verzweigt. Unter dem Mikroskop sind die Sporen hell- bis ockergelb mit warzigen, gratigen oder stacheligen Wänden. Weil die essbaren Arten recht selten und einige Mitglieder giftig sind, sollte man diese attraktiven Pilze nicht sammeln.

HAHNENKAMM

RAMARIA BOTRYTIS

Dieser typische fleischige Gattungsvertreter ist an den rosa Spitzen der Äste und der dichten Verzweigung zu erkennen. Der Strunk ist dick und das feste Fleisch hat einen angenehmen, fruchtigen Geschmack. Dennoch sollte man die Art nicht sammeln, denn sie kann mit der giftigen Schönen Koralle (*R. formosa*) verwechselt werden. Weil viele Korallen unzureichend bekannt sind, ist die Bestimmung schwierig.

SPORENFARBE Ockergelb.

GRÖSSE Fruchtkörper 7–15 cm (h).

VORKOMMEN In alten Nadel- und Laubwäldern.

VERBREITUNG In gemäßigtem und warm gemäßigtem Klima; mancherorts selten, in anderen Gebieten häufig.

FRUCHTKÖRPER Einzeln oder in Ringen oder Reihen im Moos und Falllaub; Herbst.

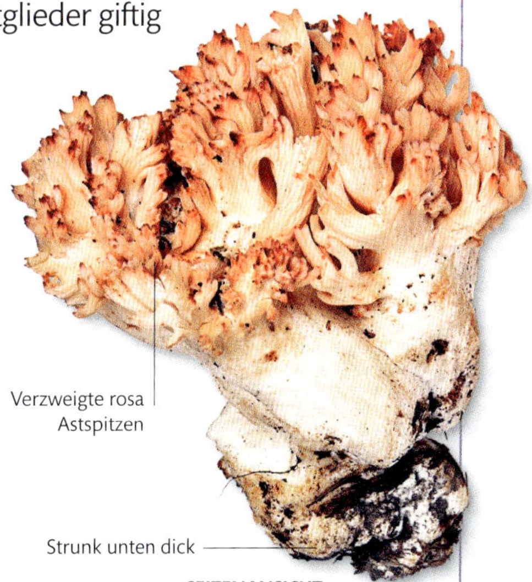

SEITENANSICHT

GRÜNENDE KORALLE

PHAEOCLAVULINA ABIETINA

Diese ungenießbare Art, die zu den kleineren, weniger fleischigen Korallen gehört, ist am leichtesten zu bestimmen, denn sie verfärbt sich im Alter grün. Die Grünspitzige Koralle (*Ramaria apiculata*) dagegen färbt sich nur an den Astspitzen grün. Sie wächst auf Nadelholz und wird größer. Ähnlich sind auch *P. eumorpha* und *P. myceliosa*, sie verfärben sich aber nicht grün.

SEITENANSICHT

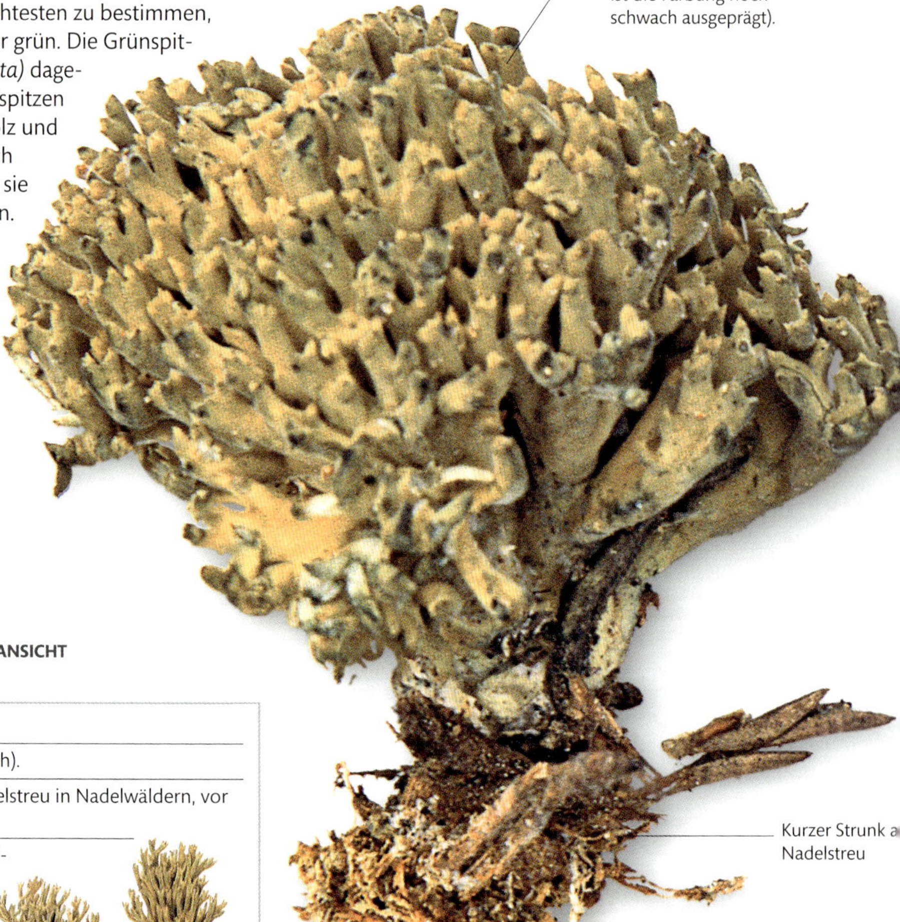

SEITENANSICHT

SPORENFARBE Ockergelb.

GRÖSSE Fruchtkörper 3–8 cm (h).

VORKOMMEN Auf dicker Nadelstreu in Nadelwäldern, vor allem unter Fichten.

VERBREITUNG Gemäßigte Breiten auf der Nordhalbkugel; recht häufig.

FRUCHTKÖRPER Oft in Hexenringen auf dicker Nadelstreu; Herbst.

BLUTROTFLECKENDE KORALLE

RAMARIA SANGUINEA

Da es viele gelbe oder orangefarbene *Ramaria*-Arten gibt, sind sie oft schwierig zu bestimmen. *R. sanguinea* ist an den roten Flecken zu erkennen, die sich auf der Strunkoberfläche im Alter oder bei Verletzung bilden. Das Fleisch schmeckt mild, kann aber nicht empfohlen werden. Die größere *R. largentii* fleckt nicht rot.

SPORENFARBE Ockergelb.

GRÖSSE Fruchtkörper 8–15 cm (h).

VORKOMMEN Auf alkalischen Böden unter Laub- und Nadelbäumen, oft unter Buchen.

VERBREITUNG Europa und andere Regionen der gemäßigten Breiten auf der Nordhalbkugel; nirgends häufig.

FRUCHTKÖRPER In Ringen oder Reihen, auch einzeln; Herbst.

STEIFE KORALLE

RAMARIA STRICTA

Der Standort ist eines der besten Bestimmungsmerkmale dieser ungenießbaren Art. Die Fruchtkörper wachsen direkt auf morschem Holz oder sind durch weiße Myzelstränge mit ihm verbunden. Der Pilz ist stark verzweigt und hat hellgelbe Astspitzen. Das Fleisch fleckt weinrot. Junge Fruchtkörper sind manchmal zitronengelb. Form und Größe sind sehr variabel.

SPORENFARBE Ockergelb.

GRÖSSE Fruchtkörper 4–12 cm (h).

VORKOMMEN Meist auf halb vergrabenem Laubholz, oft Buche; auch auf Sägemehl und Holzhäckselabfällen.

VERBREITUNG Gemäßigte Breiten auf der Nordhalbkugel; meist häufig.

FRUCHTKÖRPER Einzeln oder in Gruppen auf stark vermorschtem Holz; Herbst.

SEITENANSICHT

SEITENANSICHT

AURISCALPIACEAE (Ohrlöffelstachelingsverwandte)

KLASSE AGARICOMYCETES **ORDNUNG** RUSSULALES

Die Arten dieser kleine Familie gedeihen auf den Zapfen von Nadelbäumen oder auf Laub- und Nadelholz. Sie sind als Zersetzer ökologisch bedeutsam, denn wenn sie verrottende organische Materie aufbrechen, wie Zapfen und Baumstümpfe, werden Nährstoffe wieder freigesetzt und stehen lebenden Pflanzen zur Verfügung. Diese Pilze gelten als Verwandte der größeren und fleischigeren *Hericium*-Arten (siehe gegenüber). Die Sporen sitzen Basidien auf, die sich entweder an Stacheln oder an lamellenähnlichen Strukturen befinden.

OHRLÖFFELSTACHLING

AURISCALPIUM VULGARE

Dieser ungenießbare Pilz ist unverwechselbar, denn er wächst auf in der Nadelstreu vergrabenen Kiefernzapfen. Der Stiel sitzt seitlich am nierenförmigen, filzigen Hut, an dessen Unterseite lange Stacheln herabhängen. Wegen seiner Färbung übersieht man ihn leicht in der Nadelstreu, obwohl er häufig ist.

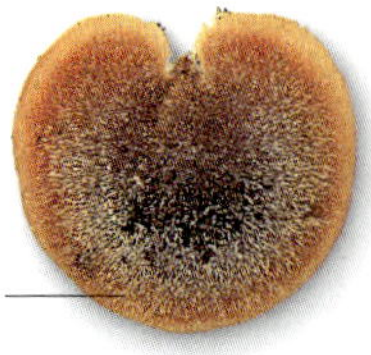

Der nierenförmige Hut ist mit feinen Haaren bedeckt.

VON OBEN

Stiel sitzt seitlich am Hut.

Stiel dunkler als der Hut

SEITENANSICHT

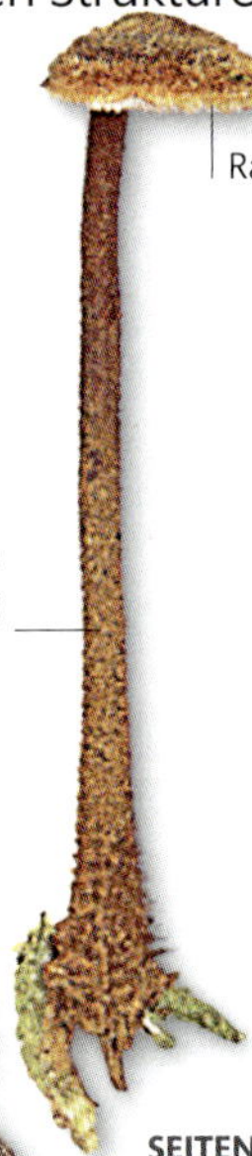

Rand blass

Stiel braun und filzig

Stiel sitzt mit filzigem Myzel auf Substrat.

SEITENANSICHT

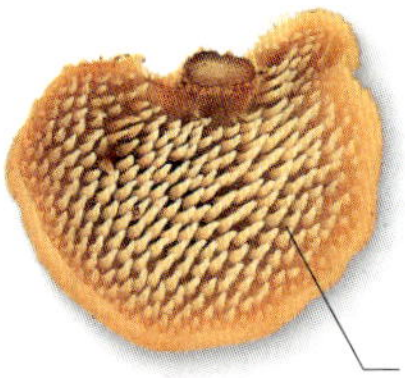

Gräuliche Stacheln hängen senkrecht herab.

UNTERSEITE

SPORENFARBE Weiß.

GRÖSSE Hut 0,5–2 cm (b); Stiel 3–10 cm (h) x 0,2–0,3 cm (b).

VORKOMMEN Auf Zapfen in älteren Wäldern.

VERBREITUNG Gemäßigte Breiten auf der Nordhalbkugel, im Verbreitungsgebiet von Kiefern und Fichten.

FRUCHTKÖRPER Einzel oder in Paaren auf morschen Zapfen; ganzjährig.

ANIS-ZÄHLING

LENTINELLUS COCHLEATUS

Die dicht stehenden, mehr oder weniger tütenförmigen Fruchtkörper und die gesägten Lamellenschneiden sind wichtige Bestimmungsmerkmale. Einige Formen riechen stark nach Anis, während andere geruchlos sind. Die Oberfläche des Hutes ist glatt, anders als bei einigen verwandten Arten. Das Fleisch schmeckt ziemlich bitter, deshalb ist die Art kein guter Speisepilz. Einige *Lentinus*-Arten sehen sehr ähnlich aus, ihre Sporen unterscheiden sich aber unter dem Mikroskop. *Lentinula edodes*, der bekannte essbare Shiitake-Pilz, kann ähnlich aussehen, ist aber ein Lamellenpilz aus der Familie Tricholomataceae (siehe S. 126).

SPORENFARBE Weiß.

GRÖSSE Hut 2–6 cm (b); Stiel 2–5 cm (h) x 0,8–1,5 cm (b).

VORKOMMEN An Stümpfen von Laubbäumen.

VERBREITUNG Gemäßigte Breiten auf der Nordhalbkugel; lokal häufig.

FRUCHTKÖRPER In Büscheln oder dachziegelartig auf morschem Holz; Spätsommer bis Herbst.

HERICIACEAE (Stachelbärte)

KLASSE AGARICOMYCETES **ORDNUNG** RUSSULALES

Die meisten Mitglieder dieser Familie sind groß und fleischig und zersetzen Holz. Bei allen sitzen die Basidien mit den Sporen an senkrecht herabhängenden Stacheln. Halten Sie in alten, naturbelassenen Wäldern Ausschau nach diesen Pilzen. Die meisten Arten sind essbar, Sie sollten sie aber nicht pflücken, da sie recht selten sind. Manche Arten, wie der Igel-Stachelbart *Hericium erinaceum*, wachsen oft hoch oben am Baum und können mit einem Fernglas am besten bewundert werden.

ÄSTIGER STACHELBART

HERICIUM CORALLOIDES

Jung ist diese Art ein atemberaubender Anblick, wenn sie an einem umgestürzten Baumstamm wächst. Die üppigen Stacheln sitzen an Ästen, die einem gemeinsamen Punkt entspringen. Das Fleisch schmeckt nach Rettich, der Pilz sollte aber nicht gesammelt werden, weil er sehr selten ist.

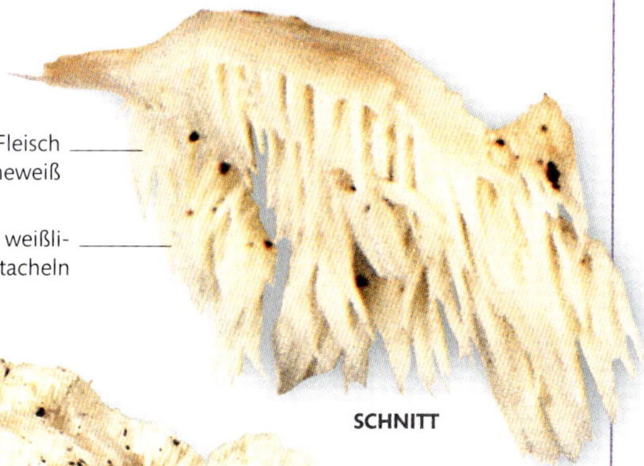

SCHNITT

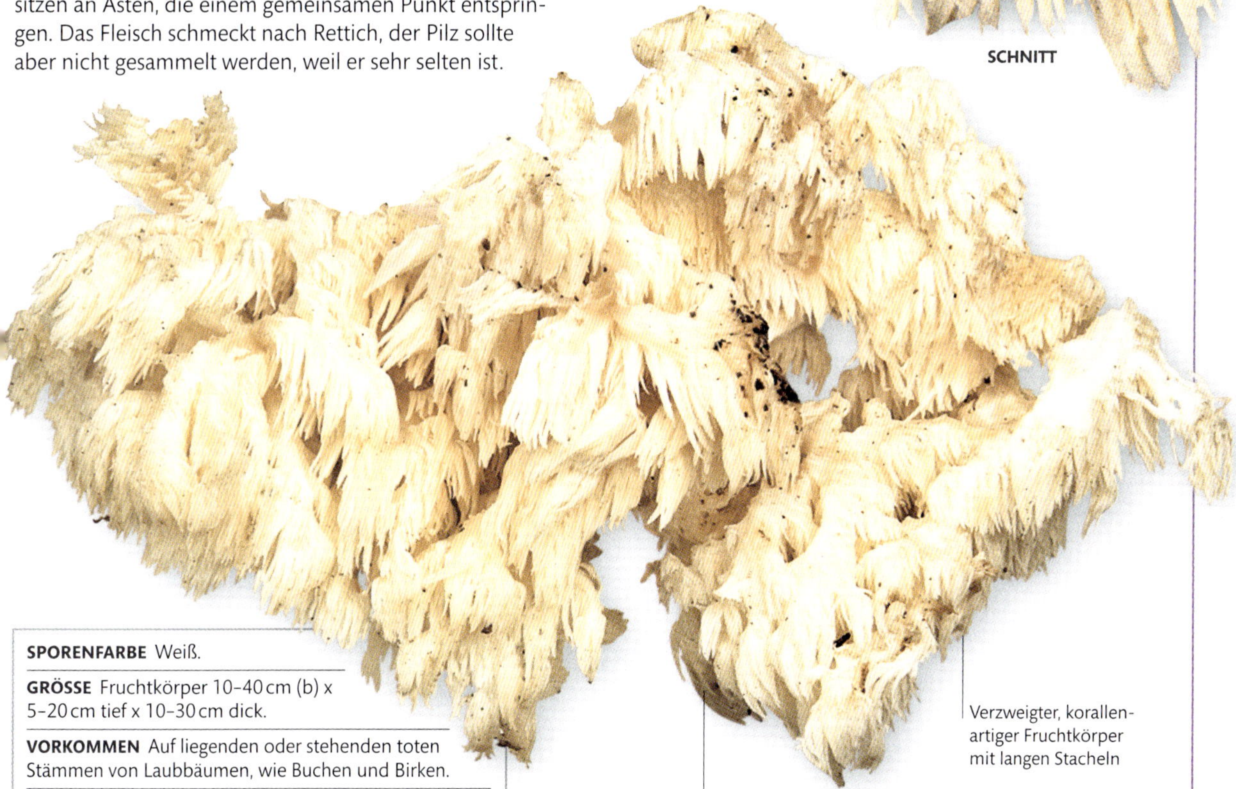

FRAGMENT

SPORENFARBE Weiß.

GRÖSSE Fruchtkörper 10–40 cm (b) x 5–20 cm tief x 10–30 cm dick.

VORKOMMEN Auf liegenden oder stehenden toten Stämmen von Laubbäumen, wie Buchen und Birken.

VERBREITUNG Gemäßigte Breiten der Nordhalbkugel; lokal recht häufig.

FRUCHTKÖRPER Einzeln oder gesellig an Totholz; Spätsommer bis Spätherbst.

DORNIGER STACHELBART

HERICIUM CIRRHATUM

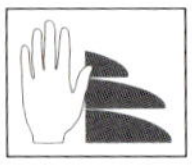

Diese seltene, zu schonende Art ähnelt einem fleischigen Porling (siehe S. 302), doch an der Unterseite der Fruchtkörper bilden sich Stacheln. Auch die Oberseite trägt Stacheln oder Warzen.

Die cremeweißen, unregelmäßig geschichteten konsolenförmigen Fruchtkörper tragen Stacheln an der Unterseite.

Lange, cremeweiße Stachel hängen senkrecht herab.

SEITENANSICHT

Oberfläche filzig

Jeder der geschichteten Hüte trägt Stacheln.

Fleischiger Fruchtkörper

SEITENANSICHT

SPORENFARBE Weiß.

GRÖSSE Fruchtkörper 10–20 cm (b) x 10 cm tief x bis zu 10 cm dick.

VORKOMMEN In Wäldern, an Baumstümpfen, vor allem von Laubbäumen.

VERBREITUNG Gemäßigte Breiten der Nordhalbkugel, vielerorts selten.

FRUCHTKÖRPER Dachziegelartig; Herbst.

STEREACEAE (Schichtpilzverwandte)

KLASSE AGARICOMYCETES **ORDNUNG** RUSSULALES

Zu dieser Familie gehören vor allem krustenförmig wachsende Pilze mit oder ohne abstehende Fruchtkörper. Ihr Fleisch ist zäh wie Leder und einige Arten bilden ausdauernde Fruchtkörper. Einige Arten verfärben sich, wenn man sie anschneidet, andere nicht.

RUNZELIGER SCHICHTPILZ

STEREUM RUGOSUM

Dieser ungenießbare Waldpilz ist bereits aus weiter Entfernung als dicker, gräulicher Überzug an abgestorbenen, noch aufrecht stehenden Baumstämmen zu erkennen. Ritzt man die Oberfläche an, erscheinen bald rote Linien. Der ähnlich reagierende Blutende Schichtpilz (*Stereum sanguinolentum)* wächst auf Nadelholz und bildet häufiger abstehende Hüte.

FRAGMENTE

VON OBEN

VON OBEN

SPORENFARBE Weiß.

GRÖSSE Fruchtkörper 1–6 cm (b).

VORKOMMEN Auf Laubbäumen, oft an aufrechten, toten Stämmen; häufig an Haseln, Birken und Erlen.

VERBREITUNG In Europa häufig; möglicherweise in den gemäßigten Breiten der Nordhalbkugel weiter verbreitet.

FRUCHTKÖRPER Lang gestreckte Krusten an abgestorbenem Laubholz; ganzjährig.

ZOTTIGER SCHICHTPILZ

STEREUM HIRSUTUM

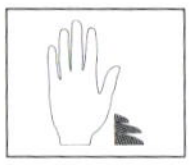

Dieser lebhaft gelbe bis rotbraune Pilz hat eine glatte Unterseite, die oft am Substrat herabläuft. Die Hutoberfläche ist zottig-filzig und undeutlich gezont. Das ungenießbare Fleisch ist dünn, aber zäh und verfärbt sich bei Verletzung nicht. Der Samtige Schichtpilz (*S. subtomentosum*) bildet breitere Fruchtkörper und fleckt gelb.

SEITENANSICHT

VON SCHRÄG OBEN

VON OBEN

UNTERSEITE

SPORENFARBE Weiß.

GRÖSSE Fruchtkörper zusammenfließend 2–6 cm (b).

VORKOMMEN Oft auf Rinde oder der Schnittfläche gelagerter Baumstämme, besonders an Eiche, Birke und Buche.

VERBREITUNG Gemäßigte Breiten der Nordhalbkugel, warme und kalte Regionen; häufig.

FRUCHTKÖRPER Oft große zusammenhängende Überzüge; ganzjährig.

BONDARZEWIACEAE (Bergporlingsverwandte)

KLASSE AGARICOMYCETES **ORDNUNG** RUSSULALES

Das bekannteste Mitglied dieser Familie ist der Wurzelschwamm, der in Nadelforsten oft große Schäden anrichtet. Aufgrund von Sporenmerkmalen wurde die Gruppe von den Polyporaceae (siehe S. 302) abgetrennt, was später molekulare Untersuchungen bestätigten.

UNTERSEITE

GEMEINER WURZELSCHWAMM

HETEROBASIDION ANNOSUM

Vor allem in zu dichten Nadelforsten kann diese ungenießbare Art erhebliche Schäden anrichten. Sie verbreitet sich im Erdboden und befällt die Wurzelsysteme benachbarter Bäume. Oft ist sie schwierig zu bestimmen.

VON OBEN

SPORENFARBE Weiß.

GRÖSSE Fruchtkörper 5–25 cm (b) x 3–15 cm tief x 1–3 cm dick; Röhrenschicht 1 cm dick, bisweilen dicker.

VORKOMMEN An Nadelholzstümpfen, selten an Laubholz.

VERBREITUNG Gemäßigte Breiten auf der Nordhalbkugel; häufig.

FRUCHTKÖRPER In Gruppen an Baumstümpfen; ganzjährig.

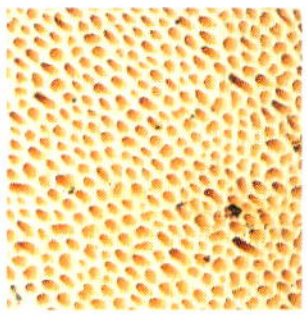

POREN

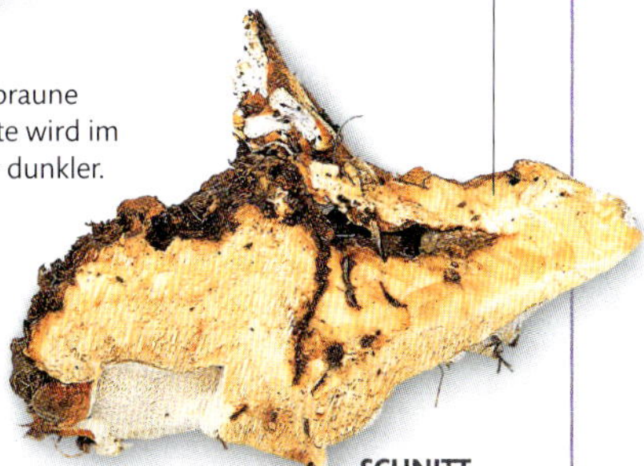

SCHNITT

RUSSULACEAE (Sprödblättler)

KLASSE AGARICOMYCETES **ORDNUNG** RUSSULALES

Die beiden Gattungen dieser Familie sind *Lactarius* und *Russula*. Beide haben brüchiges Fleisch. *Russula*-Arten sind meist auffälliger gefärbt und alle Lamellen laufen oft am Stiel herab. Bei *Lactarius* sind die Lamellen meist unterschiedlich lang (Lamellen und Lamelletten). Der Brätling *L. volemus* (siehe S. 93) und Arten der *L. deliciosus*-Gruppe (siehe S. 85) sind hervorragende Speisepilze.

DICKBLÄTTRIGER SCHWARZTÄUBLING

RUSSULA NIGRICANS

Das feste Fleisch dieser großen, ungenießbaren Art rötet, bevor es sich schwarz färbt. Die Fruchtkörper überdauern den Winter als ausgetrocknete Gebilde. Einige nahe Verwandte haben dünnere, engstehendere Lamellen. Bei anderen färbt sich das Fleisch gleich schwarz.

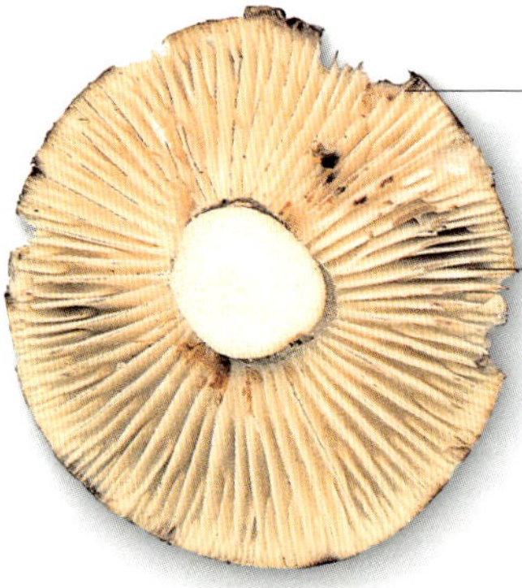

UNTERSEITE

LÄNGSSCHNITT

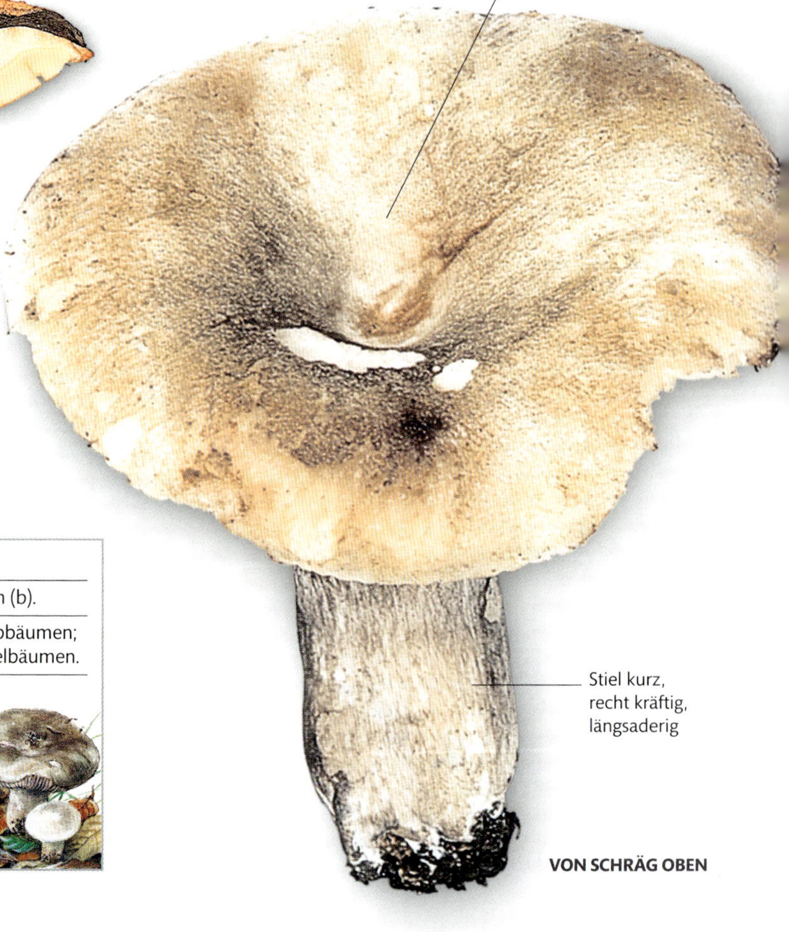

VON SCHRÄG OBEN

SPORENFARBE Weiß.

GRÖSSE 5–20 cm (b); Stiel 3–8 cm (h) x 1–4 cm (b).

VORKOMMEN Mykorrhizapilz, oft unter Laubbäumen; auf durchlässigen Böden; seltener unter Nadelbäumen.

VERBREITUNG Gemäßigte Breiten auf der Nordhalbkugel, vielerorts häufig.

FRUCHTKÖRPER In Gruppen oder Ringen; Sommer bis Herbst.

STINKTÄUBLING

RUSSULA FOETENS

Diese fleischige, ungenießbare Art riecht süßlich ölig-ranzig und hat einen schmierigen Hut, dessen Rand radial gefurcht ist. Der Gilbende Stinktäubling (*R. subfoetens)* ist sehr ähnlich, aber sein Fleisch verfärbt sich mit Kalilauge gelb. Es gibt weitere verwandte Arten, alle mit gefurchtem Hut, die anders riechen und schmecken.

VON SCHRÄG OBEN

LÄNGSSCHNITT

SEITENANSICHT

UNTERSEITE

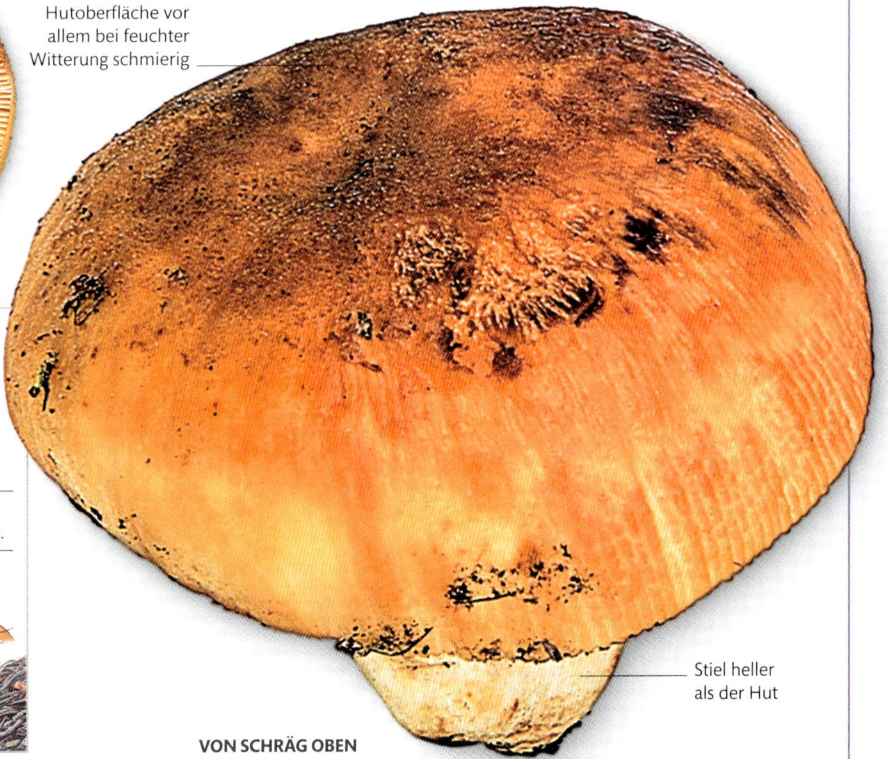

VON SCHRÄG OBEN

SPORENFARBE Cremeweiß.

GRÖSSE Hut 8–15 cm, manchmal 6 cm (b); Stiel 6–12 cm (h) x 1,5–3 cm (b).

VORKOMMEN In Wäldern; bildet Mykorrhizen mit Laub- und Nadelbäumen.

VERBREITUNG Gemäßigte Breiten auf der Nordhalbkugel, mancherorts häufig.

FRUCHTKÖRPER Einzeln oder gesellig; Sommer bis Herbst.

GEMEINER WEISSTÄUBLING

RUSSULA DELICA

Oft findet man diese essbare, aber nicht schmackhafte Art, die *Lactarius vellereus* (siehe S. 85) ähnelt, mit von Erde beschmutztem Hut, sodass die cremeweiße Färbung nicht gleich offensichtlich ist. Die Lamellen des großen, festfleischigen Pilzes schimmern bisweilen türkisfarben und stehen recht weit entfernt. Der Schmalblättrige Weißtäubling (*R. chloroides)* sieht sehr ähnlich aus, aber seine Lamellen stehen dichter und die Türkisfärbung ist wesentlich deutlicher ausgeprägt. Bei ihm ist oft auch die Stielspitze türkis. Das feste Fleisch bröckelt wie Hartkäse, ähnlich wie bei anderen Täublingen.

SPORENFARBE Weiß bis cremefarben.

GRÖSSE Hut 5–15 cm (b); Stiel 2–5 cm (h) x 1,5–3 cm (b).

VORKOMMEN Auf durchlässigen Böden in Wäldern, im Gebirge bis zur Baumgrenze; bildet Mykorrhizen mit Laub- und Nadelbäumen.

VERBREITUNG Gemäßigte Breiten auf der Nordhalbkugel; vielerorts häufig.

FRUCHTKÖRPER Einzeln oder gesellig unter Bäumen; Sommer bis Herbst.

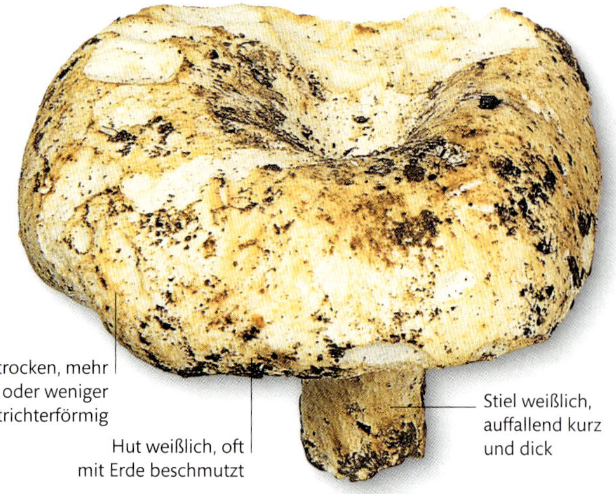

VON SCHRÄG OBEN

SEITENANSICHT

GALLENTÄUBLING

RUSSULA FELLEA

Dieser bekannte Täubling wächst meist unter Buchen und kann mit *R. ochroleuca* (siehe S. 75) verwechselt werden. Er ist aber an der beigebraunen Färbung des Fruchtkörpers und der Lamellen und dem sehr bitteren Geschmack zu erkennen. Außerdem ist er kleiner.

SPORENFARBE Weißlich.

GRÖSSE Hut 3–6 cm, bis zu 8 cm (b); Stiel 3–7 cm (h) x 1–2 cm (b).

VORKOMMEN In Laubwäldern, vor allem unter Buchen; Mykorrhizapilz; auf durchlässigen, sauren Böden.

VERBREITUNG In Europa weitverbreitet; in Nordamerika ersetzt durch den nahen Verwandten *R. simillima*.

FRUCHTKÖRPER Einzeln oder in Gruppen unter Mykorrhizza-Partnern; Sommer bis Herbst.

UNTERSEITE

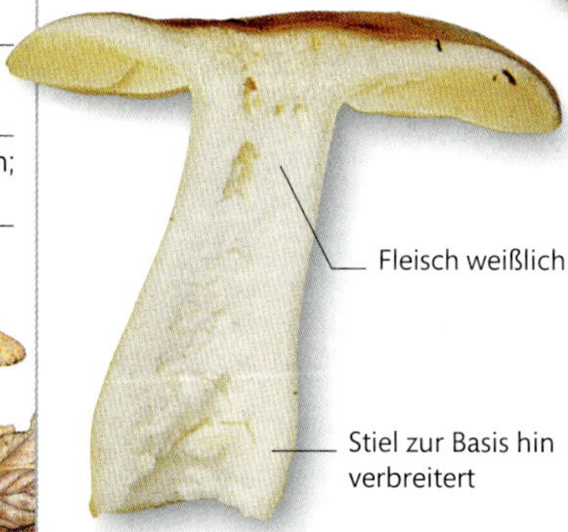

LÄNGSSCHNITT

VON SCHRÄG OBEN

GELBER GRAU-STIEL-TÄUBLING

RUSSULA CLAROFLAVA

Die attraktive, auffällig gefärbte Art kommt fast nur in mit Birken bewachsenen Mooren vor, oft direkt im Torfmoos (*Sphagnum*). Neben der lebhaft gelben Hutfärbung ist der Pilz an seinem weißen, mild schmeckenden Fleisch zu erkennen, das sich im Alter und bei Verletzung grau färbt. Weiteres Bestimmungsmerkmal ist das ockergelbe Sporenpulver.

LÄNGSSCHNITT

SEITENANSICHT

SPORENFARBE Ockergelb.

GRÖSSE 5–10 cm (b); Stiel 4–10 cm (h) x 1–2 cm (b).

VORKOMMEN Auf feuchten Böden, bildet Mykorhizzen mit Birken.

VERBREITUNG Gemäßigte Breiten auf der Nordhalbkugel; recht häufig.

FRUCHTKÖRPER In Gruppen oder einzeln; Sommer bis Herbst.

WEINROTER GRAU-STIEL-TÄUBLING

RUSSULA VINOSA

Die Art ist in Kiefernwäldern auf Sandböden häufig und kommt oft neben *R. paludosa* (siehe S. 79) und dem Orangeroten Graustiel-Täubling (*R. decolorans)* vor. Der Hut ist weinrot, das Fleisch färbt sich beim Anschneiden grau und schmeckt angenehm.

SPORNFARBE Ockergelb.

GRÖSSE Hut 4–12 cm (b); Stiel 3–8 cm (h) x 1,5–2,5 cm (b).

VORKOMMEN Bildet Mykorrizen mit Kiefern, in höheren Lagen mit Birken.

VERBREITUNG Gemäßigte Breiten auf der Nordhalbkugel; häufig in Teilen Nordeuropas und im nordöstlichen Nordamerika.

FRUCHTKÖRPER Zerstreut im Moos; Sommer bis Herbst.

FRAUENTÄUBLING

RUSSULA CYANOXANTHA

Der Frauentäubling ist ein großer, sehr begehrter Speisepilz. Seine Fruchtkörper erscheinen oft früh im Jahr. Anders als bei vielen anderen Täublingen sind die Lamellen nicht brüchig. Wenn man sie anfasst, fühlen sie sich speckig an. Das Fleisch hat einen angenehmen, nussigen Geschmack.

Hutfarbe sehr variabel, in grünen, violetten oder weinroten Tönen

Der Hut breitet sich bald aus.

Stiel dickfleischig und weißlich

VON SCHRÄG OBEN

Die Lamellen sind biegsam und fühlen sich speckig an.

LÄNGSSCHNITT

Stiel fest, aber brüchig

Hutoberfläche glatt und leicht schmierig

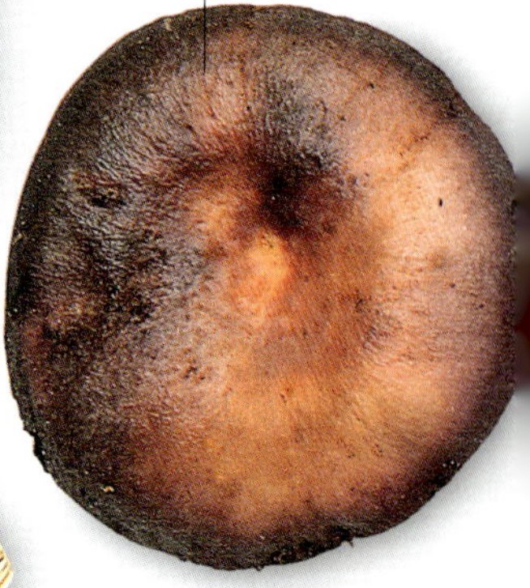

VON OBEN

Die weißen Lamellen stehen dicht.

UNTERSEITE

SPORENFARBE Weiß.

GRÖSSE Hut 5–15 cm (b); Stiel 5–10 cm (h) x 1–3 cm (b).

VORKOMMEN Bildet Mykorrhizen mit Laubbäumen, gern Buchen, oder auch Nadelbäumen; bevorzugt saure Böden.

VERBREITUNG Gemäßigte Breiten der Nordhalbkugel, vielerorts häufig.

FRUCHTKÖRPER Einzeln oder in Gruppen auf durchlässigen Böden; Sommer bis Herbst.

SPEISETÄUBLING

RUSSULA VESCA

Die Huthaut, die den Rand nicht komplett bedeckt, ist ein charakteristisches Merkmal des Speisetäublings. Die Hutoberseite ist weinrot oder rotbraun, und die sich verjüngende Stielbasis ist oft braun gefleckt. Dieser gute Speisepilz schmeckt nussig.

SPORENFARBE Weiß.

GRÖSSE Hut 5–10 cm (b); Stiel 3–6 cm, bis 8 cm (h) x 1,5–2,5 cm (b).

VORKOMMEN Bildet Mykorrhizen mit Laub- und Nadelbäumen auf durchlässigen Böden.

VERBREITUNG Gemäßigte Breiten auf der Nordhalbkugel; in Europa häufig.

FRUCHTKÖRPER Einzeln oder in Gruppen; Sommer bis Herbst.

VON SCHRÄG OBEN

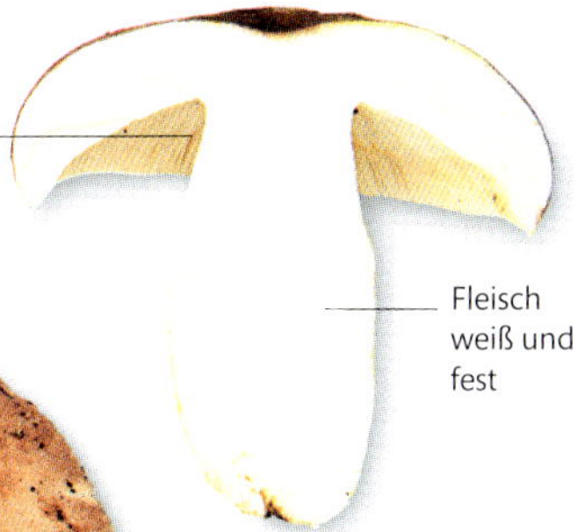

LÄNGSSCHNITT

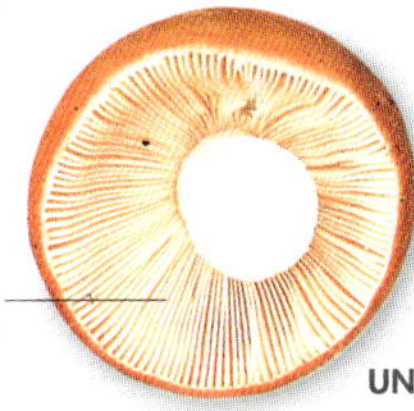

UNTERSEITE

SEITENANSICHT

OCKERTÄUBLING

RUSSULA OCHROLEUCA

Diese Art gehört zu den häufigsten Waldpilzen und ist an ihrem ockergelben Hut und den weißen Lamellen zu erkennen. Der Geschmack ist weder bitter noch scharf, die Art ist aber nicht essbar. *R. claroflava* (siehe S. 73) kann man daran unterscheiden, dass ihr Fleisch bei Verletzung stark graut. Vermeiden Sie eine Verwechslung mit dem sehr bitteren, giftigen *R. fellea* (siehe S. 72): Beachten Sie, dass die Lamellen des Ockertäublings weißlich und nicht wie der Hut gefärbt sind.

SPORENFARBE Weiß.

GRÖSSE Hut 5–12 cm (b); Stiel 3–8 cm (h) x 1–2,5 cm (b).

VORKOMMEN In Wäldern, bilden Mykorrhizen mit Laub- und Nadelbäumen.

VERBREITUNG Gemäßigte Breiten auf der Nordhalbkugel, in Europa und Teilen Asiens häufig.

FRUCHTKÖRPER Einzeln oder in Gruppen, meist auf durchlässigen Böden; Sommer bis Herbst.

UNTERSEITE

LÄNGSSCHNITT

VON SCHRÄG OBEN

GRASGRÜNER TÄUBLING

RUSSULA AERUGINEA

Der Hut dieses essbaren Pilzes trägt oft rostbraune Flecken. Die Art wächst unter Birken. Das Fleisch schmeckt scharf, beim Kochen verschwindet die Schärfe jedoch. Auch der Frauentäubling (*R. cyanoxantha*, siehe S. 74) ist manchmal grün, wächst aber meist unter Buchen.

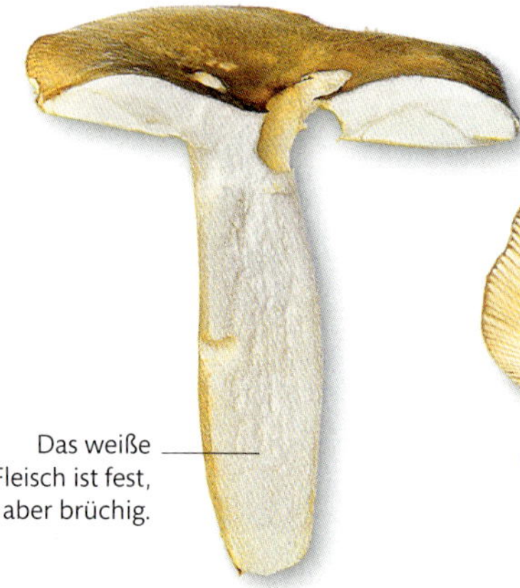

Das weiße Fleisch ist fest, aber brüchig.

LÄNGSSCHNITT

Weiße Lamellen mit cremefarbener Reflexion

UNTERSEITE

Die Oberfläche junger Hüte ist glatt oder geädert.

VON SCHRÄG OBEN

An Fraßstellen von Schnecken ist weißes Fleisch erkennbar.

Hutrand häufig gefurcht

Der glänzend grüne Hut ist in der Mitte meist dunkler und trägt oft rostbraune Flecken.

Basis des weißen Stiels manchmal mit rostbraunen Flecken

VON SCHRÄG OBEN

SPORENFARBE Cremeweiß.

GRÖSSE Hut 4–9 cm (b); Stiel 4–7 cm (h) x 1–2,5 cm (b).

VORKOMMEN Bildet Mykorrhizen mit Birken, oft in feuchten Wäldern; manchmal in Nadelwäldern.

VERBREITUNG Gemäßigte Breiten auf der Nordhalbkugel.

FRUCHTKÖRPER Gesellig im Gras und in der Laubstreu; Sommer bis Herbst.

MILDER WACHSTÄUBLING

RUSSULA PUELLARIS

Dieser dünnfleischige Täubling gilbt im Alter. Anfangs ist der Hut violett bis rotbraun, dann färbt er sich allmählich ockergelb. Manche der jungen Hüte sind zunächst in der Mitte fast schwarz, der Rand ist jedoch immer heller und gerieft. Die Huthaut lässt sich fast bis zur Mitte hin abziehen. Die Art ist nur ein mittelmäßiger Speisepilz, das sehr brüchige, dünne Fleisch schmeckt mild. Der Vielfarbige Täubling (*R. versicolor*) ist recht ähnlich, schmeckt aber viel schärfer und gilbt weniger auffällig.

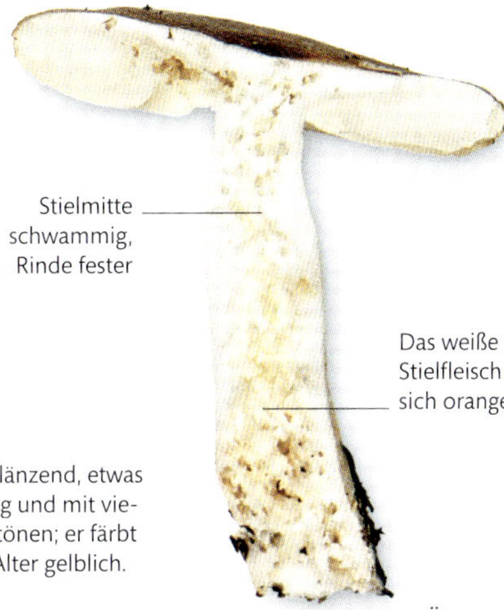

Stielmitte schwammig, Rinde fester

Das weiße Stielfleisch färbt sich orangegelb.

LÄNGSSCHNITT

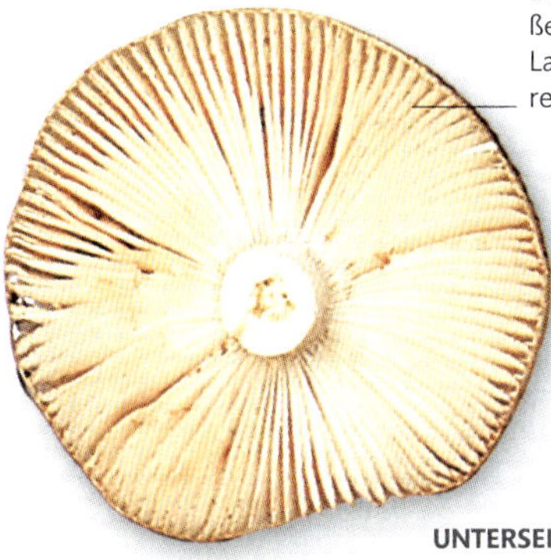

Die cremeweißen bis gelben Lamellen stehen recht eng.

UNTERSEITE

Hut ist glänzend, etwas schmierig und mit vielen Farbtönen; er färbt sich im Alter gelblich.

Der zerbrechliche weißliche Stiel gilbt im Alter.

VON SCHRÄG OBEN

SPORENFARBE Dunkel cremefarben.

GRÖSSE Hut 3–6 cm (b); Stiel 3–6 cm (h) x 0,7–1,5 cm (b).

VORKOMMEN Bildet Mykorrhizen mit Laub- und Nadelbäumen in feuchten Wäldern aus.

VERBREITUNG Gemäßigte Breiten auf der Nordhalbkugel, in vielen Regioen weitverbreitet, wie in Europa und im westlichen Nordamerika.

FRUCHTKÖRPER Einzeln oder gesellig; Sommer bis Herbst.

BRAUNER LEDERTÄUBLING

RUSSULA INTEGRA

Dieser Pilz ist in Teilen Skandinaviens ein geschätzter, nussig schmeckender Speisepilz. Die Farbe variiert stark und verblasst im Alter. Ein gutes Bestimmungsmerkmal ist das gelbe Sporenpulver.

SPORENFARBE Gelb.

GRÖSSE Hut 6–12 cm (b); Stiel 5–10 cm (h) x 1.5–3 cm (b).

VORKOMMEN Bildet Mykorrhizen mit Nadelbäumen aus.

VERBREITUNG Alpine Stufe und boreale Zone der Nordhalbkugel.

FRUCHTKÖRPER Zerstreut oder gesellig unter Nadelbäumen; Sommer bis Herbst.

HARTER ZINNOBERTÄUBLING

RUSSULA ROSEA

Obwohl sich diese ungenießbare Art schwierig beschreiben lässt, ist sie doch leicht von anderen roten oder rötlichen Täublingen zu unterscheiden. Das Fleisch ist sehr hart und das Rot des Hutes oft verwaschen. Die Huthaut ist außerdem extrem dünn und lässt sich nicht abziehen. Der Geschmack wurde mit dem von Bleistiftholz verglichen, deshalb ist die Art kein empfehlenswerter Speisepilz. Der Netzfleckige Rosatäubling (*R. velutipes*) ist vielleicht der ähnlichste Täubling, aber bei ihm kann man die Huthaut abziehen und sein Fleisch ist brüchiger.

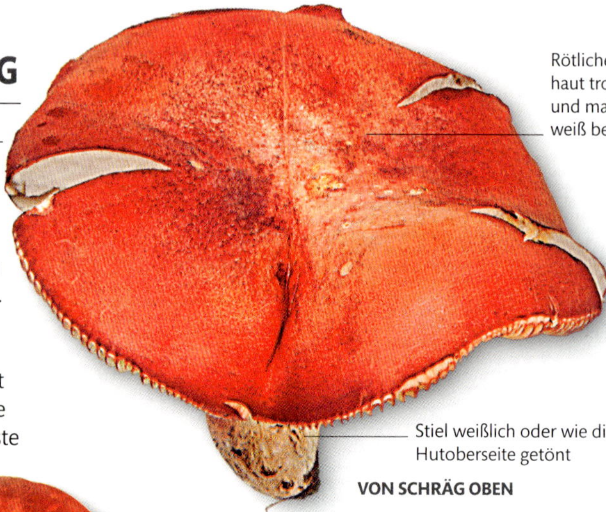

Rötliche Huthaut trocken und matt, fein weiß bereift

Stiel weißlich oder wie die Hutoberseite getönt

VON SCHRÄG OBEN

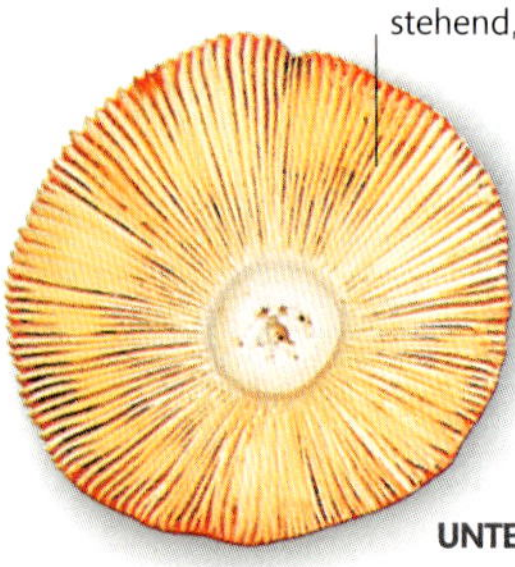

Lamellen recht eng stehend, brüchig

UNTERSEITE

Lamellen cremefarben, Schneiden manchmal rosa

SEITENANSICHT

SPORENFARBE Cremeweiß.

GRÖSSE Hut 4–12 cm (b); Stiel 3–8 cm (h) x 1–3 cm (b).

VORKOMMEN Auf durchlässigen Böden in Laubwäldern; bildet oft Mykorrhizen mit Buchen.

VERBREITUNG Im Verbreitungsgebiet der Buche recht häufig, weltweite Verbreitung unbekannt.

FRUCHTKÖRPER Einzeln oder gesellig in Wäldern; Sommer bis Herbst.

JODOFORM-TÄUBLING

RUSSULA TURCI

Dies ist einer der mild schmeckenden Täublinge. Er wächst typischerweise unter Kiefern und ist an seinem weinroten Hut und dem Jodoformgeruch seines Fleisches zu erkennen, der an der Stielbasis besonders ausgeprägt ist. Die Art gehört zur Gruppe der Täublinge mit hellem oder ockergelbem Sporenpulver. Der Hut ist in der Mitte niedergedrückt und der Hutrand manchmal fein bereift.

SPORENFARBE Ockergelb.

GRÖSSE Hut 3–10 cm (b); Stiel 3–7 cm (h) x 1–2.5 cm (b).

VORKOMMEN Bildet Mykorrhizen mit Kiefern (vor allem zweinadeligen) und möglicherweise mit Fichten.

VERBREITUNG In Europa weitverbreitet, kommt auch im westlichen Nordamerika vor.

FRUCHTKÖRPER Gesellig in Scharen; Sommer bis Herbst.

Reife Lamellen gelb, mit fruchtigem Geruch

UNTERSEITE

Der mehrfarbige, gezonte Hut ist glänzend; wenn er trocknet, wird er aber matt.

Weißer Stiel

Die keulige Stielbasis riecht nach Jodoform.

SEITENANSICHT

HERINGSTÄUBLING

RUSSULA XERAMPELINA

Dieser essbare Täubling hat einen Fisch- oder Krabbengeruch, der im Alter noch intensiver wird. Dennoch sind frische Exemplare gute Speisepilze. Die Art ist an ihrem oft lebhaft rot gefärbten Hut zu erkennen. Der Stiel ist häufig braunfleckig. Die Fruchtkörper färben sich im Alter meist bräunlich. Es gibt mehrere nah verwandte Arten, die man an ihrer Färbung und ihren Mykorrhiza-Partnern unterscheiden kann.

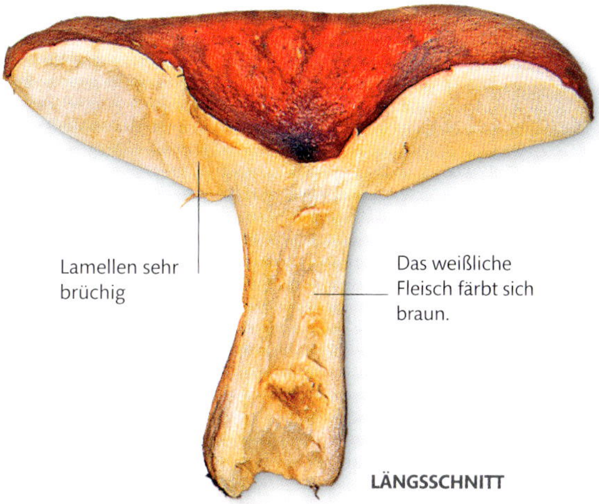

LÄNGSSCHNITT

SEITENNSICHT, SCHRÄG

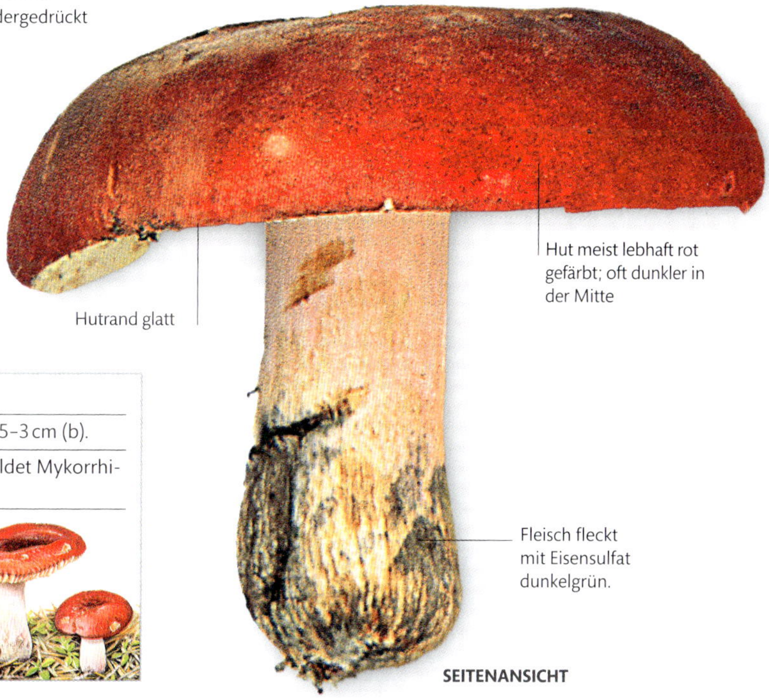

SEITENANSICHT

SPORENFARBE Ockergelb.

GRÖSSE Hut 6–15 cm (b); Stiel 4–8 cm (h) x 1,5–3 cm (b).

VORKOMMEN In Wäldern und auf Dünen; bildet Mykorrhizen mit Laub- und Nadelbäumen.

VERBREITUNG Gemäßigte Breiten auf der Nordhalbkugel; gesamter Artkomplex recht häufig.

FRUCHTKÖRPER Gesellig in Trupps; Sommer bis Herbst.

APFELTÄUBLING

RUSSULA PALUDOSA

Diese große Art ist nicht nur attraktiv, sondern auch ein guter Speisepilz. Der Fruchtkörper ist höher als der der meisten *Russula*-Arten und ähnlich gefärbt wie der des giftigen *R. emetica* (siehe S. 81), sein Hut ist aber nicht so lebhaft rot und in der Mitte gelblich verblasst.

SPORENFARBE Hell ockergelb.

GRÖSSE Hut 8–16 cm, nur ausnahmsweise 4–20 cm (b); Stiel 10–15 cm, ausnahmsweise 6 cm (h) x 1,5–4 cm (b).

VORKOMMEN Bildet Mykorrhizen mit Nadelbäumen, vor allem mit Kiefern auf sandigen Böden.

VERBREITUNG Gemäßigte Breiten auf der Nordhalbkugel, lokal häufig.

FRUCHTKÖRPER Zerstreut oder gesellig in Scharen unter Nadelbäumen; Sommer bis Herbst.

BUCHEN-SPEITÄUBLING

RUSSULA MAIREI

Die Art ähnelt *R. emetica* (siehe gegenüber), ist aber kleiner und hat einen anderen, süßlichen Geruch. Der Hut ist ebenfalls rot, aber weniger glänzend. Der Langstielige Buchen-Speitäubling (*R. fageticola*), der ebenfalls unter Buchen wächst, ist *R. emetica* noch ähnlicher. Alle Speitäublinge schmecken sehr scharf.

SEITENANSICHT

SEITENANSICHT, SCHRÄG

SEITENANSICHT

UNTERSEITE

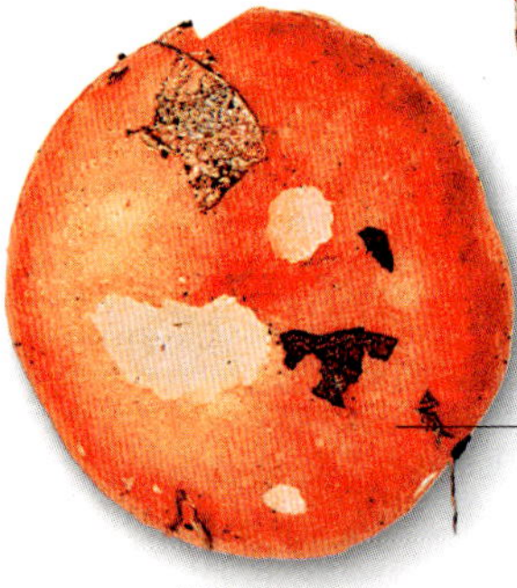

VON OBEN

SPORENFARBE Weiß.

GRÖSSE Hut 3–7 cm (b); Stiel 3–5 cm (h) x 0,7–2 cm (b).

VORKOMMEN In Wäldern, bildet Mykorrhizen mit Buchen auf durchlässigen Böden.

VERBREITUNG Im Verbreitungsgebiet der Buche in Europe und angrenzenden Regionen Asiens häufig.

FRUCHTKÖRPER Einzeln oder gesellig; Sommer bis Herbst.

KIRSCHROTER SPEITÄUBLING

RUSSULA EMETICA

Mit dem roten Hut erinnert diese Art an den Fliegenpilz (*Amanita muscaria*, siehe S. 201), aber sie hat keine weißen Velumflocken auf dem Hut und weder Stielring noch Knolle. Die Art ist nicht hochgiftig, aber sie schmeckt so scharf, dass sie nicht gegessen wird. *R. mairei* (siehe gegenüber) ist ähnlich, aber kleiner und wächst vor allem unter Buchen. *R. betularum* verblasst weißlich und wächst unter Birken.

Hutrand leicht gerieft

SEITENANSICHT, SCHRÄG

Konvexer Hut lebhaft scharlachrot, glatt und oft glänzend gefärbt

Keuliger Stiel weiß, leicht kleiig

SEITENANSICHT

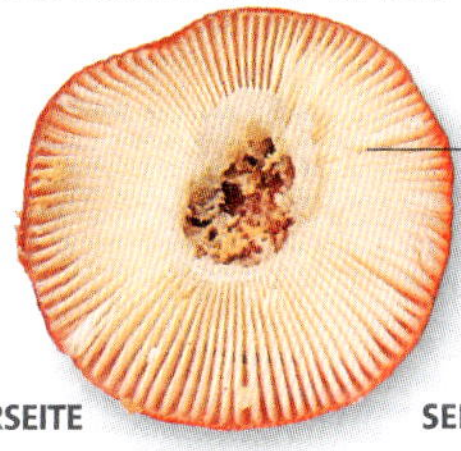

Lamellen weiß bis hell cremefarben

UNTERSEITE

SPORENFARBE Weiß.

GRÖSSE Hut 3–8 cm (b); Stiel 5–8 cm (h) x 1–2 cm (b).

VORKOMMEN Bilden v. a. mit Nadelbäumen an feuchten Standorten Mykorrhizen aus.

VERBREITUNG Gemäßigte Breiten auf der Nordhalbkugel; häufig.

FRUCHTKÖRPER Einzeln oder gesellig; Sommer bis Herbst.

WECHSELFARBIGER SPEITÄUBLING

RUSSULA FRAGILIS

Eine Lupe ist bei der Bestimmung dieser kleinen, schwach giftigen Art nützlich, um die fein gesägten Lamellenschneiden zu erkennen. Die Hutfarbe enthält rote, violette und grünliche Töne. Das Fleisch schmeckt sehr scharf.

Hut violett, rotviolett oder mit olivgrüner Tönung

Stiel weiß und leicht keulig

VON SCHRÄG OBEN

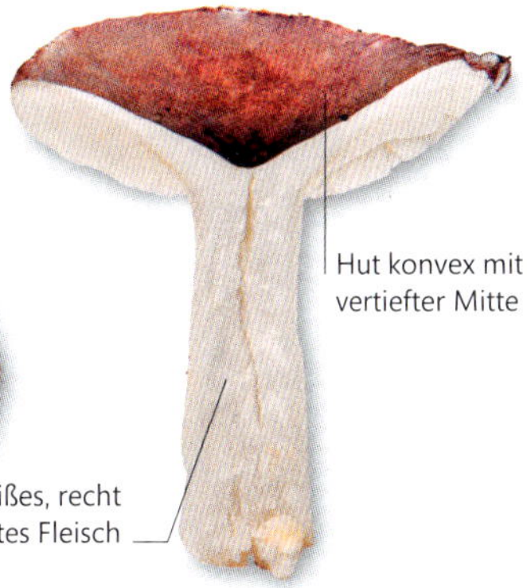

Hut konvex mit vertiefter Mitte

Weißes, recht festes Fleisch

LÄNGSSCHNITT

Lamellen weiß bis cremeweiß, recht eng stehend

UNTERSEITE

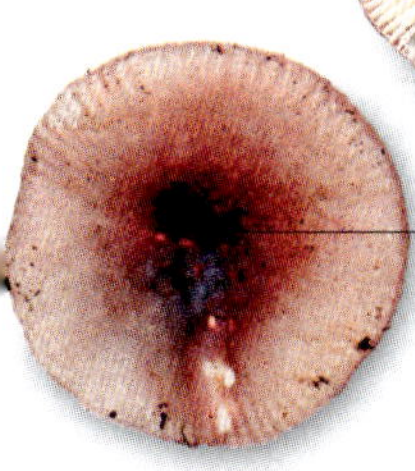

Hutmitte ist am dunkelsten, der Hutrand leicht gerieft.

VON OBEN

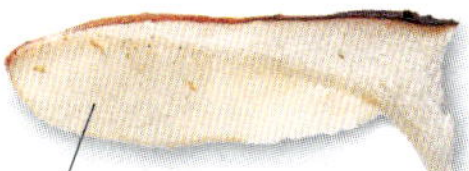

Gesägte Lamellenschneiden unter der Lupe erkennbar

SEITENANSICHT

SPORENFARBE Weiß.

GRÖSSE Hut 2–5 cm, bis zu 8 cm (b); Stiel 3–7 cm (h) x 0,5–2 cm (b).

VORKOMMEN In Wäldern, bildet Mykorrhizen mit Bäumen, oft Birken und Eichen.

VERBREITUNG Gemäßigte Breiten auf der Nordhalbkugel; lokal häufig.

FRUCHTKÖRPER Gesellig unter Laubbäumen: Sommer bis Herbst.

BLUTTÄUBLING

RUSSULA SANGUINEA

Dieser lebhaft rote, schwach giftige Pilz hat einen rötlichen, im Alter gräulichen Stiel. Er ist an seinem mittelscharfen Geschmack und dem hell ockergelben Sporenpulver zu erkennen. Sein Stiel ist dunkler und graut weniger deutlich als der des ähnlichen Sumpftäublings (*R. helodes*), der oft in Torfmoos wächst. Es ist aber recht schwierig, rote Täublinge zu unterscheiden.

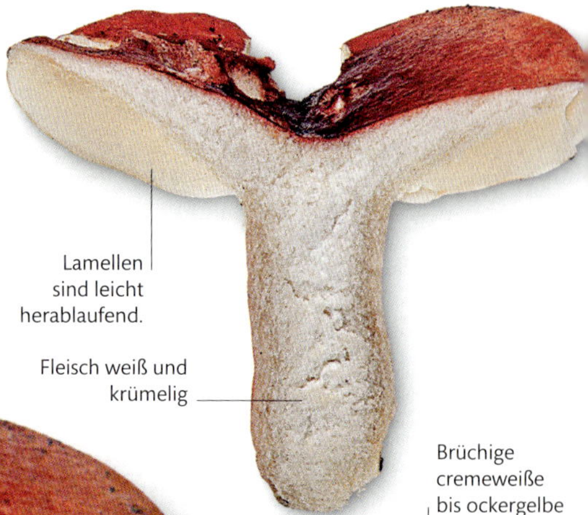

Lamellen sind leicht herablaufend.

Fleisch weiß und krümelig

LÄNGSSCHNITT

Brüchige cremeweiße bis ockergelbe Lamellen

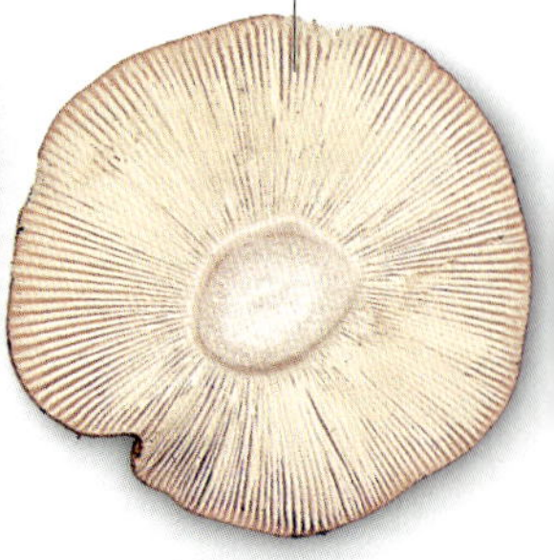

UNTERSEITE

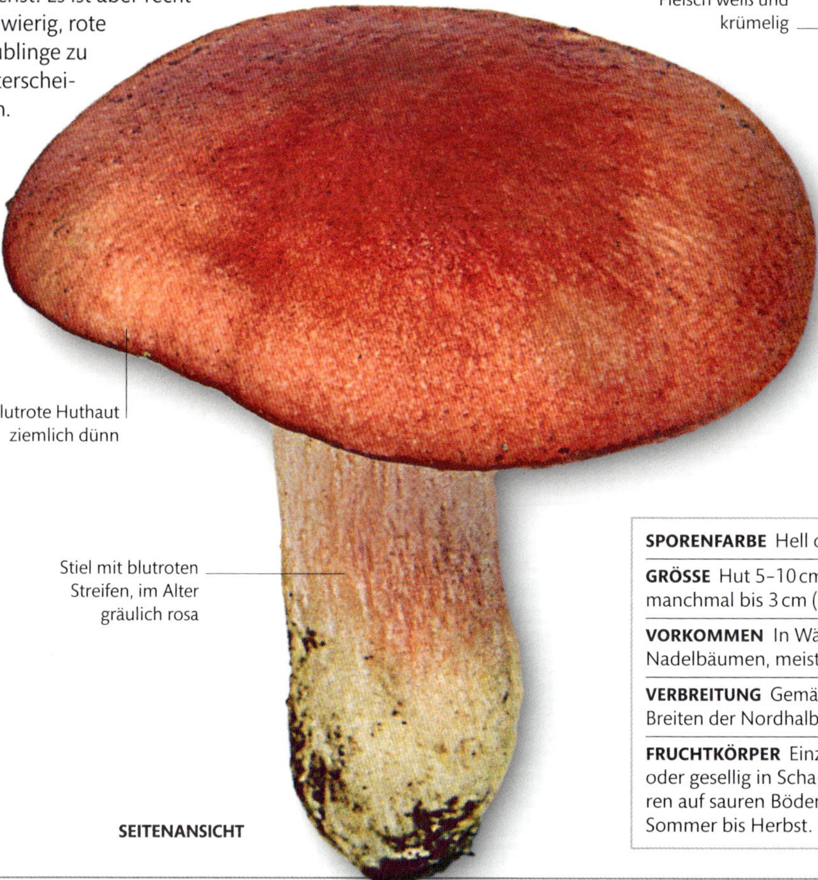

Blutrote Huthaut ziemlich dünn

Stiel mit blutroten Streifen, im Alter gräulich rosa

SEITENANSICHT

SPORENFARBE Hell ockergelb.

GRÖSSE Hut 5–10 cm (b); Stiel 4–7 cm (h) x 1–2 cm, manchmal bis 3 cm (b).

VORKOMMEN In Wäldern, bildet Mykorrhizen mit Nadelbäumen, meist Kiefern.

VERBREITUNG Gemäßigte Breiten der Nordhalbkugel.

FRUCHTKÖRPER Einzeln oder gesellig in Scharen auf sauren Böden; Sommer bis Herbst.

PURPURSCHWARZER TÄUBLING

RUSSULA UNDULATA

Dieser sehr dunkle, recht dickfleischige und kurzstielige Täubling bildet weißes Sporenpulver und hat nur einen leicht scharfen Geschmack. Die Hutmitte ist fast schwarz, während der restliche Hut violett oder purpurbraun ist und oft gelbe Flecken trägt. Die Art ist ungenießbar. *R. romellii* ist ähnlich, hat aber dunkleres Sporenpulver.

SPORENFARBE Weiß.

GRÖSSE Hut 4–10 cm (b); Stiel 3–6 cm (h) x 1–2,5 cm (b).

VORKOMMEN In Wäldern, bildet Mykorrhizen mit Eichen, selten mit anderen Baumarten.

VERBREITUNG Gemäßigte Breiten auf der Nordhalbkugel.

FRUCHTKÖRPER Gesellig, meist unter Eichen; Sommer bis Herbst.

ZITRONENBLÄTTRIGER TÄUBLING

RUSSULA SARDONIA

Der attraktive, aber ungenießbare Pilz hat zitronengelbe Lamellen, die zum dunkel violetten, glänzenden Hut einen Kontrast bilden. Er riecht leicht fruchtig, kommt nur unter Kiefern vor und ist eine der größeren Arten der Gattung. Der Stachelbeertäubling (*R. queletii*) kann von *R. sardonia* aufgrund seiner geringeren Größe, der helleren Lamellen und des blasseren Sporenpulvers unterschieden werden, schmeckt aber genauso scharf. Fleisch und Lamellen von *R. sardonia* verfärben sich beim chemischen Test mit Ammoniakdampf rosa.

SPORENFARBE Hell ockergelb.

GRÖSSE Hut 4–10 cm, manchmal bis zu 12 cm (b); Stiel 4–10 cm (h) x 1–2,5 cm (b).

VORKOMMEN Bildet Mykorrhizen mit Kiefern.

VERBREITUNG Gemäßigte Breiten auf der Nordhalbkugel; vielerorts häufig.

FRUCHTKÖRPER Gesellig unter Kiefern; Herbst.

UNTERSEITE

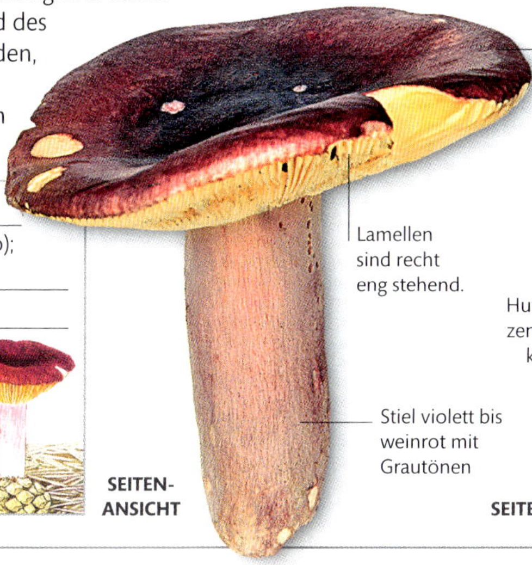

SEITENANSICHT

SEITENANSICHT

LANGSTIELIGER PFEFFERMILCHLING

LACTARIUS PIPERATUS

Dieser große, fleischige Milchling ist am besten am weißlichen Fruchtkörper, den eng stehenden Lamellen und dem fast glatten Hut zu erkennen. Die Milch schmeckt scharf wie Pfeffer. Einige Verwandte kann man an ihren feinfilzigen Hüten und den entfernter stehenden Lamellen unterscheiden. Der sehr ähnliche Grünende Pfeffer-Milchling (*L. glaucescens*) ist im Alter leicht graugrün, seine Milch färbt sich mit Kaliumhydroxid orangegelb. *L. piperatus* kann durch Einsalzen und Marinieren genießbar gemacht werden.

SPORENFARBE Weißlich.

GRÖSSE Hut 8–20 cm (b); Stiel 8–20 cm (h) x 2–4 cm (b).

VORKOMMEN In Wäldern, bildet Mykorrhizen mit Laub- und Nadelbäumen aus.

VERBREITUNG Gemäßigte Breiten auf der Nordhalbkugel; recht häufig.

FRUCHTKÖRPER Gesellig, meist in Ringen; Sommer bis Herbst.

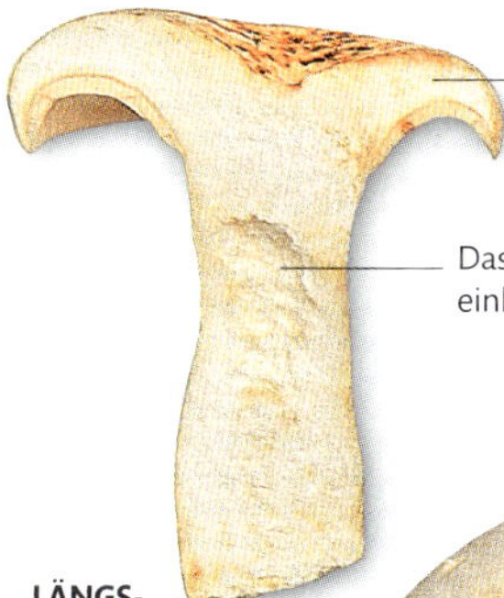

LÄNGSSCHNITT

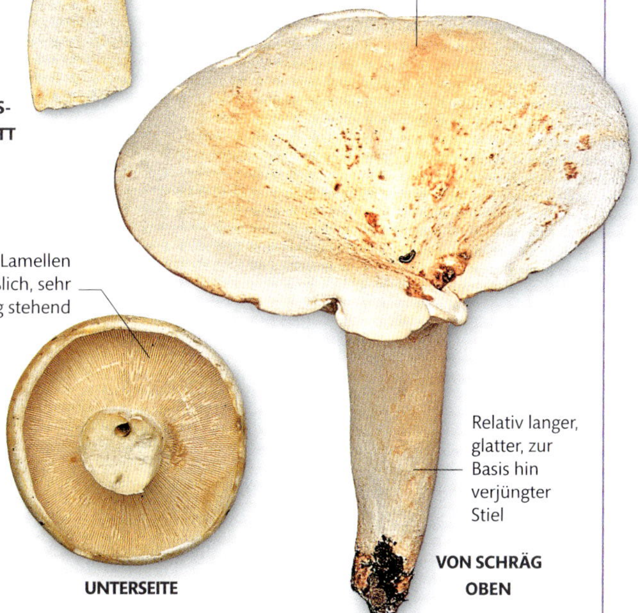

VON SCHRÄG OBEN

UNTERSEITE

ROSASCHECKIGER MILCHLING

LACTARIUS CONTROVERSUS

Diese nicht sehr häufige, ungenießbare Art findet man nahezu ausschließlich unter Weiden und Pappeln. Die Grundfarbe ist weißlich, der Hut ist undeutlich gezont. Die Lamellen stehen sehr eng, wie bei *L. piperatus* (siehe S. 83), und sind lachsrosa. Dies unterscheidet die Art eindeutig von anderen weißlichen *Lactarius*-Arten.

SEITENANSICHT

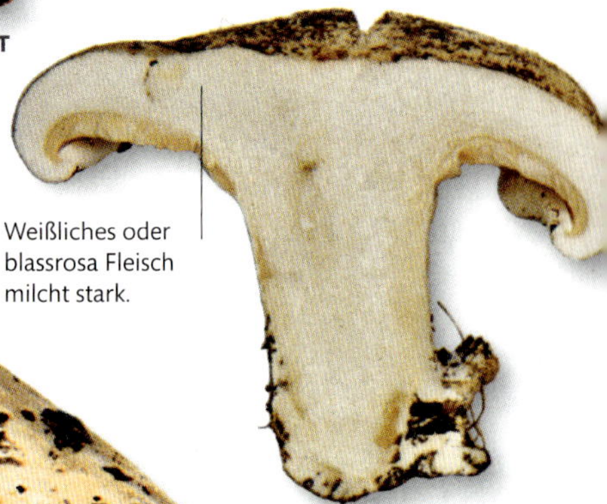

LÄNGSSCHNITT

VON SCHRÄG OBEN

UNTERSEITE

SPORENFARBE Weißlich.

GRÖSSE Hut 7–20 cm, bis 25 cm (b); Stiel 2–7 cm (h) x 1,5–4 cm (b).

VORKOMMEN In Wäldern, auf Sanddünen; bildet Mykorrhizen mit Weiden und Pappeln aus.

VERBREITUNG Gemäßigte Breiten auf der Nordhalbkugel.

FRUCHTKÖRPER Einzeln oder gesellig bei Weiden und Pappeln; Herbst.

WOLLIGER MILCHLING

LACTARIUS VELLEREUS

Dieser große Milchling, der in Europa als ungenießbar gilt, hat eine filzige Hutoberfläche und einen trichterig vertieften Hut. Milch und Fleisch des ähnlichen Scharfen Woll-Milchlings (*L. bertillonii*) schmecken scharf. Bei *L. vellereus* schmeckt die Milch mild, das Fleisch scharf.

UNTERSEITE

SEITENANSICHT

VON SCHRÄG OBEN

SPORENFARBE Weißlich.

GRÖSSE Hut 10–25 cm (b); Stiel 4–8 cm (b) x 2–5 cm (b).

VORKOMMEN In Wäldern, bildet Mykorrhizen mit Laubbäumen, wie Buchen, aber auch mit verschiedenen Nadelbäumen aus.

VERBREITUNG Gemäßigte Breiten auf der Nordhalbkugel, genaue Verbreitung unbekannt.

FRUCHTKÖRPER Gesellig und in Ringen in der Laubstreu; Herbst.

EDELREIZKER

LACTARIUS DELICIOSUS

Der Edelreizker ist eine von mehreren *Lactarius*-Arten mit orangefarbener, manchmal grünender Milch. Nach dem Verzehr dieses Pilzes färbt sich der Urin rot, doch ist die Färbung unbedenklich. Die Art ist an ihrem dicken Fleisch, den hellen, recht klaren Farben und ihrem Vorkommen unter Kiefern zu identifizieren.

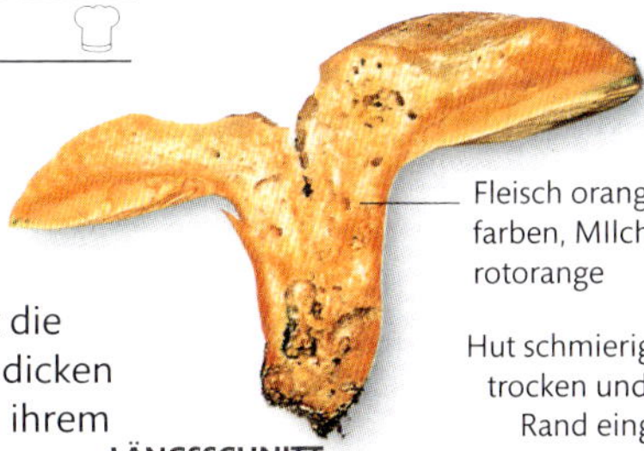

LÄNGSSCHNITT

VON SCHRÄG OBEN

VON SCHRÄG OBEN

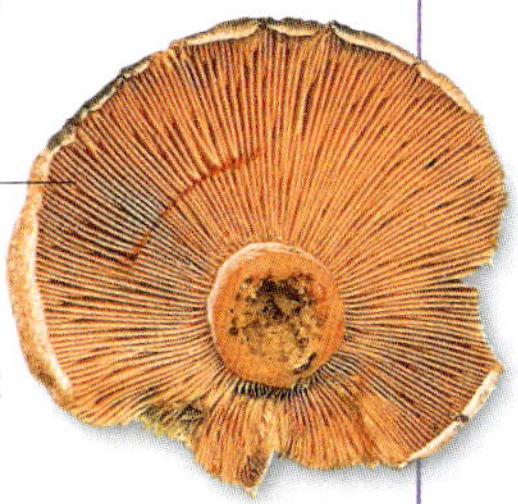

UNTERSEITE

SPORENFARBE Weißlich.

GRÖSSE Hut 5–15 cm (b); Stiel 3–7 cm (h) x 1–3 cm (b).

VORKOMMEN Bildet Mykorrhizen mit Kiefern, oft auf kalkhaltigen Sandböden.

VERBREITUNG Gemäßigte Breiten auf der Nordhalbkugel, genaue Verbreitung unklar.

FRUCHTKÖRPER Meist gesellig unter Kiefern; Herbst.

OLIVBRAUNER MILCHLING

LACTARIUS TURPIS

Der düster olivgrüne Pilz ist in der Laubstreu schwierig zu erkennen, oft findet man seine Fruchtkörper aber auch im Gras unter Birken. Sein Hut ist nicht gezont, anders als der von *L. blennius* (siehe S. 88). Der Rand ist bei jungen Pilzen filzig und eingerollt. Die Lamellen sind ziemlich blass und ihre Schneiden weisen im Alter braune Flecken auf. Die sehr scharfe, reichliche Milch ist weiß. In Teilen Osteuropas wird der Pilz eingesalzen gegessen. Dies ist jedoch nicht empfehlenswert, denn er besitzt möglicherweise krebserregende Inhaltsstoffe.

VON SCHRÄG OBEN

UNTERSEITE

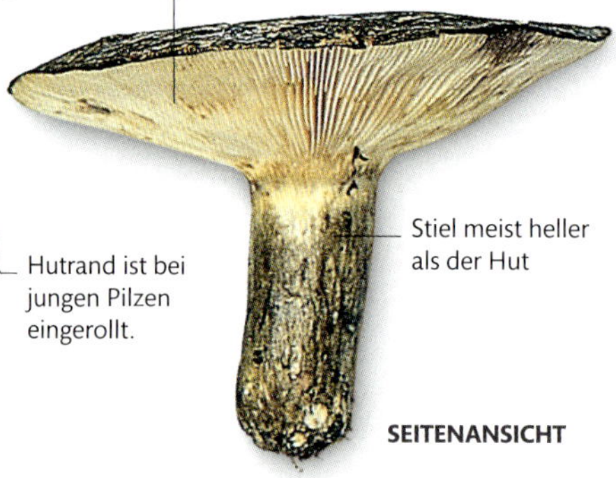

SEITENANSICHT

SPORENFARBE Weißlich.

GRÖSSE Hut 6–15 cm (b); Stiel 4–7 cm (h) x 1–2,5 cm (b).

VORKOMMEN Bildet Mykorrhizen mit Birken und Fichten aus; in Wäldern, Parks und Gärten.

VERBREITUNG Von Europa bis in den Fernen Osten; fehlt in Nordamerika.

FRUCHTKÖRPER Einzeln oder in kleinen oder größeren Gruppen, Sommer bis Herbst.

ZOTTIGER BIRKENMILCHLING

LACTARIUS TORMINOSUS

Der Hut dieses Milchlings ist ausgeprägt zoniert und filzig-borstig. Bestes Erkennungsmerkmal ist aber wohl die in der Mitte trichterige Vertiefung. Seine weiße Milch schmeckt sehr scharf. Dieser Pilz ist ein beliebter Speisepilz, muss jedoch vorher in Salz eingelegt und mariniert werden. Der Flaumige Milchling (*L. pubescens*) ist ähnlich, man kann ihn an seiner helleren Färbung, der geringeren Größe und dem weniger borstigen, eher flaumig-filzigen schwächer zonierten Hut gut unterscheiden. Andere Milchlinge haben filzige Hüte oder gelbliches Fleisch.

VON SCHRÄG OBEN

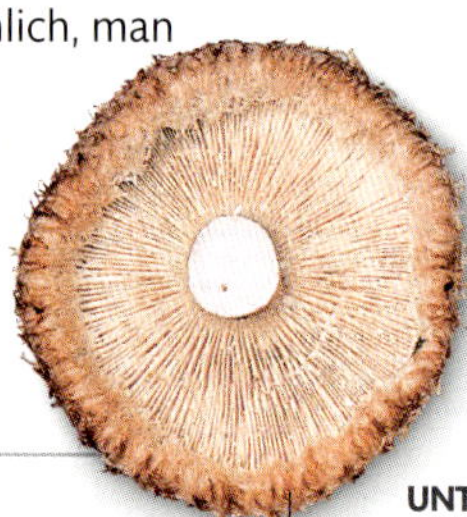

UNTERSEITE

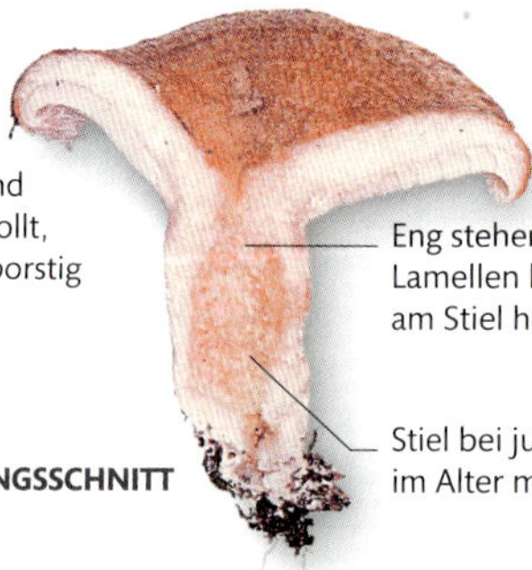

LÄNGSSCHNITT

SPORENFARBE Hell gelblich.

GRÖSSE Hut 5–15 cm (b); Stiel 3–6 cm (h) x 1–3 cm (b).

VORKOMMEN Bildet mit Birken Mykorrhizen; kommt auch an offenen, grasbewachsenen Standorten vor.

VERBREITUNG Teile der gemäßigten Breiten der Nordhalbkugel.

FRUCHTKÖRPER In Ringen und Gruppen; Sommer bis Herbst.

RUSSBRAUNER MILCHLING

LACTARIUS FULIGINOSUS

Diese ungenießbare Art gehört einer Gruppe brauner *Lactarius*-Arten an, deren Fruchtkörper beim Anschneiden weiße Milch absondern, die sich später rosa verfärbt. Es dauert bei jeder Art unterschiedlich lang, bis sich die Farbe verändert. Die von *L. fuliginosus* reagiert sehr langsam.

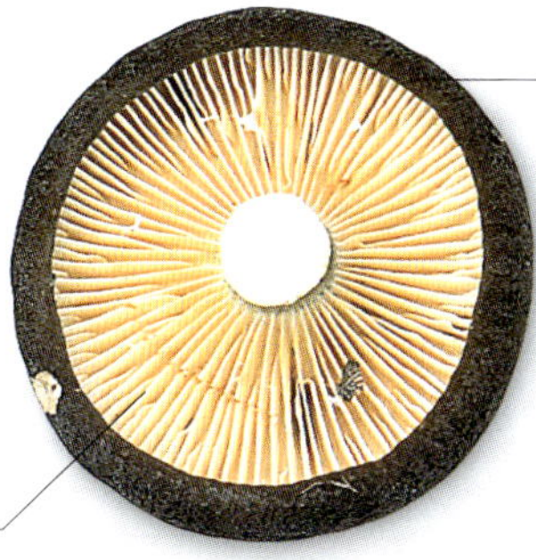

Lamellen stehen recht entfernt.

Hutrand bei jungen Pilzen eingerollt

UNTERSEITE

Hutrand nicht gefurcht

Stielbasis weißlich

SEITENANSICHT

Hut mittel- bis dunkelbraun, samtig, Mitte oft niedergedrückt

Stiel blassbraun oder fast weiß

SEITENANSICHT, SCHRÄG

Die hell ockergelben Lamellen bilden bei Verletzung braunrosa Stellen.

Weißliches Fleisch, das sich an der Luft schmutzig braunrosa färbt

Stiel vollfleischig

LÄNGSSCHNITT

SPORENFARBE Hell ockergelb.

GRÖSSE Hut 6–10 cm (b); Stiel 4–7 cm (h) x 1–1,5 cm (b).

VORKOMMEN In Wäldern, bildet Mykorrhizen mit Laubbäumen wie Eichen und Buchen.

VERBREITUNG Europa; verwandte Formen in andere Teilen der Nordhalbkugel.

FRUCHTKÖRPER Meist einzeln oder in kleinen Gruppen unter Laubbäumen; Herbst.

GRAUGRÜNER MILCHLING

LACTARIUS BLENNIUS

Zwar variiert bei *L. blennius* die Farbe des Hutes, doch typisch ist ein Ring aus dunklen Flecken nahe dem glatten Hutrand ausgebildet. Der Hut ist in Braun-, Grau- und Olivtönen gefärbt. Verwechslungen mit dem ungenießbaren Braunfleckigen Milchling (*L. fluens*), der größer und grüner ist und einen fast weißen Rand aufweist, sind möglich. Die Lamellen von *L. blennius* sondern weiße Milch ab, die olivgrün eintrocknet, ähnlich wie bei *L. trivialis* (siehe gegenüber). Obwohl die Art meist als ungenießbar gilt, wird sie manchmal gekocht oder eingesalzen.

SPORENFARBE Blass gelblich.

GRÖSSE Hut 4–9 cm, manchmal bis 12 cm (b); Stiel 3–7 cm (h) x 1–2.5 cm (b).

VORKOMMEN Bildet mit Buchen auf unterschiedlichen Böden Mykorrhizen aus.

VERBREITUNG In Europa und angrenzenden Teilen Asiens sehr häufig.

FRUCHTKÖRPER Meist in Gruppen unter Buchen; Sommer bis Herbst.

SEITENANSICHT

Hut glatt mit niedergedrückter Mitte

Olivbrauner bis graugrüner Hut mit dunklen Flecken nahe dem Rand

Stiel glatt, heller als Hut

Festes Fleisch, mit reichlicher weißer Milch

LÄNGSSCHITT

Lamellen leicht herablaufend

Weißliche Lamellen mit graugrünen Flecken von eingetrockneter Milch

UNTERSEITE

SCHARFER HASELMILCHLING

LACTARIUS PYROGALUS

Die Milch, die dieser Pilz absondert, ist so scharf, dass ein einziges Tröpfchen noch nach Stunden auf der Zunge spürbar ist. Seine recht entfernt stehenden ockergelben Lamellen und seine enge Bindung an Haselsträucher sind gute Bestimmungsmerkmale. Der Hainbuchen-Milchling (*L. circellatus*) sieht ähnlich aus, wächst aber unter Hainbuchen. Seine Lamellen stehen dichter und der Hut ist enger gezont. Der Graufleckende Milchling (*L. vietus*) ist eher violettgrau, weniger stark gezont und seine weißlichen Lamellen flecken im Alter grau. Seine weiße Milch trocknet bleigrau ein. Er wächst unter Birken.

SPORENFARBE Blass ockergelb.

GRÖSSE Hut 4–10 cm (b); Stiel 3–7 cm (h) x 0,5–2 cm (b).

VORKOMMEN In Wäldern und Gärten; bildet Mykorrhizen mit Haselsträuchern.

VERBREITUNG In Europa und angrenzenden Teilen Asiens ziemlich häufig.

FRUCHTKÖRPER In meist kleinen Gruppen auf besseren Böden; Sommer bis Herbst.

Hutrand oft wellig

Schwach gezonter Hut, Mitte oft niedergedrückt

Stiel kurz, weißlich beigefarben bis blassgrau

SEITENANSICHT, SCHRÄG

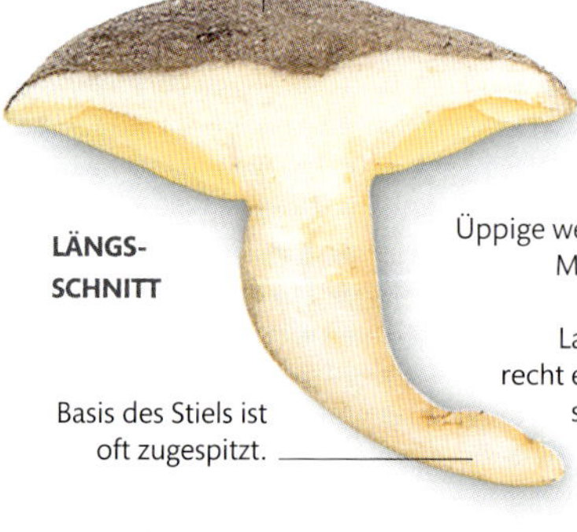

Hut fühlt sich leicht schmierig an.

LÄNGSSCHNITT

Basis des Stiels ist oft zugespitzt.

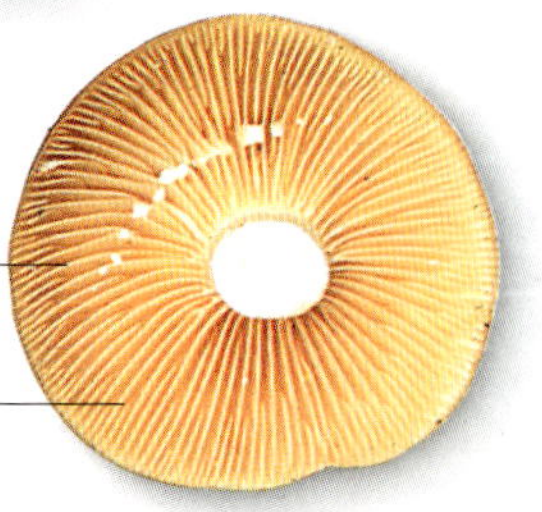

Üppige weiße Milch

Lamellen recht entfernt stehend

UNTERSEITE

NORDISCHER MILCHLING

LACTARIUS TRIVIALIS

Der große, fleischige und scharf schmeckende Pilz variiert in der Färbung von violettgrau bis gelblich grau. Der Verbogene Milchling (*L. flexuosus*) sieht ähnlich aus, seine Lamellen stehen aber entfernter und er hat typischerweise einen dickeren, kompakteren Stiel. In Salzlake eingelegt und mariniert, gilt der Pilz als sehr schmackhaft. In Ost- und Nordosteuropa ist er ein begehrter Speisepilz.

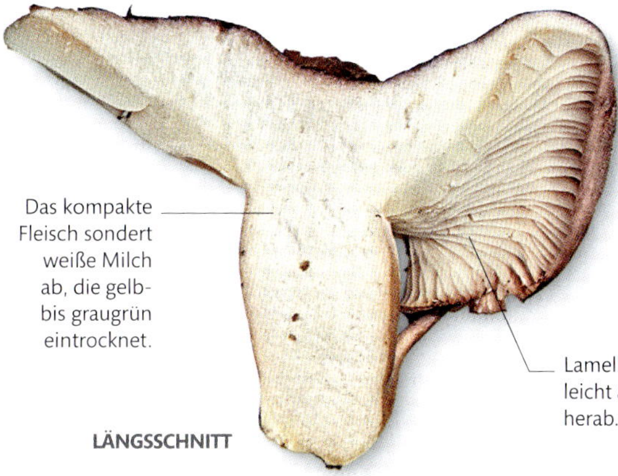

LÄNGSSCHNITT

SEITENANSICHT

UNTERSEITE

VON OBEN

SPORENFARBE Blass gelblich.

GRÖSSE Hut 6–20 cm, bis zu 25 cm (b); Stiel 4–10 cm (h) x 1–3 cm (b).

VORKOMMEN An Nadelbäume und Birken gebunden; oft in feuchten Wäldern.

VERBREITUNG Gemäßigte Breiten auf der Nordhalbkugel, mancherorts häufig.

FRUCHTKÖRPER Gesellig unter Bäumen; Sommer bis Herbst.

FLEISCHBLASSER MILCHLING

LACTARIUS PALLIDUS

In mancher Hinsicht sieht *L. pallidus* ähnlich aus wie verblasste Exemplare von *L. blennius* (siehe S. 88). Wie diese bildet der Fleischblasse Milchling Mykorrhizen mit Buchen. Seine Fruchtkörper sind aber hell fleischrosa, der Hut ist kaum zoniert und die reichliche weiße Milch verfärbt sich nicht graugrün. Das Fleisch ist mild oder leicht bitter und wenig schmackhaft. Der Heidemilchling (*L. musteus*) ist ebenfalls ähnlich und schmeckt mild, anders als *L. pallidus* wächst er jedoch unter Nadelbäumen.

SPORENFARBE Blass ockergelb.

GRÖSSE Hut 5–12 cm (b); Stiel 3–8 cm (h) x 0,5–2 cm (b).

VORKOMMEN Bildet Mykorrhizen mit Buchen aus, in Wäldern und Parks.

VERBREITUNG In Europa weitverbreitet, in Nordamerika selten.

FRUCHTKÖRPER Meist in kleinen Gruppen unter Buchen; Herbst.

SEITENANSICHT

UNTERSEITE

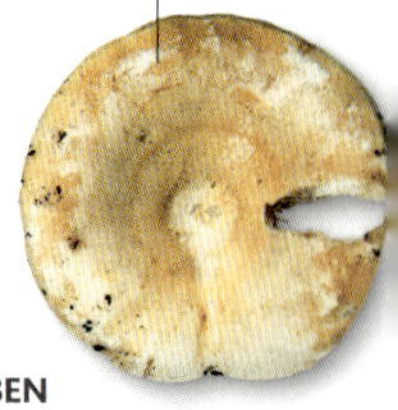

VON OBEN

BUCHENREIZKER

LACTARIUS HELVUS

Diese schwach giftige Art erkennt man am besten an ihrem kräftigen, würzigen Geruch nach Curry oder Maggi. Außerdem ist die Milch im Vergleich zu der anderer *Lactarius*-Arten spärlicher vorhanden und wässriger. Der Pilz wird recht groß. In Nordamerika ist ein Gegenstück verbreitet, *L. aquifluus*.

SPORENFARBE Hellgelb bis fleischfarben.

GRÖSSE Hut 5–16 cm (b); Stiel 5–13 cm (h) x 0,7–3 cm, bis zu 4,5 cm (b).

VORKOMMEN Bildet Mykorrhizen mit Birken, Fichten und Kiefern, oft zwischen Torfmoosen.

VERBREITUNG Gemäßigte Breiten auf der Nordhalbkugel; recht häufig.

FRUCHTKÖRPER Gesellig an nassen Standorten auf sauren Böden; Sommer bis Herbst.

UNTERSEITE

SEITENANSICHT, SCHRÄG

LÄNGSSCHNITT

SEITENANSICHT

BLASSER KOKOS-FLOCKEN-MILCHLING

LACTARIUS GLYCIOSMUS

Den ungenießbaren Pilz, dessen Duft an Kokosmakronen erinnert, findet man an feuchten Stellen unter Birken. Seine unauffällige Färbung ist kein gutes Kennzeichen. Auch der Dunkle Duftmilchling (*L. mammosus*) riecht nach Kokosnuss, ist aber viel dunkler und wächst unter Nadelbäumen.

VON OBEN

UNTERSEITE

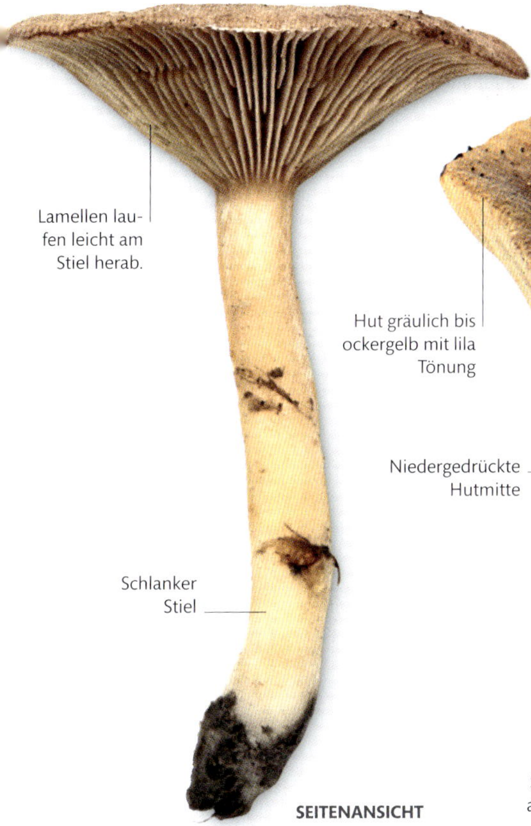

SEITENANSICHT

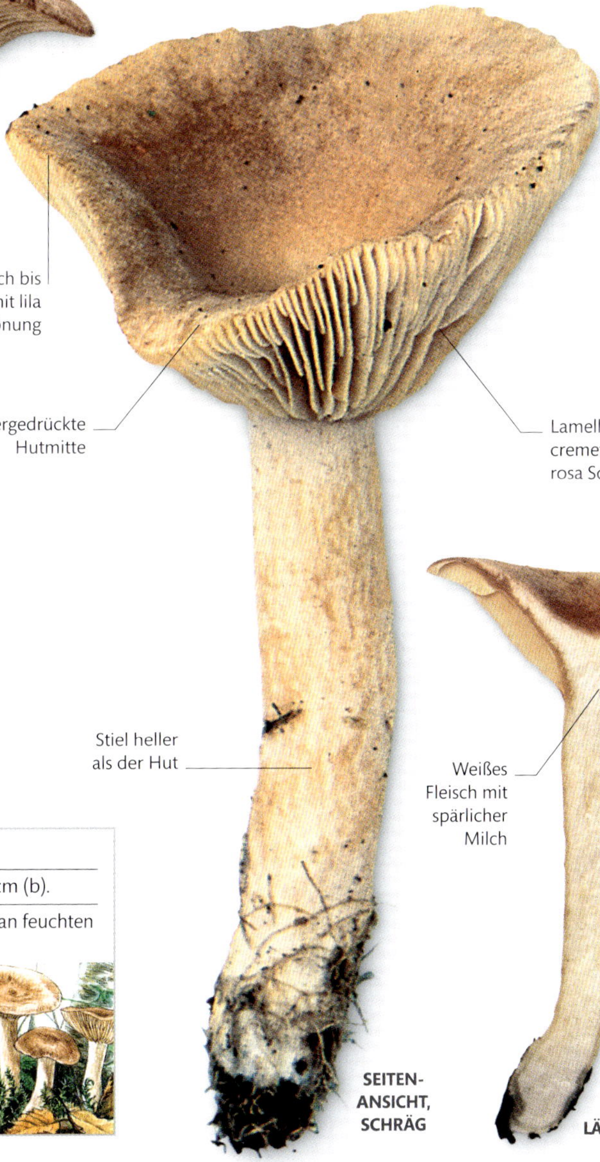

SEITENANSICHT, SCHRÄG

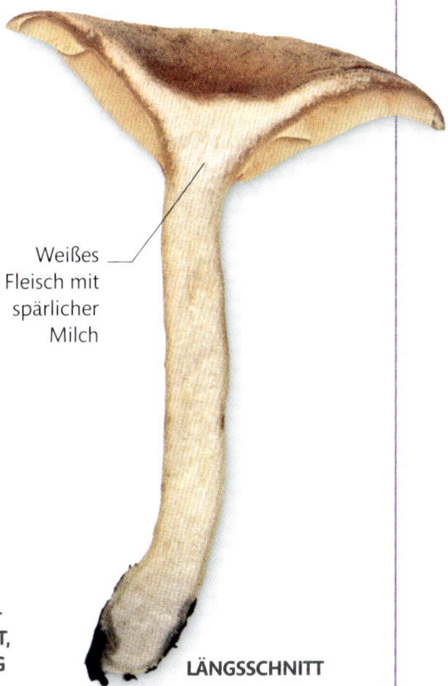

LÄNGSSCHNITT

SPORENFARBE Hell ockergelb.

GRÖSSE Hut 2–6 cm (b); Stiel 2–7 cm (h) x 0,5–1 cm (b).

VORKOMMEN Bildet Mykorrhizen mit Birken; oft an feuchten Standorten in der Laubstreu.

VERBREITUNG Gemäßigte Breiten auf der Nordhalbkugel, vielerorts häufig.

FRUCHTKÖRPER Gesellig in der Laubstreu unter Birken; Sommer bis Herbst.

MILDER MILCHLING

LACTARIUS AURANTIACUS

Dieser kleine Art mit orangefarbenem Hut hat einen milden Geschmack und ihr Fleisch sondert große Mengen weißer, nicht verfärbender Milch ab. Sie ist kleiner als *L. volemus* (siehe S. 93). Ähnlich große Verwandte sind meist dunkler, weniger lebhaft orangefarben oder haben mehr oder weniger scharf oder bitter schmeckende Milch. Ein weiteres typisches Merkmal ist die vertiefte Hutmitte älterer Pilze. Der Fuchsigbraune Milchling (*L. fulvissimus*) ist eine größere, orangerote Art, die unangenehm riecht.

SPORENFARBE Fleischrosa.

GRÖSSE Hut 2–6 cm (b); Stiel 2–5 cm (h) x 0,3–0,8 cm (b).

VORKOMMEN Bildet Mykorrhizen mit Laub- und Nadelbäumen aus.

VERBREITUNG In Europa weit verbreitet; verwandte Formen in anderen Regionen der gemäßigten Breiten auf der Nordhalbkugel.

FRUCHTKÖRPER Oft in kleinen Gruppen im Moos; Herbst.

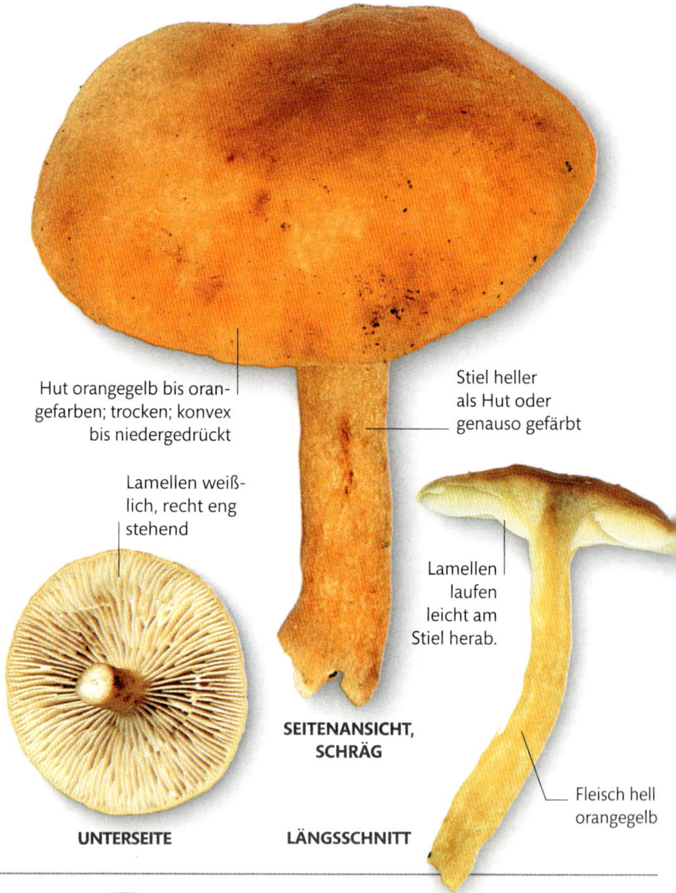

SEITENANSICHT, SCHRÄG

UNTERSEITE

LÄNGSSCHNITT

KLEINER FLATTERMILCHLING

LACTARIUS TABIDUS

Beim Bestimmen kleiner orangebrauner *Lactarius*-Arten ist ein Taschentuch hilfreich. Ein Tropfen der weißen Milch von *L. tabidus* färbt sich nach ca. 30 Sekunden gelb. Der dünnfleischige Pilz ist kein guter Speisepilz. Der Hut hat einen kleinen Buckel, während er beim ähnlichen *L. lacunarum*, dessen Milch ebenfalls gelbe Flecken hinterlässt, konvex bis niedergedrückt ist.

SPORENFARBE Weißlich bis hell fleischfarben.

GRÖSSE Hut 2–5 cm (b); Stiel 3–8 cm (h) x 0,4–1 cm (b).

VORKOMMEN Bildet Mykorrhizen mit Laub- und Nadelbäumen; oft an sauren, feuchten Standorten.

VERBREITUNG Gemäßigte Breiten auf der Nordhalbkugel, vielerorts häufig.

FRUCHTKÖRPER In kleinen oder großen Gruppen, oft zwischen Falllaub und Moosen; Herbst.

LÄNGSSCHNITT

SEITENANSICHT, SCHRÄG

UNTERSEITE

EICHENMILCHLING

LACTARIUS QUIETUS

Wesentliche Merkmale dieses häufigen Pilzes sind die enge Bindung an Eichen, der mehr oder weniger gezonte Hut und die cremige, spärlich vorhandene Milch. Diese Art ist ungenießbar. Der charakteristische ölige Geruch, der an den von Bettwanzen erinnert, ist ein weiteres nützliches Bestimmungsmerkmal. Der Goldflüssige Milchling (*L. chrysorrheus*) hat denselben Mykorrhiza-Partner, ist aber blasser und gelblicher gefärbt und seine reichliche weiße Milch färbt sich rasch schwefelgelb. Der Wässrige Milchling (*L. serifluus*) hat einen ähnlichen, noch stärkeren Geruch und einen viel dunkleren Hut.

SEITENANSICHT, SCHRÄG

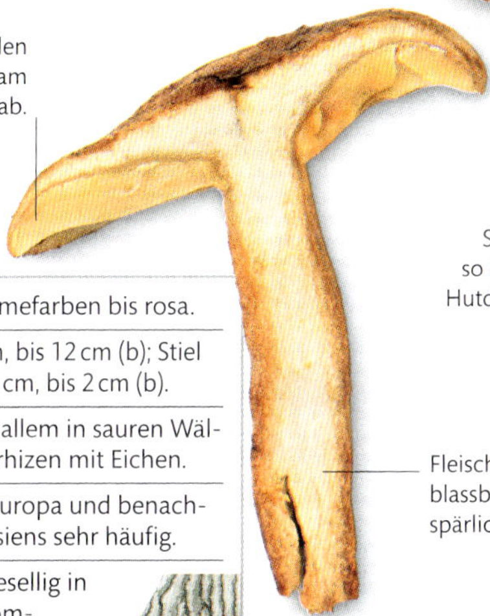

LÄNGSSCHNITT

UNTERSEITE

SPORENFARBE Cremefarben bis rosa.

GRÖSSE Hut 4–8 cm, bis 12 cm (b); Stiel 3–7 cm (h) x 0,5–1,5 cm, bis 2 cm (b).

VORKOMMEN Vor allem in sauren Wäldern; bildet Mykorrhizen mit Eichen.

VERBREITUNG In Europa und benachbarten Regionen Asiens sehr häufig.

FRUCHTKÖRPER Gesellig in sauren Wäldern; Sommer bis Herbst.

BRÄTLING

LACTARIUS VOLEMUS

Diese hell orangefarbene und sehr fleischige Milchling bildet viel weiße Milch, die sich beim Trocknen bräunlich verfärbt. Die Huthaut ist dünn und kann aufspringen. Der charakteristische Geruch erinnert stark an Fisch, besonders bei älteren Exemplaren. Das Fleisch schmeckt mild.

SPORENFARBE Weißlich.

GRÖSSE Hut 6–12 cm (b); Stiel 4–12 cm (h) x 1–4 cm (b).

VORKOMMEN Bildet Mykorrhizen mit Laubbäumen wie Eichen und Buchen, auch mit Nadelbäumen.

VERBREITUNG Gemäßigte Breiten der Nordhalbkugel, meist selten.

FRUCHTKÖRPER Meist in kleinen Gruppen unter Laubbäumen; ganzjährig.

ROTBRAUNER MILCHLING

LACTARIUS RUFUS

Vielerorts ist dies der häufigste Milchling. Er erscheint vor allem in Kiefernwäldern und ist einheitlich rotbraun. Oft ist die Hutmitte gebuckelt. Das Fleisch schmeckt nach einer Verzögerung von einer Minute sehr scharf, kann aber durch Einlegen in Salz und anschließendes Marinieren genießbar gemacht werden. Die Art ist größer als *L. camphoratus* (siehe unten), rötlicher getönt und riecht nicht nach Kampfer.

SPORENFARBE Weißlich.

GRÖSSE Hut 3–10 cm (b); Stiel 5–10 cm (h) x 0,5–2 cm (b).

VORKOMMEN Bildet Mykorrhizen mit Nadelbäumen und Birken; meist auf sauren Böden.

VERBREITUNG In vielen Regionen der gemäßigten Breiten auf der Nordhalbkugel, oft häufig.

FRUCHTKÖRPER Geselig unter Nadelbäumen oder Birken; Sommer bis Herbst.

SEITENANSICHT, SCHRÄG

UNTERSEITE

SEITENANSICHT

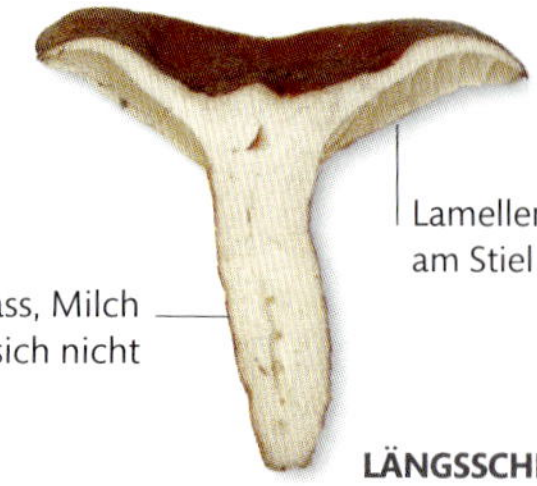

LÄNGSSCHNITT

KAMPFERMILCHLING

LACTARIUS CAMPHORATUS

Dieser sehr dunkelbraune Milchling mit ziemlich dünnem Stiel hat einen würzigen Geruch, der an Kampfer oder Maggi erinnert und sich bem Trocknen verstärkt. Er bevorzugt saure Böden und gedeiht an trockneren Stellen als der ähnliche, aber rötlichere *L. rufus* (siehe oben). Sein Fleisch hat einen unangenehm bitteren Nachgeschmack.

SPORENFARBE Weiß bis cremeweiß.

GRÖSSE Hut 3–6 cm (b); Stiel 3–6 cm (h) x 0,4–0,8 cm, manchmal bis 1 cm (b).

VORKOMMEN Mykorrhizabildner, unter Laub- und Nadelbäumen; manchmal an morschen, moosbedeckten Baumstümpfen.

VERBREITUNG Gemäßigte Breiten auf der Nordhalbkugel; regional häufig.

FRUCHTKRÖRPER In Gruppen, oft zwischen Moosen; Herbst.

SEITENANSICHT, SCHRÄG

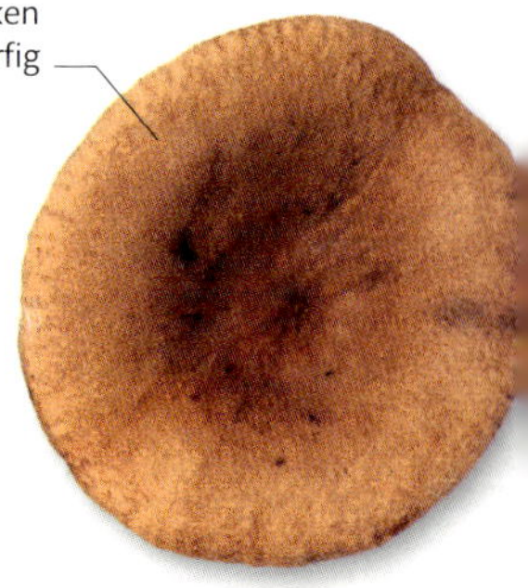

VON OBEN

UNTERSEITE

LEBERBRAUNER MILCHLING

LACTARIUS HEPATICUS

Dieser Milchling ist matt leberbraun gefärbt und an Kiefernwälder auf sehr sauren Böden gebunden. Die üppige weiße Milch färbt sich auf einem weißen Taschentuch oder beim Eintrocknen auf dem Fleisch gelb. *L. rufus* (siehe gegenüber) kommt oft an denselben Standorten vor. Sein Fleisch schmeckt scharf und er ist als Speisepilz nicht empfehlenswert. Auch die Milch von *L. tabidus* (siehe S. 92) gilbt auf einem weißen Taschentuch, diese Art ist jedoch heller.

SPORENFARBE Cremefarben.

GRÖSSE Hut 3–6 cm (b); Stiel 4–6 cm (h) x 0,6–1 cm (b).

VORKOMMEN In Kiefernwäldern auf sauren, sandigen Böden; bildet mit Kiefern Mykorrhizen.

VERBREITUNG Gemäßigte Breiten auf der Nordhalbkugel; vielerorts häufig.

FRUCHTKÖRPER Gesellig in dichter Nadelstreu; Herbst.

UNTERSEITE

SEITENANSICHT, SCHRÄG

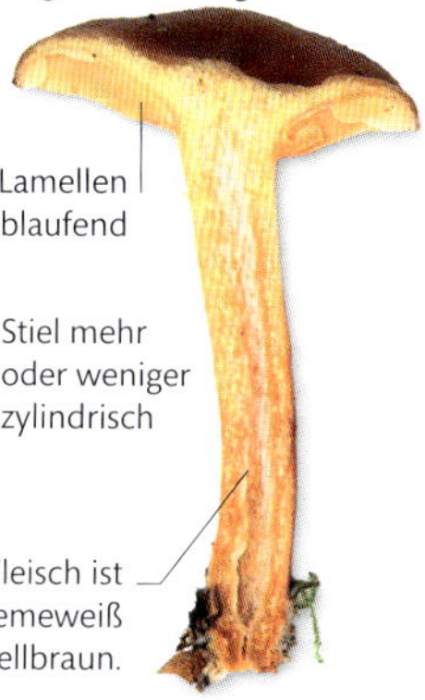

LÄNGSSCHNITT

SÜSSLICHER BUCHENMILCHLING

LACTARIUS SUBDULCIS

Weil dieser ohne geeignete Vorbehandlung ungenießbare Pilz keine typischen Merkmale aufweist, ist er schwierig zu bestimmen. Hilfreich sind seine Negativeigenschaften: Die Milch färbt sich nicht gelb und schmeckt nicht scharf.

SPORENFARBE Cremeweiß bis rosa.

GRÖSSE Hut 3–7 cm (b); Stiel 3–6 cm (h) x 0,5–1 cm (b).

VORKOMMEN Bildet Mykorrhizen mit Laubbäumen, vor allem Buchen.

VERBREITUNG In Europa weitverbreitet; weltweite Verbreitung unbekannt.

FRUCHTKÖRPER Oft gesellig unter Buchen; Sommer bis Herbst.

UNTERSEITE

SEITENANSICHT, SCHRÄG

LÄNGSSCHNITT

SEITENANSICHT, SCHRÄG

THELEPHORACEAE (Erdwarzenpilze)

KLASSE AGARICOMYCETES **ORDNUNG** THELEPHORALES

Die Mitglieder dieser Familie variieren stark in Gestalt und Bau ihrer Fruchtkörper. Die einfachsten Formen sind resupinat: Das bedeutet, dass sie das Substrat mit einer häutigen Kruste überziehen. Andere Arten bilden fächerförmige Fruchtkörper. Die am höchsten entwickelten Fruchtkörpertypen sind in Hut und Stiel gegliedert. Viele dieser Pilze bilden Mykorrhizen mit Bäumen aus.

ERDWARZENPILZ

THELEPHORA TERRESTRIS

Obwohl dieser Pilz mit Bäumen Mykorrhizen bildet, die auch für die Partner vorteilhaft sein sollten, kann er in Baumschulen junge Nadelbäume befallen und zum Absterben bringen. Er erinnert an eine Flechte, und seine erdfarbenen, fächerförmigen Fruchtkörper sind im Wald oft schwer zu erkennen. Er ist ungenießbar.

VON OBEN

SPORENFARBE Braun.

GRÖSSE Zusammenfließende Fruchtkörper 4–10 cm (b).

VORKOMMEN Auf sauren Böden in Wäldern und Heidegebieten, oft an Wegen; auch in Baumschulen.

VERBREITUNG Gemäßigte Breiten auf der Nordhalbkugel; häufig.

FRUCHTKÖRPER Auf sauren Böden oder altem Nadelholz; ganzjährig.

UNTERSEITE

BANKERACEAE (Weißsporstachelingsverwandte)

KLASSE AGARICOMYCETES **ORDNUNG** THELEPHORALES

Innerhalb der Ordnung Thelephorales wird die Familie Bankeraceae besonders dadurch charakterisiert, dass sich ihre Sporen auf einer stacheligen Schicht unter dem Hut bilden. Die Sporenpulverfarbe ist je nach Gattung weiß bis braun und die Sporen sind ornamentiert wie die der Thelophoraceae (siehe gegenüber). Viele Arten sind durch Umweltbelastung und die moderne Waldbewirtschaftung bedroht. Alle bilden Mykorrhizen aus.

SCHARFER KORKSTACHELING

HYDNELLUM PECKII

Obwohl dieser Pilz fleischige Fruchtkörper mit Stacheln auf der Unterseite bildet, ist er nicht näher mit dem Semmel-Stoppelpilz (*H. repandum*, siehe S. 58) verwandt. Das Fleisch erinnert in seiner Struktur an Kork und schmeckt ausgesprochen unangenehm. Junge Fruchtkörper scheiden blutrote Tröpfchen aus.

SEITENANSICHT

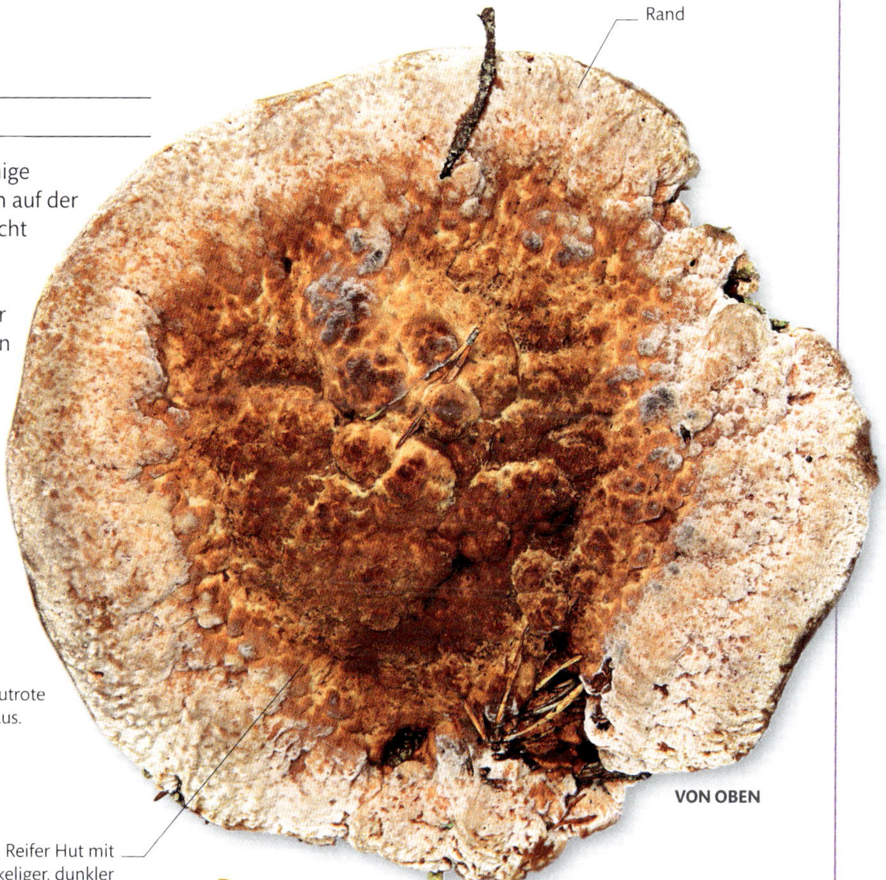

VON OBEN

LÄNGSSCHNITT

SPORENFARBE Braun.

GRÖSSE Hut 3–7 cm (b); Stiel 1–6 cm (h) x 0,5–2 cm (b); Stacheln 3–4 mm lang.

VORKOMMEN An Kiefern und Fichten gebunden; auch auf Sanddünen unter angepflanzten Kiefern.

VERBREITUNG Gemäßigte Breiten auf der Nordhalbkugel; nur lokal verbreitet.

FRUCHTKÖRPER In kleinen Gruppen, oft zwischen Moosen und Flechten; Herbst.

SCHWARZER DUFTSTACHELING

PHELLODON NIGER

Der Rand dieses dunklen, ungenießbaren Stachelings ist jung blassblau bis blaugrau. Die Fruchtkörper sind oft miteinander verwachsen. Die Stacheln an der Unterseite des Hutes sind zunächst blaugrau, später grau. *P. melaleucus* ist ähnlich, hat aber einen dünneren, blasseren Hut und kommt auf sauren Waldböden vor. Beide Arten riechen deutlich nach Maggi.

SPORENFARBE Weiß.

GRÖSSE Hut 10 cm (b); Stiel 5 cm (h) x 2 cm (b); Stacheln bis zu 3 mm lang.

VORKOMMEN Auf kalkhaltigen Böden in moosreichen Nadelwäldern und -forsten; manchmal unter Laubbäumen.

VERBREITUNG Gemäßigte Breiten auf der Nordhalbkugel; dort lokal verbreitet.

FRUCHTKÖRPER Einzeln oder in Büscheln auf Nadelstreu oder Falllaub; Herbst.

VON OBEN

SEITENANSICHT

SEITENANSICHT

BECHERFÖRMIGER DUFTSTACHELING

PHELLODON TOMENTOSUS

Dies ist ein weiterer zäher, ungenießbarer Duftstacheling. Die Wachstumszone am Rand ist weißlich. Die trockenen Fruchtkörper riechen nach Maggi. Mehrere Stachelinge sehen ähnlich aus, darunter einige *Hydnellum*-Arten (siehe S. 97).

SPORENFARBE Weiß.

GRÖSSE Hut 6 cm (b), oft zusammenfließend; Stiel 5 cm (h) x 0,8 cm (b); Stacheln bis zu 3 mm lang.

VORKOMMEN In Nadelwäldern, selten in Laubwäldern; auf sandigen Böden.

VERBREITUNG Gemäßigte Breiten auf der Nordhalbkugel, aber lokal verbreitet.

FRUCHTKÖRPER In Gruppen im Moos; Spätsommer bis Herbst.

UNTERSEITE

VON OBEN

SEITENANICHT, SCHRÄG

SEITENANSICHT

GALLENSTACHELING

SARCODON SCABROSUS

Sarcodon-Arten sind groß und fleischig, und einige, wie *S. scabrosus*, haben typisch geschuppte Hüte. Das Fleisch ist eher käseartig-mürbe und nicht lederartig zäh oder korkig wie bei *Phellodon*- und *Hydnellum*-Arten. *S. scabrosus* kann man an seiner stahlblauen Stielbasis vom ähnlichen Habichtspilz (*S. imbricatum*) unterscheiden. Die meisten Arten sind bitter; erst wenn man sie einsalzt, werden sie genießbar. Diese Pilze werden deutlich seltener, und einige stehen auf der Roten Liste der gefährdeten Großpilze Europas.

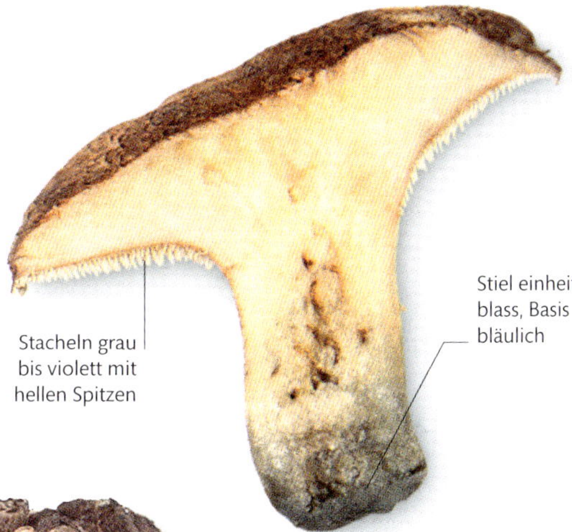

LÄNGSSCHNITT

SEITENANSICHT

UNTERSEITE

SPORENFARBE Braun.

GRÖSSE Hut 4–14 cm (b); Stiel 3–8 cm (h) x 1–3,5 cm (b); Stacheln bis zu 1 cm lang.

VORKOMMEN Bildet Mykorrhizen mit Bäumen in Nadel- und Laubwäldern.

VERBREITUNG Gemäßigte Breiten auf der Nordhalbkugel, aber selten.

FRUCHTKÖRPER Gesellig oder in Ringen im Moos, zwischen Flechten; Herbst.

SCHMUTZIGER WEISSSPORSTACHELING

BANKERA FULIGINEOALBA

Wenn dieser ungenießbare Pilz aus dem Erdboden hervorbricht, bedeckt häufig Humus den Hut, sodass er schmutzig wirkt. Die Arten der Gattung *Bankera* sehen ähnlich aus wie *Sarcodon*-Arten (siehe S. 99), bilden aber weiße statt brauner Sporen. Das relativ weiche Fleisch von *B. fuligineoalba* färbt sich im Alter rosa.

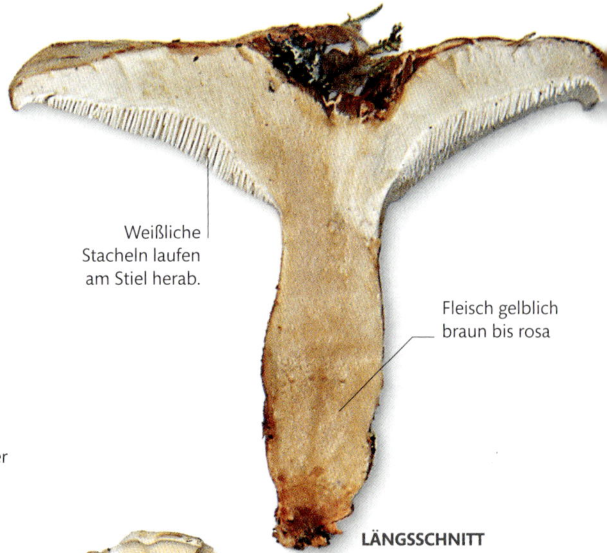

LÄNGSSCHNITT

VON OBEN

UNTERSEITE

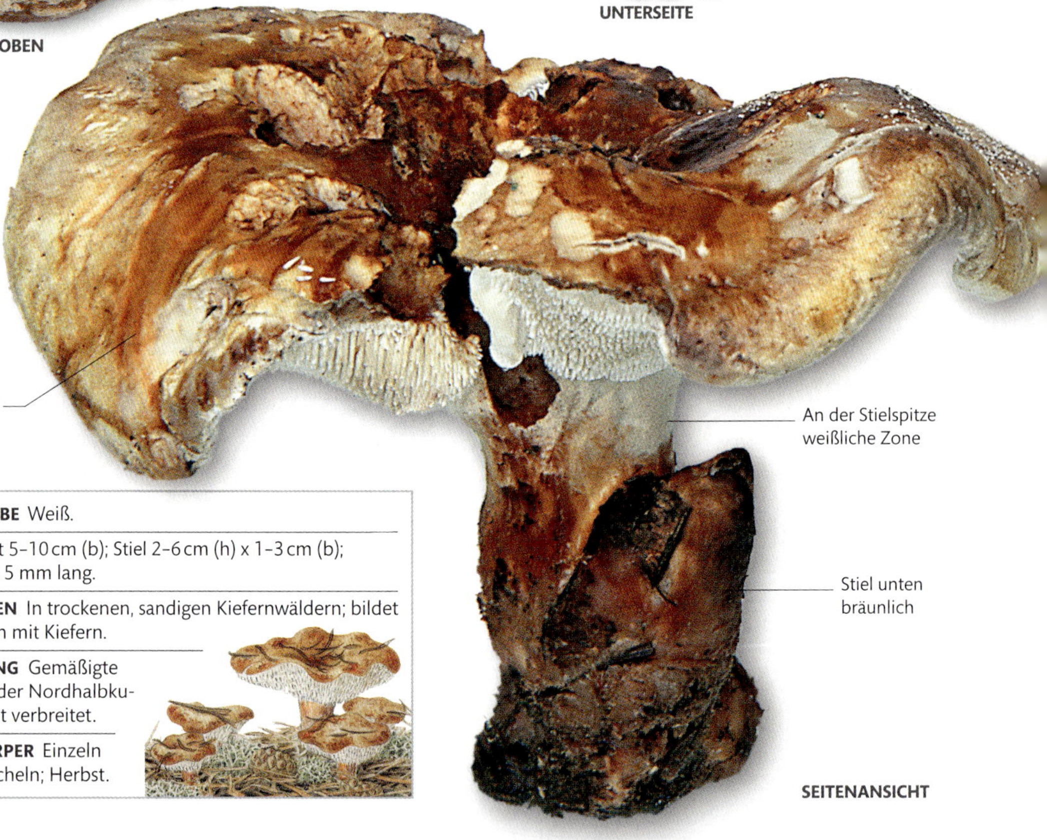

SEITENANSICHT

SPORENFARBE Weiß.

GRÖSSE Hut 5–10 cm (b); Stiel 2–6 cm (h) x 1–3 cm (b); Stacheln bis 5 mm lang.

VORKOMMEN In trockenen, sandigen Kiefernwäldern; bildet Mykorrhizen mit Kiefern.

VERBREITUNG Gemäßigte Breiten auf der Nordhalbkugel, zerstreut verbreitet.

FRUCHTKÖRPER Einzeln oder in Büscheln; Herbst.

HYMENOCHAETACEAE (Borstenscheiblings-verwandte)

KLASSE AGARICOMYCETES ORDNUNG HYMENOCHAETALES

Die Mitglieder dieser Familie sind sehr variabel. Einige haben Poren an der Hutunterseite, andere eine glatte Fruchtschicht. Manche bilden holzig-harte Fruchtkörper, die mehrere Jahre überdauern, andere relativ kurzlebige Krusten. Alle Arten haben jedoch typische dunkelbraune, dickwandige Borsten (Setae).

VON OBEN

Mit zunehmendem Alter kommen neue Zonen hinzu.

ROTBRAUNE BORSTENSCHEIBE

HYMENOCHAETE RUBIGINOSA

Dieser auf Eichenholz häufige Pilz ist tarnfarben und wird oft übersehen. Die Unterseiten der kleinen Hüte erscheinen glatt, mit einer starken Lupe erkennt man jedoch, dass sie dicht mit braunen Borsten besetzt sind.

VON OBEN

Oberfläche braun, im Alter sehr dunkel

Zäher Hut dunkelbraun gezont

Rand gewellt, manchmal gelappt

VON OBEN

SPORENFARBE Weiß.

GRÖSSE Hut 1–6 cm (b) x 1–4 cm tief x etwa 0,1 cm dick.

VORKOMMEN Auf Laubholzstümpfen oder toten Ästen von Eichen oder Edelkastanien.

VERBREITUNG Gemäßigte Breiten der Nordhalbkugel.

FRUCHTKÖRPER Dachziegelartig an morschem Laubholz; ganzjährig.

Unterseite ist mit winzigen steifen Borsten besetzt.

Fruchtschicht schokoladenbraun

UNTERSEITE

DAUERPORLING

COLTRICIA PERENNIS

Dieser sehr ungewöhnliche Porling wächst nicht auf Holz, sondern auf dem Erdboden. Die goldbraune Farbe ist typisch für viele Mitglieder der Familie Hymenochaetaceae. Das ungenießbare Fleisch ist zäh und die Poren laufen ein Stück am filzigen Stiel herab. Die Art ähnelt von oben diversen Stachelingen (siehe S. 98), aber ein Blick auf die mit Poren durchsetzte Unterseite verrät den Unterschied.

Hut schimmernd und in Braun-, Ocker-, Gelb- und Grautönen zoniert

VON OBEN

Auf der Hutunterseite graubraune Poren

SEITENANSICHT

Hut mehr oder weniger trichterförmig

Rostbraunes Fleisch ist dünn und zäh.

LÄNGSSCHNITT

SPORENFARBE Goldbraun.

GRÖSSE Hut 2–10 cm (b); Stiel 2–6 cm (h) x 0,3–0,8 cm (b); Röhren etwa 2 mm lang.

VORKOMMEN Auf dem Erdboden, meist in sandigen Nadelwäldern und -forsten; selten unter Laubbäumen.

VERBREITUNG Gemäßigte Breiten auf der Nordhalbkugel; recht häufig.

FRUCHTKÖRPER In kleinen Gruppen auf sandigen und kiesigen Böden; ganzjährig.

ERLEN-SCHILLERPORLING

MENSULARIA RADIATA

Dieser Porling bringt so viele Fruchtkörper hervor, dass er kaum zu übersehen ist. Junge Pilze sind lebhaft gelb bis orangerot, im Alter färben sie sich aber rostbraun. Die Porenoberfläche ist lichtbrechend, sodass die Farbe vom Blickwinkel des Betrachters abhängt. Das ungenießbare Fleisch ist zäh. Auf umgestürzten Baumstämmen entwickeln sich manchmal auch krustenförmige Fruchtkörper.

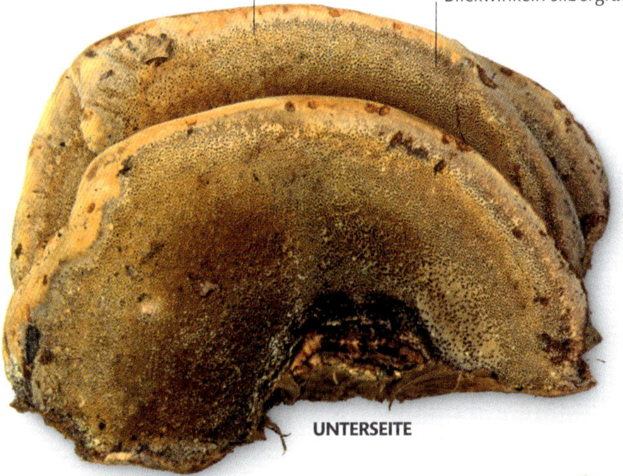

UNTERSEITE

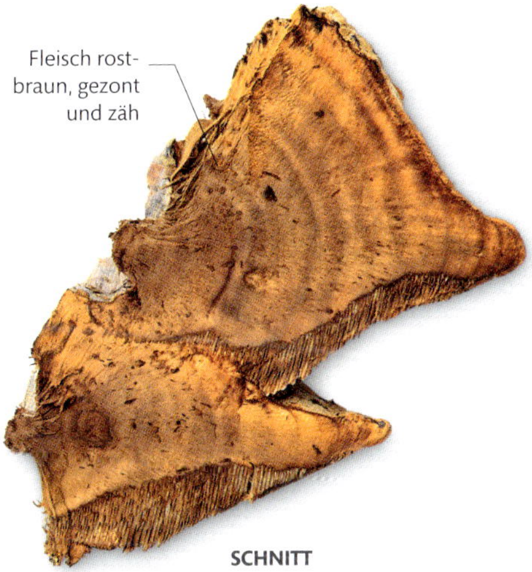

SCHNITT

SEITENANSICHT

SPORENFARBE Blass gelbbraun.

GRÖSSE Hut 3–8 cm (b) x 1–3 cm tief x bis zu 3 cm dick.

VORKOMMEN Parasitisch, meist an noch stehenden Erlen, Birken oder Haseln.

VERBREITUNG Gemäßigte Breiten auf der Nordhalbkugel; häufig.

FRUCHTKÖRPER In Reihen an abgestorbenen Stämmen; ganzjährig.

FLEISCHIGZOTTIGER ROSTPORLING

INONOTUS HISPIDUS

Die dickfleischigen, ungenießbaren einjährigen Fruchtkörper sind oberseits zottig-filzig. Sie sind jung orangebraun, später färben sie sich rotbraun.

SPORENFARBE Gelbbraun.

GRÖSSE Fruchtkörper 15–40 cm (b) x 10–20 cm tief x bis zu 10 cm dick.

VORKOMMEN Parasitisch an lebenden Laubbäumen, z. B. Eschen.

VERBREITUNG Gemäßigte Breiten auf der Nordhalbkugel.

FRUCHTKÖRPER Einzeln oder zu mehreren; Sommer bis Herbst.

FALSCHER ZUNDERSCHWAMM

PHELLINUS IGNIARIUS

Die ungenießbaren Fruchtkörper dieser Art sind äußerst hart und robust und werden auf lebenden Wirtsbäumen oft viele Jahre alt. Im Alter können sich tiefe Risse bilden, in denen sich Moose und Flechten ansiedeln. Es gibt mehrere sehr ähnliche Arten, die auf Birken, Erlen und Apfelbäumen vorkommen. *P. igniarius* findet man nur auf Weiden.

Ältere Fruchtkörper sind oft mit Moosen und Flechten bewachsen.

Oberfläche des Fruchtkörpers grau bis fast schwarz, glatt oder rissig

VON OBEN

SPORENFARBE Weiß.

GRÖSSE Fruchtkörper 10–40 cm (b) x 10–20 cm tief x bis 20 cm dick.

VORKOMMEN Parasitisch an Weiden, ruft Weißfäule hervor.

VERBREITUNG Gemäßigte Breiten auf der Nordhalbkugel; recht häufig.

FRUCHTKÖRPER Einzeln oder zu mehreren an Bäumen; ganzjährig.

1 cm

POREN

Poren grau bis graubraun

UNTERSEITE

FAMILIE NICHT FESTGELEGT

GEMEINER VIOLETTPORLING

TRICHAPTUM ABIETINUM

Dieser ungenießbare Porling tritt oft in Massen auf. Die violette Färbung sieht man nur an den Poren junger Exemplare oder an der Zuwachszone am Hutrand. Die Poren sind eckig und springen im Alter oft auf. Die Fruchtkörper verwachsen oft zu langen Flächen und sind häufig dachziegelartig übereinander angeordnet. Der ähnliche *T. biforme* wächst auf Nadelholz und unterscheidet sich in einigen anatomischen Details. *T. fuscoviolaceum*, der ebenfalls auf Nadelholz wächst, bildet auf der Unterseite Zähnchen statt Poren.

UNTERSEITE

Poren reißen auf; jung violett; 3–6 Poren pro mm

Zähes, ledriges Fleisch

Filzige, blasse Oberfläche, alt oft mit Grünalgen bewachsen

VON OBEN

Hutrand typisch wellig und gelappt

SPORENFARBE Weiß.

GRÖSSE Fruchtkörper 2–4 cm (b) x 2 cm tief x 0,2–0,3 cm dick; oft viele Fruchtkörper zusammenfließend.

VORKOMMEN Auf Nadelholz und Rinde; Weißfäuleerreger; meist an Fichten, aber auch an anderen Nadelbäumen.

VERBREITUNG Gemäßigte Breiten auf der Nordhalbkugel; häufig.

FRUCHTKÖRPER In Reihen; ganzjährig.

REPETOBASIDIACEAE (Heftelnabelinge und Verwandte)

KLASSE AGARICOMYCETES **ORDNUNG** HYMENOCHAETALES

Diese Familie wurde aufgrund moderner molekularer Untersuchungen abgegrenzt. Die meisten Mitglieder bilden häutige Fruchtkörper, *Rickenella* und einige verwandte Gattungen jedoch typische Hutpilze, die an der Hutunterseite Lamellen tragen. Diese Arten sind häufig an Moose gebunden.

ORANGEFARBENER HEFTEL-NABELING

RICKENELLA FIBULA

Die *Rickenella*-Arten werden von einer Gattung in die andere gestellt, dennoch sind sie aber leicht zu erkennen. Sie sind sehr klein, haben weit herablaufende Lamellen, wachsen auf Moosen und sind überall mit feinen Haaren besetzt. Es gibt zwei häufige Arten: *R. swartzii* ist nicht orangefarben wie *R. fibula*, sondern hat eine fast schwarze Hutmitte und eine dunkle Stielspitze.

Hutrand gerieft, bei Trockenheit ist dies aber schwer erkennbar.

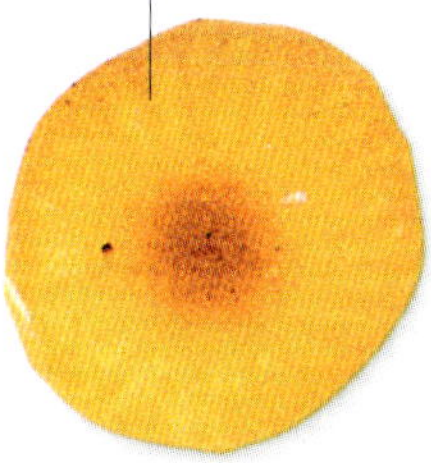

VON OBEN

Annähernd natürliche Größe

SEITENANSICHT

Hut halbkugelig, Mitte niedergedrückt

Parasitiert auf Moosen

SEITENANSICHT

Genabelte Mitte

Lamellen weißlich; entfernt stehend, weit herablaufend; mit Haaren an den Schneiden (Lupe!)

Fleisch dünn, orangebraun

LÄNGSSCHNITT

Hut orangefarben bis gelblich

Stiel hell orangefarben, leicht behaart (unter der Lupe erkennbar)

SEITENANSICHT

SPORENFARBE Weiß.

GRÖSSE Hut 0,3–1 cm; Stiel 3–5 cm (h) x 0,1–0,2 cm dick.

VORKOMMEN Typischer Rasenpilz, wächst aber auch an verschiedenen anderen grasbewachsenen Standorten, an denen die Wirtsmoose vorkommen.

VERBREITUNG Gemäßigte Breiten der Nordhalbkugel; häufig.

FRUCHTKÖRPER Auf Moosen in Wäldern und Wiesen; Sommer bis Herbst.

SCHIZOPORACEAE (Spaltporlingsverwandte)

KLASSE AGARICOMYCETES **ORDNUNG** HYMENOCHAETALES

Anders als die meisten Hymenochaetales haben die Mitglieder dieser Familie weiße Sporen und tragen keine auffälligen dickwandigen Borsten. Die meisten Mitglieder bilden häutige Krusten mit oder ohne abstehende Fruchtkörper und eine mehr oder weniger gezähnte Fruchtschicht. Im zersetzten Holz bildet sich Weißfäule.

VERÄNDERLICHER SPALTPORLING

SCHIZOPORA PARADOXA

Obwohl die ungenießbare Art häufig ist, wird sie oft übersehen. Sie bildet flache Krusten an Holz, an senkrechtem Substrat manchmal auch Hutkanten. Die Poren ähneln flachen Zähnen.

SPORENFARBE Weiß.

GRÖSSE Fruchtkörper 5–50 cm.

VORKOMMEN In Wäldern, meist an Laubbäumen, gern an Buchen.

VERBREITUNG Weltweit; in den gemäßigte Breiten auf der Nordhalbkugel häufig.

FRUCHTKÖRPER Flächig Rinde oder Totholz überziehend; ganzjährig.

CLAVARIACEAE (Keulenpilze)

KLASSE AGARICOMYCETES **ORDNUNG** AGARICALES

Die Pilze dieser Familie bilden keulenförmige oder korallenartig verzweigte Fruchtkörper aus. Viele Arten sind gelb, doch dieser farbenfrohen Familie gehören auch auffällig violette, rosa und reinweiße Vertreter an. Mehrere Arten kommen auf Wiesen neben blauhütigen oder blaustieligen *Entoloma*- (siehe S. 287), *Trichoglossum*- oder *Geoglossum*-arten (siehe S. 42) oder neben *Hygrocybe*-Arten (siehe S. 115–122) vor.

GOLDGELBE WIESENKEULE

CLAVULINOPSIS HELVOLA

Dies ist eine von vielen keulenförmigen, gelben Arten. Nur wenn man die Sporen unter dem Mikroskop betrachtet, kann man die ungenießbare Art genau bestimmen. Sie sind nicht glatt wie die Sporen anderer Gattungsvertreter, sondern tragen auffällige Warzen. *C. luteoalba* und *C. laeticolor* sind ähnlich. *C. luteoalba* ist aprikosenfarben und riecht unangenehm. *C. helvola* und *C. laeticolor* sind hingegen geruchlos.

SPORENFARBE Weiß.

GRÖSSE Fruchtkörper 3–7 cm (h) x 0,2–0,4 cm (b).

VORKOMMEN Moosreiche Wiesen, alte Rasenfllächen und verschiedene Wälder.

VERBREITUNG Gemäßigte Breiten, auch Ferner Osten; in Europa häufig.

FRUCHTKÖRPER Einzeln oder in kleinen Gruppen zwischen Moosen und Gräsern; Herbst.

Keule mit Längsrille

Wächst oft an moosbewachsenen Standorten.

SEITENANSICHT

GELBE WIESENKORALLE

CLAVULINOPSIS CORNICULATA

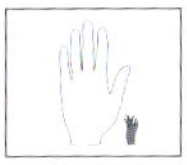

Diese Art ist typischerweise geweihartig verzweigt, die Farbe variiert von schwefelgelb hin zu orangefarben oder gelbbraun. Die Basis der Keulen ist weißfilzig. Das ungenießbare Fleisch hat einen mehligen Geruch. *C. corniculata* ist eine der häufigeren *Clavulinopsis*-Arten.

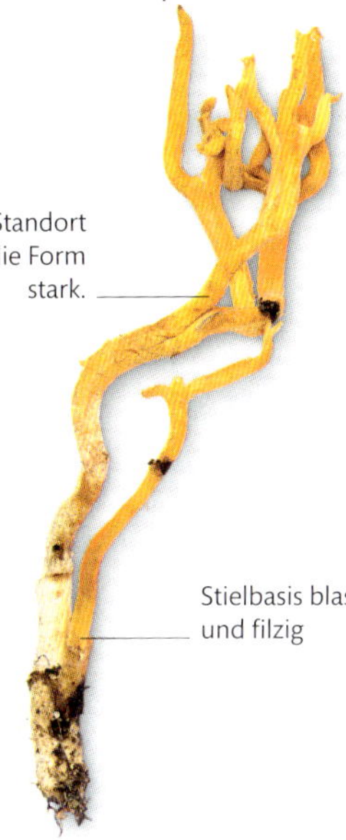

SEITEN-ANSICHT

SEITENANSICHT

SEITENANSICHT

SPORENFARBE Weiß.

GRÖSSE Fruchtkörper 2–8 cm (h).

VORKOMMEN Meist in moosreichen, naturbelassenen Wiesen, einige Formen in Wäldern.

VERBREITUNG Gemäßigte Breiten, vielerorts recht häufig.

FRUCHTKÖRPER Einzeln oder in kleinen Gruppen zwischen Gräsern oder in feuchten Wäldern; Spätherbst.

WURMFÖRMIGE KEULE

CLAVARIA FRAGILIS

Diese sehr zerbrechliche weiße, nicht essbare Art wächst fast immer büschelig. Dies unterscheidet sie von C.. *falcata*, die gern einzelne Keulen bildet.

SPORENFARBE Weiß.

GRÖSSE Fruchtkörper 3–10 cm (h) x 0,2–0,4 cm (b).

VORKOMMEN Grasland und feuchte Wälder; auf dem Erdboden.

VERBREITUNG In gemäßigtem und warm gemäßigtem Klima; dort weitverbreitet.

FRUCHTKÖRPER Meist büschelig, oft zwischen Moosen und Gräsern; Herbst.

TYPHULACEAE (Fadenkeulchenverwandte)

KLASSE AGARICOMYCETES ORDNUNG AGARICALES

Diese Familie ist vor allem durch die dünnen, zarten keulenförmigen Fruchtkörper der Gattung *Typhula* charakterisiert. Oft entspringen sie Überwinterungsorganen (Sklerotien). Einige Arten können Nutzpflanzen schädigen.

RÖHRIGE KEULE

MACROTYPHULA FISTULOSA

Dieser Pilz ist auf dem Waldboden kaum zu sehen, aber wenn man ihn einmal entdeckt hat, ist er unverkennbar. Er bildet schlanke, keulenförmige Fruchtkörper, die den Stielen von Laubblättern ähneln. Die Farbe ist gelb bis rötlich braun. Eine recht kurze und verdrehte Form, die manchmal als eigene Art *M. contorta* geführt wird, ist schwieriger zu identifizieren. Die nah verwandte *M. juncea* ist dünner und wächst auf Falllaub. Auch sie ist in feuchten Wäldern im Spätherbst häufig.

SPORENFARBE Weiß.

GRÖSSE Fruchtkörper 5–20 cm (h) x 0,2–0,8 cm (b).

VORKOMMEN In Wäldern in feuchter Laubstreu, häufig auf Buchenlaub.

VERBREITUNG Gemäßigte Breiten und subpolare Regionen der Nordhalbkugel; in Europa häufig.

FRUCHTKÖRPER Einzeln auf morschen Zweigen im Laub; Spätherbst bis früher Winter.

ROTSTIELIGES FADENKEULCHEN

TYPHULA ERYTHROPUS

T. erythropus hat einen recht lebhaft rötlich gefärbten, behaarten Stiel, der einem flachen, dunklen Sklerotium entspringt. Tpyischerweise ist es mit dem Stiel eines Laubblattes verbunden. Der obere fertile Kopfteil des Pilzkörpers ist weiß.

SPORENFARBE Weiß.

GRÖSSE Fruchtkörper 0,5–3 cm (h) x 0,1–0,2 cm (b).

VORKOMMEN Auf Blattadern und -stielen, meist von Esche, Ahorn oder Erle; in feuchten Laubwäldern.

VERBREITUNG Gemäßigte Breiten der Nordhalbkugel; in Europa häufig.

FRUCHTKÖRPER Entspringt Sklerotien in der Laubstreu; Herbst bis früher Winter.

CYPHELLACEAE (Fingerhutverwandte)

KLASSE AGARICOMYCETES **ORDNUNG** AGARICALES

Obwohl diese Familie zur Ordnung Agaricales gehört, bilden die meisten Mitglieder keine Lamellen aus. Die Fruchtschicht befindet sich typischerweise an der Unterseite häutiger Strukturen oder in kleinen fingerhutartigen Bechern, die so am Substrat hängen, dass das Sporen bildende Gewebe nach unten weist.

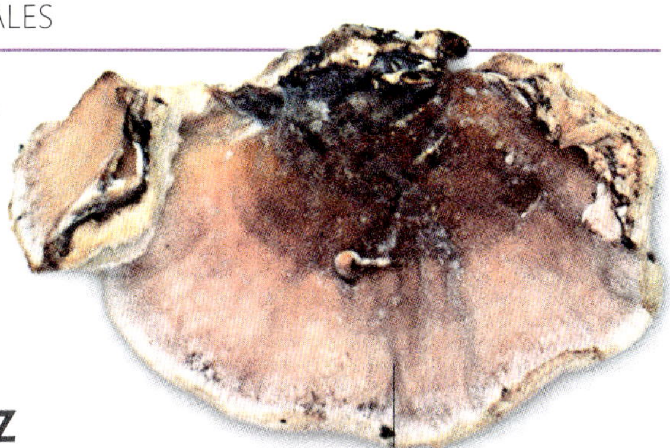

VIOLETTER KNORPELSCHICHTPILZ

CHONDROSTEREUM PURPUREUM

Oft sind die jungen Fruchtkörper violett gefärbt und stehen in großer Zahl übereinander, sodass die Art leicht zu bestimmen ist. Sie verursacht die Silberblattkrankheit an Kirsch- und Pflaumenbäumen. Im Holz erregt sie Weißfäule. Das ungenießbare Fleisch dieses Pilzes ist wachsartig und gelatinös, anders als das der echten Schichtpilze der Gattung *Stereum* (siehe S. 67–68). Bei Trockenheit wird es hornartig hart. Anders als bei *Stereum*-Arten färben sich die Sporen mit Jodreagenzien nicht blau.

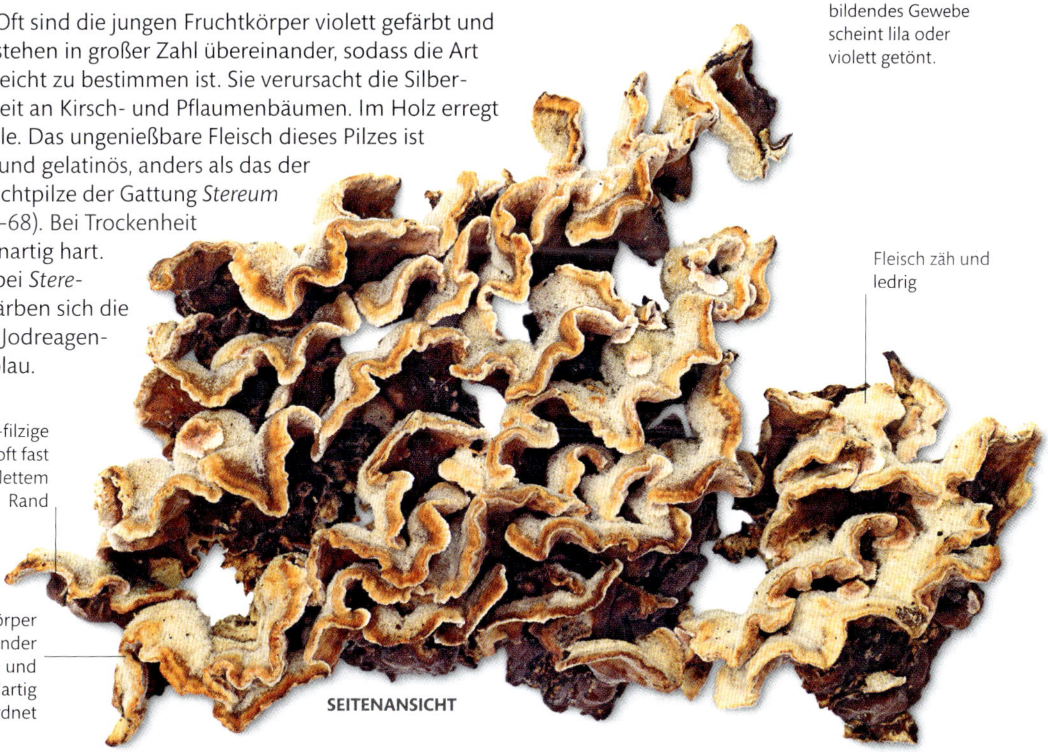

SPORENFARBE Weiß.

GRÖSSE Zusammenfließende Fruchtkörper 2–5 cm (b).

VORKOMMEN Auf dem Holz vieler Laubbaumarten; befällt den Wirt, wenn er noch gesund ist.

VERBREITUNG Gemäßigte Breiten auf der Nordhalbkugel; in den meisten Regionen häufig.

FRUCHTKÖRPER Dachziegelartig auf Rinde und Holz; nahezu ganzjährig.

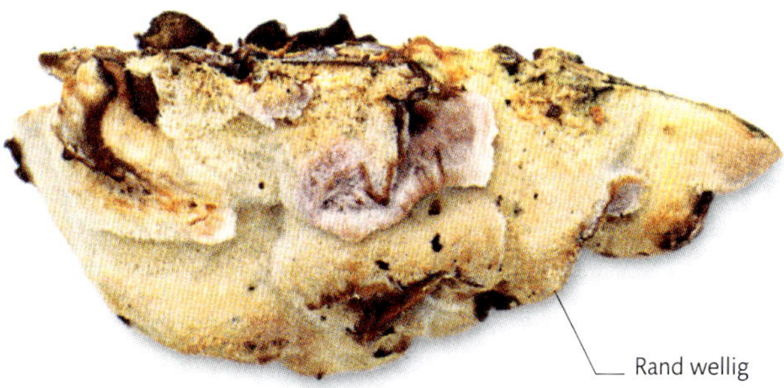

FISTULINACEAE (Leberreischlingsverwandte)

KLASSE AGARICOMYCETES ORDNUNG AGARICALES

Diese kleine Familie mit *Fistulina* als der einzigen gut bekannten Gattung ist einprägsam. Der Leberreischling *F. hepatica* ist eine der Arten, die dazu beitragen, dass alte Eichen hohl werden. Ihre Porenschicht besteht aus einzelnen Röhren, die man leicht voneinander lösen kann. Bei anderen Porlingen hingegen (siehe S. 69, S. 101–104) sind diese miteinander verwachsen.

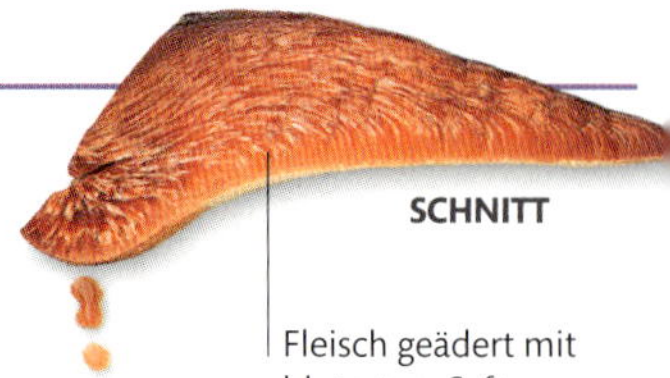

LEBERREISCHLING

FISTULINA HEPATICA

Der Fruchtkörper dieses Pilzes ist zungenförmig und manchmal kurz gestielt. Die Hutoberfläche ist feucht oder klebrig, und die Röhren auf der Unterseite (in denen sich die Sporen bilden) kann man leicht voneinander lösen. Das angeschnittene Fleisch erinnert an Rindfleisch oder Leber und enthält sogar einen blutroten Saft. Zwar gilt die Art als hervorragender Speisepilz, mit ihrer Struktur und dem säuerlichen Geschmack sagt sie aber nicht jedem zu. Deshalb ist es womöglich besser, den Pilz im Wald weiterwachsen zu lassen.

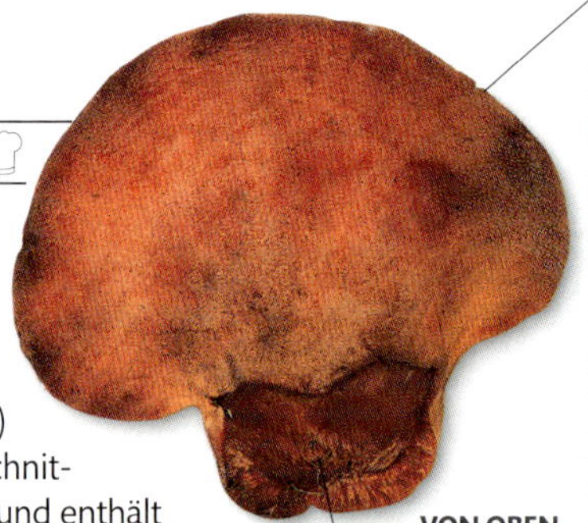

SPORENFARBE Weiß.

GRÖSSE Fruchtkörper 10–25 cm (b) x bis zu 20 cm tief x bis zu 6 cm dick; Röhren 1–1,5 cm lang.

VORKOMMEN An alten lebenden Eichen und Edelkastanien in Parks und Wäldern.

VERBREITUNG Gemäßigte Breiten der Nordhalbkugel, zerstreut.

FRUCHTKÖRPER Oft einzeln, Stammbasis; Spätsommer bis Herbst.

SCHIZOPHYLLACEAE (Spaltblättlingsverwandte)

KLASSE AGARICOMYCETES ORDNUNG AGARICALES

Nur wenige Arten der kleinen Familie kommen außerhalb der Tropen vor. Sie ist durch ihre lamellenähnliche Fruchtschicht gekennzeichnet. Jede der »Lamellen« ist gespalten. Bei Trockenheit rollen sich beide Hälften ein, sodass das Hymenium geschützt ist. *Schizophyllum* isst man in China, in Äthiopien kaut man die Pilze wie Kaugummis. Möglicherweise rufen sie aber Lungenerkrankungen hervor.

GEMEINER SPALTBLÄTTLING

SCHIZOPHYLLUM COMMUNE

Dieser ungenießbare Pilz kann auf Holz wachsen, das während der meisten Zeit des Jahres heißer Sonne und austrocknenden Winden ausgesetzt ist. Sogar auf Treibholz und ausgebleichten Walknochen am Strand findet man ihn. Er ist auf künstlichen Substraten sehr leicht zu kultivieren und bildet viele Fruchtkörper. Deshalb ist er ein beliebtes Studienobjekt für genetische und anatomische Untersuchungen.

SPORENFARBE Weiß.

GRÖSSE Fruchtkörper 1–5 cm (b).

VORKOMMEN Auf vielen unterschiedlichen Holzsubstraten, auch auf Stroh- und Silageballen, meist an exponierten Standorten; regional unterschiedliche Präferenzen; in Nordeuropa bevorzugt die Art z. B. Buchen.

VERBREITUNG Gemäßigte Breiten auf der Nordhalbkugel; vielerorts häufig, fehlt aber im hohen Norden.

FRUCHTKÖRPER Büschelig an Laub- und Nadelholz; ganzjährig.

PLEUROTACEAE (Seitlingsverwandte)

KLASSE AGARICOMYCETES **ORDNUNG** AGARICALES

Viele Mitglieder dieser Familie sind dickfleischig, einige Arten bilden aber eine Art Gel im Fleisch. Die meisten haben einen kurzen Stiel und wachsen auf Holzsubstraten. Einige befallen Fadenwürmer und ernähren sich von deren Körpern.

UNTERSEITE

RILLSTIELIGER SEITLING

PLEUROTUS CORNUCOPIAE

Dieser gute Speisepilz ist an seinen trompetenförmigen Hüten zu erkennen. Weitere Kennzeichen sind der Stiel, der relativ zentral sitzt, und die herablaufenden Lamellen, die am Stiel in netzartige Rippen übergehen. Der ähnliche Lungenseitling (*P. pulmonarius*) hat einfache Lamellen, einen weniger stark entwickelten Stiel und bildet seine Fruchtkörper im Sommer. Bei *P. dryinus* sind Velumreste am Hut und Stiel vorhanden.

SEITENANSICHT, SCHRÄG

SPORENFARBE Blasslila.

GRÖSSE Hut 4–12 cm (b); Stiel 1–5 cm (h) x 0,5–2,5 cm (b).

VORKOMMEN Weißfäuleerreger an Laubbäumen; Vorliebe für Ulmen; dort häufiger, wo es wegen des Ulmensterbens ein erweitertes Totholzangebot gibt.

VERBREITUNG Vor allem in Südeuropa; weltweite Verbreitung unzureichend bekannt.

FRUCHTKÖRPER In Büscheln oder einzeln; Frühjahr bis Herbst.

AUSTERNSEITLING

PLEUROTUS OSTREATUS

Anders als *P. cornucopiae* (siehe S. 111) bevorzugt diese Art kalte Witterung und erscheint erst spät in der Pilzsaison. Junge Exemplare sind oft attraktiv blaugrau und haben festes Fleisch. Der Austernseitling wird vor allem wegen seiner guten Struktur und Haltbarkeit als Speisepilz kultiviert.

SEITENANSICHT

UNTERSEITE

SPORENFARBE Schmutzig lilagrau.

GRÖSSE Hut 6–20 cm (b); Stiel 0–5 cm (h) x 1–2 cm (b).

VORKOMMEN An verschiedenen toten oder geschädigten Laubbäumen, seltener an Nadelbäumen; in Kultur.

VERBREITUNG Gemäßigte Breiten auf der Nordhalbkugel.

FRUCHTKÖRPER Dachziegelartig oder in Reihen; Herbst bis Winter.

SCHNITT

KRÄUTERSEITLING

PLEUROTUS ERYNGII

Dieser Speisepilz befällt ungewöhnlicherweise die Wurzeln von Doldenblütlern. Die Hut ist meist blass, vergleichbar dem Lungenseitling (*P. pulmonarius*) und *P. cornucopiae* (siehe S. 111), und seine Oberfläche erinnert an feines Wildleder. Der Hutrand ist außer bei sehr reifen Exemplaren eingerollt. Manchmal fehlt der Stiel.

SPORENFARBE Weißlich.

GRÖSSE Hut 4–10 cm (b); Stiel 0–4 cm (h) x 1–2,5 cm (b).

VORKOMMEN Nur an bestimmten Doldenblütlern, auf Bergwiesen oder im Küstenbereich; wird auch kultiviert.

VERBREITUNG In Mittel- und Südeuropa.

FRUCHTKÖRPER Auf dem Boden unter Doldenblütlern; Sommer bis Herbst.

HYGROPHORACEAE (Wachsblätter)

KLASSE AGARICOMYCETES **ORDNUNG** AGARICALES

Die meisten Mitglieder dieser Familie haben dickliche, wachsartige Lamellen, die locker am Stiel angeheftet bis herablaufend sind. Es gibt zwei Hauptgruppen. Die meisten *Hygrophorus*-Arten sind unauffällig gefärbt und bilden Mykorrhizen mit Bäumen aus. Die Arten der Gattung *Hygrocybe* (Saftlinge) wachsen vorwiegend auf Wiesen und sind häufig auffällig bunt.

ELFENBEINSCHNECKLING

HYGROPHORUS EBURNEUS

Wenn man diesen aromatisch riechenden, aber ungenießbaren Pilz bei feuchter Witterung findet, tropft Schleim von seinem glänzenden, weißen Hut. Er gilbt ein wenig, fleckt aber nicht tief orangefarben wie der Verfärbende Schneckling (*H. discoxanthus*).

UNTERSEITE

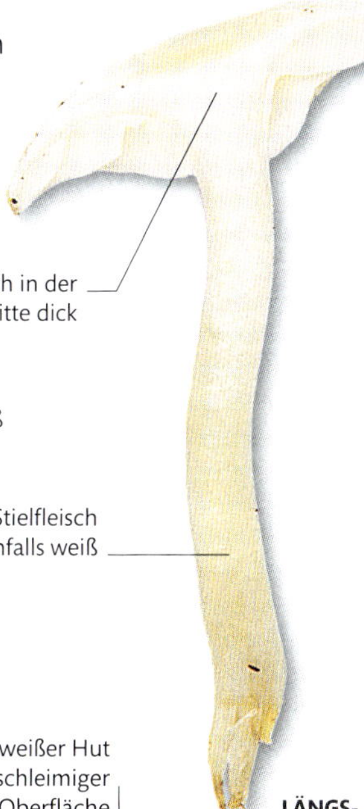

LÄNGS-SCHNITT

SEITENANSICHT

VON OBEN

SPORENFARBE Weiß.

GRÖSSE Hut 3–8 cm (b); Stiel 4–10 cm (h) x 0,5–1 cm (b).

VORKOMMEN Bildet Mykorrhizen mit Buchen; auf besseren Böden.

VERBREITUNG Im Verbreitungsgebiet der Buche in den gemäßigten Breiten der Nordhalbkugel; weltweites Areal unklar.

FRUCHTKÖRPER In kleinen Gruppen in der Laubstreu; Herbst bis früher Winter.

FROSTSCHNECKLING

HYGROPHORUS HYPOTHEJUS

Dieser essbare Pilz bildet spät im Jahr Fruchtkörper und ist am besten an seiner Bindung an Kiefern, den gelben Lamellen und dem schleimigen Hut und Stiel zu erkennen. Gelegentlich findet man eine orangefarbene Form, die manchmal als eigenständige Art *H. aureus* geführt wird. Der hellgelbe Lärchenschneckling (*H. lucorum*) ist an Lärchen gebunden. Es gibt noch mehrere andere *Hygrophorus*-Arten, die an Kiefern gebunden sind, aber sie alle sind anders gefärbt als der Frostschneckling.

UNTERSEITE

SEITENANSICHT

SEITENANSICHT, SCHRÄG

SPORENFARBE Weiß.

GRÖSSE Hut 3–5 cm (b); Stiel 4–7 cm (h) x 0,5–1 cm (b).

VORKOMMEN Bildet Mykorrhizen mit Kiefern, oft auf sandigen Böden; erscheint meist nach den ersten Frösten.

VERBREITUNG Gemäßigte Breiten auf der Nordhalbkugel; stellenweise häufig.

FRUCHTKÖRPER In kleinen Gruppen; Spätsommer bis früher Winter.

WIESENELLERLING

HYGROCYBE PRATENSIS

Hygrocybe-Arten sind nicht streng an Bäume gebunden und wachsen oft in naturbelassenen Wiesen. Der Wiesenellerling ist fleischig und essbar. Er ist orangefarben bis orangebraun gefärbt und sein Hut ist trocken bis schmierig. Diese Art und *H. virginea* (siehe S. 116) werden oft auch den Gattungen *Camarophyllus* oder *Cuphophyllus* zugeordnet.

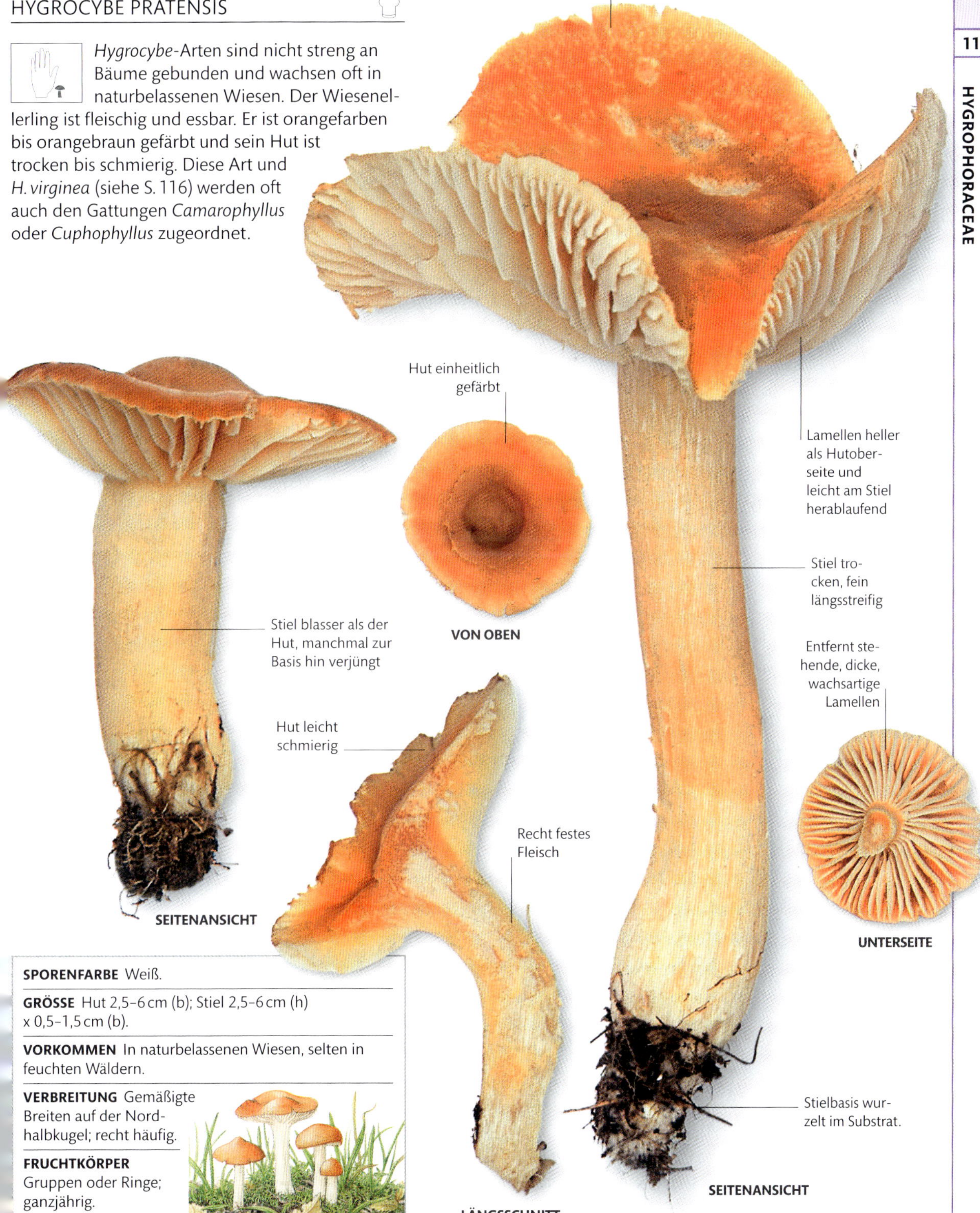

VON OBEN

SEITENANSICHT

UNTERSEITE

LÄNGSSCHNITT

SEITENANSICHT

SPORENFARBE Weiß.

GRÖSSE Hut 2,5–6 cm (b); Stiel 2,5–6 cm (h) x 0,5–1,5 cm (b).

VORKOMMEN In naturbelassenen Wiesen, selten in feuchten Wäldern.

VERBREITUNG Gemäßigte Breiten auf der Nordhalbkugel; recht häufig.

FRUCHTKÖRPER Gruppen oder Ringe; ganzjährig.

SCHNEEWEISSER ELLERLING

HYGROCYBE VIRGINEA

Diese recht variable Art kann man am besten an ihrer Färbung und den dicken, am Stiel herablaufenden Lamellen erkennen. Zudem hat sie keinen schleimigen Hut und riecht nicht charakteristisch. Sie ist essbar, aber nicht so empfehlenswert wie *H. pratensis* (siehe S. 115). Der Juchtenellerling (*H. russocoriacea*) ist ähnlich, riecht aber nach Leder. Diese Art wird mitunter in die Gattungen *Camarophyllus* oder *Cuphophyllus* gestellt. Kleinere Exemplare werden manchmal als *H. nivea* geführt.

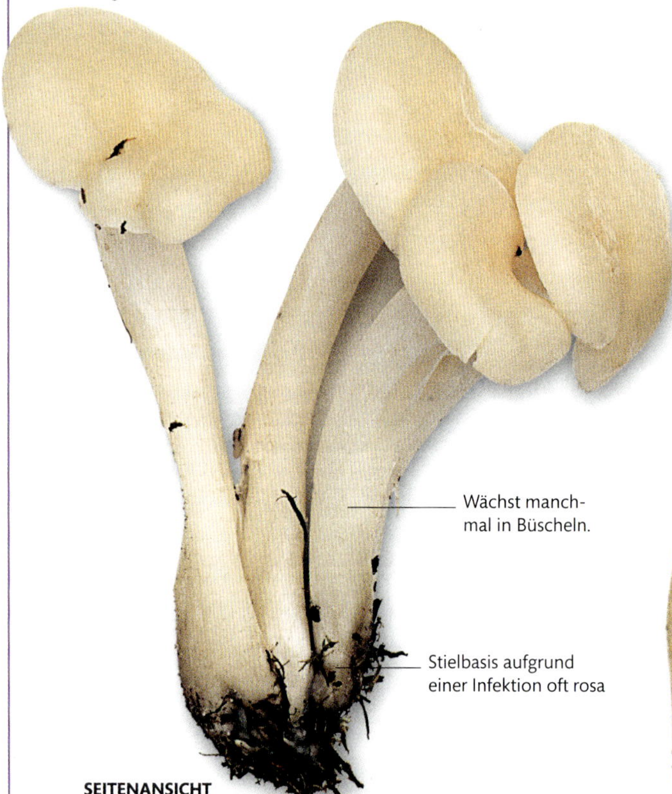

SEITENANSICHT

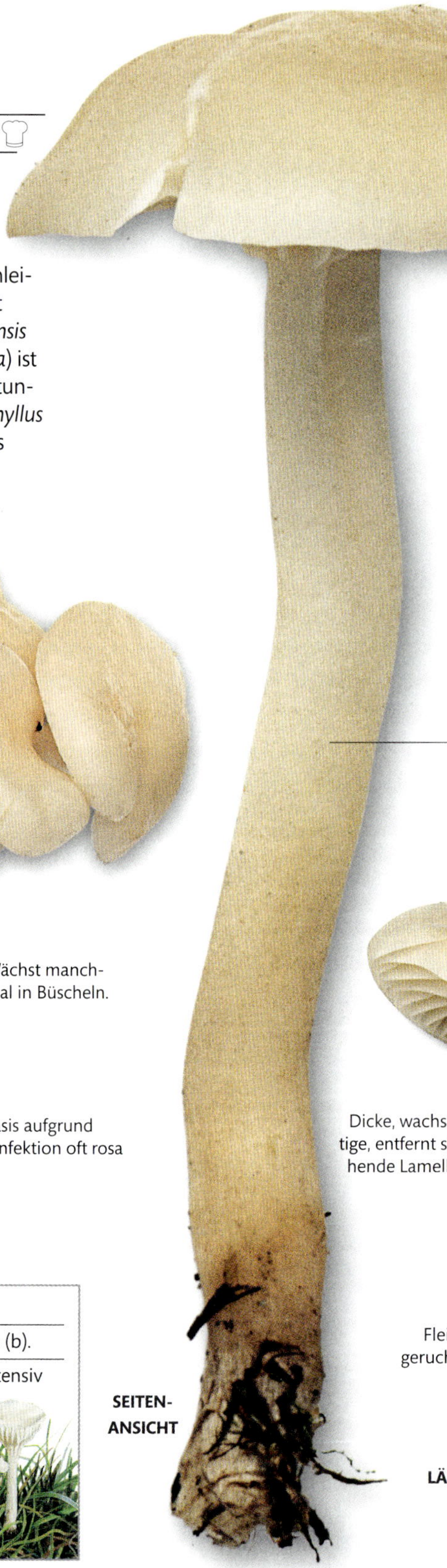

SEITEN-ANSICHT

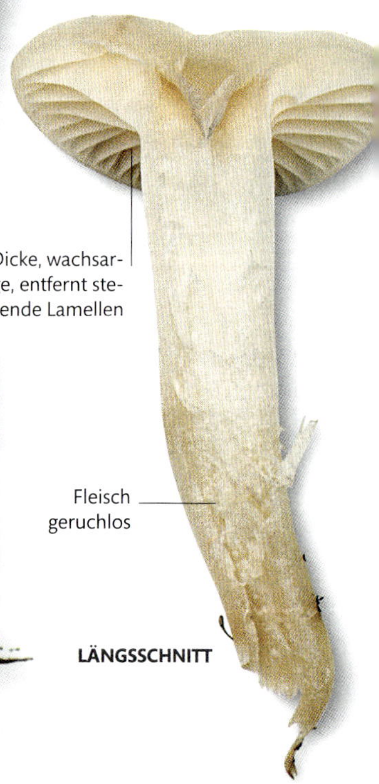

LÄNGSSCHNITT

SPORENFARBE Weiß.

GRÖSSE Hut 1,5–5 cm (b); Stiel 2–7 cm (h) x 0,3–1 cm (b).

VORKOMMEN Auf Wiesen, selten in Wäldern; auf intensiv genutztem Grünland ausbleibend.

VERBREITUNG Gemäßigte Breiten auf der Nordhalbkugel.

FRUCHTKÖRPER In Gruppen oder Hexenringen auf Wiesen; Herbst.

PAPAGEIGRÜNER SAFTLING

HYGROCYBE PSITTACINA

Dies ist einer der auffälligsten Saftlinge, aber seine Bestimmung kann schwierig sein, denn er tritt je nach Alter in vielen verschiedenen Farben auf. Bei jungen Pilzen sind die Hüte tief flaschengrün. Dann erscheinen Violett-, Orange- und Gelbtöne, die an das Gefieder bunter Papageien erinnern. Die Hutoberfläche ist schleimig, vor allem bei jungen Pilzen, und das Fleisch ist fast geruchlos. Anders als viele andere *Hybrocybe*-Arten ist dieser Saftling nicht essbar.

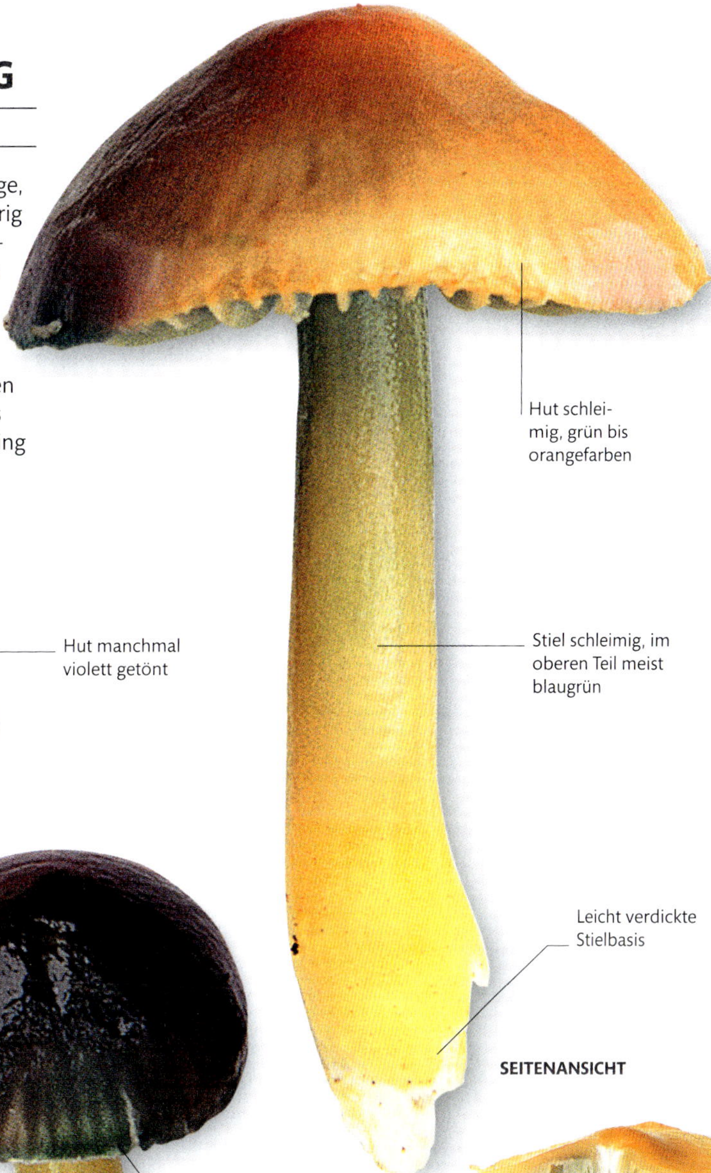

SEITENANSICHT

SEITENANSICHT

SEITENANSICHT, SCHRÄG

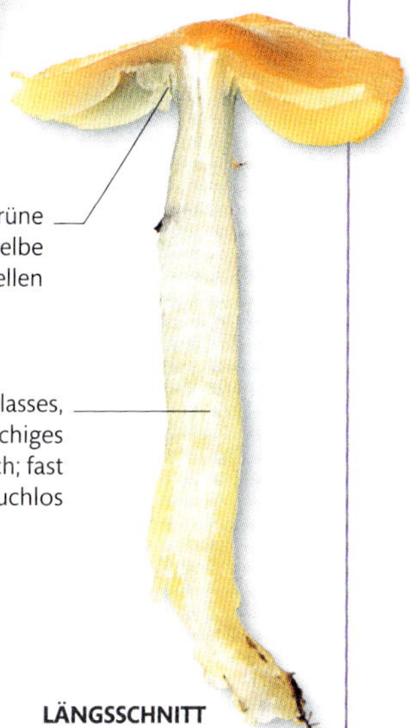

LÄNGSSCHNITT

SPORENFARBE Weiß.

GRÖSSE Hut 1–4 cm (b); Stiel 3–7 cm (h) x 0,4–0,8 cm (b).

VORKOMMEN Auf ungedüngten Wiesen, an Wegrändern, in feuchten Wäldern auf nährstoffreichen Böden.

VERBREITUNG Gemäßigte Breiten auf der Nordhalbkugel; recht häufig; oft zusammen mit *Geoglossum*- und *Clavulinopsis*-Arten.

FRUCHTKÖRPER In kleinen Gruppen; Sommer bis Spätherbst.

ROSENROTER SAFTLING

HYGROCYBE CALYPTRIFORMIS

Die zerbrechlichen, eleganten, rauchig rosafarbenen Fruchtkörper dieser Art sind unverkennbar. Der Gelbgrüne Saftling (*H. citrinovirens*) hat eine ähnliche Gestalt, ist aber gelbgrün bis orangefarben. Beide Arten sind selten, deshalb sollte man sie nicht sammeln.

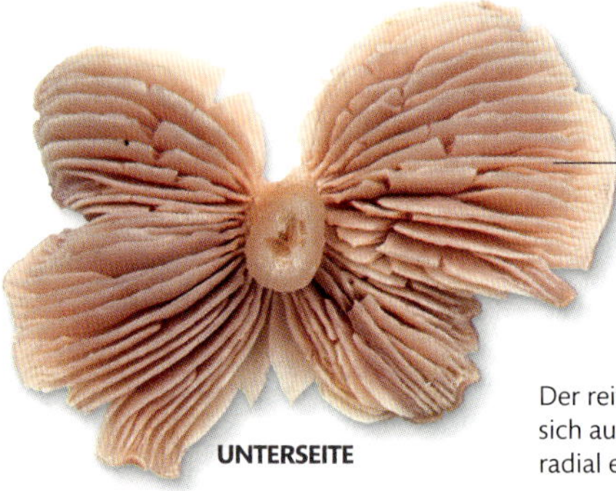

Fleischrosa entfernt stehende, wachsartige Lamellen

UNTERSEITE

Hut junger Pilze geschlossen und kegelförmig

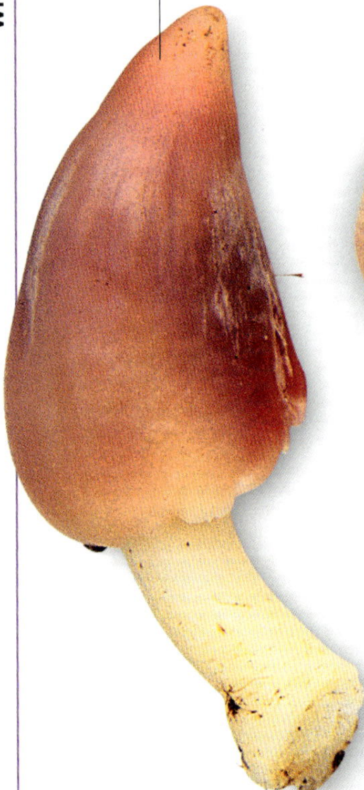

SEITENANSICHT

Der reife Hut breitet sich aus und reißt radial ein.

Stielspitze rosa getönt

Der weiße Stiel ist zerbrechlich und schwierig vom Substrat zu lösen.

SEITENANSICHT

Die blassrosa Lamellen sind schmal angewachsen.

LÄNGSSCHNITT

SPORENFARBE Weiß.

GRÖSSE Hut 3–7 cm (b); Stiel 5–10 cm (h) x 0,5–1 cm (b).

VORKOMMEN In altem, ungedüngtem Grasland; oft auf kalkhaltigem Boden.

VERBREITUNG In Europa, auch auf den Inseln im Nordatlantik.

FRUCHTKÖRPER In kleinen Gruppen zwischen Gräsern und Moosen; Herbst.

SCHWÄRZENDER SAFTLING

HYGROCYBE CONICA

Kaum eine andere *Hygrocybe*-Art gedeiht vermutlich an so unterschiedlichen Standorten. Aus diesem Grund und wegen der variablen Färbung, Größe und Wuchsform unterscheiden manche Mykologen verschiedene Arten und Varietäten. Alle Formen schwärzen im Alter und bei Berührung. *H. conica* gilt als schwach giftig.

SEITENANSICHT

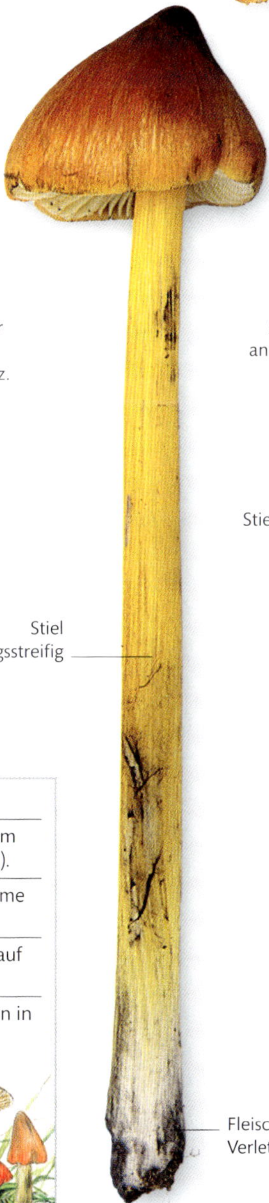

SEITENANSICHT

SEITENANSICHT, SCHRÄG

LÄNGSSCHNITT

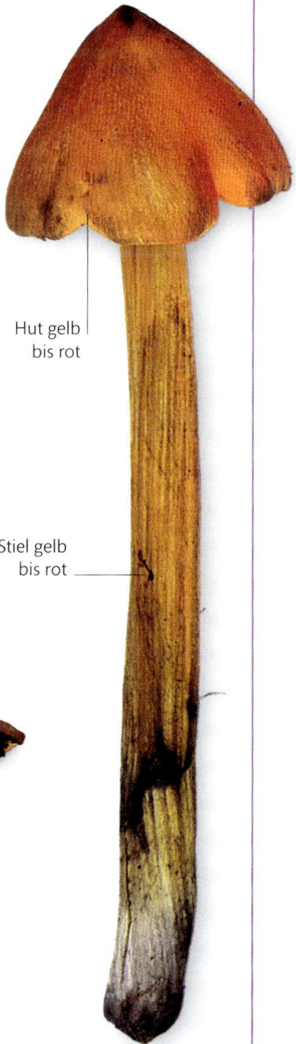

SEITENANSICHT

SPORENFARBE Weiß.

GRÖSSE Hut 1–5 cm, selten bis 10 cm (b); Stiel 2–10 cm (h) x 0,4–1,5 cm (h).

VORKOMMEN Grasland mit Ausnahme stark gedüngter Wiesen.

VERBREITUNG Gemäßigte Breiten auf der Nordhalbkugel; häufig.

FRUCHTKÖRPER In kleinen Gruppen in Grasland; Sommer bis Spätherbst.

STUMPFER SAFTLING

HYGROCYBE CHLOROPHANA

Es gibt mehrere häufige gelbe *Hygrocybe*-Arten. Der essbare Stumpfe Saftling ist in Deutschland geschützt. Er ist ziemlich groß und hat schmal angeheftete Lamellen und einen konvexen, schleimigen Hut. Dieser verflacht im Alter und hat einen mehr oder weniger gerieften Rand. Auch der Stiel kann schleimig sein, oben ist er jedoch feinflockig. Der ganze Fruchtkörper ist recht einheitlich gefärbt, die Töne variieren von tief orangegelb bis hin zu hellgelb. Der Zerbrechlige Saftling (*H. ceracea*) ist kleiner und trockener, seine Lamellen sind breit angewachsen oder laufen am Stiel herab.

SEITENANSICHT, SCHRÄG

SEITENANSICHT, SCHRÄG

UNTERSEITE

LÄNGSSCHNITT

SPORENFARBE Weiß.

GRÖSSE Hut 1,5–7 cm (b); Stiel 2,5–10 cm (h) x 0,3–0,8 cm (b).

VORKOMMEN In naturbelassenem Grasland, meist zusammen mit anderen *Hygrocybe*-Arten.

VERBREITUNG Gemäßigte Breiten auf der Nordhalbkugel; verbreitet, aber rückläufig.

FRUCHTKÖRPER In Gruppen oder Ringen im Gras; Herbst.

KIRSCHROTER SAFTLING

HYGROCYBE COCCINEA

Diese Art lässt sich am besten von anderen roten Saftlingen an der feinkörnigen, trockenen Hutoberfläche unterscheiden, die bei feuchter Witterung leicht klebrig wird. Zudem sind seine Lamellen angewachsen. *H. punicea* (siehe S. 122) und der Prächtige Saftling (*H. splendidissima*) sind fleischiger, mit angehefteten Lamellen. Kleinere, eher orangefarbene Formen von *H. coccinea* sind oft nur unter dem Mikroskop sicher zu bestimmen. Der Pilz ist essbar, ist aber in Deutschland wegen Seltenheit geschützt.

LÄNGSSCHNITT

UNTERSEITE

SEITENANSICHT, SCHRÄG

SEITENANSICHT

SPORENFARBE Weiß.

GRÖSSE Hut 1,5–6 cm (b); Stiel 4–8 cm (h) x 0,4–1 cm (b).

VORKOMMEN In naturbelassenem, ungedüngtem Grasland.

VERBREITUNG Gemäßigte Breiten auf der Nordhalbkugel, recht häufig.

FRUCHTKÖRPER In Gruppen im Grasland; Spätsommer bis Herbst.

GRÖSSTER SAFTLING

HYGROCYBE PUNICEA

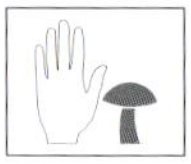

Dieser große Pilz hat einen leicht feuchten, dunkelroten Hut. Die Lamellen sind schmal angeheftet. Der Prächtige Saftling (*H. splendidissima*) hingegen hat einen trockenen Hut und einen süßlichen, unangenehmen Geruch. Er ist zinnoberrot. *Hygrocybe punicea* ist essbar, aber geschützt, weil seine Standorte immer seltener werden.

UNTERSEITE

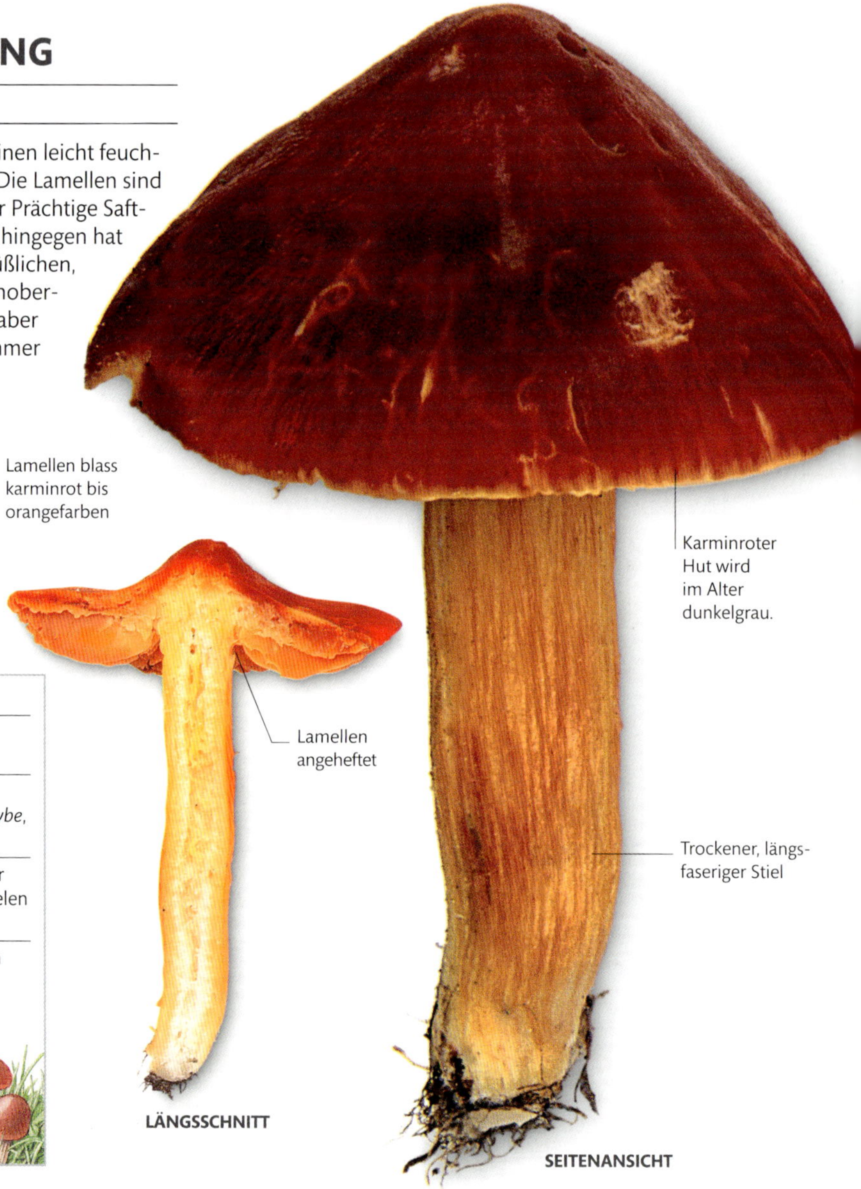

LÄNGSSCHNITT

SEITENANSICHT

SPORENFARBE Weiß.

GRÖSSE Hut 4–12 cm (b); Stiel 5–12 cm (h) x 0,5–2,5 cm (b).

VORKOMMEN In naturbelassenem Grasland, oft zusammen mit *Hygrocybe*, *Geoglossum* und *Clavulinopsis*.

VERBREITUNG Gemäßigte Breiten der Nordhalbkugel; lokal verbreitet, in vielen Gegenden vom Aussterben bedroht.

FRUCHTKÖRPER In kleinen Gruppen oder zerstreut im Grasland; Herbst.

MENNIGROTER SAFTLING

HYGROCYBE MINIATA

Dies ist eine von mehreren kleinen *Hygrocybe*-Arten mit trockenen, dicht mit kleinen Schuppen bedeckten Hüten. Sie sind schwierig zu unterscheiden, es sei denn, man untersucht die Sporen unter dem Mikroskop. Der Knoblauchsaftling (*H. helobia*) bevorzugt weniger saure Standorte und riecht nach Knoblauch.

SPORENFARBE Weiß.

GRÖSSE Hut 1–3 cm (b); Stiel 1–6 cm (h) x 2–8 mm (b).

VORKOMMEN Meist in leicht saurem, naturbelassenem Grasland, oft mit dem Kleinen Habichtskraut (*Hieracium pilosella*).

VERBREITUNG Gemäßigte Breiten auf der Nordhalbkugel, genaue Verbreitung unbekannt.

FRUCHTKÖRPER In Trupps in Wiesen und Heideland; Herbst.

GEFALTETER FLECHTENNABELING

LICHENOMPHALIA UMBELLIFERA

Dieser kleine, nicht essbare Pilz lebt wie eine Flechte mit einer Alge in Symbiose. Weil die Alge durch Fotosynthese Nährstoffe bildet, kann er auch Standorte mit ungünstigen Bedingungen besiedeln.

SCHRÄG VON OBEN

UNTERSEITE

SEITENANSICHT

SPORENFARBE Weiß.

GRÖSSE Hut 0,5–1,5 cm (b); Stiel 1–2 cm (h) x 0,1–0,2 cm (b).

VORKOMMEN Saure Moore und Wälder, zwischen Torfmoosen (*Sphagnum*) oder Holz; oft in höheren Lagen, aber auch im Tiefland.

VERBREITUNG Kühlere Regionen der gemäßigte Breiten auf der Nordhalbkugel.

FRUCHTKÖRPER Auf Krustenflechten; Frühjahr bis Herbst.

HYDNANGIACEAE (Heidetrüffelverwandte)

KLASSE AGARICOMYCETES **ORDNUNG** AGARICALES

Diese recht kleine Familie ist nach der Trüffelgattung *Hydnangium* benannt, doch sind die Arten der Gattung *Laccaria* die bekannteren Vertreter. Es handelt sich um Pilze mit Lamellen unter dem Hut. Diese sind meist dick und recht entfernt stehend. Die Sporen sind rund oder fast rund.

VIOLETTER LACKTRICHTERLING

LACCARIA AMETHYSTINA

Die herrliche Amethystfarbe dieses Pilzes lässt sich auf Fotografien nur schwer wiedergeben, aber der Pilz ist so häufig, dass man ihn ohne größere Schwierigkeiten an seinem natürlichen Standort bewundern kann. Er hat runde, stachelige Sporen und bildet mit Bäumen Mykorrhizen. Alte, trockene Exemplare verblassen und sind oft schwierig von den rötlichen *Laccaria*-Arten zu unterscheiden. *L. amethystina* gilt als essbar, enthält jedoch Arsen in hoher Konzentration.

UNTERSEITE

SEITENANSICHT

LÄNGSSCHNITT

SEITENANSICHT

SPORENFARBE Blassviolett bis weiß.

GRÖSSE Hut 2–5 cm (b); Stiel 3–7 cm (h) x 0,4–0,8 cm (b).

VORKOMMEN Unter verschiedenen Baumarten, wie Buchen und Nadelbäumen.

VERBREITUNG Gemäßigte Breiten auf der Nordhalbkugel; häufig.

FRUCHTKÖRPER Gesellig in der Laub- oder Nadelstreu am Boden; Herbst.

RÖTLICHER LACKTRICHTERLING

LACCARIA PROXIMA

Diese *Laccaria*-Art kann man am besten an der schorfigen Hutoberfläche und dem auffällig längsfaserigen Stiel vom sehr ähnlichen *L. laccata* (siehe unten) unterscheiden. Beide Arten haben rosa Lamellen und sind keine Speisepilze. *L. tortilis* ist eine sehr zierliche, kurzstielige Art, die auf nassen Böden vorkommt.

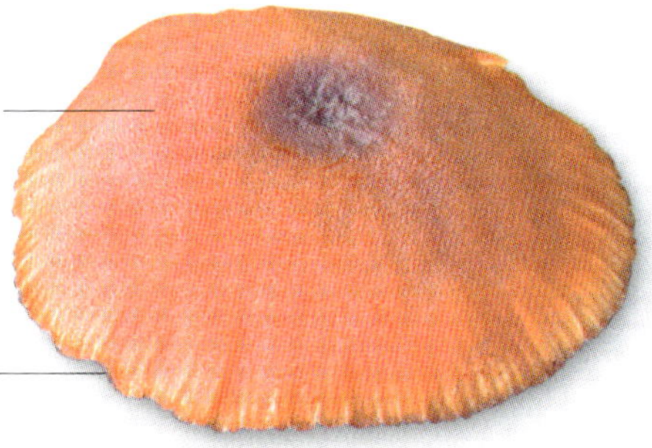

VON OBEN

UNTERSEITE

SPORENFARBE Weiß.

GRÖSSE Hut 2–7 cm (b); Stiel 5–12 cm (h) x 0,4–0,8 mm (b).

VORKOMMEN Bildet in Wäldern und Mooren Mykorrhizen mit Bäumen.

VERBREITUNG Gemäßigte Breiten auf der Nordhalbkugel; häufig.

FRUCHTKÖRPER Gesellig, oft auf sauren Böden; Sommer bis früher Winter.

BRAUNSTIELIGER LACKTRICHTERLING

LACCARIA LACCATA

Die Hutfarbe dieses nicht essbaren Pilzes variiert, man findet viele Rosa- und Rotbrauntöne. Ansonsten ähnelt er *L. amethystina* (siehe gegenüber). *L. proxima* (siehe oben) ist größer, der Stiel gröber faserig. Die Lamellen von *L. bicolor* sind blassviolett.

SPORENFARBE Weiß.

GRÖSSE Hut 1–4 cm (b); Stiel 2–6 cm (h) x 0,2–0,6 cm (b).

VORKOMMEN Bildet Mykorrhizen mit Bäumen in Wäldern und Parks; auch an sumpfigen Standorten unter Weiden.

VERBREITUNG Gemäßigte Breiten auf der Nordhalbkugel; häufig.

FRUCHTKÖRPER Gesellig; Sommer bis Spätherbst.

TRICHOLOMATACEAE (Ritterlingsverwandte)

KLASSE AGARICOMYCETES **ORDNUNG** AGARICALES

Diese riesige Familie besteht vor allem aus Lamellenpilzen mit weißen Sporen. Es bereitet Schwierigkeiten, die Familie von den Hygrophoraceae (siehe S. 113) abzugrenzen, und Gattungen wie *Cystoderma* (siehe S. 181) und *Phaeolepiota* (siehe S. 180) werden manchmal den Agaricaceae (siehe S. 214) zugeordnet. Die meisten Arten zersetzen tote Pflanzenreste wie Falllaub und Totholz. Eine Ausnahme bildet die Gattung *Tricholoma* (siehe S. 138), deren Arten Mykorrhizen mit verschiedenen Wirtsbäumen bilden.

RIESEN-KREMPENTRICHTERLING

LEUCOPAXILLUS GIGANTEUS

Die Hüte dieser Art können einen beeindruckenden Durchmesser von bis zu 40 cm erreichen. Hut, Stiel und Lamellen sind schmutzig weiß und der Stiel ist kürzer als bei *Infundibulicybe geotropa* (siehe rechts). Der Hut ist jung flach, wird aber bald trichterförmig. Ein nützliches Bestimmungsmerkmal der Gattung *Leucopaxillus* ist die Blaufärbung der Sporen mit Jodreagenzien. Dieser Pilz erscheint meist in Hexenringen aus Myzelien, die mehrere hundert Jahre alt sein können. Er gilt als essbar, kann aber Magen-Darm-Beschwerden verursachen.

VON SCHRÄG OBEN

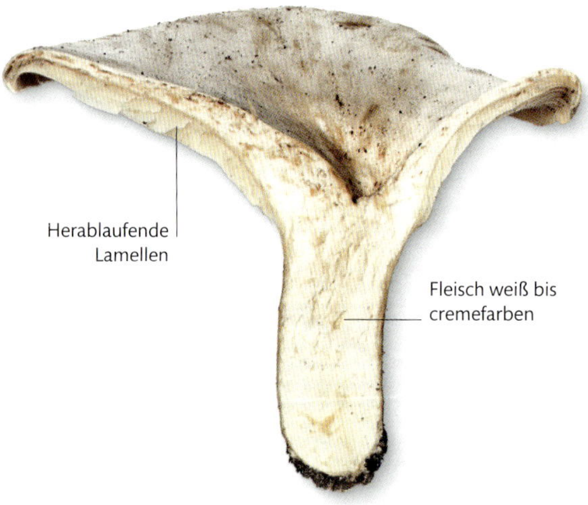

LÄNGSSCHNITT

SPORENFARBE Cremeweiß.

GRÖSSE Hut 12–40 cm (b); Stiel 4–8 cm (h) x 2–4 cm (b).

VORKOMMEN Vor allem in nährstoffreichem Grasland, aber auch in Parks und offenen bewaldeten Gebieten.

VERBREITUNG In Europa weitverbreitet; weltweite Verbreitung unzureichend bekannt.

FRUCHTKÖRPER Oft in riesigen Hexenringen; Spätsommer bis Spätherbst.

MÖNCHSKOPF

INFUNDIBULICYBE GEOTROPA

Unter den *Infundibulicybe-* und *Clitocybe-*Arten, die oft schwierig zu bestimmen sind, ist dieser essbare Pilz noch verhältnismäßig leicht zu erkennen. Er ist sehr hoch und hat einen kleinen, erhabenen Buckel in der Trichtermitte. Die Farbe ist blass lederbraun und die Art erscheint oft in Hexenringen. Den Nebelgrauen Trichterling (*Clitocybe nebularis,* siehe S. 130) findet man in ähnlichen Wäldern, aber diese Art ist viel grauer und hat einen typisch polsterförmig gewölbten Hut.

LÄNGSSCHNITT

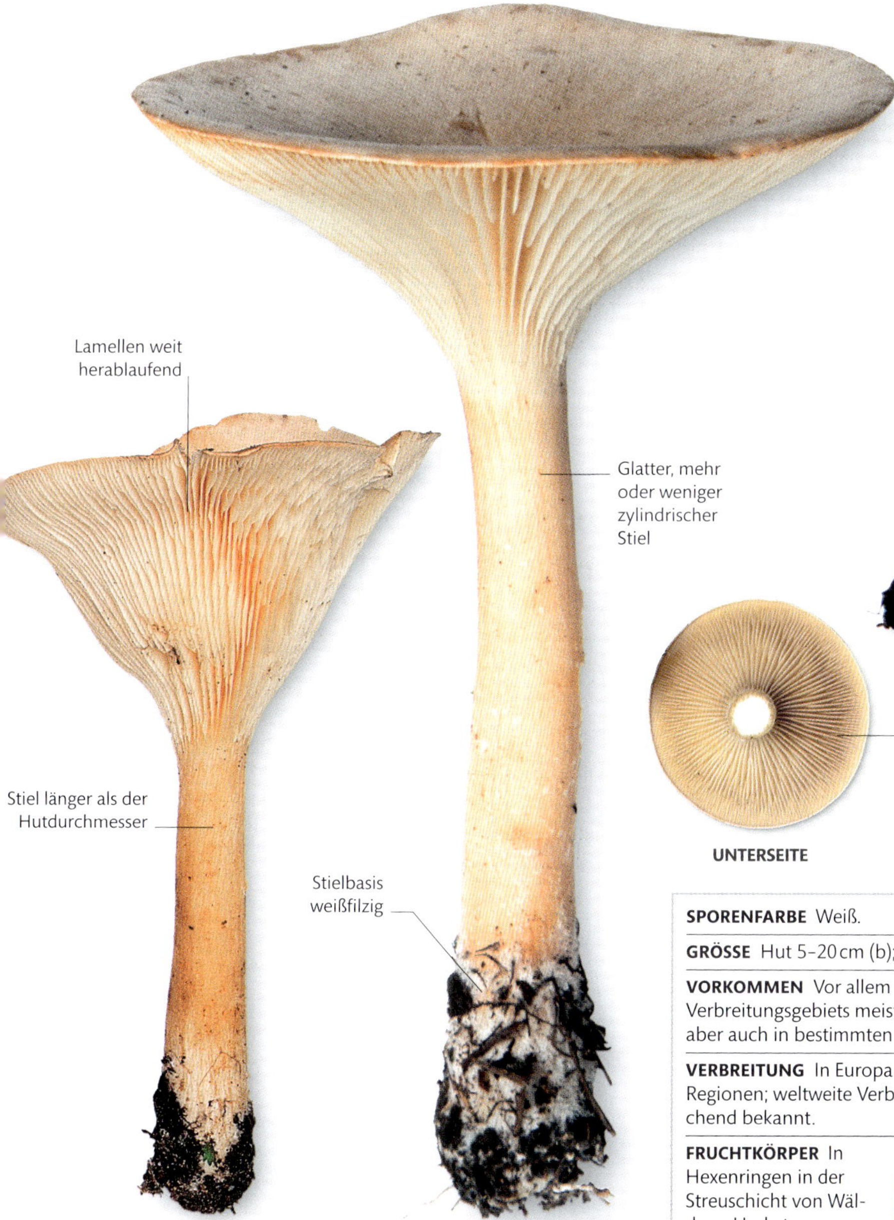

SEITENANSICHT

SEITENANSICHT

UNTERSEITE

SPORENFARBE Weiß.

GRÖSSE Hut 5–20 cm (b); Stiel 8–20 cm (h) x 1–3 cm (b).

VORKOMMEN Vor allem in Wäldern, in Teilen des Verbreitungsgebiets meist unter Laubbäumen; gedeiht aber auch in bestimmten Nadelwäldern.

VERBREITUNG In Europa häufig; selten in kühleren Regionen; weltweite Verbreitung unzureichend bekannt.

FRUCHTKÖRPER In Hexenringen in der Streuschicht von Wäldern; Herbst.

OCKERGELBER TRICHTERLING

INFUNDIBULICYBE GIBBA

Diese ziemlich charakteristische Art ist essbar, kann jedoch nicht empfohlen werden, denn man kann sie mit mehreren anderen Pilzen der Gattung *Clitocybe* oder mit *Lepista flaccida* (siehe S. 134) und dem Wasserfleckigen Rötelritterling (*L. gilva*) verwechseln. Der Hut ist heller mit rosafarbener Tönung und in der Mitte tief trichterförmig. Die Lamellen sind fast reinweiß und laufen weit am Stiel herab.

SEITENANSICHT

SEITENANSICHT

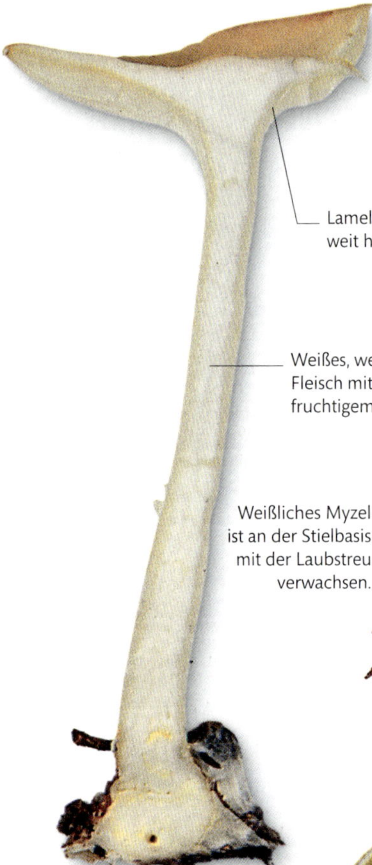

LÄNGSSCHNITT

SEITENANSICHT

UNTERSEITE

SPORENFARBE Weiß bis cremefarben.

GRÖSSE Hut 3–8 cm (b); Stiel 2,5–6 cm (h) x 0,5–1 cm (b).

VORKOMMEN In der Streuschicht in sehr unterschiedlichen Wäldern, vom Tiefland bis in die alpine Zone.

VERBREITUNG Gemäßigte Breiten auf der Nordhalbkugel; häufig.

FRUCHTKÖRPER Gesellig in der Streuschicht; Spätsommer bis Herbst.

KEULENFÜSSIGER TRICHTERLING

AMPULLOCLITOCYBE CLAVIPES

Die oft beachtliche Größe dieser Art, ihr keuliger, an der Basis angeschwollener Stiel und die weichen, cremefarbenen Lamellen ermöglichen eine eindeutige Bestimmung. Die Hutoberfläche fühlt sich schmierig an und der Hut hat oft einen blassen Rand. Der gesamte Fruchtkörper ist weich und schwammig. Das weiße Fleisch riecht stark und süßlich. Der Pilz gilt zwar als essbar, kann aber Magen-Darm-Beschwerden verursachen.

Lamellen laufen weit herab.

Graubrauner Stiel, Basis angeschwollen

SEITENANSICHT

Fast flacher, schmieriger Hut

VON OBEN

Weiche cremefarbene, eng stehende Lamellen

UNTERSEITE

Fleisch weiß bis cremeweiß, weich und schwammig

LÄNGSSCHNITT

SPORENFARBE Weiß.

GRÖSSE Hut 4–8 cm (b); Stiel 3–10 cm (h) x bis zu 1,5 cm (b) oben und bis zu 3 cm (b) an der Basis.

VORKOMMEN Vor allem auf humusreichen, sauren Böden unter Nadelbäumen; auch unter Laubbäumen, typischerweise unter Birken.

VERBREITUNG Gemäßigte Breiten auf der Nordhalbkugel; vielerorts häufig.

FRUCHTKÖRPER In kleinen Gruppen; Spätsommer bis Herbst.

NEBELGRAUER TRICHTERLING

CLITOCYBE NEBULARIS

Dieser bekannte Waldpilz bildet meistens Hexenringe. Sein Fleisch riecht aromatisch und ist essbar, bei manchen Menschen verursacht es aber Magen-Darm-Beschwerden. Die Hutoberfläche ist feinfilzig und der glatte Rand eingerollt. Achtung: Der Giftpilz *Entoloma lividum* (siehe S. 289) sieht ähnlich aus.

Lamellen leicht herablaufend

LÄNGSSCHNITT

Hut dunkel graubraun bis grau, oft weißlich bereift

SEITENANSICHT, SCHRÄG

Fruchtkörper manchmal vom parasitischen Scheidling (*Volvariella*) befallen

Oberfläche feinfilzig oder glatt

Stielbasis ist stark verdickt und mit der Streuschicht verwachsen.

SEITENANSICHT, SCHRÄG

Rand eingerollt

Helle, eng stehende cremefarbene Lamellen

UNTERSEITE

SPORENFARBE Cremeweiß.

GRÖSSE Hut 8–20 cm (b); Stiel 5–10 cm (h) x 1,5–4 cm (b).

VORKOMMEN In unterschiedlichen Wäldern auf guten Böden.

VERBREITUNG Gemäßigte Breiten auf der Nordhalbkugel; häufig.

FRUCHTKÖRPER Meist in Hexenringen; Herbst bis früher Winter.

WEISSER BÜSCHELRASLING

CLITOCYBE CONNATA

Diese weiße, giftige *Clitocybe*-Art kann man gut identifizieren, indem man die Lamellen mit Eisensulfat einreibt. Bei dieser Art bilden sich violette Flecken, bei den ähnlichen weißen *Clitocybe-*, *Leucopaxillus-* und *Infundibulicybe-*Arten (siehe. S. 126–133) nicht.

SPORENFARBE Weiß.

GRÖSSE Hut 3–10 cm (b); Stiel 5–12 cm (h) x 0,5–1,5 cm (b).

VORKOMMEN Meist auf gestörten Böden an Wegrändern, in Wäldern.

VERBREITUNG Gemäßigte Breiten auf der Nordhalbkugel, auch im Gebirge.

FRUCHTKÖRPER In Büscheln oder kleinen Gruppen auf gestörten Böden; Herbst.

GRÜNER ANISTRICHTERLING

CLITOCYBE ODORA

Neben dieser roh giftigen Art gibt es noch mehrere Trichterlinge mit starkem Anisgeruch. Dieser Pilz hat jedoch eine einzigartige blaugrüne Farbe, selten findet man aber auch reinweiße Formen. Im Alter färbt sich der Hut grau oder graubraun. *C. odora* ist ungewöhnlich für die Gattung, da seine Lamellen kaum herablaufen. Die anderen Gruppen ähnlicher Arten, darunter der Weiße Dufttrichterlig (*C. fragrans*), sind lederbraun oder weiß, haben herablaufende Lamellen und sind ungenießbar. Viele sind zudem kleiner.

SEITENANSICHT, SCHRÄG

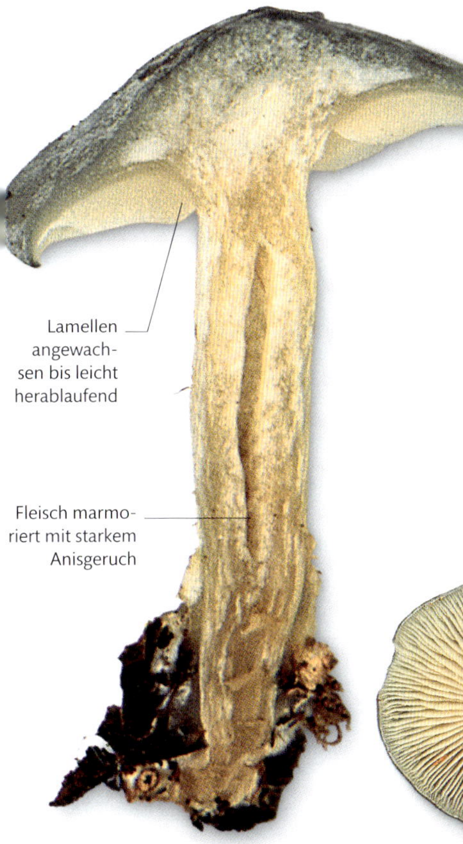

LÄNGSSCHNITT

UNTERSEITE

SPORENFARBE Mattrosa.

GRÖSSE Hut 3–6 cm (b); Stiel 3–6 cm (h) x 0,4–1 cm (b).

VORKOMMEN In Wäldern auf der Streuschicht; bevorzugt bessere Böden; unter Laub- und Nadelbäumen.

VERBREITUNG Gemäßigte Breiten auf der Nordhalbkugel.

FRUCHTKÖRPER In Gruppen auf Streuschichten; Herbst.

STAUBFÜSSIGER TRICHTERLING

CLITOCYBE METACHROA

Dieser blassgraubraune Giftpilz wurde häufig als *C. dicolor* bezeichnet. Heute gilt er aber als Form von *C. metachroa*. Kleine *Clitocybe*-Arten, wie die hier abgebildete, sind oft schwierig zu identifizieren. *C. metachroa* riecht im Gegensatz zu ähnlich aussehenden Pilzen nicht nach Mehl. Sein Hut bleibt außerdem in der Mitte dunkler und der Rand ist gerieft. Die Sporen sind weiß. Der Weiche Trichterling (*C. vibecina*) ist ähnlich, riecht und schmeckt aber deutlich ranzig nach Mehl. Er kommt in Laub- und Nadelwäldern vor.

VON OBEN

UNTERSEITE

LÄNGSSCHNITT

SEITENANSICHT, SCHRÄG

SPORENFARBE Weißlich.

GRÖSSE Hut 2,5–6 cm (b); Stiel 3–6 cm (h) x 0,3–0,7 cm (b).

VORKOMMEN In Wäldern in der Streuschicht; sowohl auf nährstoffarmen als auch besseren Böden.

VERBREITUNG In Europa häufig; weltweite Verbreitung unbekannt.

FRUCHTKÖRPER Gesellig in Gruppen in der Streuschicht; Herbst bis Winter.

RINNIGBEREIFTER TRICHTERLING

CLITOCYBE RIVULOSA ☠

Diese hochgiftige Art spalten einige Mykologen in zwei Arten auf: in *C. rivulosa*, der bräunlicher ist (hier abgebildet), und den fast reinweißen *C. dealbata*. Beide kommen auf Rasen und Wiesen vor und sind an der Reifschicht auf der Hutoberfläche und den leicht herablaufenden Lamellen erkennbar.

UNTERSEITE

VON OBEN

SEITENANSICHT

SEITENANSICHT, SCHRÄG

SPORENFARBE Weiß.

GRÖSSE Hut 2–6 cm (b); Stiel 1,5–4 cm (h) x 0,3–0,6 cm (b).

VORKOMMEN An grasbewachsenen Standorten, wie Parks, Rasenflächen und Sportplätzen.

VERBREITUNG Gemäßigte Breiten auf der Nordhalbkugel.

FRUCHTKÖRPER Oft in Hexenringen; Sommer bis Herbst.

FUCHSIGER RÖTELRITTERLING

LEPISTA FLACCIDA

Manche *Lepista*-Arten ähneln *Infundibulicybe*-Arten (siehe S. 127–128), andere eher *Trichoma*-Arten (siehe S. 142–143). *Lepista*-Arten sind am besten anhand mikroskopischer Merkmale zu bestimmen. Der essbare *L. flaccida* hat weit herablaufende Lamellen und einen trichterförmigen Hut. Der Ockerbraune Trichterling (*L. gibba)* ist ähnlich, aber heller mit konzentrischen Flecken.

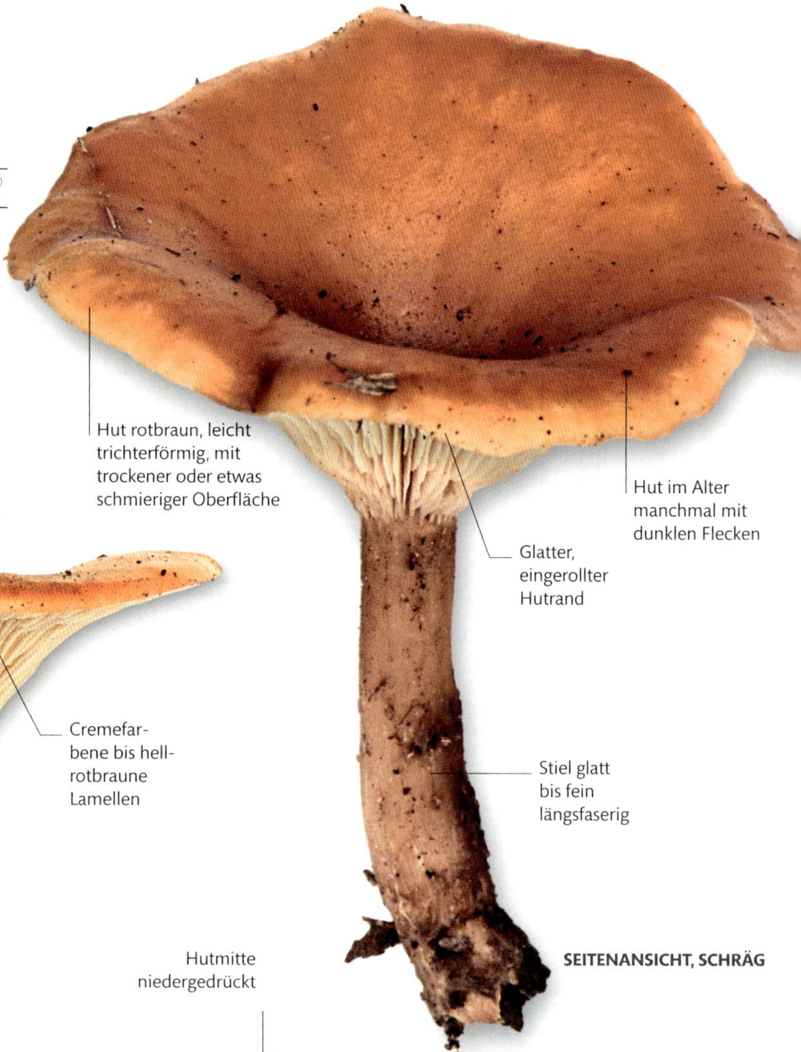

SEITENANSICHT, SCHRÄG

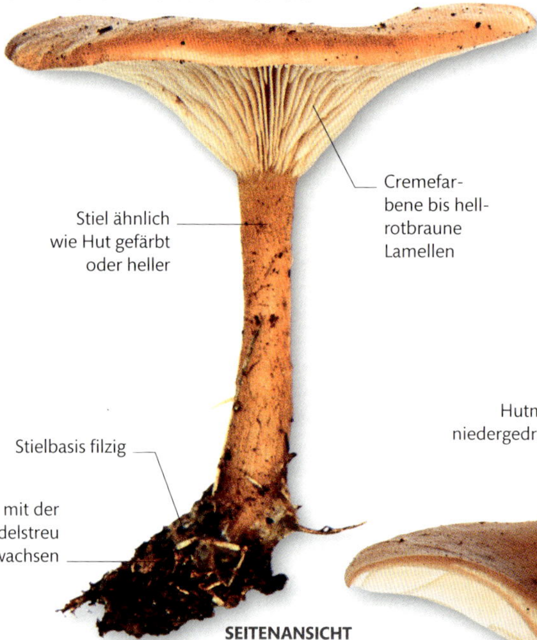

SEITENANSICHT

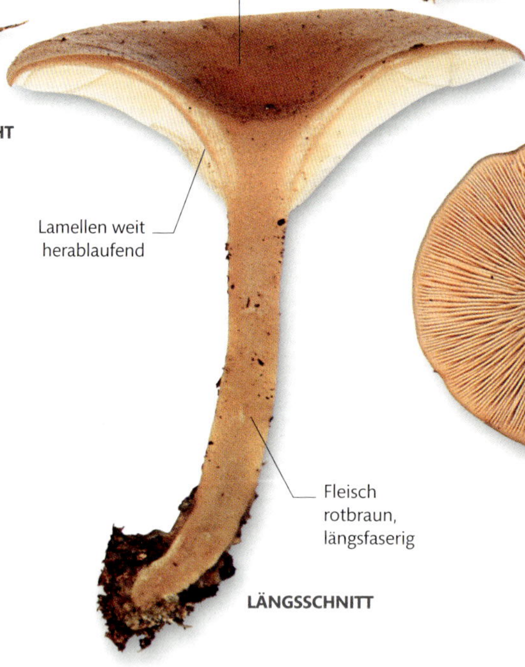

LÄNGSSCHNITT

UNTERSEITE

SPORENFARBE Cremefarben.

GRÖSSE Hut 4–12 cm (b); Stiel 3–7 cm (h) x 0,5–1 cm (b).

VORKOMMEN Streuschicht in Wäldern, vor allem auf Nadelstreu.

VERBREITUNG In Europa häufig; weltweite Verbreitung unbekannt.

FRUCHTKÖRPER In Gruppen oder Ringen; Herbst.

VEILCHENRITTERLING

LEPISTA IRINA

In der Gestalt ist diese Art sehr ähnlich wie der Violette Rötelritterling (*L. nuda*, siehe S. 136), aber sie ist einheitlich graubraun und riecht viel stärker nach Parfüm. Der Hut ist konvex und wird im Alter flacher, der Hutrand ist oft gewellt. Der Stiel hat eine längsfaserige Oberfläche und die reifen Lamellen sind rosafarben getönt. Da eine Reihe anderer Pilzarten dem Veilchenritterling oberflächlich ähneln, sollten nur gute Pilzkenner, die den parfümartigen Geruch mögen, ihn als Speisepilz sammeln. Er kommt manchmal spät in der Saison massenhaft vor.

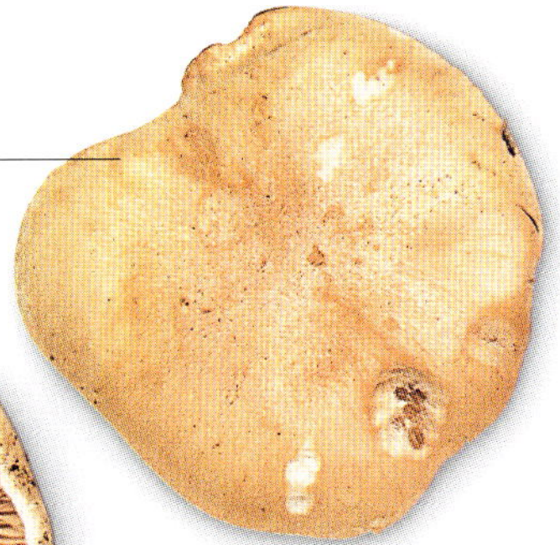

VON OBEN

UNTERSEITE

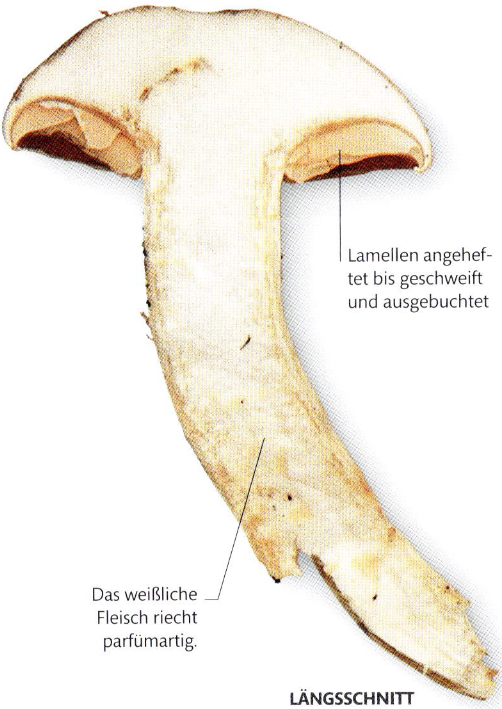

LÄNGSSCHNITT

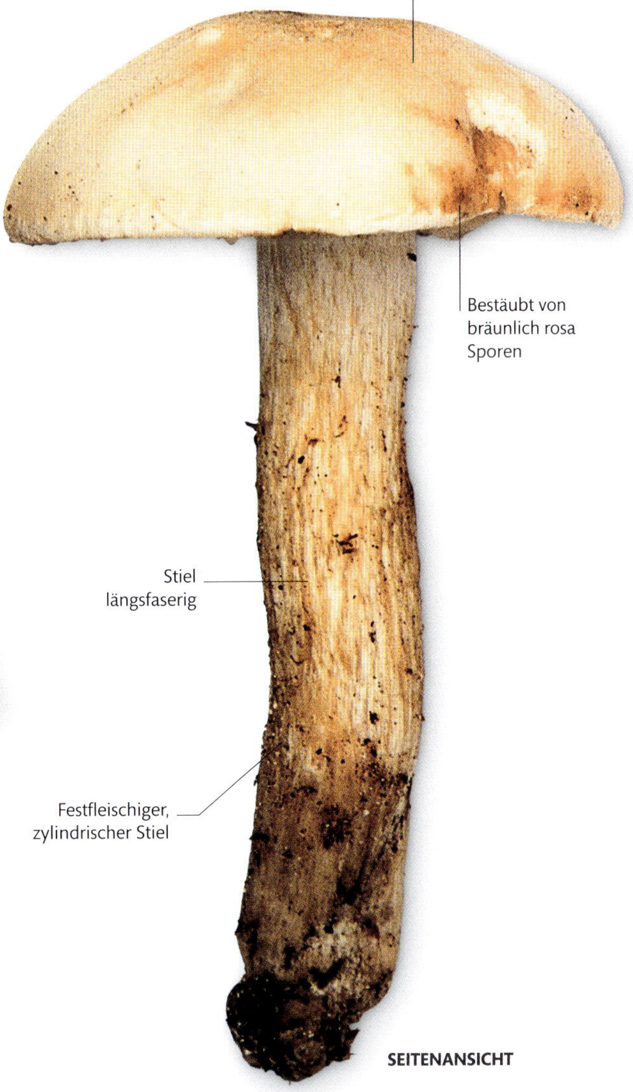

SEITENANSICHT

SPORENFARBE Bräunlich rosa.

GRÖSSE Hut 5–15 cm (b); Stiel 5–10 cm (h) x 1–2 cm (b).

VORKOMMEN Typischerweise auf kalkhaltigen Böden, wo sich über längere Zeit Falllaub angesammelt hat.

VERBREITUNG In Europa häufig; weltweite Verbreitung unklar.

FRUCHTKÖRPER Oft in Hexenringen auf der Streuschicht von Wäldern; Herbst.

VIOLETTER RÖTELRITTERLING

LEPISTA NUDA

Dieser Speisepilz ist beliebt und leicht zu erkennen, obwohl man kleine Formen mit dem Schmutzigen Rötelritterling (*L. sordida*) verwechseln kann, der aber ebenfalls essbar ist. Der Hut hat eine violettbraune Tönung und die Lamellen sind heller violett. Die meisten Menschen mögen den Geschmack des Pilzes. Er wird kultiviert, im Handel sieht man ihn aber nicht häufig.

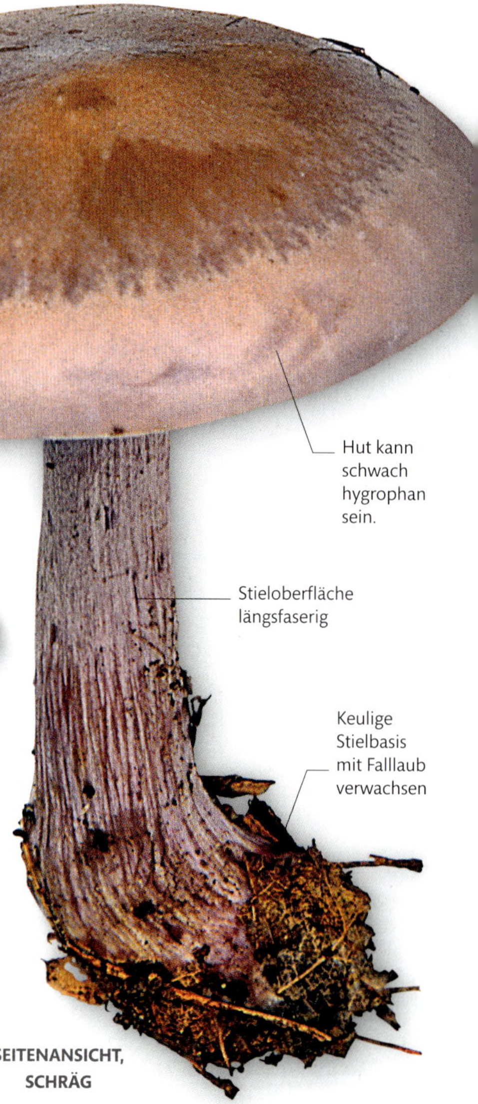

SEITENANSICHT, SCHRÄG

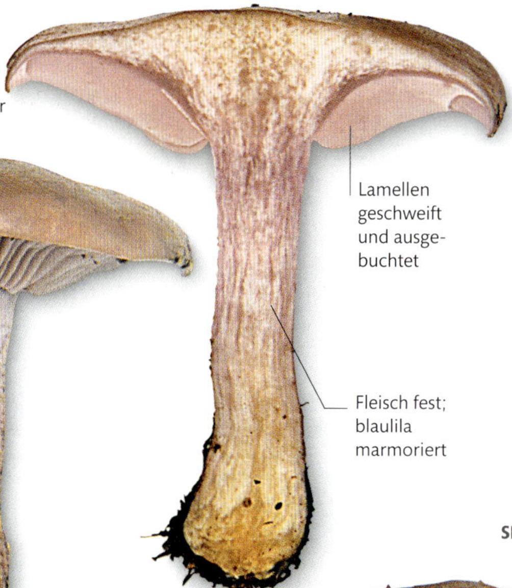

LÄNGSSCHNITT

SEITENANSICHT

SEITENANSICHT

UNTERSEITE

SPORENFARBE Bräunlich rosa.

GRÖSSE Hut 5–20 cm (b); Stiel 4–10 cm (h) x 1,5–3 cm (b).

VORKOMMEN An nährstoffreichen Standorten, wie auf Kompost oder dicker Streuschicht in Wäldern.

VERBREITUNG Gemäßigte Breiten auf der Nordhalbkugel; häufig.

FRUCHTKÖRPER In kleinen Gruppen und Ringen; hauptsächlich im Herbst.

BLAUSTIELIGER RÖTELRITTERLING

LEPISTA PERSONATA

Dieser Pilz hat einen längsfaserigen, lila gefärbten Stiel. Der Hut ist hell lederbraun und bei jungen Pilzen halbkugelig, im Alter wird er flacher. Insgesamt ist der Fruchtkörper gedrungener als der von *L. nuda* (siehe gegenüber), und die Art bevorzugt offenere, grasbewachsene Standorte. Hut und Stiel sind sehr fleischig. Viele Pilzfreunde schätzen die Art als Speisepilz.

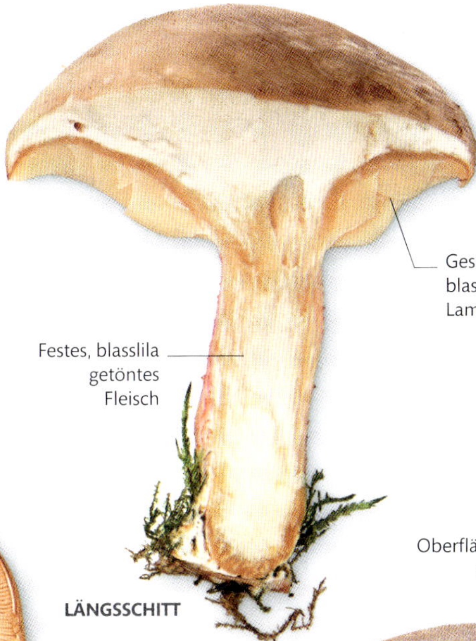

LÄNGSSCHITT

UNTERSEITE

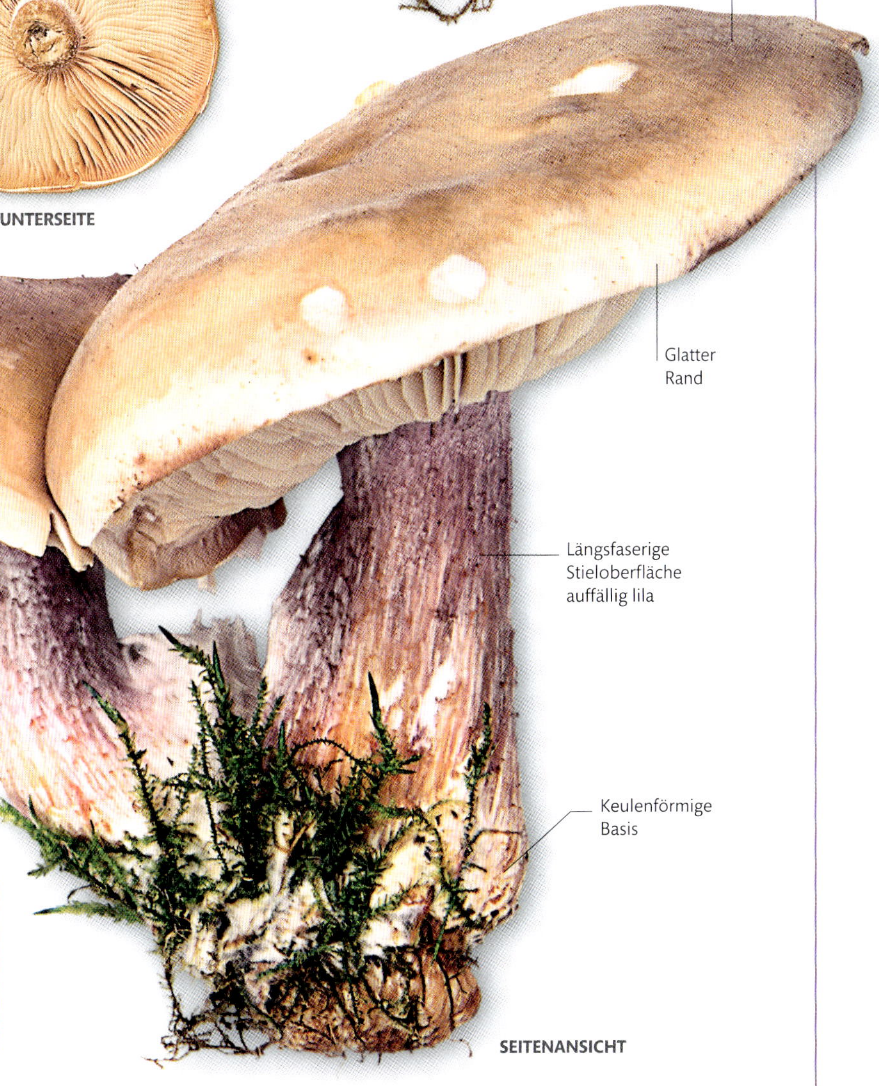

SEITENANSICHT

SPORENFARBE Bräunlich rosa.

GRÖSSE Hut 5–20 cm (b); Stiel 3–7 cm (h) x 1,5–4 cm (b).

VORKOMMEN Auf nährstoffreichen, kalkhaltigen Böden in offenem Grasland, an Wegrändern, in Parks; auch auf blanken Kalkböden in Wäldern.

VERBREITUNG In Europa und Nordamerika recht häufig.

FRUCHTKÖRPER In Gruppen oder Hexenringen; Herbst.

PURPURFILZIGER HOLZRITTERLING

TRICHOLOMOPSIS RUTILANS

Mit seinem weinroten Hut und den dottergelben Lamellen ist dieser nicht essbare Pilz unerwechselbar. Der Olivgelbe Holzritterling (*T. decora*), in den meisten Regionen eher selten, hat einen gelben Hut, der mit schwarzen Faserschuppen bedeckt ist. Anders als die ähnlichen *Tricholoma*-Arten, die Mykorrhizen bilden, ernährt sich *T. rutilans* von totem Nadelholz.

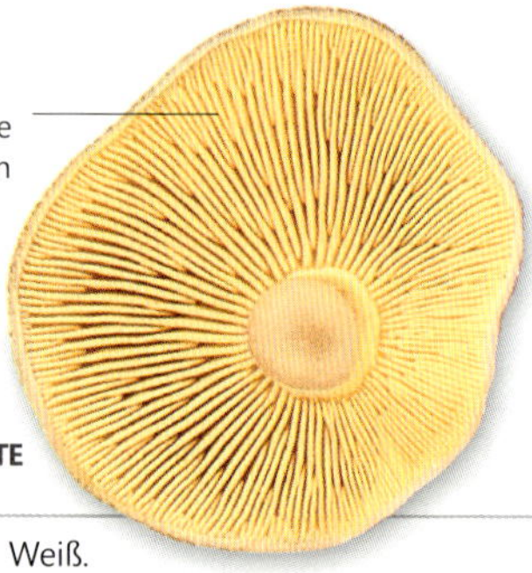

UNTERSEITE

SEITENANSICHT, SCHRÄG
LÄNGSSCHNITT

SPORENFARBE Weiß.

GRÖSSE Hut 5–10 cm (b), manchmal breiter; Stiel 4–10 cm (h) x 1–2,5 cm (b).

VORKOMMEN In naturnahen Wäldern und Forsten, auf morschem Nadelholz.

VERBREITUNG Gemäßigte Breiten auf der Nordhalbkugel; häufig.

FRUCHTKÖRPER In kleinen Gruppen; Spätsommer bis Herbst.

TIGERRITTERLING

TRICHOLOMA PARDINUM ☠

Auf dem Hut trägt der sehr blasse Giftpilz konzentrisch angeordnete schwärzliche Schuppen, auf dem weißen Stiel manchmal dunkle Längsfasern. Das Fleisch riecht stark nach Mehl, ist aber sehr giftig. Achtung: Verwechslungen mit dem ähnlichen Gemeinen Erdritterling (*Tricholoma terreum*, siehe S.148) sind daher äußerst gefährlich.

SPORENFARBE Weiß.

GRÖSSE Hut 4–15 cm (b); Stiel 5–10 cm (h) x 1,5–3 cm (b).

VORKOMMEN Bildet Mykorrhizen mit Laub- und Nadelbäumen in Wäldern auf kalkhaltigen Böden.

VERBREITUNG Im nördlichen Europa und Nordamerika; fehlt aber in manchen Regionen.

FRUCHTKÖRPER In Trupps auf nährstoffreichen Böden; Herbst.

UNVERSCHÄMTER RITTERLING

TRICHOLOMA LASCIVUM

Diesen Pilz kann man an seinem Geruch und seiner Gestalt erkennen. Er ist klein bis mittelgroß mit blasslederfarbenem Hut und einem strengen Geruch, den manche Menschen als angenehm und andere als widerlich empfinden. Der Unverschämte Ritterling ist ungenießbar und wahrscheinlich giftig. Man kann ihn leicht mit anderen hellen *Tricholoma*-Arten verwechseln. Der Gerippte Gasritterling (*T. stiparophyllum*) ist heller und wächst nur unter Birken. Der Strohblasse Ritterling (*T. album*) riecht nach Honig und kommt unter Eichen vor.

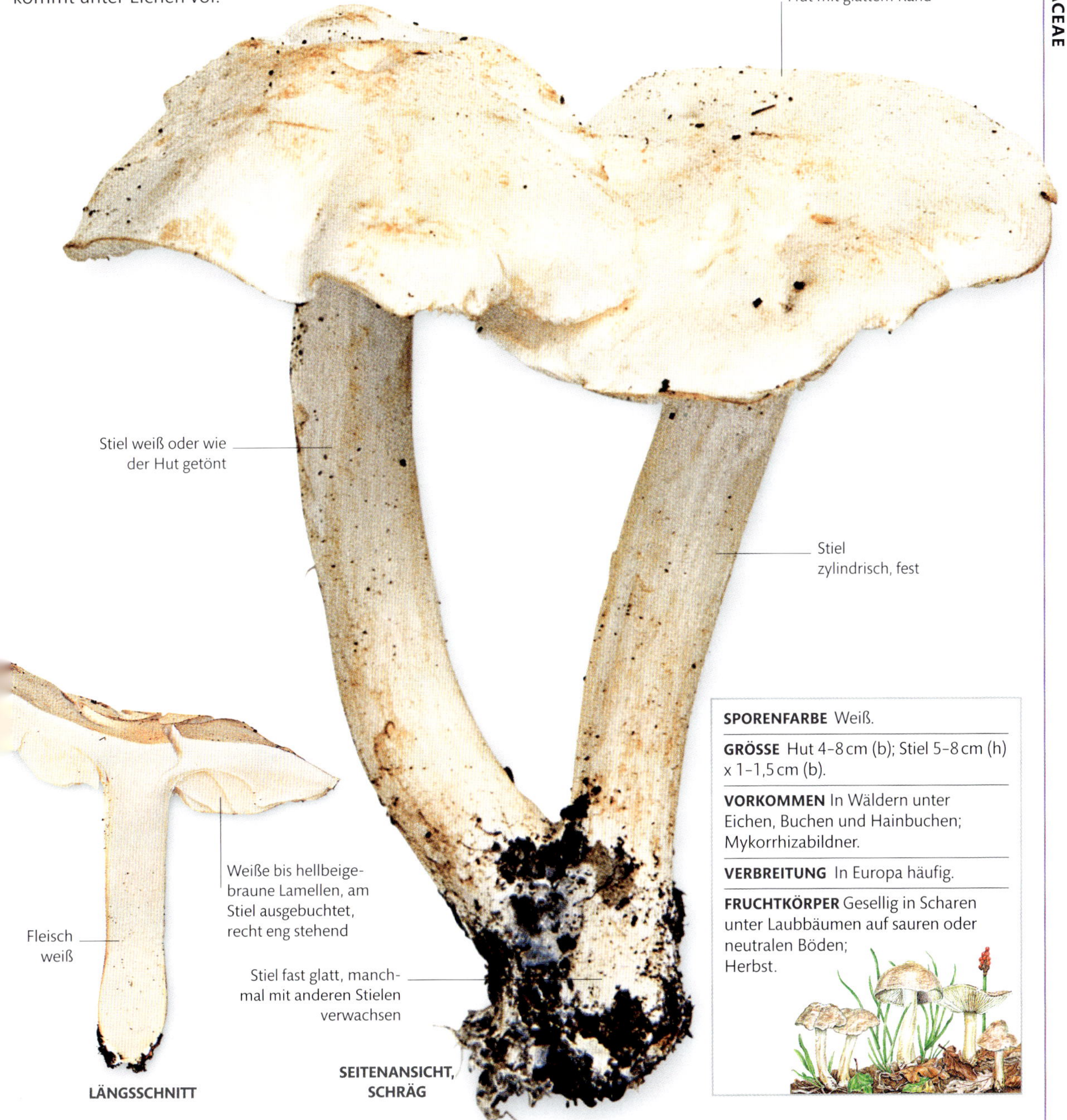

SEITENANSICHT, SCHRÄG

LÄNGSSCHNITT

SPORENFARBE Weiß.

GRÖSSE Hut 4–8 cm (b); Stiel 5–8 cm (h) x 1–1,5 cm (b).

VORKOMMEN In Wäldern unter Eichen, Buchen und Hainbuchen; Mykorrhizabildner.

VERBREITUNG In Europa häufig.

FRUCHTKÖRPER Gesellig in Scharen unter Laubbäumen auf sauren oder neutralen Böden; Herbst.

SCHWARZFASERIGER RITTERLING

TRICHOLOMA PORTENTOSUM

Diesen meist großen Ritterling findet man vor allem in Nadelwäldern. Am besten erkennt man ihn an seinem grauen, glänzenden radialstreifigen Hut und dem gelblich getönten Stiel. Die Streifung des Hutes ist dunkler als bei *T. arvernense* (siehe gegenüber), der Hutrand und die Lamellen gilben manchmal im Alter. Junge Hüte sind klebrig, wenn sie feucht sind. Die Art ist ein guter Speisepilz. Er riecht und schmeckt mehlig.

SEITENANSICHT, SCHRÄG

SEITENANSICHT, SCHRÄG

SEITENANSICHT

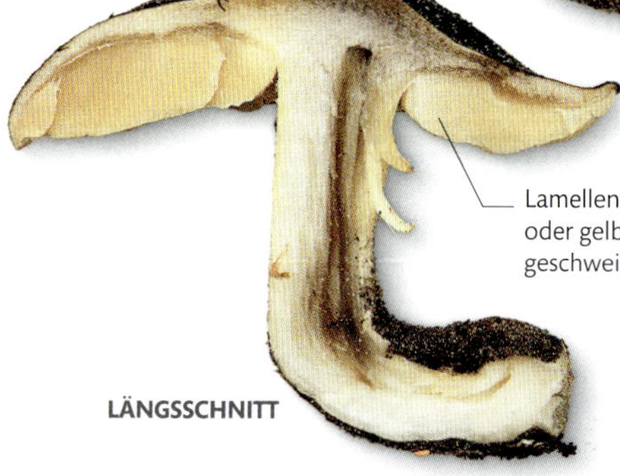

LÄNGSSCHNITT

SPORENFARBE Weiß.

GRÖSSE Hut 5–12 cm (b); Stiel 5–10 cm (h) x 1–3 cm (b).

VORKOMMEN Bildet Mykorrhizen mit Nadelbäumen, oft auf sandigen Böden.

VERBREITUNG Gemäßigte Breiten auf der Nordhalbkugel; häufig.

FRUCHTKÖRPER Einzeln oder in Gruppen, meist unter Nadelbäumen; Herbst.

ORANGEBRAUNER RITTERLING

TRICHOLOMA ARVERNENSE

Dieser Ritterling ähnelt *T. portentosum* (siehe gegenüber), er hat jedoch einen grünlichen oder bräunlichen Hut. Obwohl er essbar ist, sollte man ihn vorsichtshalber nicht sammeln, denn es besteht Vewechslungsgefahr mit dem hochgiftigen Grünen Knollenblätterpilz (*Amanita phalloides*, siehe S. 199), dessen Stielscheide und freie Lamellen man unter Umständen übersehen kann.

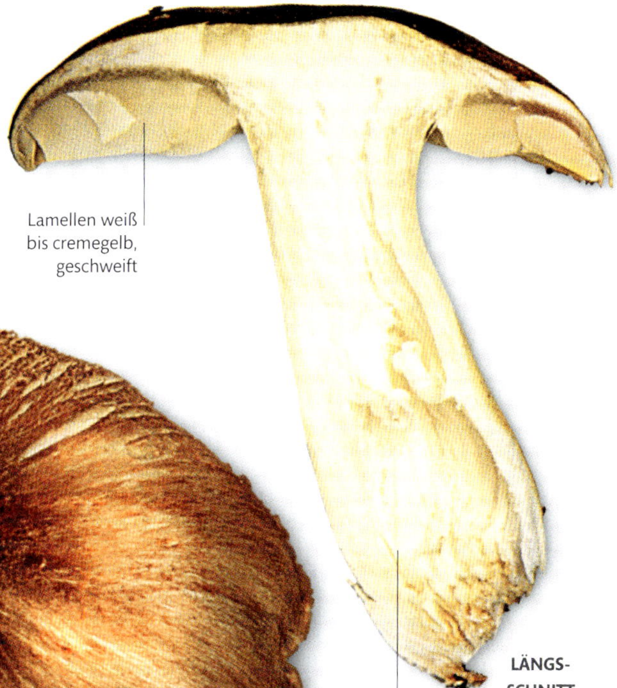

Lamellen weiß bis cremegelb, geschweift

Fleisch weißlich, fest

LÄNGSSCHNITT

Bräunlich oranger Hut mit dunkler radialer Streifung

Stielbasis zugespitzt

VON SCHRÄG OBEN

Hutoberfläche feucht

SEITENANSICHT

Junger Hut gewölbt, später flacher werdend

SEITENANSICHT

SPORENFARBE Weiß.

GRÖSSE Hut 5–10 cm (b); Stiel 5–8 cm (h) x 1–1,5 cm (b).

VORKOMMEN In Wäldern und Forsten; bildet mit Kiefern auf sandigen Böden Mykorrhizen aus.

VERBREITUNG Gemäßigte Breiten auf der Nordhalbkugel.

FRUCHTKÖRPER Kleine oder größere Gruppen; Herbst.

GELBBLÄTTRIGER RITTERLING

TRICHOLOMA FULVUM

Dieser große Ritterling ist ungenießbar und wahrscheinlich sogar giftig. Typischerweise findet man ihn unter Birken, mit denen er Mykorrhizen ausbildet. Wichtige Bestimmungsmerkmale sind die sattbraune Hut- und Stielfarbe und das gelbe Fleisch des Stiels. Wie bei anderen Ritterlingen sind die Lamellen geschweift und am Stiel ausgebuchtet. Bei *T. fulvum* sind sie gelb, im Alter zeigen sich oft braune Flecken. Der Weißbraune Ritterling (*T. albobrunneum*) ist ähnlich, wächst aber unter Nadelbäumen und hat kein gelbes Fleisch. *T. ustale* (siehe gegenüber) hat helles Fleisch und kommt unter Buchen vor.

LÄNGSSCHNITT

UNTERSEITE

SEITENANSICHT, SCHRÄG

SPORENFARBE Weiß.

GRÖSSE Hut 4–10 cm (b); Stiel 7–15 cm (h) x 1–2,5 cm (b).

VORKOMMEN Bildet Mykorrhizen mit Birken und eventuell auch mit Fichten.

VERBREITUNG Gemäßigte Breiten auf der Nordhalbkugel.

FRUCHTKÖRPER In Gruppen, meist auf feuchten Böden unter Birken; Herbst.

GRÜNLING

TRICHOLOMA EQUESTRE

Dieser Pilz mit grün-, orange- oder bronzegelbem Hut kommt in mehreren Formen vor, die robusteste (siehe rechts) wächst im Sand unter Kiefern. Früher galt der Pilz als essbar, bis in jüngerer Zeit schwere Vergiftungen bekannt wurden.

SPORENFARBE Weiß.

GRÖSSE Hut 5–14 cm (b); Stiel 5–10 cm (h) x 1,5–2,5 cm (b).

VORKOMMEN Robuste Formen in Kiefernwäldern auf Sandböden; schlankere Formen unter Fichten.

VORKOMMEN An geeigneten sandigen Standorten in den gemäßigten Breiten auf der Nordhalbkugel recht häufig.

FRUCHTKÖRPER In Trupps; Herbst bis früher Winter.

BRANDIGER RITTERLING

TRICHOLOMA USTALE

Dieser ungenießbare Pilz, der oft unter Buchen in nährstoffreicheren Wäldern wächst, weist keine Merkmale auf, die ihn eindeutig kennzeichnen. Der Hut ist schmierig und die Lamellen flecken rotbraun. Die Stielspitze hat keine blasse Zone wie beim Bitteren Eichenritterling (*T. ustaloides*).

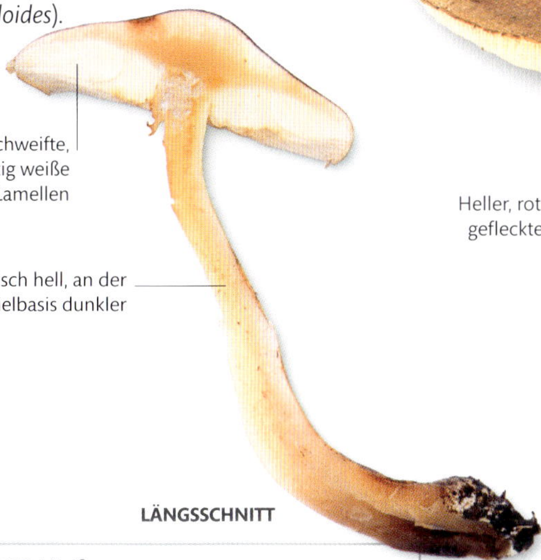

LÄNGSSCHNITT

SEITENANSICHT, SCHRÄG

UNTERSEITE

SPORENFARBE Weiß.

GRÖSSE Hut 3–10 cm (b); Stiel 4–10 cm (h) x 0,5–2 cm (b).

VORKOMMEN Bildet Mykorrhizen mit Laubbäumen auf neutralen, kalkhaltigen Böden.

VERBREITUNG In Europa verbreitet, vielerorts häufig.

FRUCHTKÖRPER Einzeln oder in Gruppen unter Laubbäumen, oft Buchen; Herbst.

ORANGE-RITTERLING

TRICHOLOMA AURANTIUM

Mit seinem attraktiv orangefarbenen Hut und dem weiß genatterten Stiel ist dieser ungenießbare Pilz einer der schönsten Ritterlinge. Je nach Witterung kann der Hut klebrig oder trocken und samtig sein.

SPORENFARBE Weiß.

GRÖSSE Hut 5–15 cm (b); Stiel 5–10 cm (h) x 1–3 cm (b).

VORKOMMEN Bildet Mykorrhizen mit Nadelbäumen, seltener mit Laubbäumen, auf kalkhaltigen Böden.

VERBREITUNG Gemäßigte Breiten auf der Nordhalbkugel, aber örtlich verbreitet.

FRUCHTKÖRPER Gesellig auf kalkhaltigen Böden; Herbst.

SCHWEFELRITTERLING

TRICHOLOMA SULPHUREUM

Man erkennt diesen Giftpilz sofort an der schwefelgelben Farbe und dem Übelkeit erregenden Gasgeruch, der von der chemischen Verbindung Skatol hervorgerufen wird. Manche Mykologen unterscheiden eine kleinere Art, *T. bufonium*, mit fuchsroter Hutmitte und einem ähnlichen Geruch. Vor Kurzem wurden weitere ähnliche Arten entdeckt.

UNTERSEITE

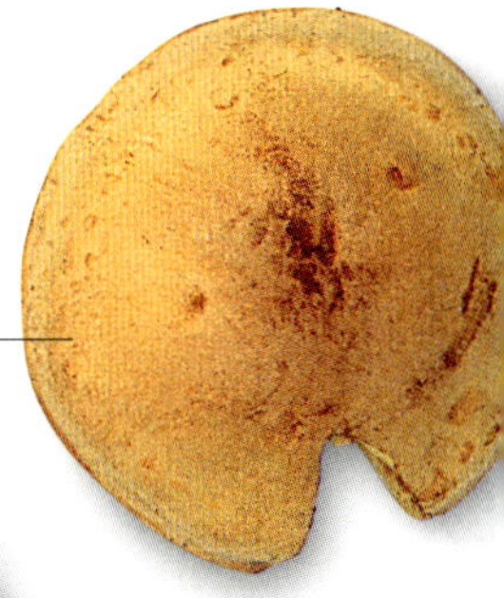

VON OBEN

SEITENANSICHT

SEITENANSICHT

LÄNGSSCHNITT

SPORENFARBE Weiß.

GRÖSSE Hut 2–8 cm (b); Stiel 4–10 cm (h) x 0,5–2 cm (b).

VORKOMMEN Bildet Mykorrhizen mit Laub- und Nadelbäumen.

VERBREITUNG Gemäßigte Breiten der Nordhalbkugel.

FRUCHTKÖRPER Gesellig sowohl in Laub- als auch Nadelwäldern; Herbst.

SEIFENRITTERLING

TRICHOLOMA SAPONACEUM

Diese ungenießbare Art wurde wegen ihrer vielen verschiedenen Erscheinungsformen oftmals in mehrere Varietäten aufgegliedert. Allen gemeinsam ist, dass der fleischige Fruchtkörper stark nach Seife riecht. Einige Formen haben einen dunkel geschuppten Stiel, die Basis ist oft rosafarben. Die Lamellen sind cremefarben bis graugrün gefärbt. Manche flecken mehr oder weniger rötlich oder weisen grünliche Farbtöne auf. Der Hut ist bei feucher Witterung schmierig und nicht faserig gestreift wie der von *T. portentosum* und *T. arvernense* (siehe S. 140–141).

SEITENANSICHT

VON SCHRÄG OBEN

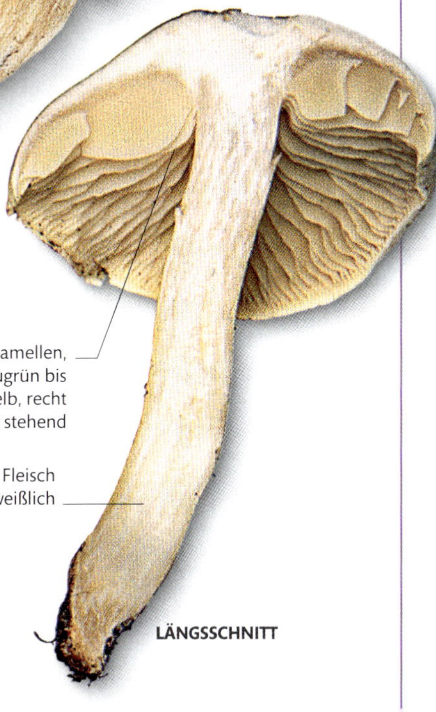

LÄNGSSCHNITT

SPORENFARBE Weiß.

GRÖSSE Hut 4–10 cm (b); Stiel 4–10 cm (h) x 1–3 cm (b).

VORKOMMEN In Wäldern; bildet Mykorrhizen mit Laubbäumen, wie Eichen und Buchen, aber auch mit Nadelbäumen auf verschiedenen Böden.

VERBREITUNG Gemäßigte Breiten auf der Nordhalbkugel.

FRUCHTKÖRPER Einzeln oder in Gruppen in Wäldern; Herbst.

GILBENDER ERDRITTERLING

TRICHOLOMA SCALPTURATUM

Dieser gräuliche Ritterling gehört zu einer komplexen Gruppe verwandter Arten. Dieser Pilz ist meist hell und recht klein. Ältere Fruchtkörper färben sich gelb. Obwohl der Pilz essbar ist, kann er nicht empfohlen werden, denn er ähnelt dem giftigen Tigerritterling (*T. pardinum*, siehe S. 138) und dessen Verwandten.

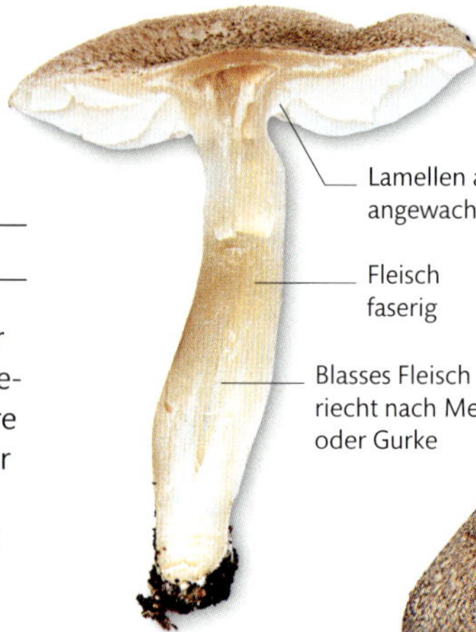

LÄNGSSCHITT

SEITENANSICHT

UNTERSEITE

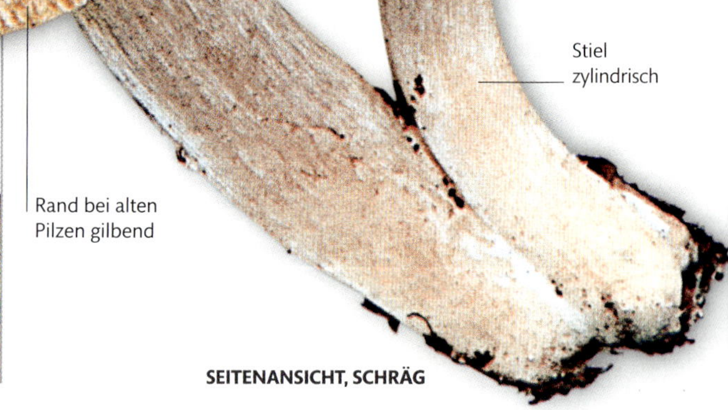

SEITENANSICHT, SCHRÄG

SPORENFARBE Weiß.

GRÖSSE Hut 2–8 cm (b); Stiel 3–7 cm (h) x 0,5–1 cm (b).

VORKOMMEN In Wäldern und Parks, bildet Mykorrhizen, oft mit Birken.

VERBREITUNG In Europa häufig, weltweite Verbreitung unzureichend bekannt.

FRUCHTKÖRPER Oft zu Hunderten in Scharen; Herbst.

SCHÄRFLICHER RITTERLING

TRICHOLOMA SCIODES

Diesen ungenießbaren, scharf schmeckenden Ritterling kann man am recht auffälligen Hutbuckel und den schwarzfleckigen Lamellen erkennen. Er bildet mit Laubbäumen, vor allem Buchen, Mykorrhizen. Der Brennende Ritterling (*T. virgatum*) hingegen hat einen eher kegeligen silbergrauen Hut und kommt in nährstoffreichen Wäldern vor. Der Rötende Ritterlig (*T. orirubens*) ist dunkler und läuft im Alter rosa an oder fleckt blaugrün. Bei ihm und dem Schwarzschuppigen Ritterling (*T. atrosqamosum*, siehe S. 149) ist die Hutschuppung deutlicher ausgeprägt.

UNTERSEITE

SEITENANSICHT

SEITENANSICHT, SCHRÄG

LÄNGSSCHNITT

SPORENFARBE Weiß.

GRÖSSE Hut 4–8 cm (b); Stiel 4–10 cm (h) x 1–2 cm (b).

VORKOMMEN In Wäldern; bildet Mykorrhizen mit Laubbäumen, oft mit Buchen auf guten Böden.

VERBREITUNG In Europa häufig; fehlt in der borealen Zone; weltweite Verbreitung unzureichend bekannt.

FRUCHTKÖRPER In kleinen Gruppen in der Laubstreu; Herbst.

GEMEINER ERDRITTERLING

TRICHOLOMA TERREUM

Wie der Name andeutet, ist dieser Pilz erdfarben und deshalb oft kaum zu erkennen. Der gute Speisepilz hat nur einen schwachen Geruch. Achtung: Vermeiden Sie Verwechslungen mit dem giftigen Tigerritterling (*T. pardinum*, siehe S. 138).

UNTERSEITE

LÄNGSSCHNITT

VON SCHRÄG OBEN

VON SCHRÄG OBEN

SPORENFARBE Weiß.

GRÖSSE Hut 3–7 cm (b); Stiel 2–5 cm (h) x 0,5–15 cm (b).

VORKOMMEN Bei Nadelbäumen auf kalkhaltigen Böden; Mykorrhizabildner.

VERBREITUNG
Gemäßigte Breiten der Nordhalbkugel; häufig.

FRUCHTKÖRPER
Gesellig in der Nadelstreu; Herbst.

SCHWARZSCHUPPIGER ERDRITTERLING

TRICHOLOMA ATROSQUAMOSUM

Die dunkle Farbe, schwarze Faserschuppen am Stiel und der würzige Geruch charakterisieren diese Art, die jedoch oft schwierig zu bestimmen ist. Obwohl sie essbar ist, kann sie wegen Verwechslungsgefahr mit dem giftigen Tigerritterling (*T. pardinum*, siehe S. 138), der Magen-Darm-Beschwerden hervorruft, nicht empfohlen werden.

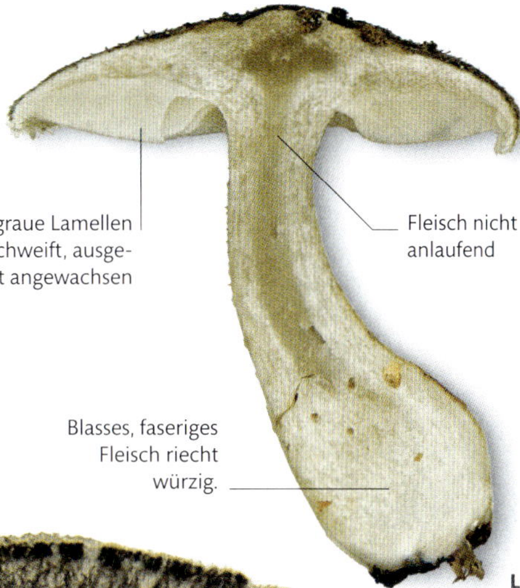

LÄNGSSCHNITT

SEITENANSICHT

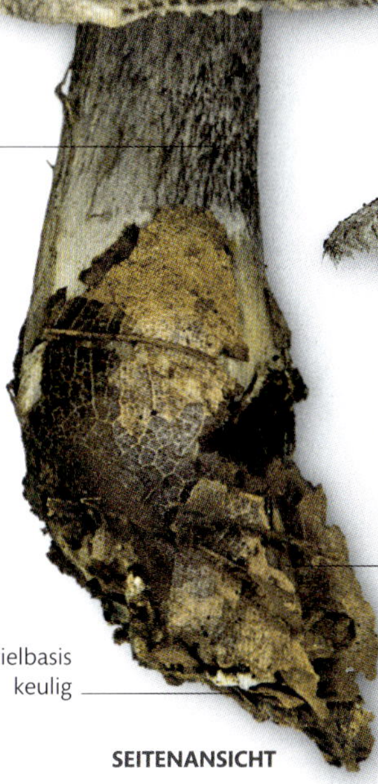

SEITENANSICHT

SEITENANSICHT

SPORENFARBE Weiß.

GRÖSSE Hut 3–8 cm (b); Stiel 4–8 cm (h) x 0,5–1,5 cm (b).

VORKOMMEN Auf kalkhaltigen Böden, bildet Mykorrhizen mit Laub- und Nadelbäumen.

VERBREITUNG In Europa lokal verbreitet; weltweite Verbreitung unklar.

FRUCHTKÖRPER Einzeln oder in kleinen Gruppen; Herbst.

KAFFEEBRAUNER GABELTRICHTERLING

PSEUDOCLITOCYBE CYATHIFORMIS

Diese Art kann man kaum verwechseln. Eindeutige Merkmale sind der tief trichterförmige Hut, die sehr dunkle Färbung und der lange Stiel. Der Hut ist hygrophan und hat einen eingerollten Rand. Das aromatische Fleisch schmeckt mild, als Speisepilz ist diese Art aber dennoch nicht zu empfehlen. Die Gattung *Pseudoclitocybe* unterscheidet sich von den *Clitocybe*-Arten (siehe S. 126–127) durch die amyloide Sporenreaktion: Mit Jodreagenzien färben sich die Sporen bläulich. Der Ausblassende Scheintrichterling (*P. expallens*), der den Artstatus vielleicht nicht verdient, ist kleiner und heller und kommt an offeneren Standorten vor.

SEITENANSICHT, SCHRÄG

LÄNGSSCHNITT

SEITENANSICHT, SCHRÄG

UNTERSEITE

SPORENFARBE Cremeweiß.

GRÖSSE Hut 3–7 cm (b); Stiel 6–10 cm (h) x 0,5–1 cm (b).

VORKOMMEN In Wäldern und Parks, bei Hecken, auf Humus in hohem Gras, auf stark vermorschten Laubholzstümpfen.

VERBREITUNG Gemäßigte Breiten auf der Nordhalbkugel; recht häufig.

FRUCHTKÖRPER Einzeln oder in Trupps; Spätherbst bis früher Winter.

FRÜHLINGS-WEICHRITTERLING

MELANOLEUCA COGNATA

Im Gelände sind viele Arten der Gattung *Melanoleuca* schwierig zu bestimmen, oftmals hilft erst ein Mikroskop weiter. Der Frühlings-Weichritterling erscheint häufig im Frühjahr, wenn nur wenige andere Lamellenpilze Fruchtkörper ausbilden. Auch seiner gelben bis ockerfarbenen Lamellen wegen ist er ein relativ leicht zu erkennender Gattungsvertreter. Fast alle Arten haben mehr oder weniger gebuckelte Hüte und schmal angewachsene Lamellen. Alle Arten sind, soweit bisher bekannt, ungiftig. Dennoch sind sie keine wertvollen Speisepilze.

VON SCHRÄG OBEN

SPORENFARBE Cremefarben.

GRÖSSE Hut 5–12 cm (b); Stiel 3–8 cm hoch x 0,5–1,2 cm (b).

VORKOMMEN Auf nacktem Erdboden, im Gras oder auf der Streuschicht in Wäldern und Parks.

VERBREITUNG Gemäßigte Breiten auf der Nordhalbkugel; recht häufig.

FRUCHTKÖRPER In Trupps; Frühjahr bis Herbst.

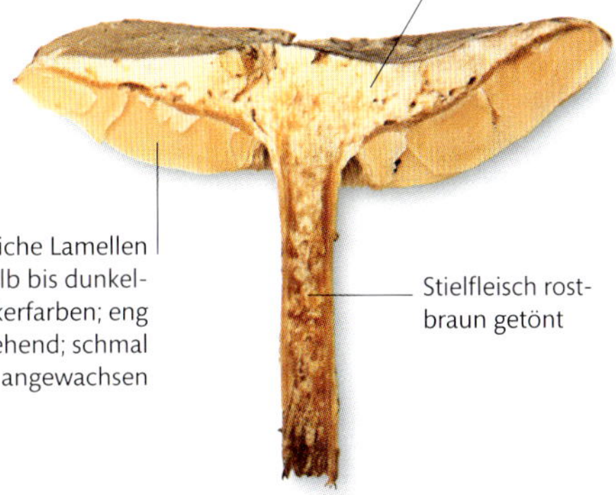

LÄNGSSCHNITT

GEMEINER WEICHRITTERLING

MELANOLEUCA POLIOLEUCA

Diese Art wurde oft unter dem wissenschaftlichen Namen *M. melaleuca* geführt, der aber nach neueren Erkenntnissen eine seltenere Art bezeichnet. *M. polioleuca* ist eine dunkle Art mit hellen Lamellen und an der Stielbasis dunkelbraunem Fleisch. Sie ist kein Speisepilz.

UNTERSEITE

SEITENANSICHT

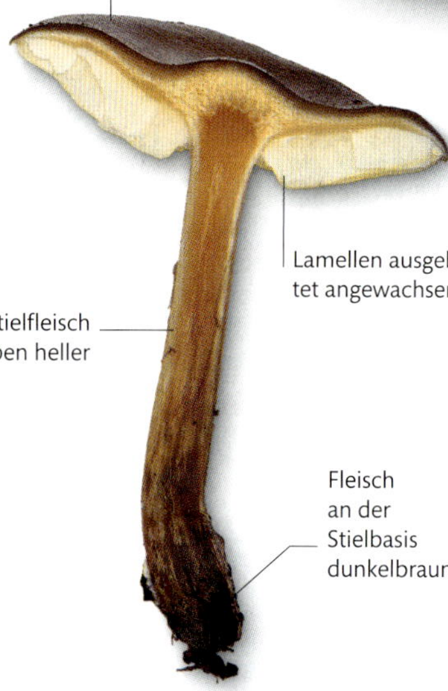

LÄNGSSCHNITT

SEITENANSICHT, SCHRÄG

SPORENFARBE Sehr hellcremefarben.

GRÖSSE Hut 4–7 cm (b); Stiel 3–8 cm hoch x 0,5–1 cm (b).

VORKOMMEN Auf dem Erdboden in Gärten, Parks und Wäldern, an Wegrändern.

VERBREITUNG Gemäßigte Breiten auf der Nordhalbkugel; häufig.

FRUCHTKÖRPER Gesellig auf gestörten Böden; Herbst.

PHYSALACRIACEAE (Rindenschwammverwandte)

KLASSE AGARICOMYCETES **ORDNUNG** AGARICALES

Dieser Familie gehören Lamellenpilze mit weißen Sporen an, aber auch Arten mit häutigen oder kleinen keulenförmigen Fruchtkörpern. Sie ist nah mit den Mycenaceae und Marasmiaceae verwandt und viele Arten sind nicht leicht zu bestimmen.

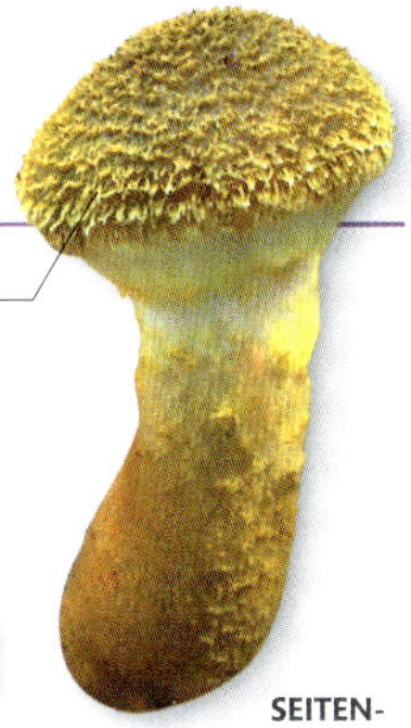

SEITENANSICHT

GELBSCHUPPIGER HALLIMASCH

ARMILLARIA BULBOSA

Dieser bekannte Wald- und Gartenpilz hat mehrere nahe Verwandte, darunter *A. mellea* (siehe unten). Meist wächst er an Laubholz. Er hat einen kürzeren Stiel als *A. mellea*. Die Stielbasis ist verdickt und mehr oder weniger gelb bis gelbbraun. Junge Hüte sind mit kleinen gelblichen Schuppen bedeckt. Die Art ist essbar, muss aber gut durchgekocht werden. Dennoch reagieren manche Menschen mit Magen-Darm-Beschwerden.

SEITENANSICHT

SEITENANSICHT

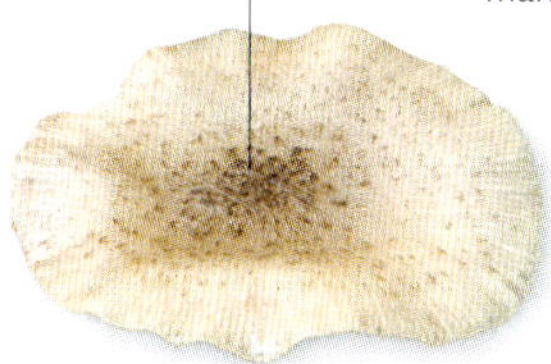

VON OBEN

SPORENFARBE Weiß.

GRÖSSE Hut 3–10 cm (b); Stiel 8–12 cm (h) x 1,5–4 cm (b).

VORKOMMEN Kann Gartensträucher und Bäume zum Absterben bringen, kommt typischerweise aber an totem Laubholz, selten Nadelholz vor.

VERBREITUNG Gemäßigte Breiten auf der Nordhalbkugel; häufig.

FRUCHTKÖRPER Vor allem im Herbst, kann in Massen auftreten.

HONIGGELBER HALLIMASCH

ARMILLARIA MELLEA

Dieser Hallimasch bildet große gelbliche Fruchtkörper und hat nur wenige blasse Schuppen auf dem Hut, anders als *A. bulbosa* (siehe oben). Der schlanke Stiel ist an der Basis zugespitzt. Roh ist dieser Pilz giftig.

SPORENFARBE Weiß.

GRÖSSE Hut 3–10 cm (b); Stiel 8–20 cm (h) x 1–2 cm (b).

VORKOMMEN In Wäldern, meist Buchenwäldern, oft an Stümpfen.

VERBREITUNG Gemäßigte Breiten auf der Nordhalbkugel, aber zerstreut verbreitet.

FRUCHTKÖRPER Fast immer in Büscheln bei Buchen; Herbst.

FICHTENZAPFENRÜBLING

STROBILURUS ESCULENTUS

Die *Strobilurus*-Arten wachsen auf herabgefallenen, verrottenden Zapfen von Nadelbäumen. *S. esculentus* kommt nur auf Fichtenzapfen vor, während *S. tenacellus* und *S. stephanocystis* Kiefernzapfen bevorzugen. *Strobilurus*-Arten ähneln Mitgliedern der Gattung *Gymnopus* (siehe S. 164–165), unterscheiden sich aber in mikroskopischen Merkmalen. Außerdem leben ausgetrocknete Fruchtkörper nicht wieder auf. Einige Helmlinge (*Mycena*) und *Baeospora myosura* (siehe S. 179) wachsen ebenfalls auf Zapfen.

SPORENFARBE Blasscremefarben.

GRÖSSE Hut 0,5–3 cm (b); Stiel 2–5 cm (h) (ohne Teil im Zapfen) x 0,1–0,25 cm (b).

VORKOMMEN Vor allem auf vergrabenen Fichtenzapfen, in Fichtenforsten oder naturbelassenen Fichtenwäldern; an feuchten Standorten auch auf Zapfen, die noch auf der Streuschicht liegen.

VERBREITUNG In Europa und angrenzenden asiatischen Regionen im natürlichen Verbreitungsgebiet der Fichte und dort, wo die Fichte angepflanzt wurde.

FRUCHTKÖRPER Auf herabgefallenen Fichtenzapfen; Spätherbst bis Frühjahr.

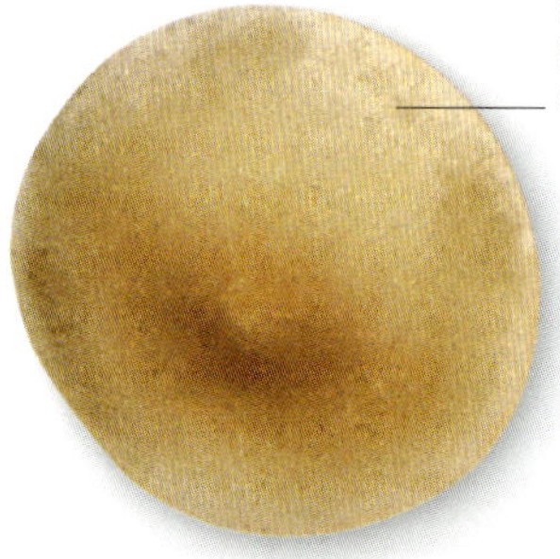

VON OBEN

UNTERSEITE

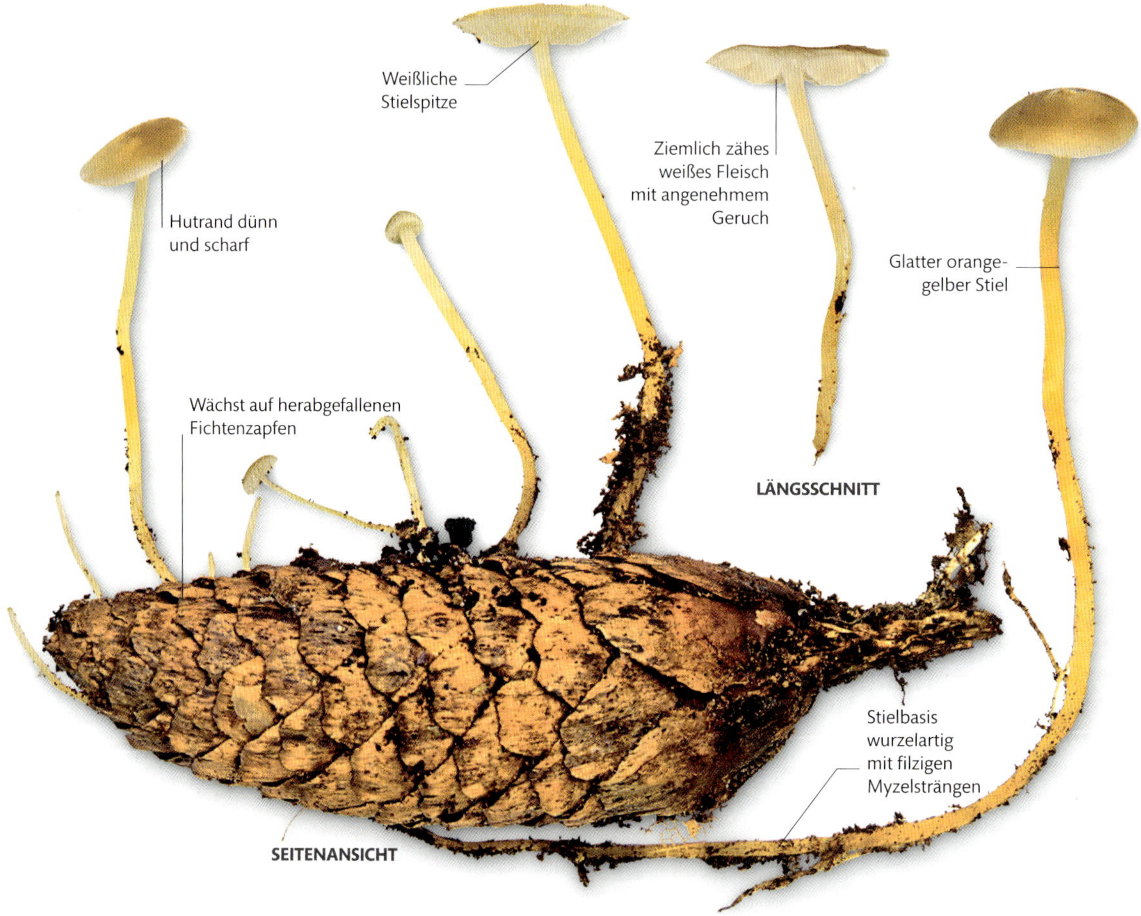

SEITENANSICHT

SAMTFUSSRÜBLING

FLAMMULINA VELUTIPES

Dieser Pilz wird auch Winterrübling genannt, denn er ist eine der wenigen Arten, die die ersten Fröste überstehen. Der Samtfußrübling wächst bei niedrigen Temperaturen sogar besonders gut. Er erscheint in dichten Büscheln an Laubholz und ist an seinem orangebraunen Hut und dem samtigen, schwarzbraunen Stiel leicht zu erkennen. In jüngerer Zeit wurden allerdings mehrere Arten abgetrennt. Eine davon, den Langsporigen Samtfußrübling (*F. elastica*), findet man häufig an Weiden. *F. velutipes* wird im Fernen Osten und andernorts als Speisepilz kultiviert.

SEITENANSICHT

SEITENANSICHT, SCHRÄG

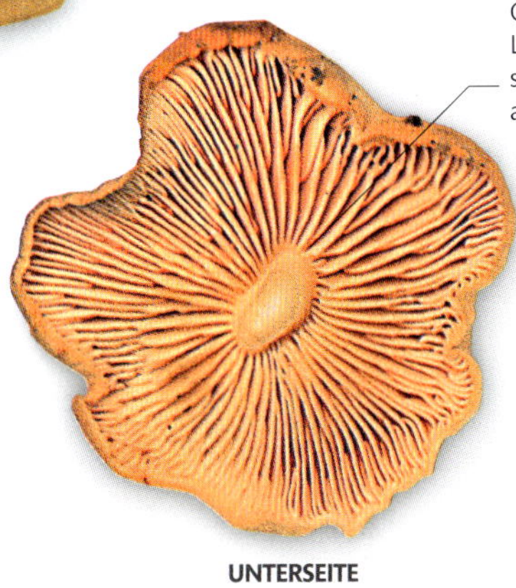

UNTERSEITE

SPORENFARBE Weiß.

GRÖSSE Hut 1–6 cm, bis zu 10 cm (b); Stiel 2–7 cm, bis zu 10 cm (h) x 0,3–1 cm (b).

VORKOMMEN An lebenden, oft geschwächten Laubbäumen; auch an Stümpfen; seltener an Nadelbäumen.

VERBREITUNG Gemäßigte Breiten auf der Nordhalbkugel; recht häufig.

FRUCHTKÖRPER In dichten Büscheln an verschiedenen Laubbäumen; Spätherbst bis Winter.

LYOPHYLLACEAE (Raslingsverwandte)

KLASSE AGARICOMYCETES ORDNUNG AGARICALES

Diese Familie ist schwierig zu definieren. Charakteristisch sind ungewöhnliche Körnchen in den Basidien, die man unter dem Mikroskop erkennt. Die Arten ähneln den Mitgliedern der Tricholomataceae am meisten, denn beide Familien haben mehr oder weniger weißes Sporenpulver.

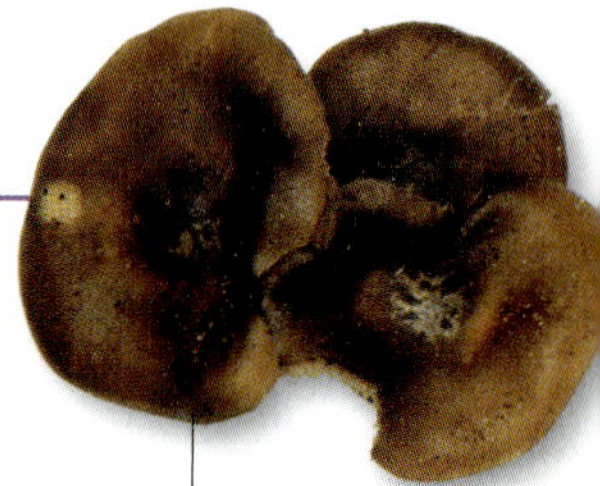

BÜSCHELIGER RASLING

LYOPHYLLUM DECASTES

Die Mykologen sind sich noch nicht einig, wie die fleischigen *Lyophyllum*-Arten voneinander abzutrennen sind. Der essbare *L. decastes* bildet spät in der Saison große Büschel und wächst meist in Parks und Gärten. Es gibt mehrere sehr ähnliche Arten, darunter den Frostrasling (*L. fumosum*), dessen Stiele zu einer Art Strunk verwachsen sind. *L. shimeji* ist ein bekannter Speisepilz, der u.a. in borealen Nadelwäldern vorkommt.

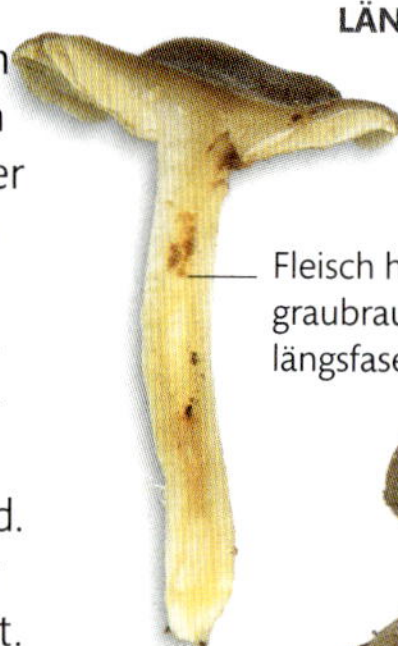

SPORENFARBE Weiß.

GRÖSSE 5–10 cm (b); Stiel 4–10 cm, bis zu 15 cm (h) x 0,5–2,5 cm (b).

VORKOMMEN Nicht direkt an Bäume gebunden; meist an Waldwegen, in Parks und Gärten.

VERBREITUNG Gemäßigte Breiten auf der Nordhalbkugel; häufig.

FRUCHTKÖRPER In dichten Büscheln; Herbst, meist spät in der Saison.

SUMPF-GRAUBLATT

LYOPHYLLUM PALUSTRE

Die Bestimmung dieses ungenießbaren Pilzes ist aufgrund der Tatsache leichter, dass andere Arten, die auf Torfmoosen (*Sphagnum*) vorkommen, meist braune Sporen und/oder herablaufende Lamellen haben. *L. palustre* hat angeheftete Lamellen und weiße Sporen. Der Hut ist dünnfleischig und etwa bis zur Mitte gerieft, das Fleisch riecht stark nach Mehl.

SPORENFARBE Weiß.

GRÖSSE Hut 1–3 cm (b); Stiel 4–8 cm (h) x 0,1–0,3 cm (b).

VORKOMMEN Nur in Mooren zwischen Torfmoosen, die er abtötet.

VERBREITUNG Gemäßigte Breiten auf der Nordhalbkugel.

FRUCHTKÖRPER In Trupps oder Hexenringen im Torfmoos *(Spagnum)*; Sommer bis Herbst.

MAIRITTERLING

CALOCYBE GAMBOSA

Dieser Pilz erscheint im Frühjahr und ist ein begehrter Speisepilz. Er ist fleischig und meist cremeweiß gefärbt, es gibt jedoch auch bräunliche Formen. Die Art riecht stark nach Mehl. Achtung: Es besteht Verwechslungsgefahr mit hellen, im Frühjahr erscheinenden giftigen *Entoloma*-Arten (siehe S. 287–292), die jedoch rosa Sporen und in reifem Zustand rosa Lamellen haben.

SEITENANSICHT

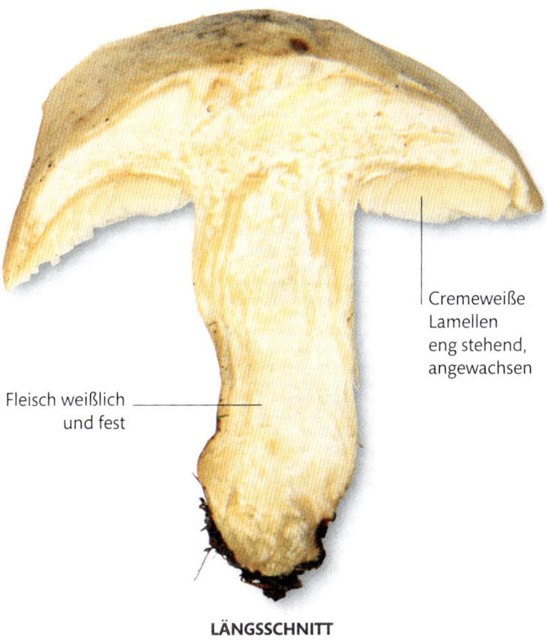

LÄNGSSCHNITT

SPORENFARBE Cremeweiß.

GRÖSSE Hut 3–12 cm (b); Stiel 2–7 cm (h) x 1–2,5 cm (b).

VORKOMMEN Auf nährstoffreichen Böden in Grasland, bei Hecken, in Wäldern auf Kalkböden, recht häufig in Gärten und Parks.

VERBREITUNG In Europa und angrenzenden Regionen Asiens verbreitet; örtlich häufig; weltweite Verbreitung unbekannt.

FRUCHTKÖRPER In Trupps oder Hexenringen zwischen Gräsern und Kräutern; Frühjahr.

FLEISCHROTER SCHÖNKOPF

RUGOSOMYCES CARNEUS

Diese Art ist typischerweise mit Gräsern vergesellschaftet, und man findet sie oft auf Rasenflächen und in Parks. Weil der rosa Hut einen auffälligen Kontrast zu den weißen Lamellen bildet, ist die Art leicht zu erkennen, obwohl sie im hohen Gras oft schwierig zu entdecken ist. Aufgrund ihrer Größe ist sie als Speisepilz nicht lohnend. Der Rosenrote Schönkopf (*Calocybe persicolor*) könnte dieselbe Art sein, wird aber als matter gefärbt mit filzig behaarter Stielbasis und büscheligem Wuchs beschrieben.

SEITENANSICHT, SCHRÄG

LÄNGSSCHNITT

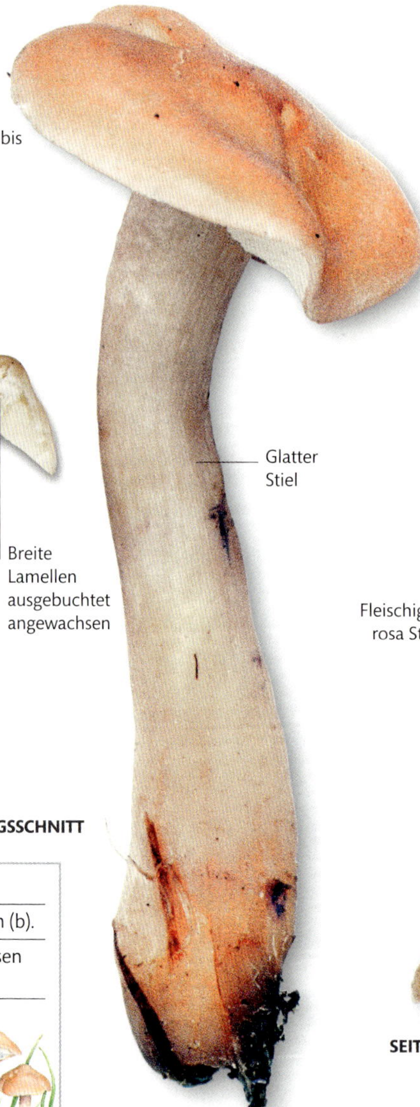

SEITENANSICHT

SEITENANSICHT

SPORENFARBE Cremeweiß.

GRÖSSE Hut 1–4 cm (b); Stiel 2–4 cm (h) x 0,3–0,8 cm (b).

VORKOMMEN Grasland, auch auf gedüngten Wiesen und Weiden und auf Rasenflächen.

VERBREITUNG Gemäßigte Breiten auf der Nordhalbkugel; recht häufig.

FRUCHTKÖRPER In kleinen Gruppen; Sommer bis Spätherbst.

VEILCHENBLAUER SCHÖNKOPF

RUGOSOMYCES IONIDES

Dieser farbenfrohe Schönkopf kommt nur auf kalkhaltigen Böden in Wäldern und Auwäldern vor. Er unterscheidet sich von *R. carneus* (siehe gegenüber) durch seinen Wuchs und die violettblaue Färbung von Hut und Stiel. Das Fleisch riecht und schmeckt mehlig, als Speisepilz kann die Art aber nicht empfohlen werden.

SEITENANSICHT

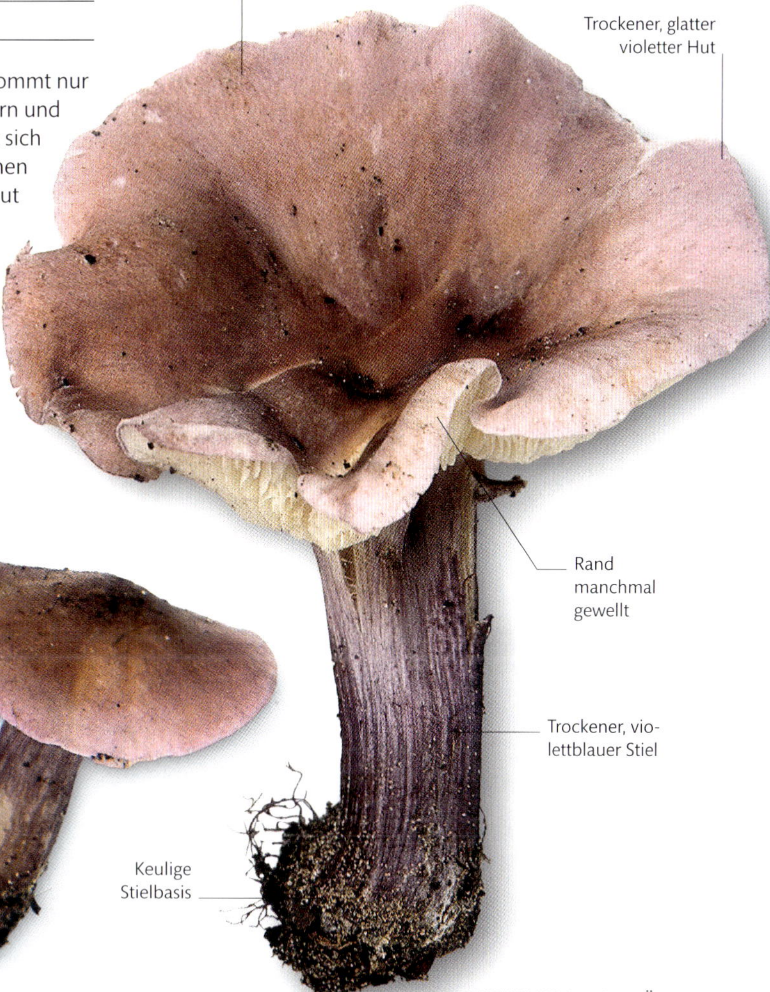

SEITENANSICHT, SCHRÄG

UNTERSEITE

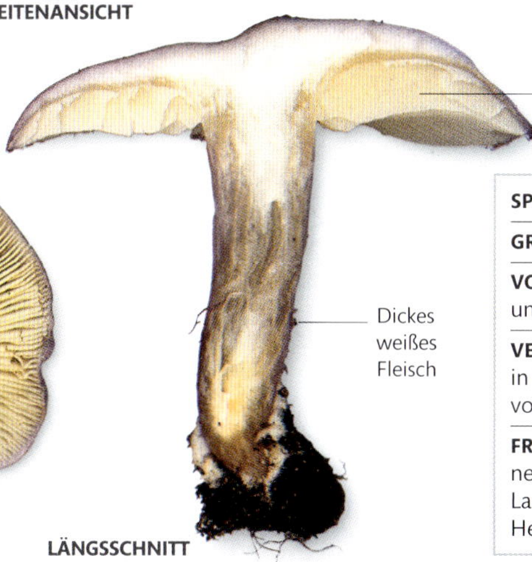

LÄNGSSCHNITT

SPORENFARBE Weiß.

GRÖSSE Hut 2–6 cm (b); Stiel 3–5 cm (h) x 0,4–1 cm (b).

VORKOMMEN Auf nährstoffreichen Böden in Laub- und Mischwäldern.

VERBREITUNG Kommt in Europa nicht überall vor; wärmeliebend.

FRUCHTKÖRPER In kleinen Gruppen auf der Laubstreu in Wäldern; Herbst.

BESCHLEIERTER ZWITTERLING

ASTEROPHORA PARASITICA

Die *Asterophora*-Arten wachsen auf verfaulenden Lamellenpilzen und sind keine Speisepilze. *A. parasitica* hat einen grauen, seidig-faserigen Hut und gut entwickelte Lamellen, während sein Verwandter, der Stäubende Zwitterling (*A. lycoperdon*), fast wie ein kleiner Stäubling (siehe S. 230–231) aussieht. Beide Arten wachsen meist auf alten Fruchtkörpern der *Russula nigricans*-Gruppe (siehe S. 70). Der Parasitische Scheidling (*Volvariella surrecta*) wächst auf toten Fruchtkörpern des Nebelgrauen Trichterlings (*Clitocybe nebularis*).

VON OBEN

LÄNGSSCHNITT

SEITENANSICHT

UNTERSEITE

SPORENFARBE Weiß.

GRÖSSE Hut 0,5–1,5 cm (b); Stiel 1–3 cm (h) x 0,2–0,4 cm (b).

VORKOMMEN Auf verfaulten Fruchtkörpern von *Russula* und *Lactarius* in Wäldern.

VERBREITUNG Gemäßigte Breiten auf der Nordhalbkugel; recht häufig.

FRUCHTKÖRPER In kleinen Büscheln; Herbst.

MARASMIACEAE (Schwindlingsverwandte)

KLASSE AGARICOMYCETES **ORDNUNG** AGARICALES

Viele Vertreter dieser hauptsächlich in den Tropen verbreiteten Familie kommen auch in kühleren Regionen auf der Nord- und Südhalbkugel vor. Die meisten bilden kleine Fruchtkörper, die oftmals nach Austrocknung wieder aufleben. Alle bilden weiße bis orangegelbe Sporen und die meisten zersetzen tote organische Substanz.

GEFLECKTER RÜBLING

RHODOCOLLYBIA MACULATA

Dieser Pilz ist in manchen Gebieten so häufig, dass man kaum andere Pilzarten findet. Sehr junge Fruchtkörper sind reinweiß und so zäh, dass sie als Speisepilze nicht geeignet sind. Wenn die Fruchtkörper reifen, entwickeln sich rostbraune Flecken. Im Wuchs erinnert der Pilz eher an eine *Tricholoma*-Art (siehe S. 138–139) als an andere Rüblinge der Gattung *Collybia*. Der Gefleckte Rübling riecht holzartig und schmeckt unauffällig bis bitter.

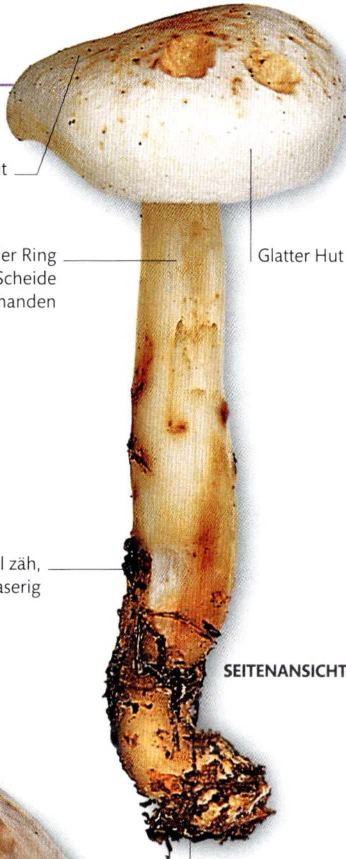

SEITENANSICHT

UNTERSEITE

SEITENANSICHT

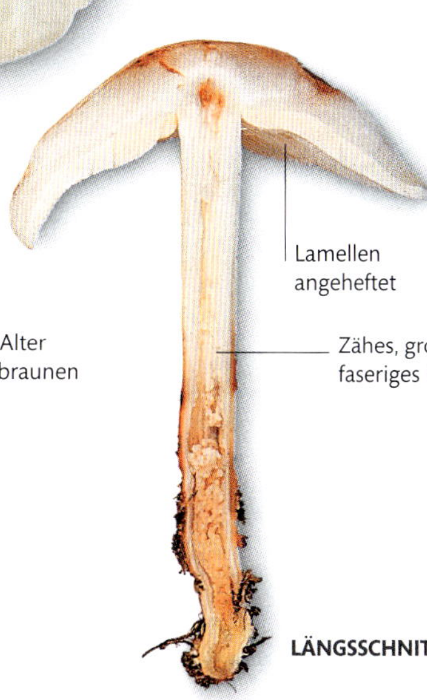

LÄNGSSCHNITT

SPORENFARBE Creme-orangefarben.

GRÖSSE Hut 4–10 cm (b); Stiel 6–12 cm (h) x 1–2,5 cm (b).

VORKOMMEN Auf humusreichen, leicht sauren Böden in Laub- und Nadelwäldern.

VERBREITUNG Gemäßigte Breiten auf der Nordhalbkugel; häufig.

FRUCHTKÖRPER Oft in großen Gruppen; Herbst.

BUTTERRÜBLING

RHODOCOLLYBIA BUTYRACEA

Diesen Rübling erkennt man an der speckig glänzenden Hutoberfläche und der keulenförmigen Stielbasis. Der Hut ist hygrophan und weist deshalb hellere und dunklere Bereiche auf. Der Pilz ist zwar essbar, aber kaum lohnend. Eine dunklere Form wächst in Wäldern auf saureren Böden. Bisweilen gilt sie als eigenständige Art.

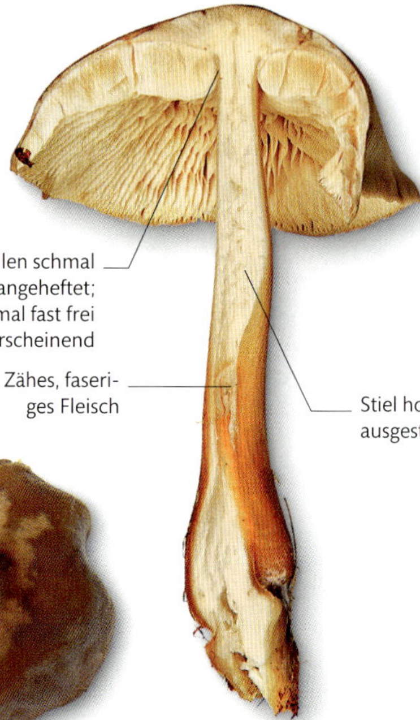

LÄNGSSCHNITT

UNTERSEITE

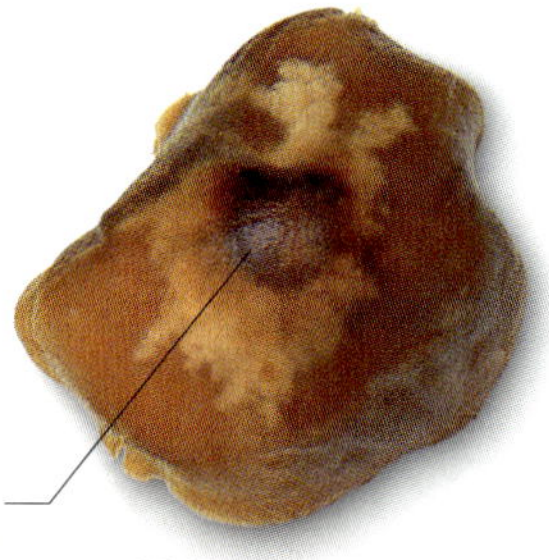

VON OBEN

SEITENANSICHT

SEITENANSICHT

SPORENFARBE Blasscremefarben.

GRÖSSE Hut 3–6 cm (b); Stiel 4–7 cm (h) x 0,5–2 cm (b).

VORKOMMEN Meist auf humusreichen Böden und Falllaub in Laubwäldern.

VERBREITUNG Gemäßigte Breiten auf der Nordhalbkugel; häufig.

FRUCHTKÖRPER In Scharen; Spätsommer bis früher Winter.

SPINDELIGER RÜBLING

GYMNOPUS FUSIPES

Der büschelige Wuchs und die verdrehten, tief wurzelnden Stiele sind charakteristische Merkmale dieses ungenießbaren Pilzes. Den gesamten Stiel kann man nur mit einem Grabwerkzeug aus dem Boden ziehen, denn er sitzt tief in der Erde morschen Wurzeln des Wirtsbaumes auf.

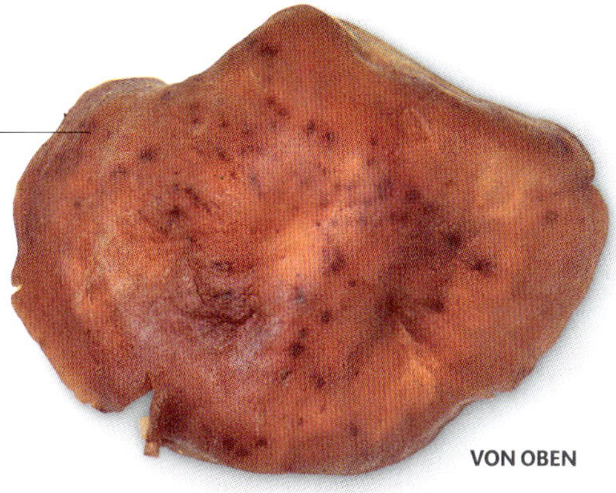

VON OBEN

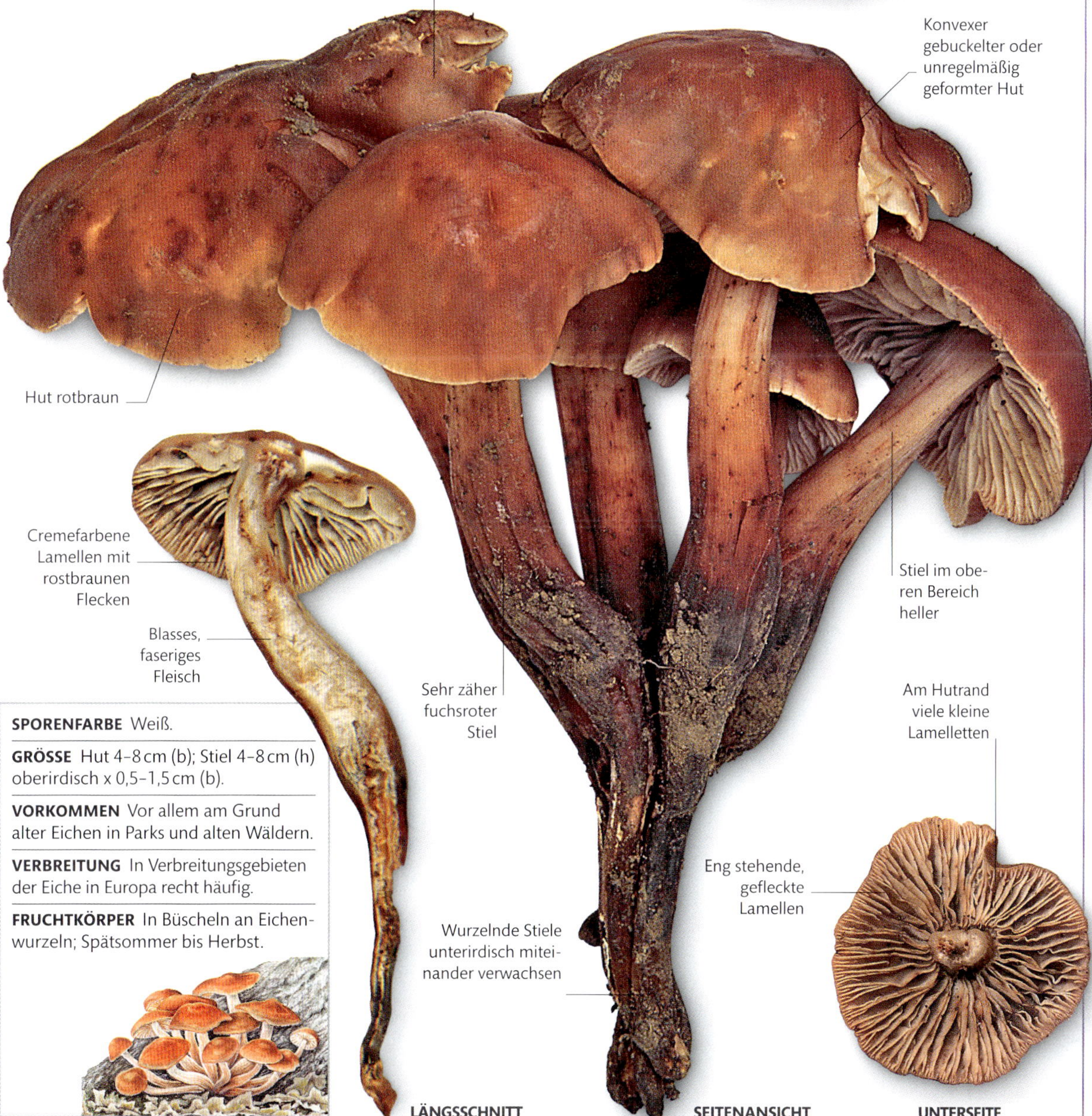

SEITENANSICHT

LÄNGSSCHNITT

UNTERSEITE

SPORENFARBE Weiß.

GRÖSSE Hut 4–8 cm (b); Stiel 4–8 cm (h) oberirdisch x 0,5–1,5 cm (b).

VORKOMMEN Vor allem am Grund alter Eichen in Parks und alten Wäldern.

VERBREITUNG In Verbreitungsgebieten der Eiche in Europa recht häufig.

FRUCHTKÖRPER In Büscheln an Eichenwurzeln; Spätsommer bis Herbst.

WALDFREUND-RÜBLING

GYMNOPUS DRYOPHILUS

Dieser bekannte Pilz kommt in fast allen Waldgesellschaften vor. Der Hut kann von einem parasitischen Gallertpilz befallen und deformiert sein. Die Art ist zwar essbar, das dünne Fleisch schmeckt aber fade und ist mitunter unverträglich. Der ähnliche Gelbblättrige Blassporrübling (*G. ocior*) bildet bereits im Sommer Fruchtkörper und hat lebhaft gelbe Lamellen. *Marasmius oreades* (siehe S. 171) sieht ähnlich aus.

LÄNGSSCHNITT

SEITENANSICHT

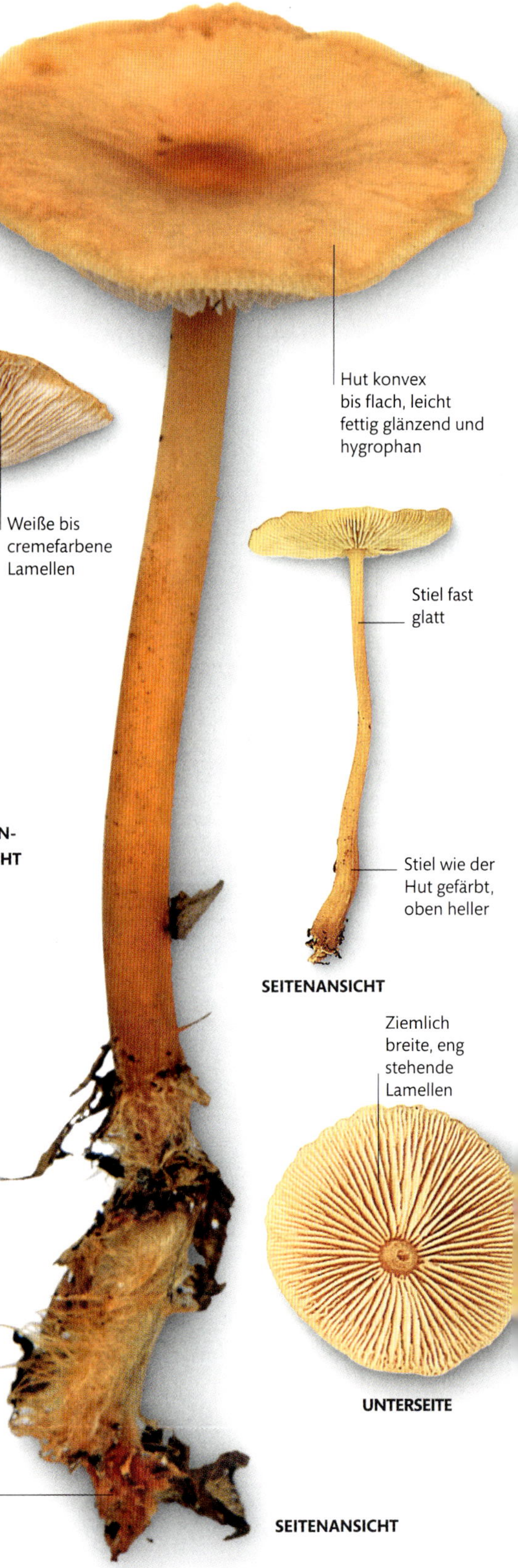

SEITENANSICHT

SEITENANSICHT

UNTERSEITE

SEITENANSICHT, SCHRÄG

SPORENFARBE Cremefarben.

GRÖSSE Hut 2–6 cm (b); Stiel 3,5–7 cm (h) x 0,3–0,5 cm (b).

VORKOMMEN Auf humusreichen Böden, meist in Wäldern; auch an offenen grasbewachsenen Standorten.

VERBREITUNG Gemäßigte Breiten auf der Nordhalbkugel; häufig.

FRUCHTKÖRPER Gesellig; Sommer bis früher Winter.

ROTSTIELIGER RÜBLING

GYMNOPUS ERYTHROPUS

Diese Art ähnelt *G. dryophilus* (siehe links), hat aber einen fuchsroten Stiel und wächst meist auf moosbewachsenem, morschem Holz. Der ungenießbare Pilz hat einen unauffälligen Geruch und Geschmack. Meist wächst er in Büscheln, während die Fruchtkörper des viel häufigeren Waldfreund-Rüblings einzeln erscheinen. Der Büschelige Rübling (*Connopus acervatus*) wächst wie *G. erythropus* büschelig, jedoch auf Laubholz. Der Rotstielige Rübling kann leicht auch mit *Rhodocollybia*- (siehe S. 161–162) und *Marasmius*-Arten (siehe S. 171) verwechselt werden.

SEITENANSICHT

LÄNGSSCHNITT

SEITENANSICHT

UNTERSEITE

SPORENFARBE Blasscremefarben.

GRÖSSE Hut 1–4 cm (b); Stiel 3–7 cm (h) x 0,2–0,5 cm (b).

VORKOMMEN Auf moosbewachsenen Baumstämmen und halb im Erdboden vergrabenem morschem Holz in Laubwäldern.

VERBREITUNG In Europa weitverbreitet und recht häufig.

FRUCHTKÖRPER Büschelig, selten einzeln, auf morschem Laubholz; Herbst.

KNOPFSTIELIGER BÜSCHELRÜBLING

GYMNOPUS CONFLUENS

Die Fruchtkörper dieser Art erscheinen in Büscheln, die manchmal in Hexenringen angeordnet sind. Man findet sie in Wäldern auf dicker Streuschicht. Die hohen, schlanken Stiele sind mit weißlichem Filz überzogen und die Hüte kleiner als die der meisten *Gymnopus*-Arten. Der Pilz riecht und schmeckt aromatisch, ist aber wegen seines dünnen Fleischs kein guter Speisepilz. Der Büschelige Rübling (*Connopus acervatus*) wächst ebenfalls büschelig, hat aber rotbraune Hüte und kommt in Nadelwäldern vor.

SEITENANSICHT

UNTERSEITE

LÄNGSSCHNITT

SPORENFARBE Blasscremefarben.

GRÖSSE Hut 1–3 cm (b); Stiel 5–9 cm (h) x 0,3–0,7 cm (b).

VORKOMMEN Auf dicker Nadel- oder Laubstreu; vermutlich auf besseren Böden häufiger vorkommend.

VERBREITUNG Gemäßigte Breiten auf der Nordhalbkugel.

FRUCHTKÖRPER In dichten Büscheln; Herbst.

BRENNENDER RÜBLING

GYMNOPUS PERONATUS

Dieser ungenießbare Pilz ist nicht auffällig, aber wer seinen brennend scharfen Geschmack einmal erlebt hat, wird ihn nicht vergessen. Auch der Geruch ist stechend. Die filzige gelbe Stielbasis und die ziemlich entfernt stehenden Lamellen sind weitere gute Bestimmungsmerkmale.

LÄNGSSCHNITT

VON OBEN

UNTERSEITE

SEITENANSICHT

SPORENFARBE Blasscremefarben.

GRÖSSE Hut 2,5–6 cm (b); Stiel 4–8 cm (h) x 0,3–0,5 cm (b).

VORKOMMEN Auf der Streuschicht in Laub- und Nadelwäldern.

VERBREITUNG Gemäßigte Breiten auf der Nordhalbkugel, in Nordamerika selten.

FRUCHTKÖRPER In kleinen Gruppen; Herbst.

ROSSHAARSCHWINDLING

GYMNOPUS ANDROSACEUS

Die Lamellen sind bei dieser Art direkt am Stiel angewachsen. Der glänzende Stiel ist sehr dünn, aber zäh. Der Pilz hat nur einen schwachen Geruch und schmeckt mild, ist aber kein Speisepilz. Mit aus verschlungenen Hyphen bestehenden Myzelfäden, die Schweifhaaren ähneln, besiedelt er neue Substrate und kann sich auch an windexponierten, unwirtlichen Standorten verankern. Er kommt oft zusammen mit dem Nadelschwindling (*G. perforans*) vor, der einen samtigen Stiel hat und nach Kohl riecht. Viele verwandte tropische Pilze bilden »Rosshaare«, die von einigen Vögeln als Nistmaterial gesammelt werden.

SPORENFARBE Weiß.

GRÖSSE Hut 0,3–1 cm (b); Stiel 2,5–5 cm (h) x 0,03–0,05 cm (b).

VORKOMMEN Auf Kiefernnadeln und anderen Humuspartikeln, auch in Heidegebieten und auf Sanddünen.

VERBREITUNG Gemäßigte Breiten auf der Nordhalbkugel; häufig.

FRUCHTKÖRPER Gesellig auf Kiefernnadeln, in Wäldern und Heiden und auf Sanddünen; Sommer bis Herbst.

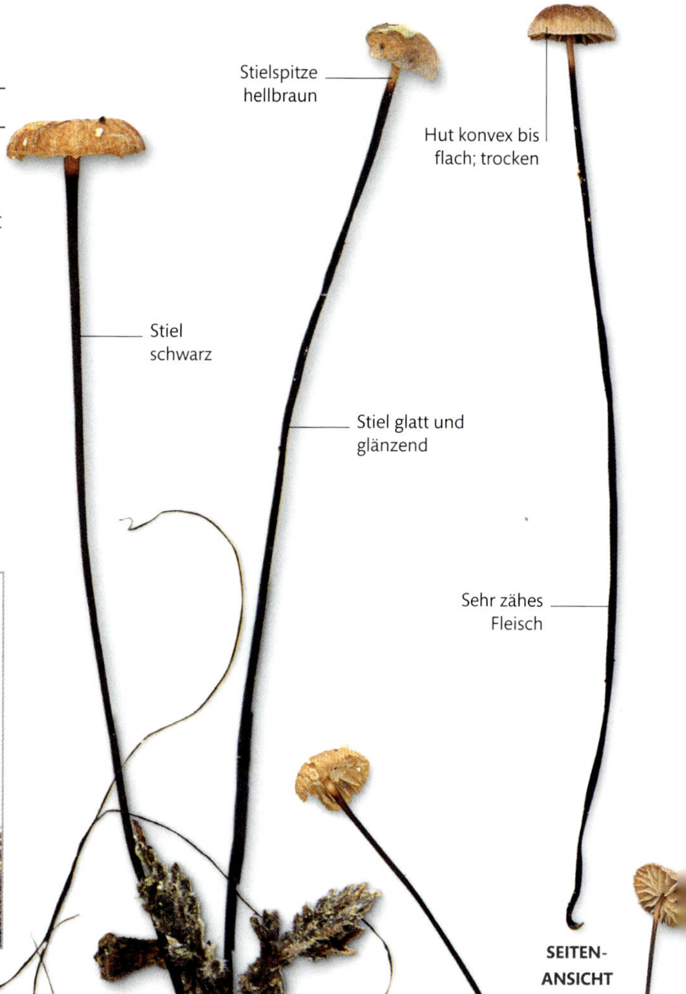

UNTERSEITE

VON OBEN

SEITENANSICHT

STINKSCHWINDLING

GYMNOPUS FOETIDUS

Manchmal entdeckt man diesen kleinen Pilz, weil man seinen Geruch nach faulem Kohl wahrnimmt. Er wächst nur auf abgefallenen Laubholzästen. Man kann ihn deshalb gut vom im Geruch und Aussehen sehr ähnlichen Buchenlaub-Stinkschwindling (*G. brassicolens*) unterscheiden, der auf Buchenlaub und -zweigen wächst. Dessen Lamellen sind zudem blasser und stehen enger. Beide Arten bevorzugen feuchte Wälder auf nährstoffreichen, kalkhaltigen Böden. Der ähnliche, aber kleinere Nadelschwindling (*G. perforans*) wächst auf abgefallenen Nadeln.

SPORENFARBE Weißlich.

GRÖSSE Hut 0,5–3 cm (b); Stiel 1–4 cm (h) x 0,2–0,4 cm (b).

VORKOMMEN Auf morschem Holz in Laubwäldern auf besseren Böden.

VERBREITUNG Gemäßigte Breiten auf der Nordhalbkugel; nur lokal häufig.

FRUCHTKÖRPER In dichten Gruppen auf herabgefallenen Laubwaldästen; Herbst.

SEITENANSICHT, SCHRÄG

UNTERSEITE SEITENANSICHT LÄNGSSCHNITT SEITENANSICHT, SCHRÄG

LANGSTIELIGER KNOBLAUCHSCHWINDLING

MYCETINIS ALLIACEUS

Dieser große Schwindling riecht nach Knoblauch. Er ist an seinem recht blassen Hut und dem schwarzen, fast glatten Stiel zu erkennen. Der Pilz schmeckt ranzig, wird aber manchmal als Gewürzpilz verwendet. Der kleinere, hellere *M. scorodonius* riecht ähnlich.

SEITENANSICHT, SCHRÄG

UNTERSEITE

LÄNGSSCHNITT

SEITENANSICHT

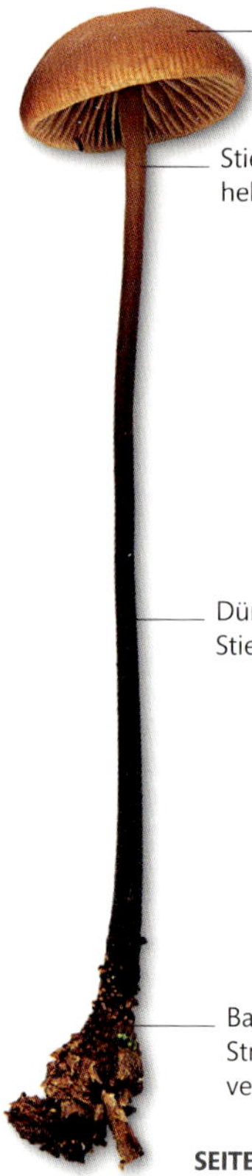

SEITENANSICHT

SEITENANSICHT

SPORENFARBE Weißlich.

GRÖSSE Hut 1,5–4 cm (b); Stiel 4–15 cm (h) x 0,3–0,6 cm (b).

VORKOMMEN Auf Buchenstämmen oder im Boden vergrabenen Ästen in Buchenwäldern.

VERBREITUNG In Europa und angrenzenden Teilen Asiens im Verbreitungsgebiet der Buche.

FRUCHTKÖRPER Einzeln oder gesellig; Spätsommer bis Herbst.

NELKENSCHWINDLING

MARASMIUS OREADES

Diese Art ist vielen Besitzern von Gärten mit Rasenflächen bekannt, denn sie erscheint in Hexenringen im Gras. *M. oreades* ist ein guter Speisepilz. Verwechslungsgefahr besteht aber mit dem hochgiftigen Rinnig-bereiften Trichterling oder dem Feld-Tricherling (*Clitocybe rivulosa* und *C. dealbata*, siehe S. 133), die an denselben Standorten vorkommen.

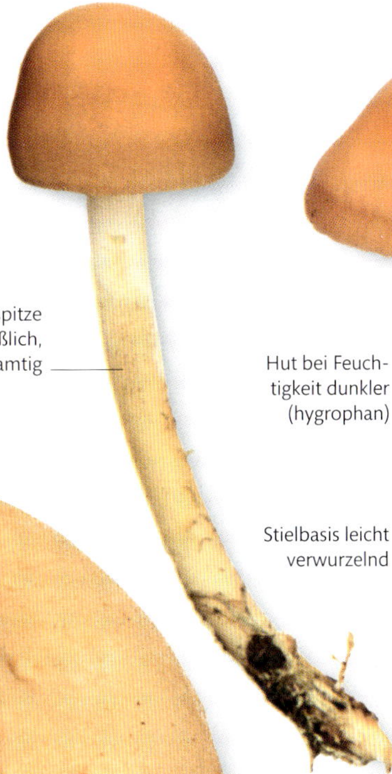

SEITENANSICHT

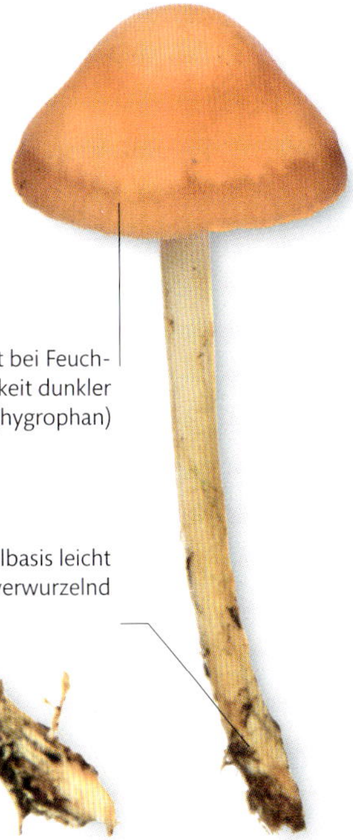

SEITENANSICHT

UNTERSEITE

SEITENANSICHT, SCHRÄG

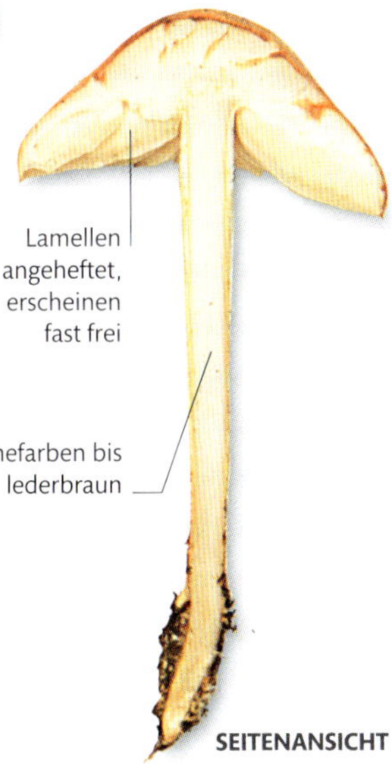

SEITENANSICHT

SPORENFARBE Weißlich.

GRÖSSE Hut 1–5 cm (b); Stiel 3–6 cm oder bis zu 10 cm (h) x 0,3–0,7 cm (b).

VORKOMMEN In Grasland, auch auf Rasenflächen.

VERBREITUNG Gemäßigte Breiten auf der Nordhalbkugel; häufig.

FRUCHTKÖRPER Oft in Hexenringen; Frühsommer bis Herbst.

HALSBANDSCHWINDLING

MARASMIUS ROTULA

Dies ist einer von vielen Schwindlingen, deren Lamellen am Stielansatz zu einem Kollar verwachsen sind. Die meisten Arten wachsen auf herabgefallenen Blättern in tropischen Regenwäldern, einige Arten findet man aber auch in den gemäßigten Breiten. *M. rotula* ist leicht zu finden, weil er auf freiliegenden Zweigen wächst und auffällige weiße Hüte bildet. Er ist ungenießbar. Der orangebraune *M. curreyi* wächst im Gras und *M. bulliardii* erscheint in Schwärmen auf in feuchten Wäldern.

SPORENFARBE Weißlich.

GRÖSSE Hut 0,5–2 cm (b); Stiel 2–4 cm oder bis zu 6 cm (h) x 0,1 cm (b).

VORKOMMEN Auf Laubholzzweigen und -ästen in Mischwäldern.

VERBREITUNG Gemäßigte Breiten auf der Nordhalbkugel; häufig.

FRUCHTKÖRPER In Scharen; Frühsommer bis Herbst.

UNTERSEITE

SCHNITT DURCH DEN HUT

SEITENANSICHT

SEITENANSICHT, SCHRÄG

ÄSTCHEN-ZWERGSCHWINDLING

MARASMIELLUS RAMEALIS

Dieser winzige Pilz wächst in Scharen auf abgefallenen Zweigen. Seine gekrümmten Stiele sind unten mit weißen Schüppchen besetzt. Der Weiße Zwergschwindling (*M. candidus*) hat einen weißeren Hut.

SPORENFARBE Weiß.

GRÖSSE Hut 0,3–1,5 cm (b); Stiel 0,5–2 cm (h) x 0,05–0,15 cm (b).

VORKOMMEN Feuchte Wälder, wächst auf Ästen und Zweigen oder Brombeerranken.

VERBREITUNG In Europa verbreitet und häufig; weltweite Verbreitung nicht bekannt.

FRUCHTKÖRPER Gesellig, oft auf Reisighaufen und Ranken; Sommer bis Herbst.

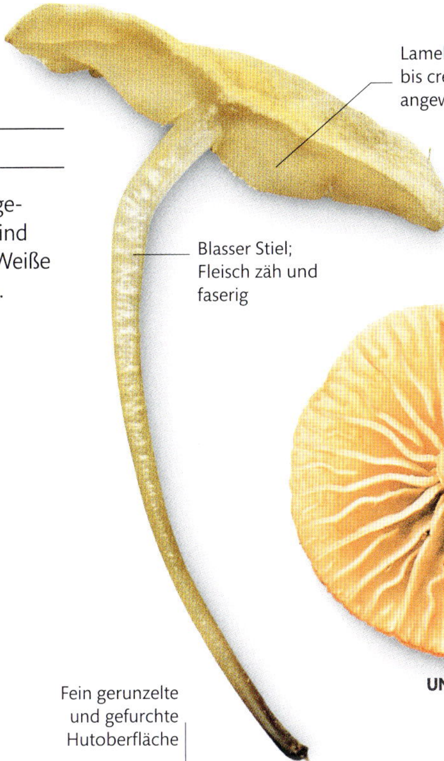

LÄNGSSCHNITT

UNTERSEITE

SEITENANSICHT

SEITENANSICHT

WIESEN-HAAR-SCHWINDLING

CRINIPELLIS SCABELLA

Dieser Schwindling überlebt schwierigste Umweltbedingungen. Er bevorzugt trockene und exponierte Standorte wie Sanddünen und andere grasbewachsene Stellen. Der Stiel ist dicht mit steifen Haaren bedeckt, der Hut mit angedrückten, seidigen Haaren, die oft konzentrische Zonen bilden. Das ungenießbare Fleisch ist weißlich und zäh. Geruch und Geschmack sind unauffällig. *Crinipellis*-Arten kommen vor allem in den Tropen vor, nur wenige in den gemäßigten Breiten.

SPORENFARBE Weiß.

GRÖSSE Hut 0,5–1,5 cm (b); Stiel 1,5–3,5 cm (h) x 0,1–0,2 cm (b).

VORKOMMEN Auf Grashalmen und Kräuterstängeln (wie *Artemisia*) in trockenem Grasland, ungedüngten Wiesen und Rasenflächen, auf Sanddünen.

VERBREITUNG Gemäßigte Breiten der Nordhalbkugel, lokal häufig.

FRUCHTKÖRPER Einzeln oder in Gruppen; Sommer bis Herbst.

GURKENSCHNITZLING

MACROCYSTIDIA CUCUMIS

Dieser ungenießbare Pilz hat einen aufdringlichen, ranzigen Geruch nach verdorbenen Gurken oder eingelegten Heringen. Charakteristisch ist auch der dunkle, hellrandige Hut mit der samtigen Oberfläche. Der Gattungsname bezieht sich auf die großen, hervorstehenden Zystiden, die man überall am Fruchtkörper findet. Das dunkle, ockerfarbene Sporenpulver ist innerhalb der Familie sehr ungewöhnlich.

SEITENANSICHT, SCHRÄG

LÄNGSSCHNITT

UNTERSEITE

SEITENANSICHT, SCHRÄG

SEITENANSICHT

SPORENFARBE Dunkelockerfarben.

GRÖSSE 0,5–5 cm (b); Stiel 3–7 cm (h) x 0,2–0,5 cm (b).

VORKOMMEN Auf mit Humus oder Laubstreu vermischten Böden in Gärten und Parks, an Gräben im Wald und an Wegrändern.

VERBREITUNG Gemäßigte Breiten auf der Nordhalbkugel; in Europa weitverbreitet, in Nordamerika zerstreuter.

FRUCHTKÖRPER In kleinen Gruppen; Spätsommer bis Herbst.

BREITBLÄTTRIGER RÜBLING

MEGACOLLYBIA PLATYPHYLLA

Wie der wissenschaftliche Name vermuten lässt, ähnelt diese Art einem überdimensionalen Rübling. Früher standen die Rüblinge in der Gattung *Collybia*, heute vor allem in den Gattungen *Gymnopus* und *Rhodocollybia*. Dieser Pilz hat ziemlich festes Fleisch und ungewöhnlich dicke Myzelstränge an der Stielbasis, die das Substrat durchziehen. Sie sind so stabil, dass man den Fruchtkörper an ihnen aus dem Boden ziehen kann. Der Geschmack ist etwas bitter, und der Pilz hat schon Magen-Darm-Beschwerden hervorgerufen.

LÄNGSSCHNITT

VON OBEN

SEITENANSICHT

SPORENFARBE Hellcremeweiß.

GRÖSSE Hut 6–15 cm (b); Stiel 5–12 cm (h) x 1–2,5 cm (b).

VORKOMMEN Auf im Waldboden vergrabenem Laubholz oder Laubholzstümpfen; wirkt oft, als würde er auf der Streuschicht wachsen.

VERBREITUNG Gemäßigte Breiten auf der Nordhalbkugel; häufig.

FRUCHTKÖRPER Einzeln oder in kleinen Gruppen; Sommer bis Herbst.

BUCHEN-SCHLEIMRÜBLING

OUDEMANSIELLA MUCIDA

Dieser ungenießbare Pilz ist in vielen Buchenwäldern eine auffällige Erscheinung, meist spät in der Saison. Die Fruchtkörper erscheinen oft hoch oben an einem Stamm in einem Astloch. Mit seinem schleimigen, elfenbeinweißen Hut und dem gut ausgebildeten Stielring ist er unverwechselbar.

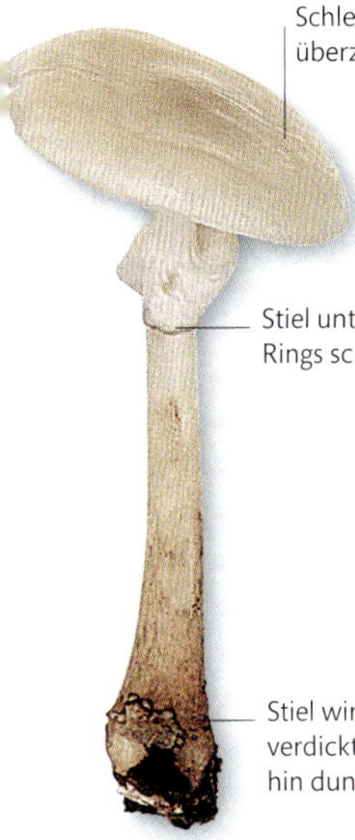

SEITENANSICHT

SEITENANSICHT, SCHRÄG

UNTERSEITE

SEITENANSICHT

SPORENFARBE Blasscremefarben.

GRÖSSE Hut 2–15 cm (b); Stiel 3–8 cm (h) x 0,3–1 cm (b).

VORKOMMEN An stehenden und liegenden Buchenstämmen oder herabgefallenen Ästen; selten an Eichen.

VERBREITUNG Gemäßigte Breiten auf der Nordhalbkugel, fehlt in Nordamerika.

FRUCHTKÖRPER In Büscheln oder einzeln an Buchenholz; Herbst.

GRUBIGER SCHLEIMRÜBLING

HYMENOPELLIS RADICATA

Mit einem Grabwerkzeug kann man den wurzelartigen Stiel dieses Pilzes ausgraben und die Baumwurzeln, denen er aufsitzt, lokalisieren. Anders als bei ähnlichen Arten, wie *Xerula pudens* und *X. caussei*, ist die Hutoberfläche des Grubigen Schleimrüblings schmierig, besonders bei Feuchtigkeit. Er riecht unauffällig oder leicht fruchtig und schmeckt mild bis bitter, ist jedoch ungenießbar. Die ähnlichen Arten der Gattung *Xerula* haben ebenfalls wurzelnde Stiele.

VON OBEN

UNTERSEITE

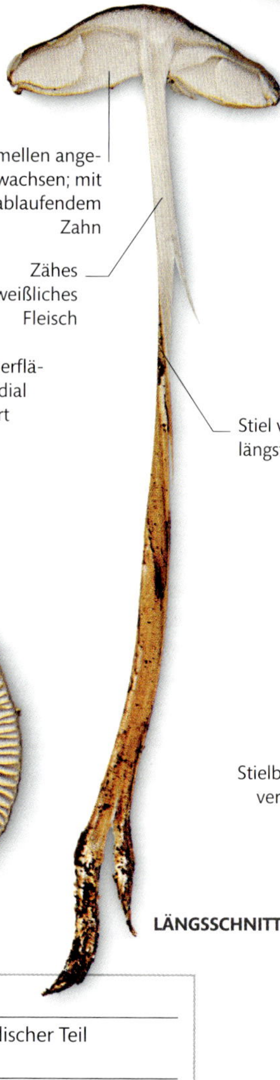

LÄNGSSCHNITT

SEITENANSICHT, SCHRÄG

SEITENANSICHT, SCHRÄG

SPORENFARBE Blasscremefarben.

GRÖSSE Hut 3–10 cm (b); Stiel 5–15 cm (h); unterirdischer Teil 5–15 cm lang x 0,5–1 cm (b).

VORKOMMEN An stehenden Laubbäumen und Laubholzstümpfen; in Parks und Laubwäldern.

VERBREITUNG Gemäßigte Breiten auf der Nordhalbkugel; mancherorts häufig; weltweite Verbreitung unzureichend bekannt.

FRUCHTKÖRPER Einzeln oder in kleinen Gruppen bei Laubbäumen; Sommer bis Herbst.

MÄUSESCHWANZ-RÜBLING

BAEOSPORA MYOSURA

Die Gattung *Baeospora* ist klein. Die Mitglieder sind unauffällig gefärbt und haben sehr eng stehende, fast freie Lamellen, die bei *B. myriadophylla* lila getönt sind. *B. myosura* wächst auf Koniferenzapfen, riecht muffig und schmeckt mild. Er ist kein Speisepilz. *B. myriadophylla* dagegen wächst vor allem an umgestürzten Laubholzstämmen und ist in den meisten Regionen selten oder nicht nachgewiesen. Einige *Strobilurus*- und *Mycena*-Arten sehen ähnlich aus und wachsen ebenfalls auf Zapfen (siehe S.184–196), besonders der auffällige Kiefernzapfen-Helmling (*M. seynii*).

SPORENFARBE Weiß.

GRÖSSE 0,5–2 cm (b); Stiel 1–4 cm (h) und 0,1–0,2 cm (b).

VORKOMMEN Auf Zapfen und Zapfenschuppen verschiedener Nadelbäume, wie Fichten und Kiefern; in Parks und Wäldern.

VERBREITUNG Gemäßigte Breiten auf der Nordhalbkugel; häufig.

FRUCHTKÖRPER Meist wenige Fruchtkörper auf Zapfen; Herbst.

UNTERSEITE

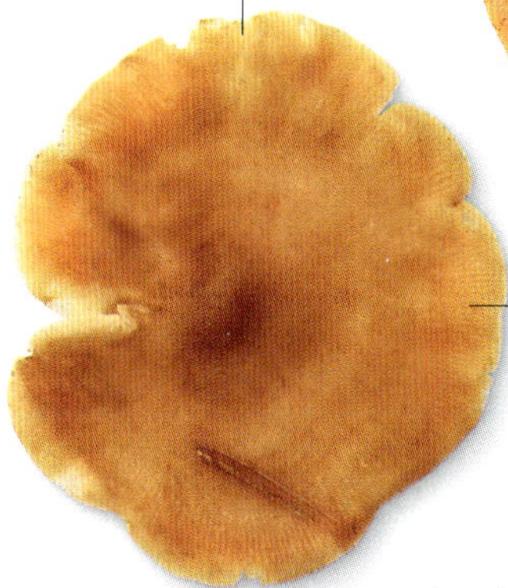

VON OBEN

LÄNGSSCHNITT

SEITENANSICHT, SCHRÄG

GELBSTIELIGER ZWERG-MUSCHELSEITLING

SARCOMYXA SEROTINA

Die olivgrün-gelbliche Färbung und die Muschelform junger Hüte erleichtern die Bestimmung. Das Fleisch schmeckt mild bis leicht bitter, als Speisepilz kann die Art nicht empfohlen werden. Alte und untypische Exemplare können mit *Pleurotus ostreatus* (siehe S. 112) verwechselt werden .

Stiel mit dunklen Schüppchen

UNREIFER FRUCHTKÖRPER

Hutoberfläche wird bei Feuchtigkeit schmierig.

Feinsamtiger, muschelförmiger Hut

Hut jung olivbraun, später blassbraun

VON OBEN

SPORENFARBE Weiß.

GRÖSSE Hut 3–10 cm (b); Stiel 0,8–1,5 cm (h) x 0,5–1 cm (b).

VORKOMMEN Oft in Gewässernähe auf toten oder lebenden Stämmen und herabgefallenen Ästen.

VERBREITUNG Gemäßigte Breiten auf der Nordhalbkugel.

FRUCHTKÖRPER Einzeln oder in Reihen an Laubholzstämmen; Spätherbst.

Stiel mit dunklen Schüppchen auf ockergelbem Grund

Cremegelbe, eng stehende Lamellen

UNTERSEITE

GOLDFARBENER GLIMMERSCHÜPPLING

PHAEOLEPIOTA AUREA

Dieser auffällige Pilz kann zu beachtlicher Größe heranwachsen. Der Fruchtkörper ist goldorangefarben und am Stiel befindet sich ein großer, ausladender Ring. Zwar wird der Pilz häufig als Speisepilz bezeichnet, aber er kann Magen-Darm-Beschwerden hervorrufen.

SPORENFARBE Ockerbraun.

GRÖSSE Hut 10–25 cm (b); Stiel 10–30 cm (h) x 1,5–4 cm dick.

VORKOMMEN Bevorzugt nährstoffreiche Böden; an Wegrändern auf gestörten Böden in Wäldern.

VERBREITUNG Gemäßigte Breiten der Nordhalbkugel; örtlich häufig.

FRUCHTKÖRPER In Trupps auf nährstoffreichen, gestörten Böden; Sommer bis Herbst.

HERBER ZWERGKNÄUELING

PANELLUS STIPTICUS

Dieser kleine, muschelförmige ungenießbare Pilz hat einen aromatischen, fruchtigen Geruch, schmeckt aber bitter und ist adstringierend. Die Fruchtkörper sind sehr zäh und überdauern mitunter bis zum Frühjahr. Das Myzel der amerikanischen Form leuchtet im Dunkeln, das der europäischen nicht. Die Art wächst an Laubholz, während der weißere und kleinere Milde Zwergknäueling (*P. mitis*) im Winter an Nadelholz zu finden ist.

SPORENFARBE Weißlich.

GRÖSSE Hut 1–4 cm (b).

VORKOMMEN In Gruppen an Laubholzstümpfen, meist an Eichen; in Wäldern.

VERBREITUNG Gemäßigte Breiten auf der Nordhalbkugel.

FRUCHTKÖRPER Gesellig, meist an Eichen- und Buchenstümpfen; Herbst bis Winter.

AMIANT-KÖRNCHEN-SCHIRMLING

CYSTODERMA AMIANTHINUM

Weil mehrere Arten ähnlich aussehen, bestimmt man diesen ungenießbaren Pilz am besten unter dem Mikroskop. Der Großsporige Körnchenschirmling (*C. jasonis*) ist ähnlich, sein Fleisch ist aber dunkler und Hut- und Stieloberfläche sind grobkörniger.

SPORENFARBE Weißlich.

GRÖSSE Hut 1–4 cm (b); Stiel 2,5–6 cm (h) x 0,3–0,7 cm (b).

VORKOMMEN Zwischen Moosen auf feuchten, meist sauren Waldböden; auch geschützt zwischen Gräsern und unter Farnen.

VERBREITUNG Gemäßigte Breiten auf der Nordhalbkugel; häufig.

FRUCHTKÖRPER Einzeln oder in kleinen Gruppen; Herbst.

ZINNOBERBRAUNER KÖRNCHENSCHIRMLING

CYSTODERMELLA CINNABARINA

Diese ungenießbare Art wird wesentlich größer als *Cystoderma amianthinum*, (siehe S. 181). Auffällig sind der ziegelrote Hut und die rötliche untere Stielregion. Mehrere Doppelgänger kommen aber an ähnlichen Standorten vor. Wenn man wenig Erfahrung mit dieser schwierigen Gattung hat, braucht man daher zur Bestimmung ein Mikroskop.

LÄNGSSCHNITT

SEITENANSICHT, SCHRÄG

SPORENFARBE Weißlich.

GRÖSSE Hut 2–8 cm (b); Stiel 3–7 cm (h) x 0,4–0,8 cm oder bis zu 1 cm (b).

VORKOMMEN Auf humusreichen, sauren Böden in Wäldern und Forsten.

VERBREITUNG Unzureichend bekannt; in Europa und Japan weitverbreitet.

FRUCHTKÖRPER Einzeln oder in kleinen Gruppen; Herbst.

LEUCHTENDER ÖLBAUMPILZ

OMPHALOTUS OLEARIUS ☠

Dieser glänzend orangefarbene, bei Dunkelheit manchmal leuchtende Giftpilz kann womöglich mit den in Form und Farbe ähnlichen essbaren *Cantharellus*-Arten (siehe S. 59) verwechselt werden. Die Pfifferlinge haben jedoch keine echten Lamellen, sondern dickere Leisten. *O. olearius* erscheint büschelig am Grund absterbender Bäume, während die *Cantharellus*-Arten meist auf dem Erdboden wachsen.

Hut orange bis orangebraun; trocken, glänzend und glatt

Stiel ist ähnlich gefärbt wie der Hut, verjüngt sich zur Basis hin.

SEITENANSICHT, SCHRÄG

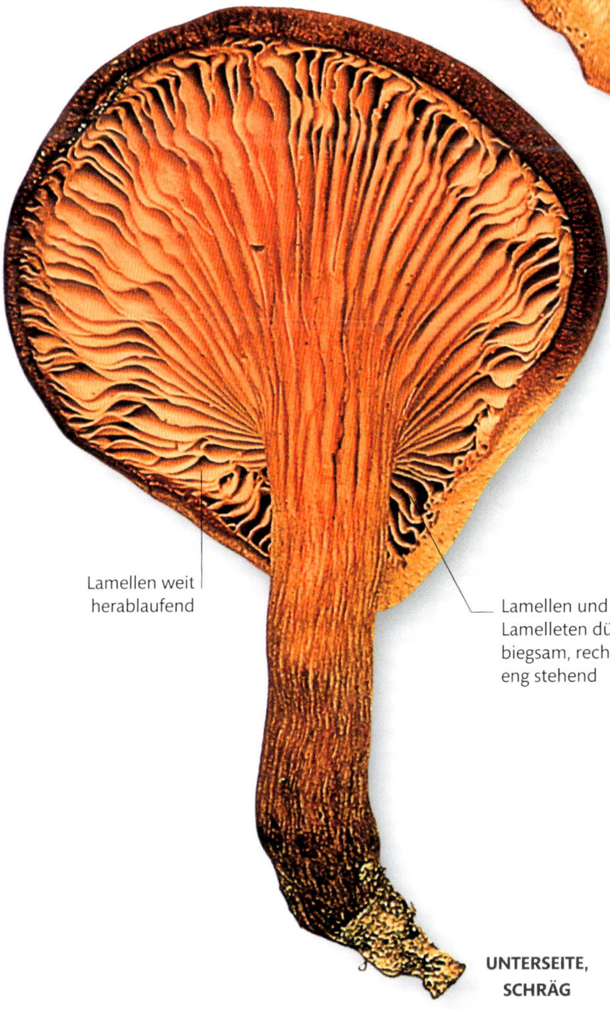

Lamellen weit herablaufend

Lamellen und Lamelleten dünn, biegsam, recht eng stehend

UNTERSEITE, SCHRÄG

SPORENFARBE Weißlich.

GRÖSSE Hut 6–14 cm (b); Stiel 6–15 cm (h) x 0,8–2 cm, bis zu 3 cm (b).

VORKOMMEN An toten und absterbenden Bäumen und Stümpfen, oft an Olivenbäumen und Eichen; Weißfäuleerreger.

VERBREITUNG Gemäßigte Breiten der Nordhalbkugel; vor allem südliche Regionen.

FRUCHTKÖRPER Büschelig; Sommer bis Herbst.

MYCENACEAE (Helmlingsverwandte)

KLASSE AGARICOMYCETES **ORDNUNG** AGARICALES

In der Familie Mycenaceae herrschen die eleganten Mitglieder der Gattung *Mycena* vor. Alle Arten dieser Gattung haben mehr oder weniger weißes Sporenpulver und bei den meisten färben sich die Sporen mit Jodreagenzien blau. Die Hüte sind 2–4 cm breit. Einige Arten riechen eigenartig, andere sondern bei Verletzung einen farbigen Milchsaft ab.

GELBMILCHENDER HELMLING

MYCENA CROCATA

Der Stiel dieser ungenießbaren Art sondert eine safrangelbe Flüssigkeit ab, wenn man ihn pflückt oder verletzt. Der untere Teil des Stiels ist genauso gefärbt. *M. haematopus* (siehe S. 186) und der kleinere Purpurschneidige Bluthelmling (*M. sanguinolenta*) sondern blutrote Milch ab. Dieser und andere Helmlinge werden häufig vom Schimmelpilz *Spinellus fusiger* befallen.

UNTERSEITE

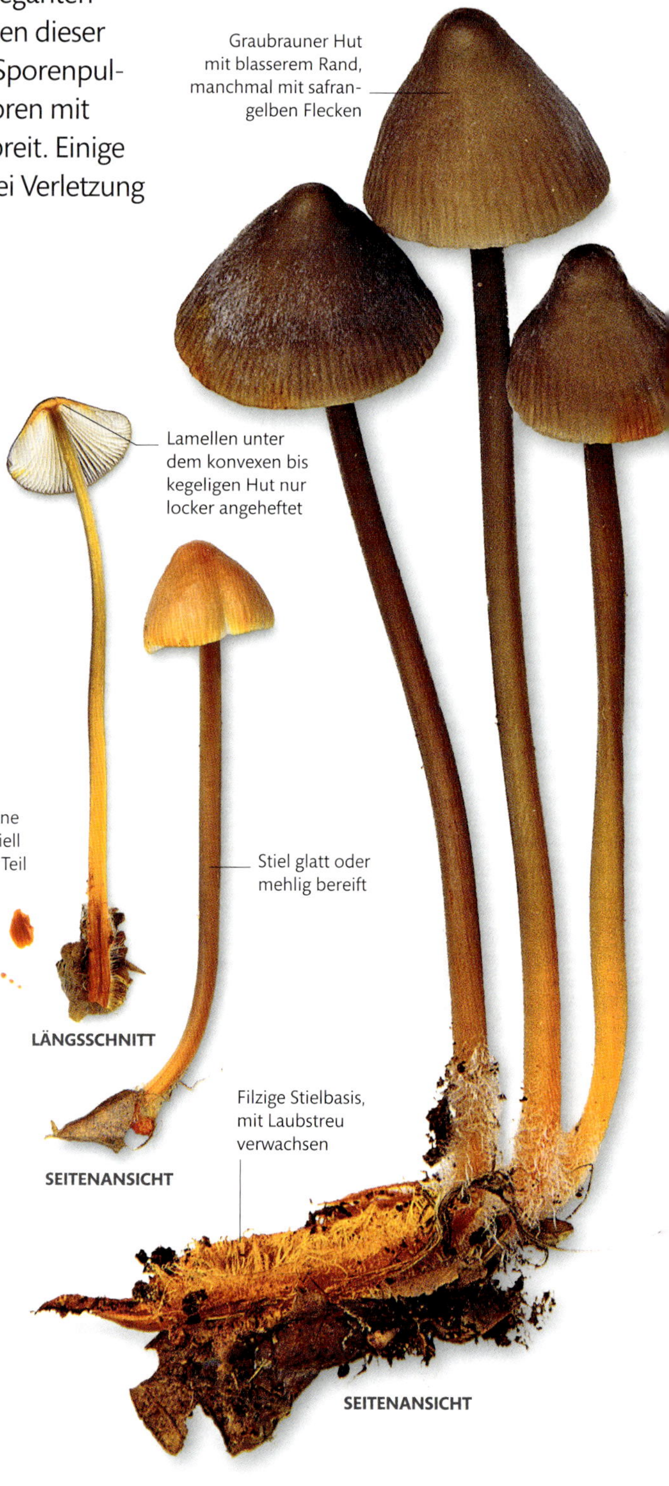

LÄNGSSCHNITT

SEITENANSICHT

SEITENANSICHT

SPORENFARBE Hellcremeweiß.

GRÖSSE Hut 1–3 cm (b); Stiel 5–12 cm (h) x 0,1–0,3 cm (b).

VORKOMMEN Fast immer an Falllaub von Buchen gebunden; auf herabgefallenen, halb vergrabenen Buchenästen oder auf dicken Falllaubschichten.

VERBREITUNG Im Verbreitungsgebiet der Buche in Europa; regional recht häufig; kommt auch in Japan vor.

FRUCHTKÖRPER Kleine Gruppen oder als Schar auf Buchenlaub; Spätsommer bis Herbst.

WEISSMILCHENDER HELMLING

MYCENA GALOPUS

Diesen äußerlich sehr variablen Helmling kann man an der weißen Milch erkennen, die bei Verletzung reichlich austritt. Zum Test bricht man am besten ein Stück der Stielbasis ab. Es gibt auch reinweiße und schwarze Formen. Die schwarze Form wird manchmal als eigenständige Art unter dem Namen *M. leucogala* geführt. Der Weißmilchende Helmling riecht leicht nach Rettich. Ob er essbar ist, ist nicht bekannt. Seine Lamellen stehen weiter entfernt als bei ähnlichen Helmlingen.

LÄNGSSCHNITT · VON OBEN · SEITENANSICHT

SEITENANSICHT

SEITENANSICHT

UNTERSEITE

SPORENFARBE Hellcremeweiß.

GRÖSSE Hut 0,5–2 cm (b); Stiel 3–7 cm (h) x 0,1–0,2 cm (b).

VORKOMMEN Auf Laub- und Nadelstreu, in unterschiedlichen Wäldern; auch an offeneren Standorten und auf Rasenflächen.

VERBREITUNG In Europa verbreitet und häufig; weltweite Verbreitung unbekannt.

FRUCHTKÖRPER Einzeln oder in Gruppen auf der Streuschicht oder humusreichem Boden; Spätsommer bis Winter.

GROSSER BLUTHELMLING

MYCENA HAEMATOPUS

Dieser ungenießbare Pilz, der meist in dichten Büscheln auf Holz wächst, hat eine fein bereifte Hutoberfläche und einen gezähnelten Hutrand. Ein weiteres wichtiges Merkmal sieht man, sobald man den Stiel abbricht: Er sondert eine dunkelblutrote Flüssigkeit ab. Die Art kann mit dem Purpurschneidigen Bluthelmling (*M. sanguinolenta*) verwechselt werden, der ebenfalls einen blutroten Saft absondert, aber schlanker und zarter ist, rotbraune Lamellenschneiden besitzt und meist auf Nadelstreu wächst. *M. crocata* (siehe S. 184) bildet einen safrangelben Saft und *M. inclinata* (siehe S. 194) bildet keinen Saft.

LÄNGSSCHNITT

SEITENANSICHT

SEITENANSICHT, SCHRÄG

UNTERSEITE

SPORENFARBE Weißlich.

GRÖSSE Hut 0,5–3 cm (b); Stiel 3–7 cm (h) x 0,2–0,4 cm (b).

VORKOMMEN In vielen Waldgesellschaften, auf morschen Baumstümpfen und umgestürzten Laubbäumen.

VERBREITUNG Gemäßigte Breiten auf der Nordhalbkugel; häufig.

FRUCHTKÖRPER In dichten Büscheln auf morschem Laubholz; Sommer bis Spätherbst.

RETTICHHELMLING

MYCENA PURA

Dieser variable Helmling hat einen typischen Rettichgeruch. Einige seiner vielen Farbformen werden mitunter als eigenständige Arten oder Varietäten angesehen. Bei den meisten ist der Hut oder Stiel violett getönt. Eine große rosa Form, *M. rosea*, soll Vergiftungen verursacht haben.

LÄNGSSCHNITT

SEITENANSICHT

VON OBEN

SEITENANSICHT

UNTERSEITE

SPORENFARBE Weiß.

GRÖSSE Hut 2–6 cm (b); Stiel 3–9 cm (h) x 0,3–1 cm (b).

VORKOMMEN Auf humusreichen Böden in Wäldern und an offenen Standorten.

VERBREITUNG Gemäßigte Breiten auf der Nordhalbkugel; auch weiter südlich.

FRUCHTKÖRPER Einzeln oder in kleinen Gruppen; Spätsommer bis früher Winter.

DEHNBARER HELMLING

MYCENA EPIPTERYGIA

Unter den vielen Helmlingen gibt es nur wenige mit schleimig-schmierigem Hut. Diese ungenießbare Art ist an ihrem lebhaft gelben Stiel mit gummiartigem, schleimigem Überzug zu erkennen. Die Größe und auch die Ausprägung einer rostbraunen Fleckung des Stiels sind sehr variabel. Sein Geruch ist typisch ranzig-mehlig. Beim Schleimstieligen Helmling (*M. rorida*) ist die Schleimschicht dicker als der Stiel selbst. Der Schilfhelmling (*M. belliae*), der nur an Schilfhalmen wächst, hat einen leicht schleimigen Stiel. Anders als bei *M. epipterygia* laufen seine Lamellen weit herab.

SEITENANSICHT

SEITENANSICHT, SCHRÄG

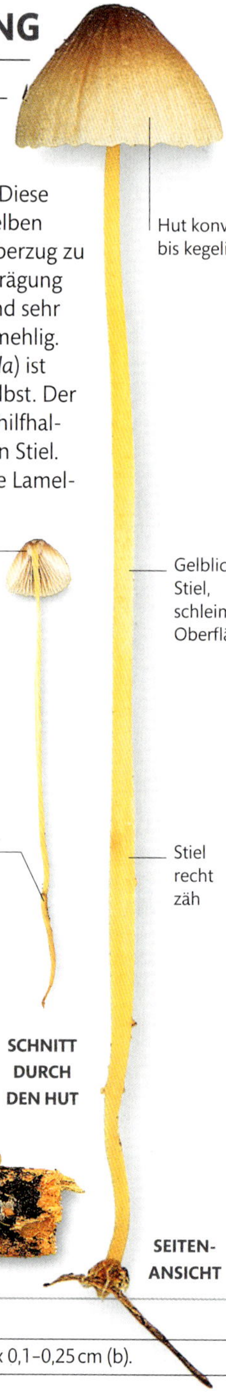

SCHNITT DURCH DEN HUT

SEITENANSICHT

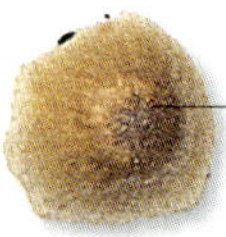

VON OBEN

SEITENANSICHT

SPORENFARBE Cremefarben.

GRÖSSE Hut 0,5–2,5 cm (b); Stiel 3–8 cm (h) x 0,1–0,25 cm (b).

VORKOMMEN Auf Pflanzenresten; meist bei Nadelbäumen; auch an offeneren Standorten auf sauren Böden; zwischen Brombeerranken, unter Farnen.

VERBREITUNG Gemäßigte Breiten auf der Nordhalbkugel; häufig.

FRUCHTKÖRPER Gesellig auf der Streuschicht; Sommer bis früher Winter.

ORANGEROTER HELMLING

MYCENA ACICULA

Von den vielen Helmlingen, die auf Holz- und Humusresten wachsen, ist dieser am einfachsten zu bestimmen. Der lebhaft orangefarbene Hut und der schlanke, durchsichtige gelbe Stiel sind die auffälligsten Merkmale. Oft ist der ungenießbare Pilz aber schwierig zu finden, denn er wächst meist einzeln in Brennnesselgebüschen und an anderen verborgenen Stellen.

VON OBEN

SEITENANSICHTEN

SPORENFARBE Weißlich.

GRÖSSE Hut 0,3–1 cm (b); Stiel 2–6 cm (h) x 0,05–0,1 cm (b).

VORKOMMEN Auf kleinen Holz- und Rindenstücken; an feuchten Stellen in Wäldern und Hecken.

VERBREITUNG Gemäßigte Breiten auf der Nordhalbkugel; recht häufig.

FRUCHTKÖRPER Auf Holzresten in Gärten, unter Hecken und in Wäldern; Frühjahr bis Winter.

SCHWARZGEZÄHNELTER RETTICHHELMLING

MYCENA PELIANTHINA

Diesen düsteren, ungenießbaren Helmling kann man an seiner Größe und den dunklen, breiten Lamellen erkennen. Er erinnert zwar an einige Rüblinge (siehe S. 161–167), seine mikroskopischen Merkmale lassen ihn aber in die Gattung *Mycena* neben *M. pura* (siehe S. 187) einordnen, der als giftig gilt und ebenso einen Rettichgeruch verströmt. Seine purpurgrauen Lamellen haben gesägte, schwärzliche Schneiden. Der Hut ist ziemlich groß und hygrophan, bei feuchter Witterung wird er dunkler.

SPORENFARBE Weiß.

GRÖSSE Hut 3–6 cm (b); Stiel 4–8 cm (h) x 0,4–0,8 cm (b).

VORKOMMEN Auf dicker Laubstreu, oft unter Buchen; meist in Wäldern mit nährstoffreichen, kalkhaltigen Böden.

VERBREITUNG In Europa und angrenzenten Teilen Asiens; auch in Nordamerika.

FRUCHTKÖRPER Einzeln oder in kleinen Gruppen; Sommer bis Herbst.

LÄNGSSCHNITT

SEITENANSICHTEN

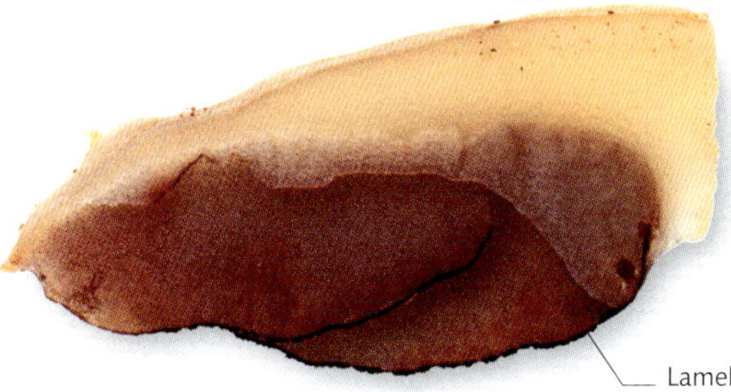

LAMELLEN, SEITENANSICHT

KORALLENROTER HELMLING

MYCENA ADONIS

Dieser nahe Verwandte von *M. flavoalba* (siehe S. 190) hat einen auffälligen korallenroten Hut, der im Alter verblasst. Die typische Form besitzt einen glasig weißen Stiel.

SPORENFARBE Weiß.

GRÖSSE Hut 0,5–1,5 cm (b); Stiel 2,5–4 cm (h) x 0,1–0,2 cm (b).

VORKOMMEN Auf dicker Streu im Torfmoos; auf humusreichen Böden; sowohl in Wäldern und an offeneren Standorten.

VERBREITUNG Gemäßigte Breiten auf der Nordhalbkugel.

FRUCHTKÖRPER Einzeln oder in kleine Gruppe an feuchten Standorten; Herbst.

GELBWEISSER HELMLING

MYCENA FLAVOALBA

Typisch für diesen Helmling ist, dass Ringe aus Hunderten von Fruchtkörpern im Herbst in moosigen Rasen erscheinen. Manchmal wächst der Pilz auch auf Laubholzresten, wo er mit verschiedenen anderen cremefarbenen Helmlingen verwechselt werden kann, wie den Arten der Gattung *Hemimycena*. Wie sein deutscher Name verrät, ist eines der wichtigsten Merkmale dieses Pilzes der blassgelbe konvexe bis kegelige Hut. Die ungenießbare Art ist nah mit dem Korallenroten Helmling (*M. adonis*, siehe S. 189) verwandt.

SPORENFARBE Weißlich.

GRÖSSE Hut 0,5–2 cm (b); Stiel 3–5 cm (h) x 0,1–0,2 cm (b).

VORKOMMEN In moosreichem Grasland, auch auf Rasenflächen; in Laubwäldern; zwischen hohen Gräsern.

VERBREITUNG In Europa weitverbreitet und häufig; weltweite Verbreitung unzureichend bekannt.

FRUCHTKÖRPER Gesellig in offenem Grasland, in der Streuschicht der Wälder; Herbst.

OLIVGELBER HELMLING

MYCENA ARCANGELIANA

Dieser ungenießbare Helmling ist nicht leicht zu bestimmen. Die Jugendstadien haben oft einen lila Stiel und einen mattgrauen Hut. Wenn man den Pilz in einer geschlossenen Dose aufbewahrt, kann man nach einigen Minuten einen starken Jodoform-Geruch wahrnehmen. Die häufigen Arten *M. filopes* und *M. metata* riechen ähnlich.

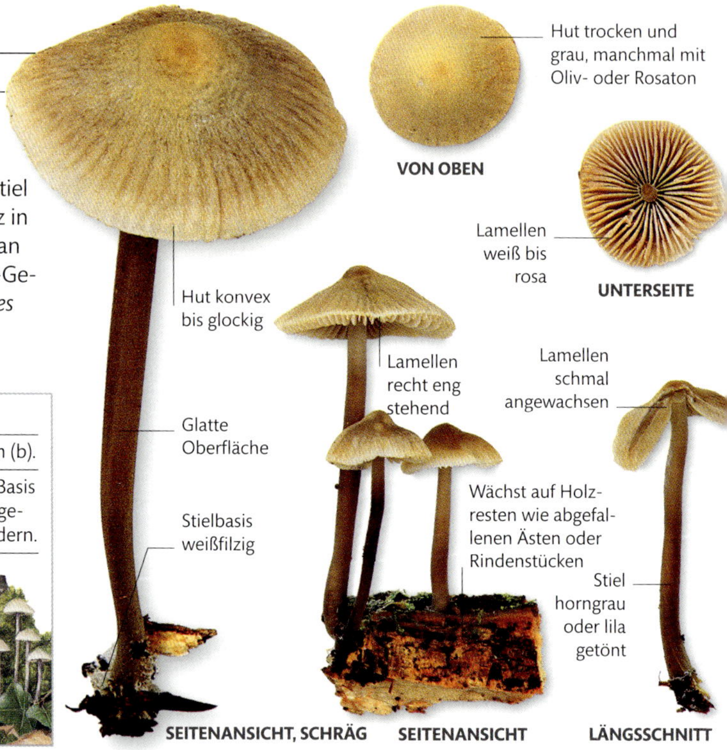

SPORENFARBE Weiß.

GRÖSSE Hut 1–2,5 cm (b); Stiel 3–7 cm (h) x 0,2–0,3 cm (b).

VORKOMMEN Auf moosbewachsener Rinde an der Basis von Bäumen oder Sträuchern; an Holzresten, wie abgefallenen Ästen; in Gärten, Friedhöfen, Parks und Wäldern.

VERBREITUNG In Europa verbreitet und häufig; weltweite Verbreitung unbekannt.

FRUCHTKÖRPER Oft gesellig auf Holzresten; Herbst bis früher Winter.

OLIVSCHNEIDIGER HELMLING

MYCENA OLIVACEOMARGINATA

Wie sein viel größerer Verwandter, der Schwarzgezähnelte Rettichhelmling (*M. pelianthina*, siehe S. 189), hat dieser ungenießbare Pilz charakteristische olivbraune Lamellenschneiden, die mit einer Lupe bei gutem Licht am besten zu erkennen sind. Diesen Pilz findet man typischerweise an offenen, grasbewachsenen Standorten. Die Hutfarbe variiert zwischen graubraun und gelb und kann Rosatöne aufweisen.

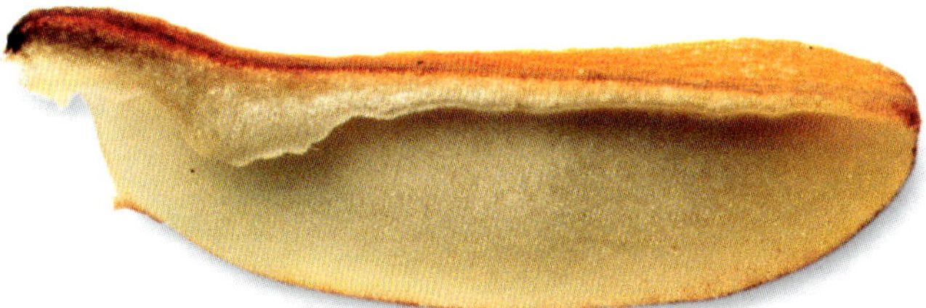

LAMELLEN, SEITENANSICHT

Die olivbraune Lamellenschneide ist ein wichtiges Bestimmungsmerkmal.

Blassgraue Lamellen mit olivbraunen Schneiden; recht entfernt stehend

UNTERSEITE

Hut braun oder grau, manchmal mit gelben oder rosa Tönen

VON OBEN

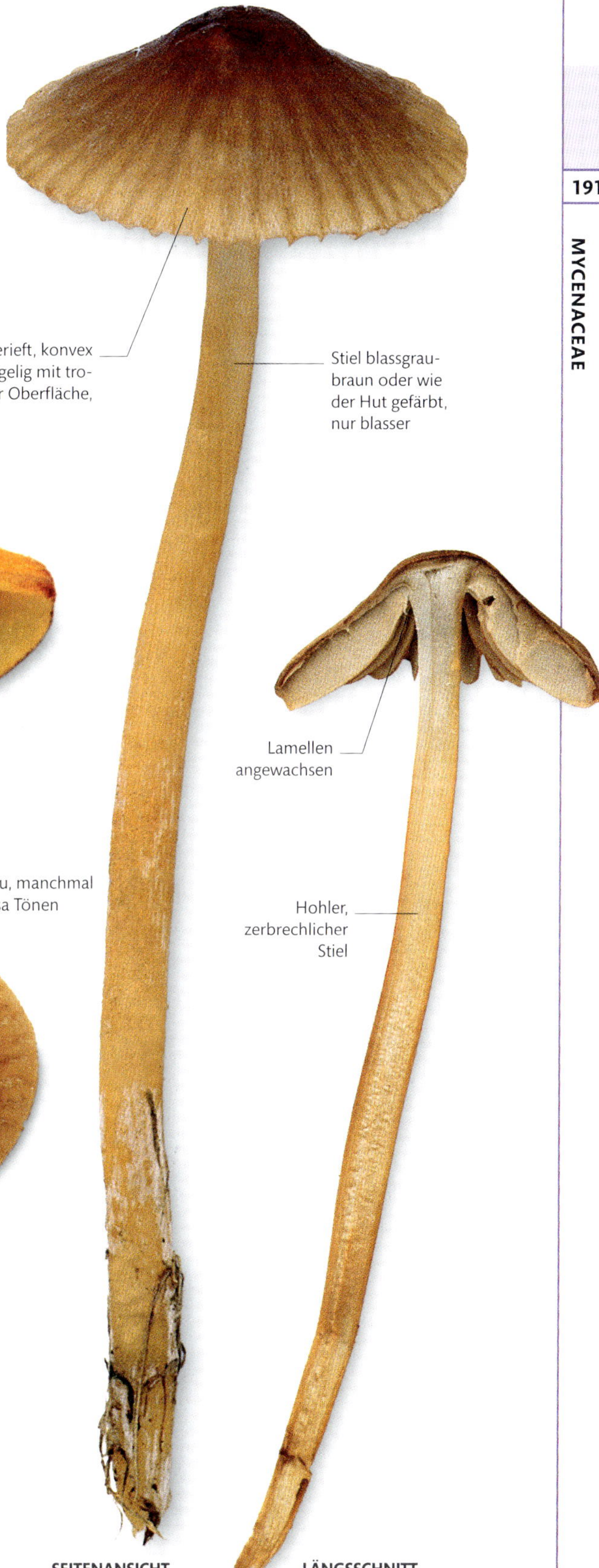

Hut gerieft, konvex bis kegelig mit trockener Oberfläche,

Stiel blassgraubraun oder wie der Hut gefärbt, nur blasser

SEITENANSICHT

Lamellen angewachsen

Hohler, zerbrechlicher Stiel

LÄNGSSCHNITT

SPORENFARBE Weiß.

GRÖSSE Hut 0,7–1,5 cm (b); Stiel 3–6 cm (h) x 0,1–0,2 cm (b).

VORKOMMEN Auf moosreichen Wiesen, Rasenflächen oder Weiden; auch an der Küste.

VERBREITUNG In Europa weitverbreitet und häufig; weltweite Verbreitung unzureichend bekannt.

FRUCHTKÖRPER Einzeln oder gesellig im kurzen Gras; Herbst.

ZERBRECHLICHER FADENHELMLING

MYCENA FILOPES

Dieser nicht essbare Pilz lässt sich am besten unter dem Mikroskop bestimmen. Der zerbrechliche Stiel, die graubraune Farbe und der Jodgeruch sind makroskopische Merkmale. Die Art kann mit anderen graubraunen Helmlingen wie *M. metata* und *M. arcangeliana* (siehe S. 190) verwechselt werden. *M. metata* ist oft rosa getönt und bevorzugt Nadelwälder, *M. arcangeliana* ist kräftiger und hat einen dunkleren Stiel.

SPORENFARBE Weiß.

GRÖSSE Hut 0,8–2 cm (b); Stiel 6–10 cm (h) x 0,1–0,2 cm (b).

VORKOMMEN Auf Humus oder Pflanzenresten, meist in Laubwäldern, aber auch in der Streu unter Nadelbäumen; oft zwischen Brennnesseln an Waldwegen; bevorzugt nährstoffreiche Böden.

VERBREITUNG In Europa häufig; weltweite Verbreitung unbekannt.

FRUCHTKÖRPER Einzeln oder gesellig in der Streuschicht; Herbst.

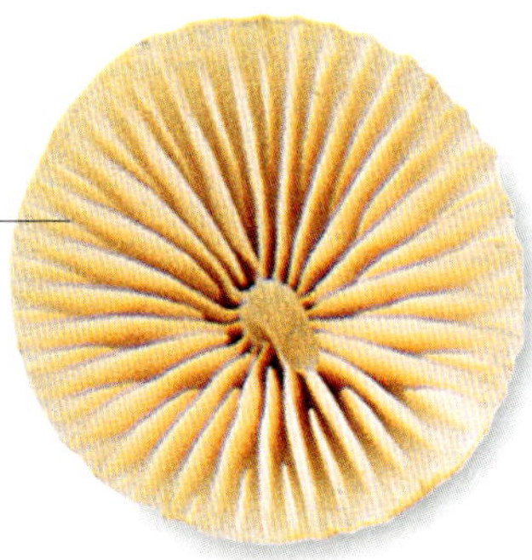

UNTERSEITE

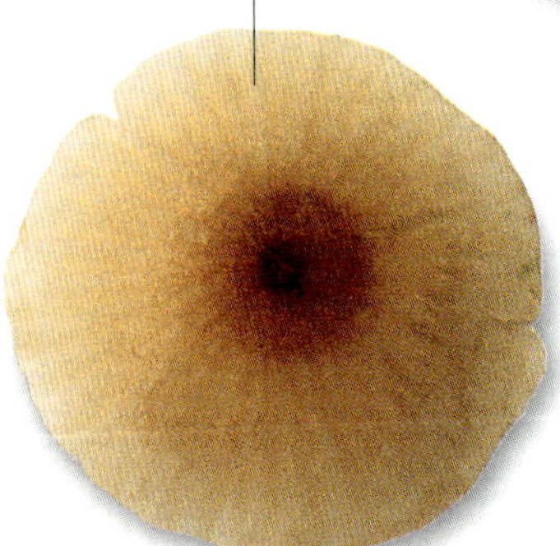

VON OBEN

SEITENANSICHT

SCHNITT DURCH DEN HUT

SEITENANSICHT

SEITENANSICHT

ROSABLÄTTRIGER HELMLING

MYCENA GALERICULATA

Obwohl dieser ungenießbare Helmling einer der häufigsten Waldpilze ist, ist er schwierig zu bestimmen, denn er hat wenige charakteristische Merkmale. Auffällig ist, dass sein Fleisch im Vergleich zu dem anderer Helmlinge ungewöhnlich zäh ist. Zudem färben sich die Lamellen im Alter oft rosa.

Lamellen weiß bis gräulich, färben sich im Alter oft rosa

UNTERSEITE

Lamellen angeheftet

Stiel zäh, aber hohl

LÄNGSSCHNITT

Hut bei Feuchtigkeit leicht radialfurchig

VON OBEN

Hut konvex bis glockig

Sehr zäher, biegsamer Stiel, der sich kaum brechen lässt.

Hutoberfläche trocken; wird bei Feuchtigkeit schmierig.

Wächst auf Laubholz

SEITENANSICHT

SPORENFARBE Blass cremefarben.

GRÖSSE Hut 1–6 cm (b); Stiel 3–8 cm (h) x 0,2–0,7 cm (b).

VORKOMMEN An Laubholzstämmen, Stümpfen und herabgefallenen Ästen in Wäldern.

VERBREITUNG Gemäßigte Breiten auf der Nordhalbkugel und weiter im Süden; häufig.

FRUCHTKÖRPER Meist büschelig; Sommer bis früher Winter.

BUNTSTIELIGER HELMLING

MYCENA INCLINATA

Dieser charakteristische, ungenießbare Helmling wächst in dichten Büscheln. Er könnte mit dem Gefleckten Helmling (*M. maculata*) verwechselt werden, dem jedoch der charakteristische ranzig-mehlige Geruch und der gezähnelte Hutrand fehlen und dessen Stiel violettbraun ist.

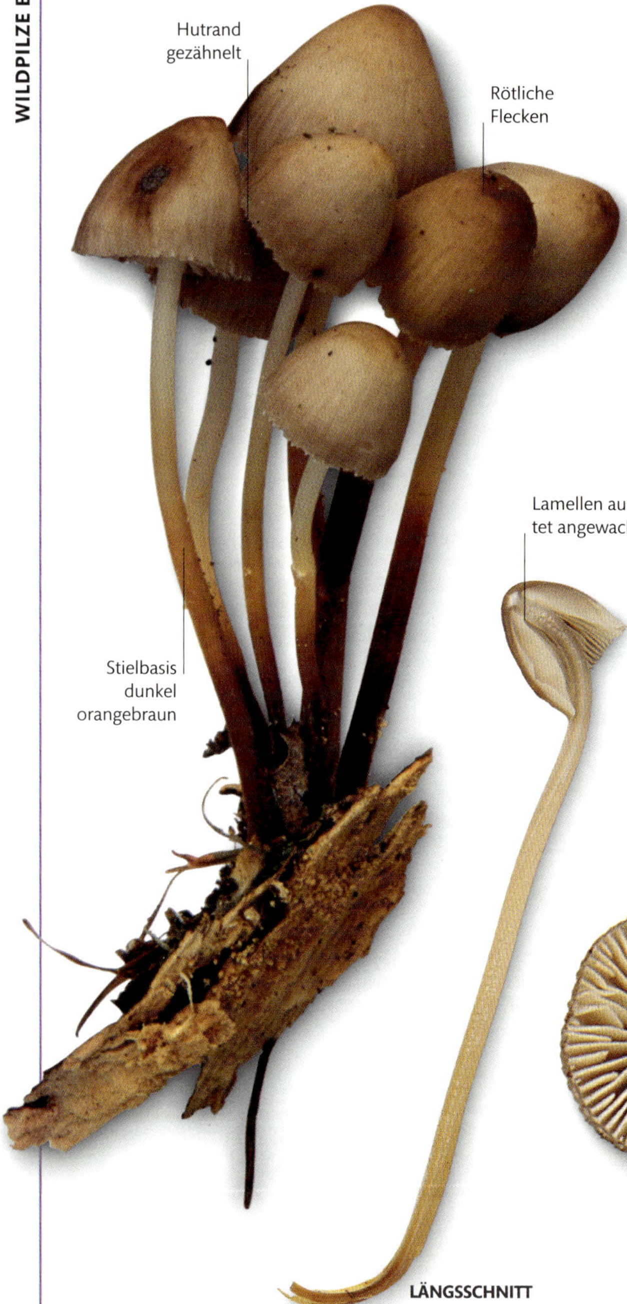

LÄNGSSCHNITT

UNTERSEITE

SEITENANSICHT

SEITENANSICHT

SPORENFARBE Hell cremefarben.

GRÖSSE Hut 1–4 cm (b); Stiel 6–12 cm (h) x 0,2–0,3 cm (b).

VORKOMMEN Meist an Stümpfen oder abgestorbenen Teilen stehender Eichen; manchmal an anderen Laubbäumen, wie Edelkastanien und Buchen; bevorzugt alte Wälder.

VERBREITUNG Verbreitet und häufig in Europa und Nordamerika.

FRUCHTKÖRPER Büschelig an stehendem Totholz; Herbst bis früher Winter.

RILLSTIELIGER HELMLING

MYCENA POLYGRAMMA

Neben seiner Größe ist der silbergraue Stiel, der charakteristisch längsrillig ist, das wichtigste Bestimmungsmerkmal dieses zähfleischigen, nicht essbaren Helmlings. Der Zähe Fadenhelmling (*M. vitilis*) ist kleiner und hat keinen längsrilligen Stiel. Er kommt an den gleichen Standorten vor und ist häufiger. Der Rosablättrige Helmling (*M. galericulata*, siehe S. 193) ist noch zähfleischiger und hat ebenfalls keinen längsrilligen Stiel. Gelegentlich findet man eine reinweiße Form von *M. polygramma*, die oft schwierig zu identifizieren ist.

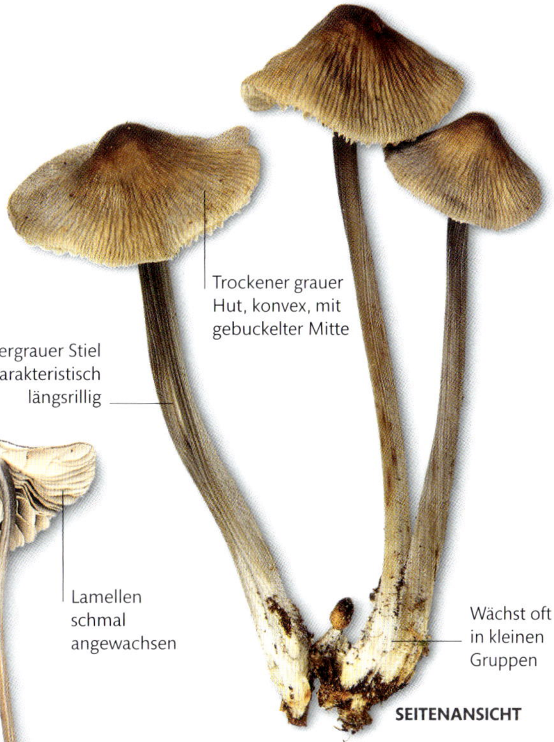

SEITENANSICHT

LÄNGSSCHNITT

SEITENANSICHT

UNTERSEITE

SPORENFARBE Weiß.

GRÖSSE Hut 1–4 cm (b); Stiel 5–12 cm (h) x 0,2–0,4 cm (b).

VORKOMMEN In Wäldern, meist auf vergrabenem Laubholz und an Stümpfen, auch an der Basis lebender Bäume; gelegentlich auf Nadelholz.

VERBREITUNG In Europa und angrenzenden Teilen Asiens häufig; auch in Japan.

FRUCHTKÖRPER Einzeln oder in kleinen Gruppen; Herbst bis früher Winter.

POSTAMENT-HELMLING

MYCENA STYLOBATES

Die meisten Helmlinge wurzeln mehr oder weniger tief im Substrat. Einige Arten, wie der Postament-Helmling *M. stylobates*, haben jedoch eine scheibenförmige Stielbasis. Bei dieser ungenießbaren Art ist sie ziemlich groß und radial gefurcht. Der Hut ist zudem mit winzigen Auswüchsen besetzt.

SPORENFARBE Weiß.

GRÖSSE Hut 0, 5–1 cm (b); Stiel 3–7 cm (h) x 0,1–0,2 cm (b).

VORKOMMEN In Wäldern auf verschiedenen abgestorbenen Pflanzenteilen, wie kleinen Zweigen und Blattresten.

VERBREITUNG In Europa und angrenzenden Teilen Asiens häufig; auch in Japan.

FRUCHTKÖRPER Einzeln oder in kleinen Gruppen; Herbst bis früher Winter.

GRAUER NITRATHELMLING

MYCENA LEPTOCEPHALA

Dieser unauffällige, nicht essbare graue Pilz gehört zu einer Helmlingsgruppe, deren Mitglieder nach Nitrat oder gechlortem Wasser riechen. *M. leptocephala* ist bei Weitem die häufigste Art. Der Viersporige Nitrathelmling (*M. stipata)* hat einen fettig glänzenden Hut und wächst auf Nadelholz. Der Voreilende Helmling (*M. abramsii*) glänzt weniger fettig.

SPORENFARBE Weiß.

GRÖSSE Hut 0,6–1,5 cm (b); Stiel 3–7 cm (h) x 0,1–0,2 cm (b).

VORKOMMEN Zwischen Moos und Gras auf Wiesen und in Brombeergebüschen oder in der Streuschicht von Wäldern.

VERBREITUNG Gemäßigte Breiten auf der Nordhalbkugel; häufig.

FRUCHTKÖRPER Einzeln oder häufig in Gruppen in moosreichen Wiesen; Sommer bis Winter.

ASCHGRAUER HELMLING

MYCENA CINERELLA

Diese ungenießbare Art ist einheitlich hellgrau mit radialstreifigem Hut. Wichtigste Merkmale sind die bogig herablaufenden Lamellen und der starke Mehlgeruch, wenn man ein Stück Fleisch zerreibt. Der Bogenblättrige Helmling (*M. speirea*) hat ähnliche Lamellen, wächst aber auf Zweigen, ist brauner und riecht nicht nach Mehl. Auch der Klebrige Helmling (*M. vulgaris*) hat herablaufende Lamellen, doch sind Hut, Stiel und Lamellenschneiden gelatinös überzogen.

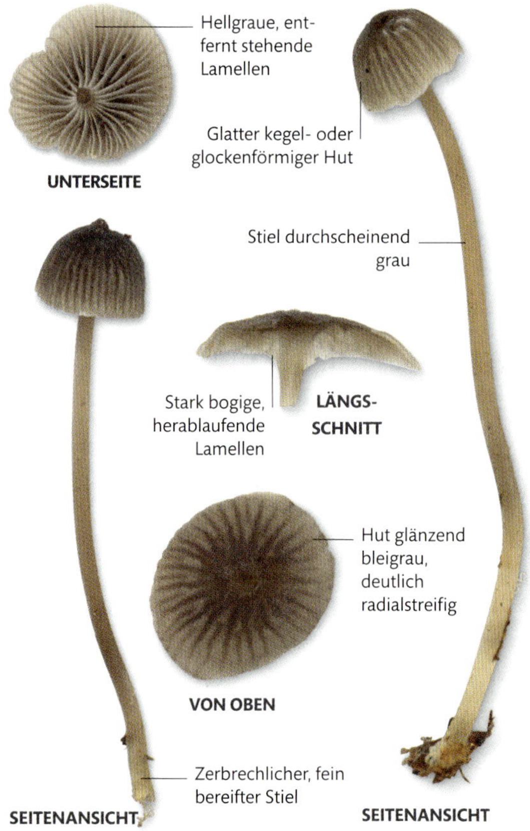

SPORENFARBE Weiß.

GRÖSSE Hut 0,5–1 cm, bis zu 1,5 cm (b); Stiel 3–5 cm (h) x 0,05–0,2 cm (b).

VORKOMMEN Meist in der Nadelstreu, aber auch in moosigen, feuchten Eichenwäldern, gelegentlich an offeneren Standorten.

VERBREITUNG Gemäßigte Breiten auf der Nordhalbkugel.

FRUCHTKÖRPER Meist gesellig an geschützten, feuchten Standorten; Herbst.

AMANITACEAE (Wulstlingsverwandte)

KLASSE AGARICOMYCETES **ORDNUNG** AGARICALES

Zu dieser bekannten Familie gehören einige sehr gefährliche Giftpilze. Die Mitglieder haben weiße Sporen und freie Lamellen. Die jungen Fruchtkörper sind von einer Gesamthülle umschlossen, von der nach dem Aufplatzen eine Volva an der Stielbasis und Hüllreste auf dem Hut zurückbleiben. Eine Teilhülle schützt bei einigen Arten die jungen Lamellen und bleibt als Stielring zurück. Alle Arten bilden Mykorrhizen mit Bäumen.

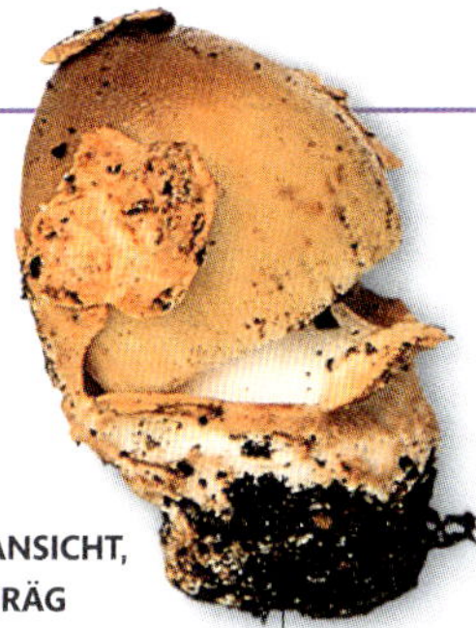

SEITENANSICHT, SCHRÄG

ROTBRAUNER STREIFLING

AMANITA FULVA

Die Streiflinge bilden die Untergattung *Amanitopsis*, die man am stark gefurchten Hutrand und dem fehlenden Stielring identifizieren kann. Viele Arten sind schwierig zu bestimmen. *A. fulva* hat einen rotbraunen Hut und einen glatten Stiel. Auch die Farbe der Volva ist ein wichtiges Merkmal. Streiflinge sind roh giftig, gut gekocht aber essbar.

VON OBEN

LÄNGSSCHNITT

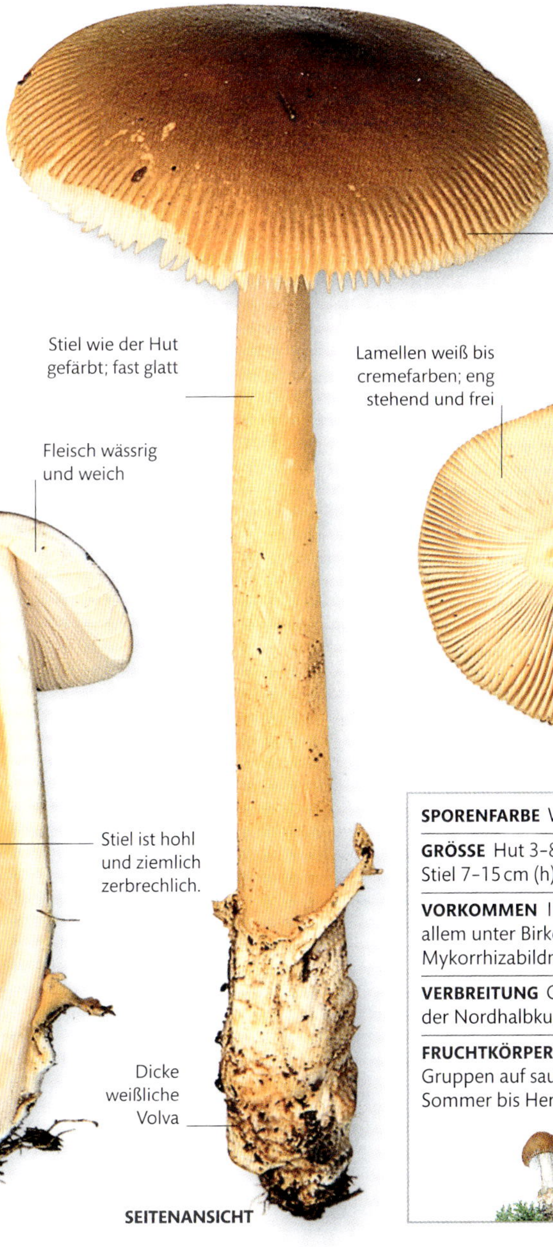

SEITENANSICHT

UNTERSEITE

SPORENFARBE Weißlich.

GRÖSSE Hut 3–8 cm (b); Stiel 7–15 cm (h) x 0,7–1,2 cm (b).

VORKOMMEN In Wäldern, vor allem unter Birken in Moorwäldern; Mykorrhizabildner.

VERBREITUNG Gemäßigte Breiten auf der Nordhalbkugel.

FRUCHTKÖRPER Einzeln oder in kleinen Gruppen auf sauren Böden; Sommer bis Herbst.

ORANGEGELBER SCHEIDENSTREIFLING

AMANITA CROCEA

Dieser auffällige Streifling unterscheidet sich von *A. fulva* (siehe S. 197) durch seinen orangefarbenen Hut und die feine orangefarbene Bänderung am Stiel. Die weiße Volva ist dick und auffällig. *A. fulva* findet man wie *A. crocea* oft in der Nähe von Birken, letzterer bevorzugt aber nährstoffreichere Böden. Der Pilz ist essbar, muss aber gründlich gekocht werden. Roh kann auch *A. crocea* Vergiftungen verursachen.

UNTERSEITE

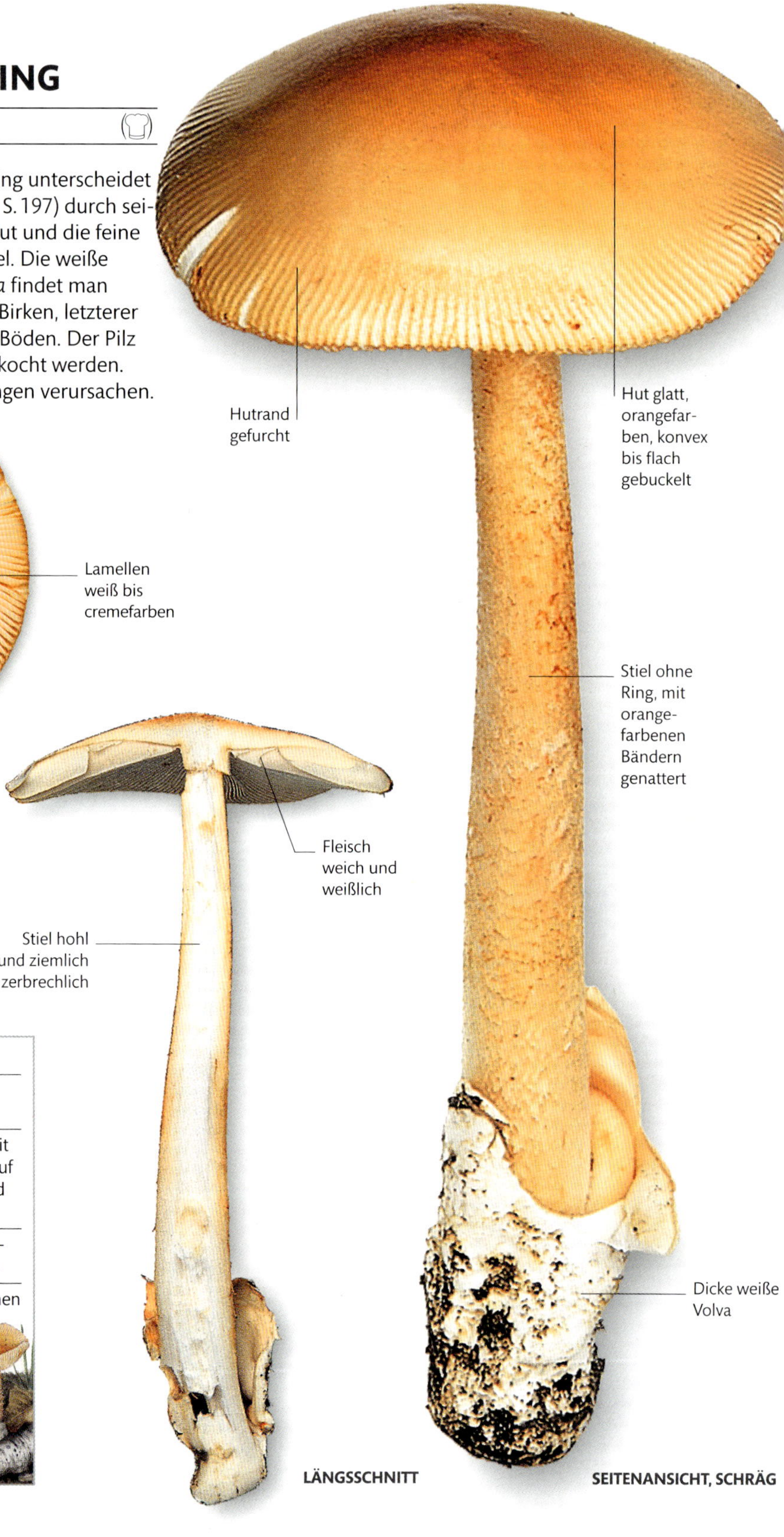

LÄNGSSCHNITT

SEITENANSICHT, SCHRÄG

SPORENFARBE Weißlich.

GRÖSSE Hut 6–12 cm (b); Stiel 10–20 cm (h) x 1–2 cm (b).

VORKOMMEN Bildet Mykorrhizen mit Birken und möglicherweise Fichten auf nährstoffreichen Böden; vom Tiefland bis zur Baumgrenze.

VERBREITUNG In Europa weitverbreitet; kommt auch in Nordamerika vor.

FRUCHTKÖRPER Einzeln oder in kleinen Gruppen unter Birken; Frühsommer bis Herbst.

GRÜNER KNOLLEN-BLÄTTERPILZ

AMANITA PHALLOIDES ☠

Diese Art muss jeder Pilzsammler genau kennen, denn Verwechslungen können tödlich sein. Frische, junge Fruchtkörper sind an ihrer grünlichen Farbe, dem Stielring, den freien Lamellen und der auffälligen weißen Volva zu erkennen. Ältere Exemplare haben mitunter grau verblasste Hüte und können mit *Volvariella*-Arten (siehe S. 294) verwechselt werden. Beachten Sie, dass der Stielring fehlen kann.

SEITENANSICHT

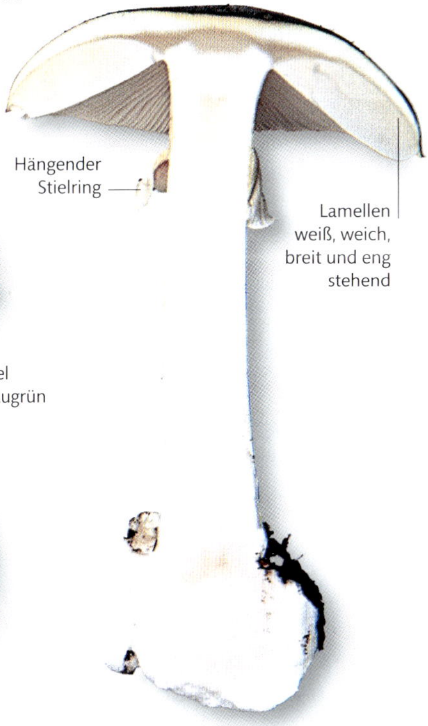

LÄNGSSCHNITT

SEITENANSICHT, SCHRÄG

SEITENANSICHT

SPORENFARBE Weißlich.

GRÖSSE 8–15 cm (b); Stiel 8–16 cm (h) x 1–2,5 cm (b); Volva 3–5 cm (b).

VORKOMMEN Meist auf nährstoffreichen Böden; bildet Mykorrhizen mit verschiedenen Laubbäumen, wie Buchen, Eichen und Haseln.

VERBREITUNG In Europa weitverbreitet; kommt auch in Nordamerika vor.

FRUCHTKÖRPER Einzeln oder gesellig auf humusreichen Waldböden, meist unter Laubbäumen; Sommer bis Herbst.

GELBER KNOLLENBLÄTTERPILZ

AMANITA CITRINA ☠

In vielen Regionen ist diese giftige Art einer der häufigsten Lamellenpilze. *A. citrina* erscheint oft später im Jahr als der Speisepilz *A. rubescens* (siehe S. 206). Die zitronengelbe oder weiße Farbe des Fruchtkörpers und die dicke, rundliche Stielknolle sind gute Bestimmungsmerkmale. Der starke Geruch nach rohen, geschälten Kartoffeln ist sehr charakteristisch. *A. porphyria* (siehe S. 207) sieht ähnlich aus, ist aber gräulich gefärbt.

SEITENANSICHT

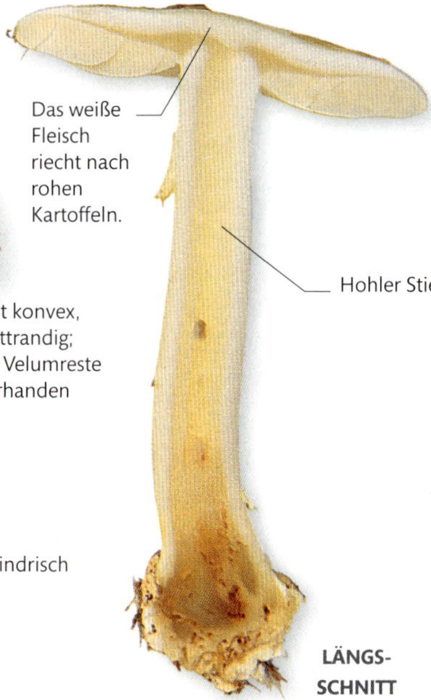

LÄNGSSCHNITT

UNTERSEITE

SPORENFARBE Weißlich.

GRÖSSE Hut 5–10 cm (b); Stiel 6–13 cm (h) x 0,8–1,5 cm (b); Volva bis 3 cm (b).

VORKOMMEN Bildet Mykorrhizen mit verschiedenen Laub- und Nadelbäumen, meist auf sauren Böden.

VERBREITUNG Gemäßigte Breiten auf der Nordhalbkugel.

FRUCHTKÖRPER Einzeln oder in Gruppen auf sauren Böden; Spätsommer bis Herbst.

GESTIEFELTER KNOLLENBLÄTTERPILZ

AMANITA COTHURNATA ☠

Manche Mykologen halten diesen Knollenblätterpilz, der in Nordamerika vorkommt, für eine helle Varietät des Pantherpilzes (*A. pantherina*, siehe S. 204). Auch er wird als hochgiftig eingeschätzt. Der Pantherpilz ist dunkler gefärbt.

SPORENFARBE Weißlich.

GRÖSSE 3–8 cm, bis zu 10 cm (b); Stiel 5–12 cm (h) x 0.3–1,5 cm (b); Volva bis zu 3 cm (b).

VORKOMMEN Bildet Mykorrhizen mit Laub- und Nadelbäumen.

VERBREITUNG In Nordamerika zerstreut verbreitet.

FRUCHTKÖRPER Einzeln oder gesellig; Spätsommer bis Herbst.

FLIEGENPILZ

AMANITA MUSCARIA

Der bekannte Fliegenpilz, der in vielen Märchen vorkommt, ist zwar nicht unbedingt tödlich giftig, darf aber auf keinen Fall gegessen werden. Der Genuss schon weniger Fruchtkörper kann sehr unangenehme Symptome hervorrufen. Es gibt mehrere Farbformen, die leuchtend rote ist jedoch die bekannteste. Die Stielbasis ist knollig verdickt, hat aber keine lockere Volva wie der Kaiserling (*A. caesarea*, siehe S. 202) und die tödlich giftigen Knollenblätterpilze *A. virosa* (siehe S. 208) und *A. phalloides* (siehe S. 199). Stattdessen bilden Hüllreste auf dem Hut lockere Flöckchen.

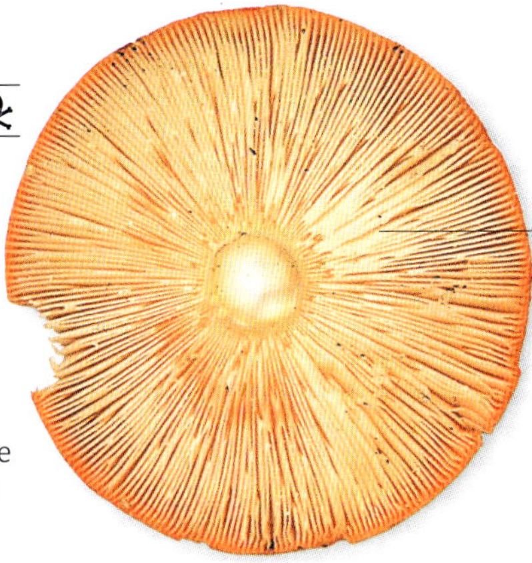

UNTERSEITE

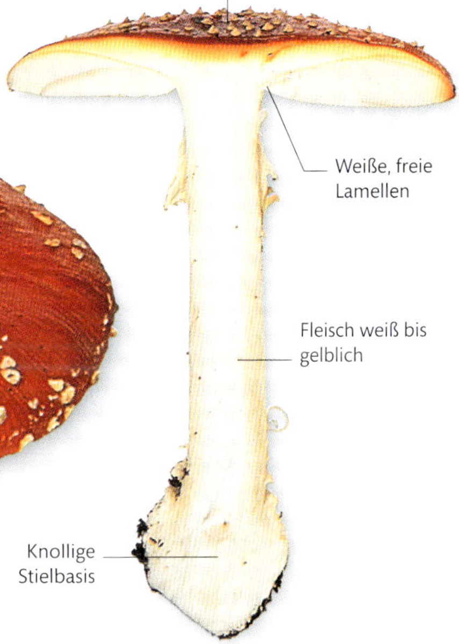

LÄNGSSCHNITT

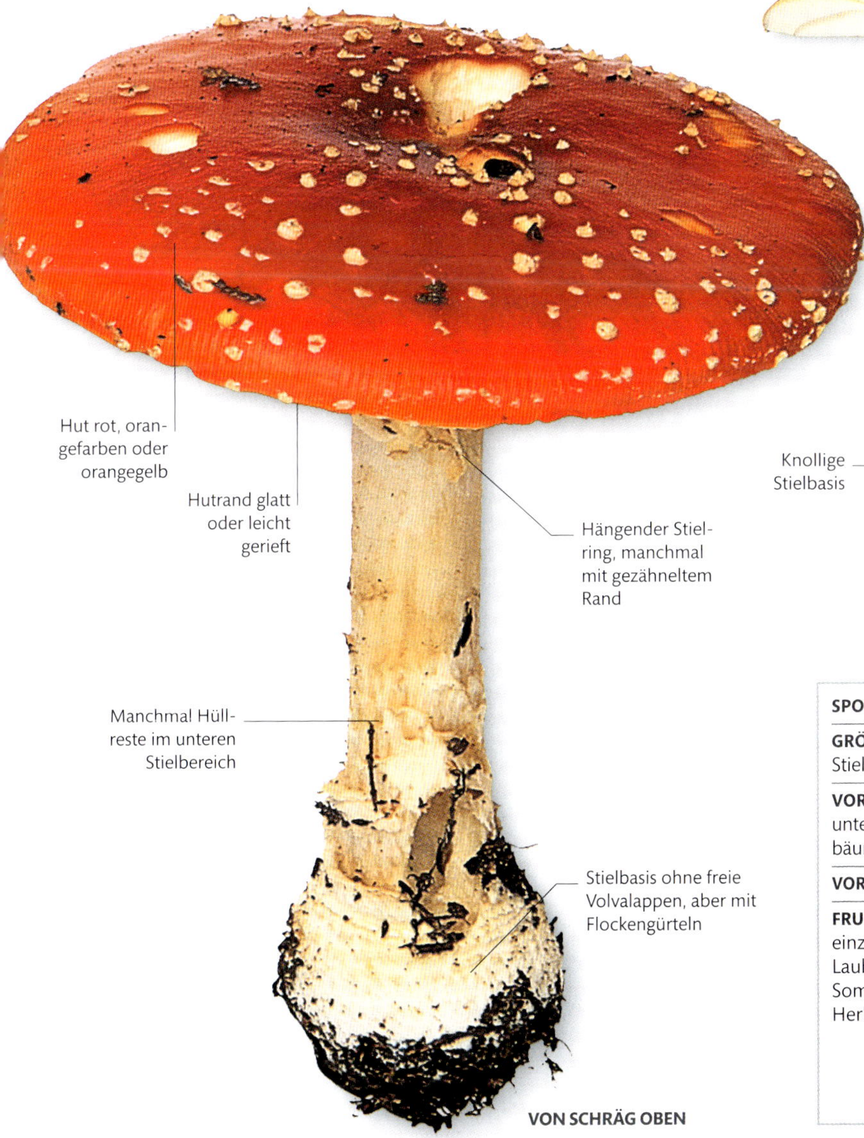

VON SCHRÄG OBEN

SPORENFARBE Weiß.

GRÖSSE Hut 4–11 cm, bis zu 14 cm (b); Stiel 5–15 cm (h) x 0,5–2 cm (b).

VORKOMMEN Auf der Laubstreu, oft unter Birken und Fichten, auch Nadelbäumen; auf kalkreichen Böden.

VORKOMMEN In Europa weitverbreitet.

FRUCHTKÖRPER In Gruppen oder einzeln, oft tief in der Laubstreu; Sommer bis Herbst.

KAISERLING

AMANITA CAESAREA

Dieser essbare Pilz, der bereits in der Antike berühmt war, kommt nur in wärmeren Gebieten vor. Auffällig sind der orangegoldene Hut und die große, lappige Volva am Stielgrund. Beachten Sie, dass der Fliegenpilz *A. muscaria* (siehe S. 201) auch in einer orangegelben Form vorkommt und keinesfalls mit dem Kaiserling verwechselt werden darf. Im Osten und Südwesten Nordamerikas findet man häufig fast unbestimmbare ähnliche Pilze, die allerdings eher mittelmäßig schmecken. Nördlich der Alpen ist der Pilz selten und steht in Deutschland auf der Roten Liste der gefährdeten Großpilze.

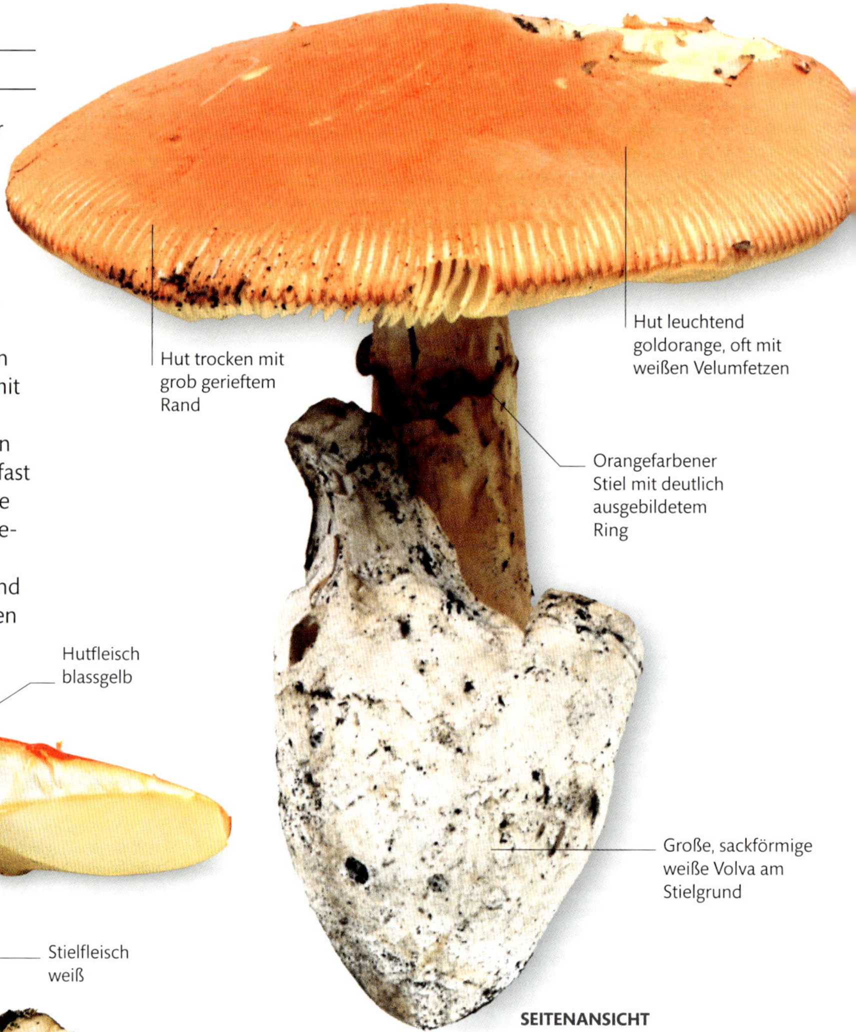

SEITENANSICHT

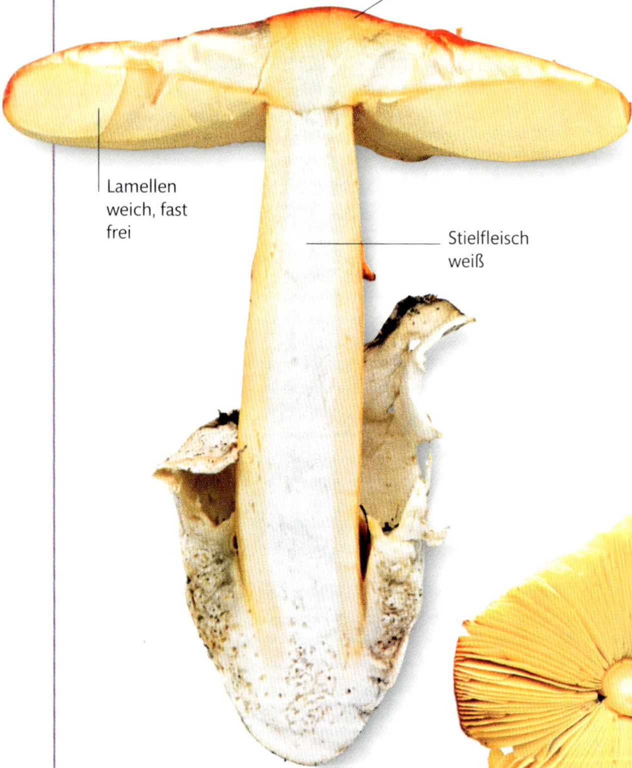

LÄNGSSCHNITT

UNTERSEITE

SPORENFARBE Weißlich.

GRÖSSE Hut 8–20 cm (b); Stiel 8–16 cm (h) x 2–3 cm (b); Volva bis zu 5 cm (b).

VORKOMMEN Bildet Mykorrhizen mit Laubbäumen auf sandigen Böden.

VERBREITUNG In Nordamerika, Europa und Asien verbreitet. Regional selten.

FRUCHTKÖRPER Einzeln oder in kleinen Gruppen; Sommer bis Herbst.

NARZISSENGELBER WULSTLING

AMANITA GEMMATA ☠

Der Wuchs und der geriefte, oft leicht gezähnte Hutrand dieses hochgiftigen Pilzes erinnern an *A. pantherina* (siehe S. 204). *A. gemmata* hat jedoch einen leichter vergänglichen Stielring, eine weniger auffällig ausgebildete Stielknolle und einen gelblichen Hut. In Nordamerika gibt es zahlreiche schwierig zu bestimmende Formen.

SPORENFARBE Weiß.

GRÖSSE Hut 3–10 cm (b); Stiel 5–10 cm (h) x 0,5–1,5 cm (b); Knolle bis 2 cm (b).

VORKOMMEN Auf sandigen Böden unter Laub- und Nadelbäumen.

VERBREITUNG Gemäßigte Breiten auf der Nordhalbkugel, aber lokal.

FRUCHTKÖRPER In kleinen Gruppen; Sommer bis Herbst.

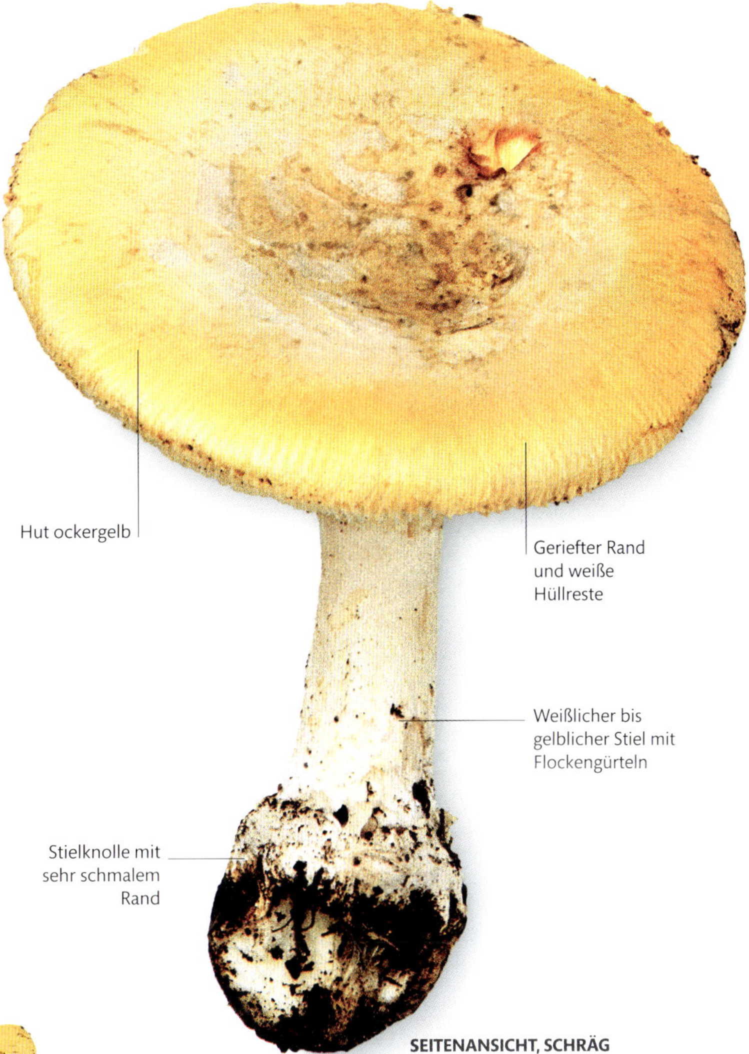

SEITENANSICHT, SCHRÄG

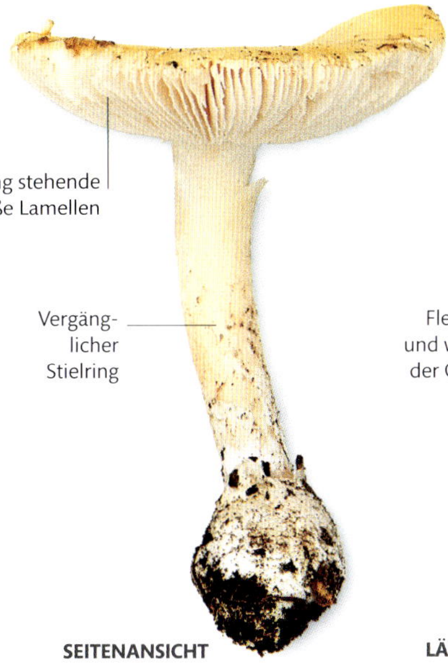

SEITENANSICHT

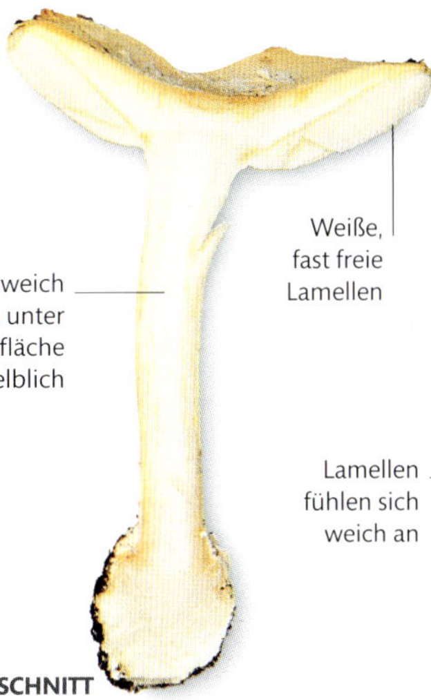

LÄNGSSCHNITT

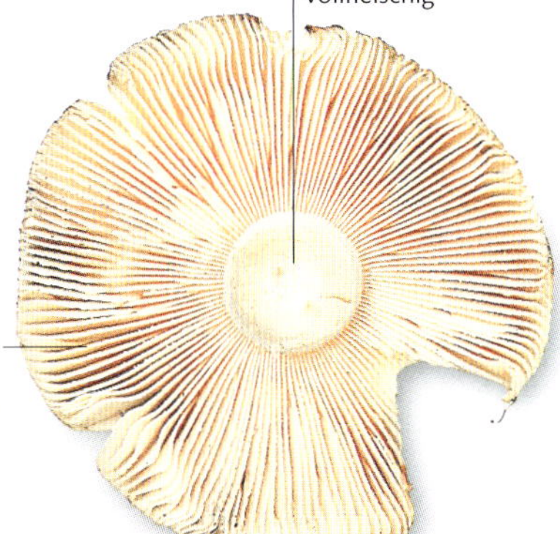

UNTERSEITE

PANTHERPILZ

AMANITA PANTHERINA ☠

Dieser tödlich giftige Pilz ist variabel gefärbt. Die knollenförmige Stielbasis mit ihrem deutlich ausgebildeten Rand und der Ring, dessen Oberseite nicht gerieft ist, sind gute Bestimmungsmerkmale. Der Hut ist normalerweise blassbraun und mit zahlreichen kleinen flockigen Hüllresten besetzt. Der Hutrand ist fein radial gerieft. *A. cothurnata* (siehe S. 200) und *A. gemmata* (siehe S. 203) sind nah verwandt, aber anders gefärbt. Sie kommen an anderen Standorten vor.

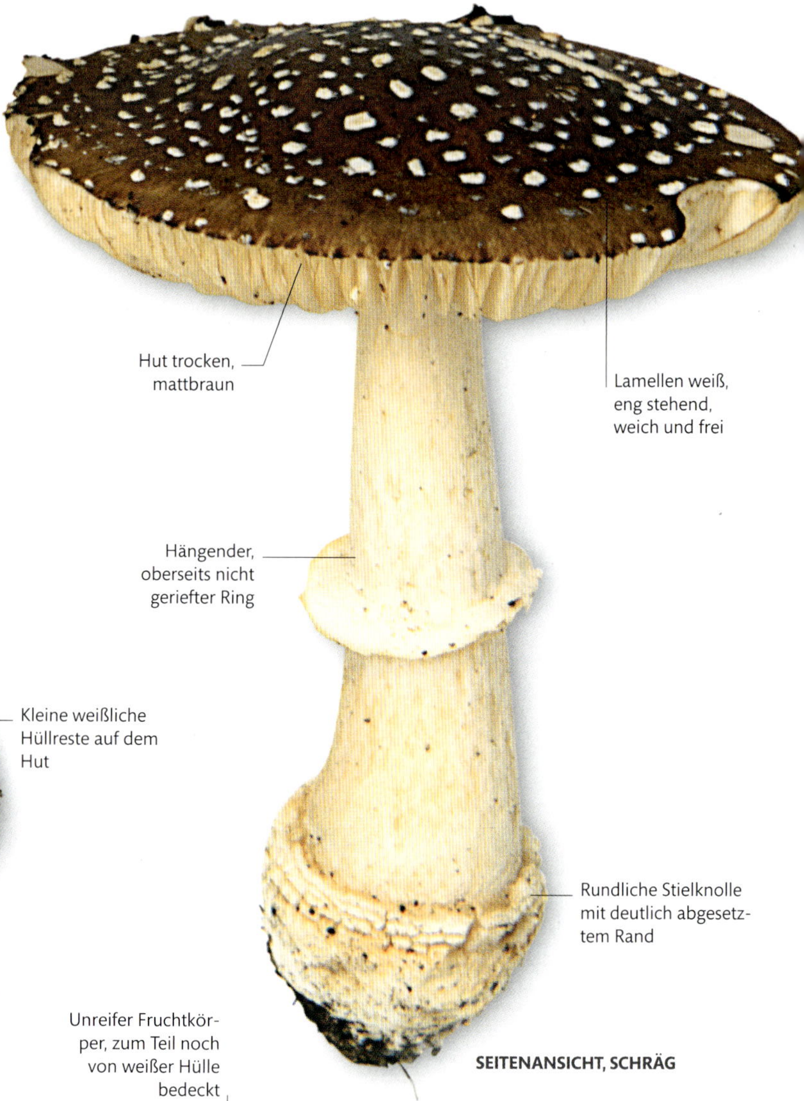

SEITENANSICHT, SCHRÄG

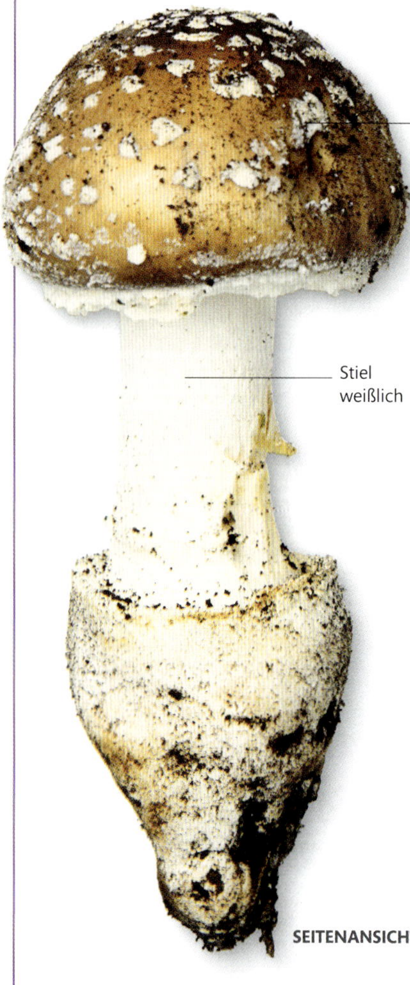

SEITENANSICHT

SEITENANSICHT

SPORENFARBE Weißlich.

GRÖSSE Hut 5–12 cm (b); Stiel 6–12 cm (h) x 0,5–1,5 cm (b); Knolle bis 3 cm (b).

VORKOMMEN Meist auf kalkhaltigen Böden, bildet Mykorrhizen mit Nadel- und Laubbäumen in Wäldern und Parks.

VERBREITUNG Als Artkomplex in den gemäßigten Breiten auf der Nordhalbkugel weitverbreitet.

FRUCHTKÖRPER Einzeln oder in kleinen Gruppen unter Bäumen; Sommer bis Herbst.

GRAUER WULSTLING

AMANITA SPISSA

Dieser Pilz ähnelt dem Perlpilz *A. rubescens* (siehe S. 206) sehr, weist jedoch im Gegensatz dazu keine rötliche Tönung auf. Seine Färbung ähnelt der des Pantherpilzes *A. pantherina* (siehe gegenüber), aber der Hutrand von *A. spissa* ist glatt und der Ring gerieft. *A. pantherina* hat außerdem eine mit einem Rand abgesetzte Stielknolle. *A. spissa* ist nach gründlichem Abkochen wie *A. rubescens* essbar, kann aber wegen der Verwechslungsgefahr mit dem Pantherpilz nicht empfohlen werden. *A. excelsa* wird von vielen Mykologen als eigenständige Art oder Varietät eingeschätzt. Er hat einen wurzelnden Stiel und ist blasser und geruchlos.

UNTERSEITE

SEITENANSICHT, SCHRÄG

SPORENFARBE Weiß.

GRÖSSE Hut 7–15 cm (b); Stiel 8–14 cm (h) x 2–4 cm (b).

VORKOMMEN Tyrischerweise an Buchen und Fichten gebunden.

VERBREITUNG Gemäßigte Breiten auf der Nordhalbkugel.

FRUCHTKÖRPER Einzeln oder in kleinen Gruppen in Wäldern; Sommer bis Herbst.

PERLPILZ

AMANITA RUBESCENS

A. rubescens ist zwar ein Speisepilz, sollte aber nur von erfahrenen Pilzkennern gesammelt und nur gut durchgegart verwendet werden. Leider sind bereits junge Fruchtkörper oft von Insektenlarven befallen und zerfressen. Die fleischrosa Verfärbung der Fraßgänge ist oft das beste Bestimmungsmerkmal.

LÄNGSSCHNITT

UNTERSEITE

SEITENANSCIHT

SEITENANSICHT, SCHRÄG

SPORENFARBE Weiß.

GRÖSSE Hut 6–18 cm (b); Stiel 6–15 cm (h) x 1,5–4 cm (b).

VORKOMMEN Unter Laubbäumen, wie Buchen; auch unter Nadelbäumen, oft auf humusreichen, sauren Böden.

VERBREITUNG Gemäßigte Breiten auf der Nordhalbkugel; häufig.

FRUCHTKÖRPER Einzeln oder in Gruppen; Sommer bis Herbst.

PORPHYRBRAUNER WULSTLING

AMANITA PORPHYRIA

Dieser Pilz erinnert im Wuchs an den Gelben Knollenblätterpilz *A. citrina* (siehe S. 200) und riecht wie dieser nach rohen Kartoffeln. *A. porphyria* ist aber anders gefärbt und kommt an anderen Standorten vor. Er ist nach der Färbung des Hutes benannt: »porphyr« bezeichnet einen lilagrauen Farbton. Die Art ist wahrscheinlich nur schwach giftig, sollte aber nicht gesammelt werden, weil sie mit ihren hochgiftigen Verwandten verwechselt werden kann. Speziell in Nordamerika kommen weitere *Amanita*-Arten vor.

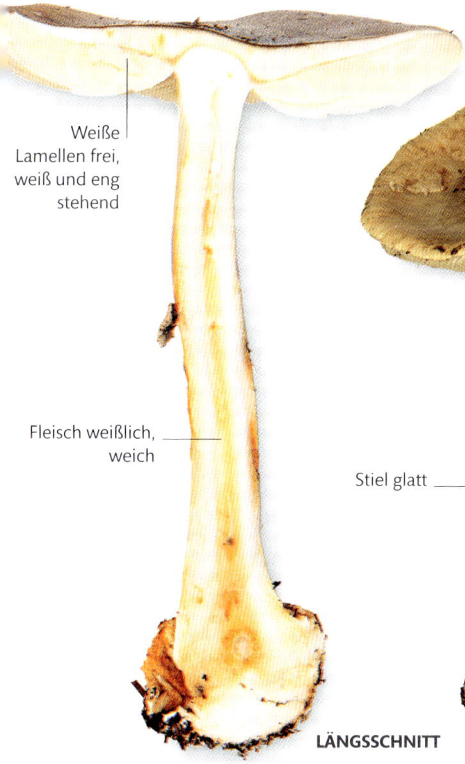

LÄNGSSCHNITT

SEITENANSICHT, SCHRÄG

SEITENANSICHT, SCHRÄG

SPORENFARBE Weiß.

GRÖSSE Hut 5–9 cm (b); Stiel 8–13 cm (h) x 1–2 cm (b); Volva bis zu 2,5 cm (b).

VORKOMMEN Unter Nadelbäumen auf sauren Böden; Mykorrhizabildner.

VERBREITUNG Gemäßigte Breiten auf der Nordhalbkugel.

FRUCHTKÖRPER Einzeln oder in kleinen Gruppen; Sommer bis Herbst.

KEGELHÜTIGER KNOLLENBLÄTTERPILZ

AMANITA VIROSA ☠

Diese Art ist wie der Grüne Knollenblätterpilz (*A. phalloides*, siehe S. 199) tödlich giftig und muss jedem Pilzsammler genau bekannt sein. Fruchtkörper, deren Stiele oberhalb der Knolle abgeschnitten wurden, sind besonders schwierig zu bestimmen und daher gefährlich. Anders als bei vielen *Amanita*-Arten ist der Ring oft nicht deutlich ausgebildet. Der Stiel ist faserig-flockig und manchmal gegürtelt.

SEITENANSICHT

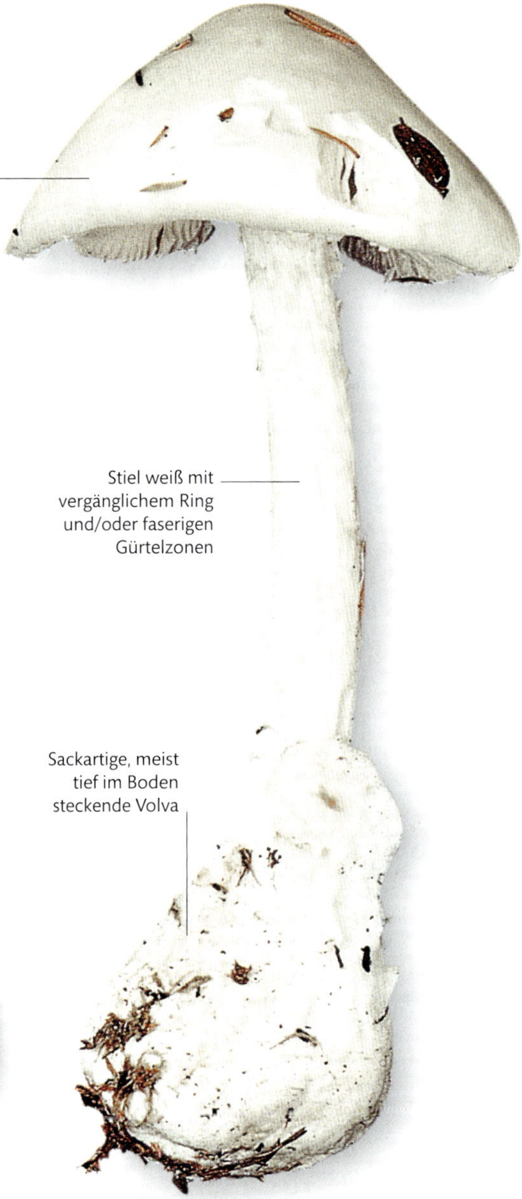

SEITENANSICHT

SPORENFARBE Weiß.

GRÖSSE Hut 6–11 cm (b); Stiel 10–20 cm (h) x 1–2 cm (b); Volva bis 3 cm (b).

VORKOMMEN An Laub- und Nadelbäume gebunden, vor allem in Heidelbeer-Fichtenwäldern auf nährstoffarmen, sauren Böden.

VERBREITUNG Gemäßigte Breiten auf der Nordhalbkugel.

FRUCHTKÖRPER Einzeln oder in Gruppen; Sommer bis Herbst.

GETROPFTER SCHLEIM-SCHIRMLING

LIMACELLA GUTTATA

Limacella-Arten unterscheiden sich von *Amanita*-Arten durch ihre schleimigen Hüte und das Fehlen einer Volva. Der Stiel dieses ungenießbaren Pilzes ist trocken. Der abstehende Ring ist mit klaren Tropfen besetzt.

SPORENFARBE Weiß.

GRÖSSE Hut 7–15 cm (b); Stiel 8–14 cm (h) x 1–2,5 cm (b).

VORKOMMEN Auf nährstoffreichen Böden in Laub- und Nadelwäldern.

VERBREITUNG In Europa und Nordamerika; lokal verbreitet.

FRUCHTKÖRPER Auf dicker Streuschicht; Spätsommer bis Herbst.

AGARICACEAE (Champignonverwandte)

KLASSE AGARICOMYCETES **ORDNUNG** AGARICALES

Diese Familie umfasst eine große Vielfalt an Pilzen – sehr kleine wie die der Gattung *Leucocoprinus* bis hin zu den Riesenschirmlingen der Gattung *Macrolepiota*. Auch die Sporenfarbe ist unterschiedlich. Alle Mitglieder haben jedoch freie Lamellen und die meisten einen deutlich ausgeprägten Stielring. Nur selten ist eine sackartige Volva an der Basis ausgebildet.

SPITZSCHUPPIGER SCHIRMPILZ

ECHINODERMA ASPERA ☠

Diesen großen, wahrscheinlich giftigen Pilz darf man nicht mit dem essbaren *Macrolepiota procera* (siehe S. 212) verwechseln. Das wichtigste Unterscheidungsmerkmal ist der bei *E. aspera* ausgebildete, nicht verschiebbare Stielring und sein unangenehmer Geruch.

SPORENFARBE Weiß.

GRÖSSE Hut 5–15 cm (b); Stiel 5–12 cm (h) x 0,5–1,5 cm (b).

VORKOMMEN Auf nährstoffreichen Böden an Straßen- und Wegrändern; in Wäldern.

VERBREITUNG Gemäßigte Breiten auf der Nordhalbkugel.

FRUCHTKÖRPER Einzeln oder in kleinen Gruppen; Spätsommer bis Herbst.

KASTANIENBRAUNER SCHIRMPILZ

LEPIOTA CASTANEA ☠

L. castanea ist ziemlich klein und dunkel, sein Stielring mit rot- bis dunkelbraunen Flöckchen besetzt. Er riecht streng und unangenehm und ist nicht essbar. Der Fuchsbräunliche Schirmpilz (*L. fulvella*) ist ähnlich, aber blasser orangebraun. Mikroskopische Merkmale wie die Sporenform sind aufschlussreich zur Unterscheidung kleiner *Lepiota*-Arten.

SPORENFARBE Weiß.

GRÖSSE Hut 2–4 cm (b); Stiel 2–5 cm (h) x 0,2–0,4 cm (b).

VORKOMMEN Auf nährstoffreichen, gestörten Böden; oft an Wegrändern und Grabenböschungen.

VERBREITUNG Gemäßigte Breiten auf der Nordhalbkugel, meist im Süden.

FRUCHTKÖRPER Gewöhnlich in kleinen Gruppen; Sommer bis Herbst.

STINKSCHIRMLING

LEPIOTA CRISTATA

Die häufigste der kleinen, meist giftigen *Lepiota*-Arten erkennt man am besten an den blassen Farben, den orangebraunen, konzentrisch angeordneten, angedrückten Schuppen auf dem Hut und dem unangenehmen, chemischen Geruch. Der aufsteigende Stielring ist meist nur bei jungen Fruchtkörpern zu sehen, später fällt er ab. Der Lila Schirmpilz (*L. lilacea*) ist eine viel seltenere, hochgiftige Art mit ähnlichem Wuchs, die aber lila bis lilabraun gefärbt ist.

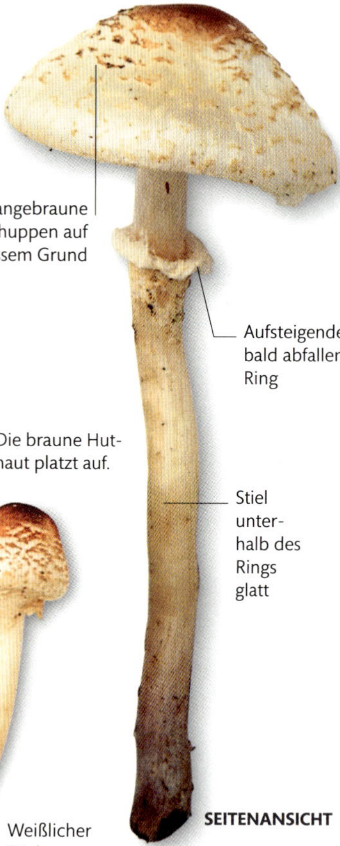

SEITENANSICHT

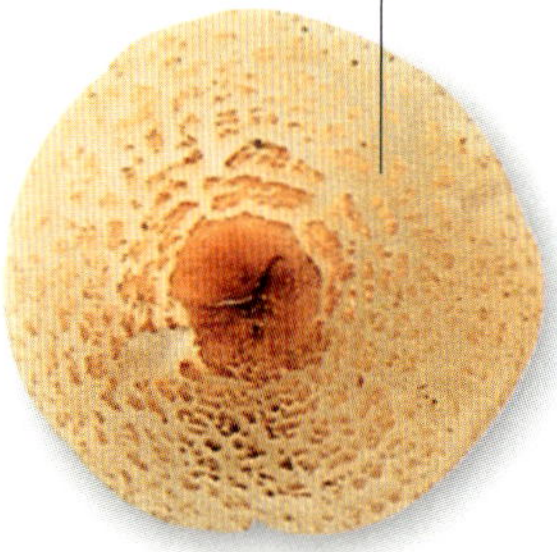

VON OBEN

UNTERSEITE

SEITENANSICHT

SPORENFARBE Weiß.

GRÖSSE Hut 1–4 cm (b); Stiel 2,5–5 cm (h) x 0,2–0,4 cm (b).

VORKOMMEN Auf nährstoffreicheren Böden, in Rasenflächen, zwischen Moosen oder Gräsern an Weg- und Straßenrändern.

VERBREITUNG Gemäßigte Breiten auf der Nordhalbkugel; häufig.

FRUCHTKÖRPER In kleinen Gruppen auf dem Erdboden; Sommer bis Herbst.

WOLLIGGESTIEFELTER SCHIRMPILZ

LEPIOTA CLYPEOLARIA

Diese giftige *Lepiota-Art* ist zwar recht groß, aber nicht sehr fleischig. Sie ist hell cremefarben oder schmutzig weißlich, der Hut trägt bräunlich getönte Schuppen. Das hier abgebildete Exemplar ist ungewöhnlich dunkel. Der ähnliche, ebenfalls häufige Gelbwollige Schirmling (*L. magnispora*) weist gelbe oder gelbbraune Velumreste auf Stiel und Hut auf. Die weißen Velumreste des Wollstiel-Schirmlings (*Lepiota clypeolaria*) lassen junge Pilze weiß und struppig erscheinen.

SEITENANSICHT

UNTERSEITE

LÄNGSSCHNITT

SPORENFARBE Weiß.

GRÖSSE Hut 3–7 cm (b); Stiel 5–12 cm (h) x 0,5–1 cm (b).

VORKOMMEN Auf besseren Böden oder Laub- oder Nadelstreu; in Laub- und Nadelwäldern.

VERBREITUNG Gemäßigte Breiten auf der Nordhalbkugel.

FRUCHTKÖRPER Einzeln oder in kleinen Gruppen; Herbst.

FEUERFÜSSIGER SCHIRMPILZ

LEPIOTA IGNIVOLVATA

Diese ziemlich fleischige, aber ungenießbare *Lepiota*-Art erkennt man am besten am orangefarben berandeten Ring, der weit unten am Stiel sitzt. Der Hut ist mit konzentrisch angeordneten orangebraunen Schuppen besetzt, die ockerbraune Mitte ist meist leicht aufgewölbt. Der Gelbflockige Wollstiel-Schirmling (*L. ventriosospora*) ist ähnlich, Ringzonen und Stielbasis sind aber nicht orangefarben.

SPORENFARBE Weiß.

GRÖSSE Hut 4–11 cm, bis zu 14 cm (b); Stiel 5–15 cm (h) x 0,5–2 cm (b).

VORKOMMEN In der Laubstreu auf kalkhaltigen Böden, in Laub- und Nadelwäldern.

VERBREITUNG In Europa weitverbreitet.

FRUCHTKÖRPER In Trupps oder einzeln, oft tief in der Streuschicht; Herbst.

FLEISCHBRÄUNLICHER SCHIRMPILZ

LEPIOTA BRUNNEO-INCARNATA

Diese relativ seltene, kleine Art ist hochgiftig. Typisch sind die dunklen Schuppen am Stiel unterhalb des Rings. Der Pilz ist kräftiger und fleischiger als die meisten kleinen *Lepiota*-Arten, wie *L. cristata* (siehe gegenüber).

SPORENFARBE Weiß.

GRÖSSE Hut 2,5–5 cm (b); Stiel 2–3,5 cm (h) x 0,5–0,8 cm (b).

VORKOMMEN Auf nährstoffreichen Böden, in Rasenflächen, unter Hecken und an Waldwegen.

VERBREITUNG In Europa verbreitet; selten; weltweite Verbreitung unklar.

FRUCHTKÖRPER Einzeln oder kleine Gruppen; Spätsommer bis Herbst.

PARASOL, RIESENSCHIRMPILZ

MACROLEPIOTA PROCERA

Die Stieloberfläche dieses beeindruckend großen Pilzes ist genattert. Auch der breite, verschiebbare Ring ist charakteristisch. Anders als bei *Chlorophyllum rhacodes* (siehe gegenüber) rötet das Fleisch an Druck- und Schnittstellen nicht. Für manche Pilzkenner ist der Parasol der beste Speisepilz, allerdings besteht außerhalb Europas Verwechslungsgefahr mit dem ähnlichen, aber giftigen Grünblättrigen Schirmpilz (*C. molybdites*, siehe gegenüber).

SPORENFARBE Weiß oder blassrosa.

GRÖSSE Hut 10–30 cm, bis zu 40 cm (b); Stiel 15–30 cm, bis zu 40 cm (h) x 0,8–2 cm (b); Knolle bis zu 4 cm (b).

VORKOMMEN Dünen, trockenes Grasland, grasbewachsene Stellen in Wäldern und Parks.

VERBREITUNGE In Europa und Nordamerika weitverbreitet; ziemlich häufig.

FRUCHTKÖRPER In Trupps; Sommer bis Herbst.

GLATTER SCHIRMPILZ

LEPIOTA OREADIFORMIS

Dieser ungenießbare Pilz ähnelt dem essbaren Nelkenschwindling (*Marasmius oreades*, siehe S. 171). Unterschiede sind u. a. die dünneren, freien Lamellen von *L. oreadiformis*. Anders als bei den meisten *Lepiota*-Arten ist der Stielring kaum ausgebildet.

SPORENFARBE Weiß.

GRÖSSE Hut 2–6 cm (b); Stiel 3–5 cm (h) x 0,8–1,2 cm (b).

VORKOMMEN In offenem, trockenem Grasland, oft auf Sanddünen an der Küste.

VERBREITUNG In Europa weitverbreitet; weltweite Verbreitung unklar.

FRUCKTKÖRPER In zerstreuten Trupps; Sommer bis Herbst.

SAFRAN-SCHIRMLING

CHLOROPHYLLUM RHACODES

Dieser Pilz ähnelt *Macrolepiota procera* (siehe gegenüber), hat aber keinen genatterten Stiel und ist kleiner. Sein Fleisch färbt sich an Druckstellen karottenrot. Bei manchen Menschen ruft die Art Magenverstimmungen hervor, deshalb sollte sie allenfalls in kleinen Mengen gegessen werden. Es besteht Verwechslungsgefahr mit dem giftigen *C. molybdites,* siehe unten) und weiteren häufigen, sehr ähnlichen Arten.

SEITENANSICHT

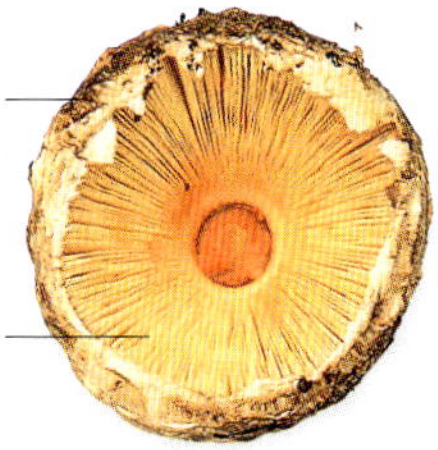

UNTERSEITE

VON OBEN

SEITENANSICHT

SPORENFARBE Weiß.

GRÖSSE Hut 5–15 cm, bis 20 cm (b); Stiel 10–15 cm, bis zu 20 cm (h) x 1–2 cm (b).

VORKOMMEN Meist unter Hecken, in Parks und Gärten.

VERBREITUNG In Europa und Nordamerika; häufig.

FRUCHTKÖRPER Gesellig; Sommer bis Herbst.

LÄNGSSCHNITT

SEITENANSICHTEN

GRÜNBLÄTTRIGER SCHIRMPILZ

CHLOROPHYLLUM MOLYBDITES

Die grünen bis olivgrünen Lamellen, die bei Berührung grau oder dunkler flecken, unterscheiden die hochgiftige Art vom ähnlichen *C. rhacodes* (siehe oben). Auch das grüne Sporenpulver ist ein Unterscheidungsmerkmal.

SPORENPULVER Grün bis olivbraun.

GRÖSSE Hut 10–15 cm (b); Stiel 8–18 cm (h) x 1–2,5 cm (b).

VORKOMMEN Auf blankem Boden, im Gras; Wälder, Parks und Gärten.

VERBREITUNG In tropischem und subtropischem Klima weitverbreitet; in Europa nur in Gewächshäusern.

FRUCHTKÖRPER In Hexenringen; ganzjährig oder in der Regenzeit.

ANLAUFENDER EGERLINGSSCHIRMLING

LEUCOAGARICUS BADHAMII

Wenn man sie anfasst, laufen die Fruchtkörper dieser Art zunächst safrangelb oder blutrot an. Bald verfärben sie sich schwarz. Anfangs ist der Pilz fast weiß mit zierlichen bräunlichen Schuppen auf dem Hut. Der aufsteigende Ring ist auffällig. Die Art gehört zu einer rot fleckenden Gruppe, deren Mitglieder zwar als giftig gelten, doch ziemlich selten sind.

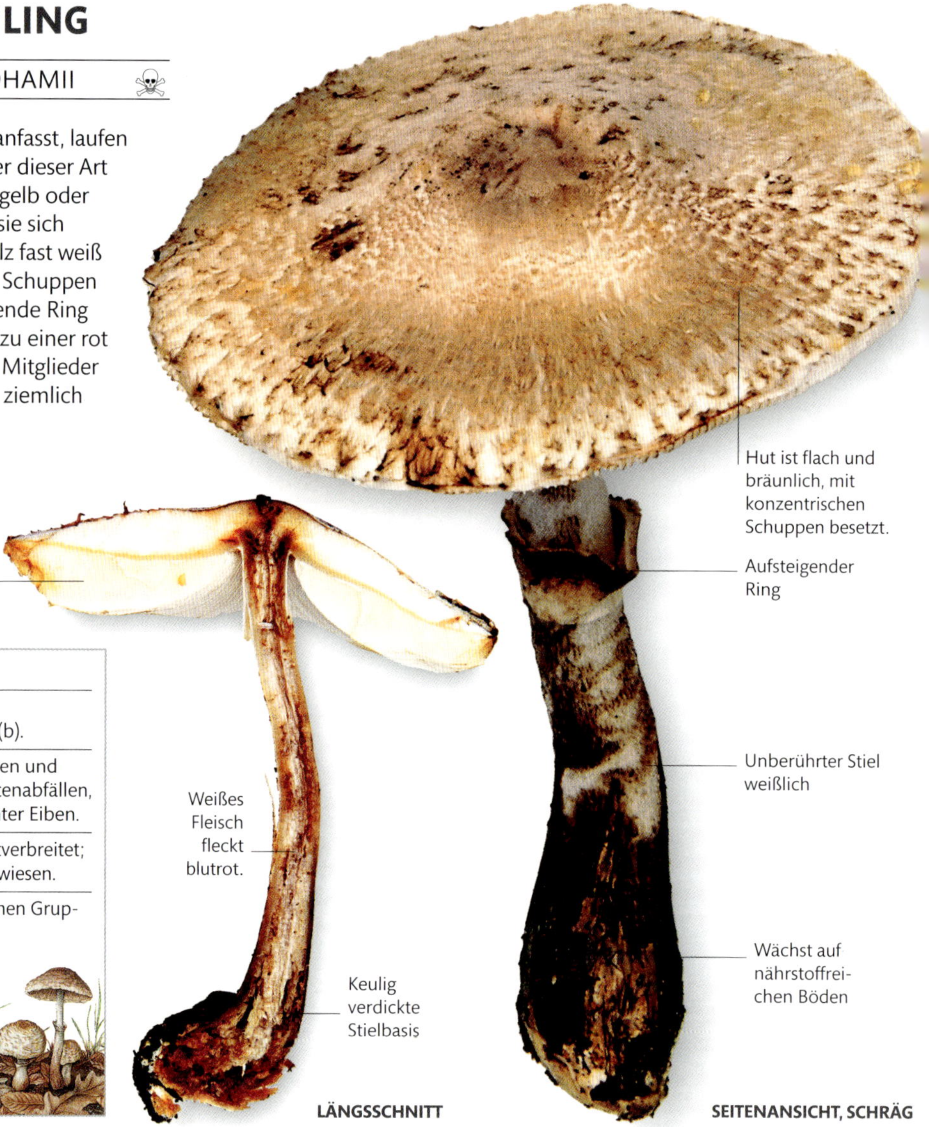

SPORENFARBE Weiß.

GRÖSSE Hut 3–8 cm (b); Stiel 3–7 cm (h) x 0,4–0,8 cm (b).

VORKOMMEN Auf kalkhaltigen und nährstoffreichen Böden, Gartenabfällen, Laub- und Nadelstreu; oft unter Eiben.

VERBREITUNG In Europa weitverbreitet; in Nordamerika nicht nachgewiesen.

FRUCHTKÖRPER Meist in kleinen Gruppen; Spätsommer bis Spätherbst.

GELBER FALTENSCHIRMLING

LEUCOCOPRINUS BIRNBAUMII

Bei uns kommt dieser giftige Pilz in Blumentöpfen in Gewächshäusern vor. In tropischen Regenwäldern ist er häufig. Seine gelbe Farbe ist sehr charakteristisch. Der Hut ist radialfurchig und mit schüppchenartigen Flocken besetzt. In den Tropen hat der Gelbe Faltenschirmling viele Verwandte.

SPORENFARBE Weiß.

GRÖSSE Hut 1–5 cm (b); Stiel 4–10 cm (h) x 0,2–0,4 cm (b); Basis bis zu 0,6 cm (b).

VORKOMMEN In Gewächshäusern; in der Natur in warmem, tropischem Klima.

VERBREITUNG In den Tropen und Subtropen weitverbreitet.

FRUCHTKÖRPER Oft büschelig auf komposthaltigen Böden; ganzjährig.

ZUCHTCHAMPIGNON

AGARICUS BISPORUS

Der wahrscheinlich bekannteste Speisepilz wird schon seit langer Zeit in großen Mengen kultiviert. Er gehört zur Gruppe der rötenden *Agaricus*-Arten, aber diese Reaktion fällt bei ihm nur sehr schwach aus. Ein weiteres typisches Merkmal ist die Position des Rings. Bei *A. bisporus* ist er klein und aufsteigend. Die Hutfarbe ist variabel. Nur Arten wie *Volvariella volvacea*, *Pleurotus ostreatus* (siehe S. 112) und *Lentinula edodes* haben eine ähnliche wirtschaftliche Bedeutung. Der Portobello-Champignon wird zwar wesentlich größer, gehört aber derselben Art an.

SPORENFARBE Schokoladenbraun.

GRÖSSE Hut 5–10 cm (b); Stiel 3–6 cm (h) x 1–2 cm (b).

VORKOMMEN An Wegrändern, auf Friedhöfen; anderen Standorten mit gestörten, nährstoffreichen Böden.

VERBREITUNG Gemäßigte Breiten auf der Nordhalbkugel.

FRUCHTKÖRPER In Trupps und Ringen; Spätsommer bis Herbst.

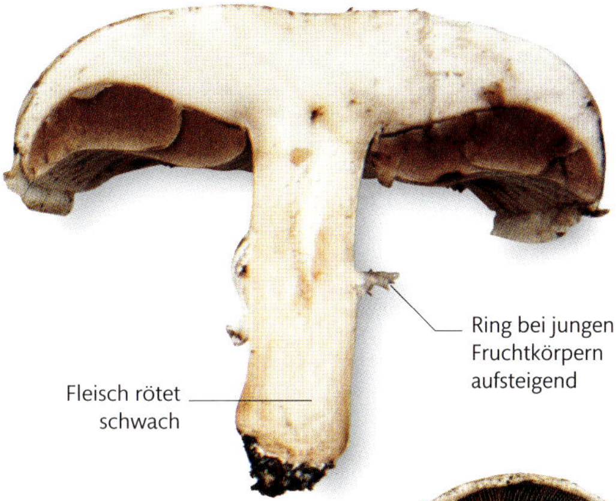

LÄNGSSCHNITT

UNTERSEITE

SEITENANSICHT, SCHRÄG

ROSABLÄTTRIGER EGERLINGSSCHIRMLING

LEUCOAGARICUS LEUCOTHITES

Dieser ungenießbare Pilz wird häufig für eine *Agaricus*-Art gehalten, seine Lamellen sind aber niemals braun oder schwarz und das Sporenpulver ist weiß. Auch der Stielring ist anders als bei Vertretern der Gattung *Agaricus*. Aufgrund leichter Farbunterschiede unterteilen manche Experten *L. leucothites* in eine Gruppe nah verwandter Arten. Keine dieser Formen ist essbar.

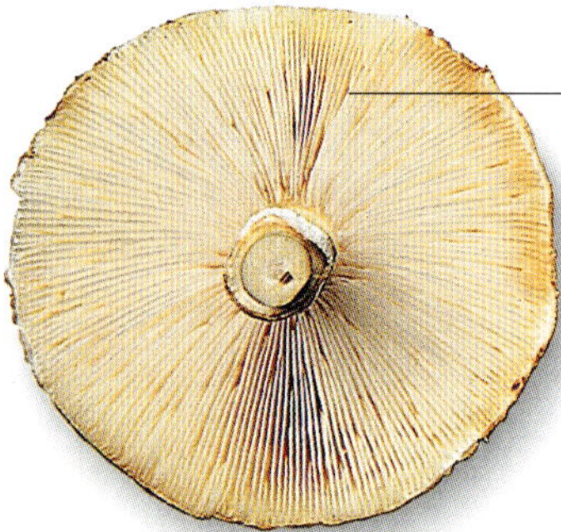

UNTERSEITE

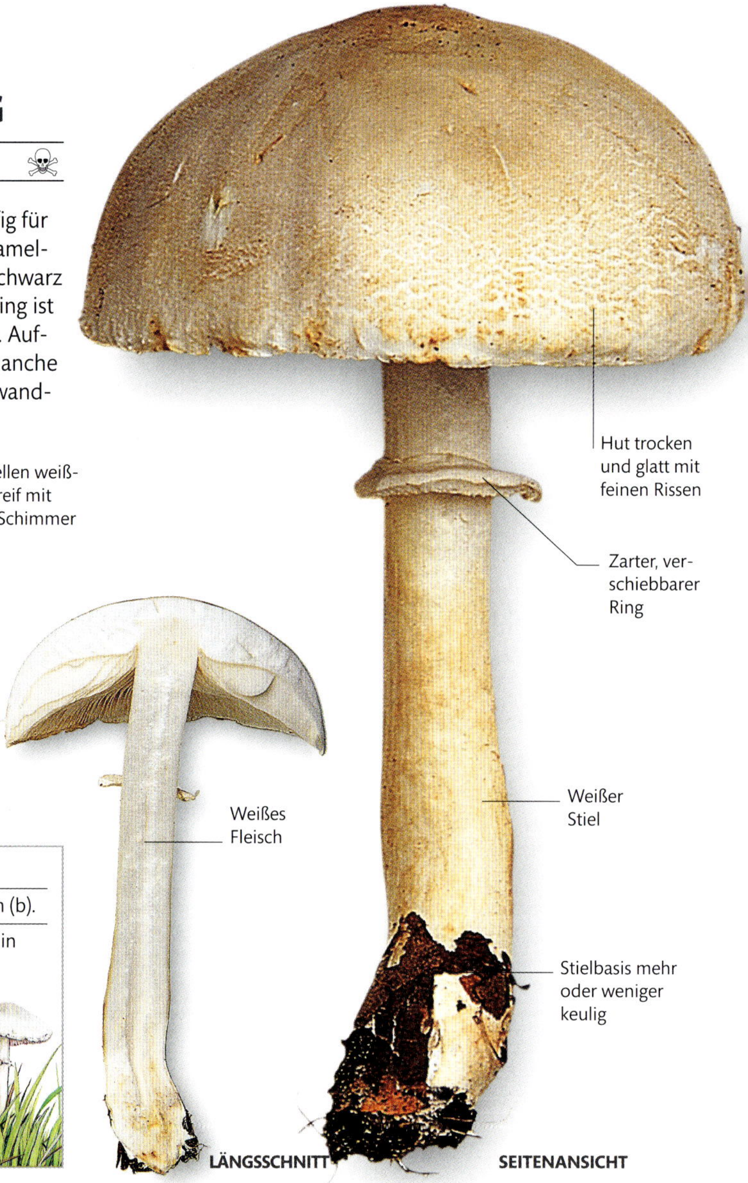

LÄNGSSCHNITT

SEITENANSICHT

SPORENFARBE Weiß.

GRÖSSE Hut 5–8 cm (b); Stiel 4–8 cm (h) x 0,8–2 cm (b).

VORKOMMEN Zwischen Gräsern an Wegrändern, in Parks und Gärten, auf Sanddünen.

VERBREITUNG In Europa und Nordamerika weitverbreitet.

FRUCHTKÖRPER In kleinen Gruppen oder Hexenringen; Spätsommer bis Herbst.

STADTCHAMPIGNON

AGARICUS BITORQUIS

Neben dem Standort erkennt man diesen Pilz an seinem doppelten aufsteigenden Stielring. Das feste Fleisch färbt sich langsam rosa und der annähernd quadratische Hut zeigt lange Zeit einen eingerollten Rand. Der Geschmack ist säuerlich. Zwar ist die Art essbar, wegen ihres Standorts an Straßenrädern aber wenig appetitlich. *A. bernardii* (siehe S. 218) wächst an ähnlichen Standorten.

SPORENFARBE Schokoladenbraun.

GRÖSSE Hut 5–12 cm (b); Stiel 4–8 cm, bis 12 cm (h) x 1–3,5 cm (b).

VORKOMMEN Meist in der Stadt, auf harten Böden, zwischen Pflastersteinen.

VERBREITUNG In Europa und Nordamerika verbreitet und häufig.

FRUCHTKÖRPER Gesellig an Straßenrändern, bricht manchmal die Teerdecke auf; Sommer bis Herbst.

WIESENCHAMPIGNON

AGARICUS CAMPESTRIS

Die Fruchtkörper dieses bekannten Speisepilzes röten schwach und riechen nicht nach Mandeln, wie die von *A. arvensis* (siehe S. 221). Der einfache, ziemlich kleine Ring ist auf der Unterseite nicht flockig-schuppig. Der Hut kann sich bei älteren Exemplaren rosagrau färben.

UNTERSEITE

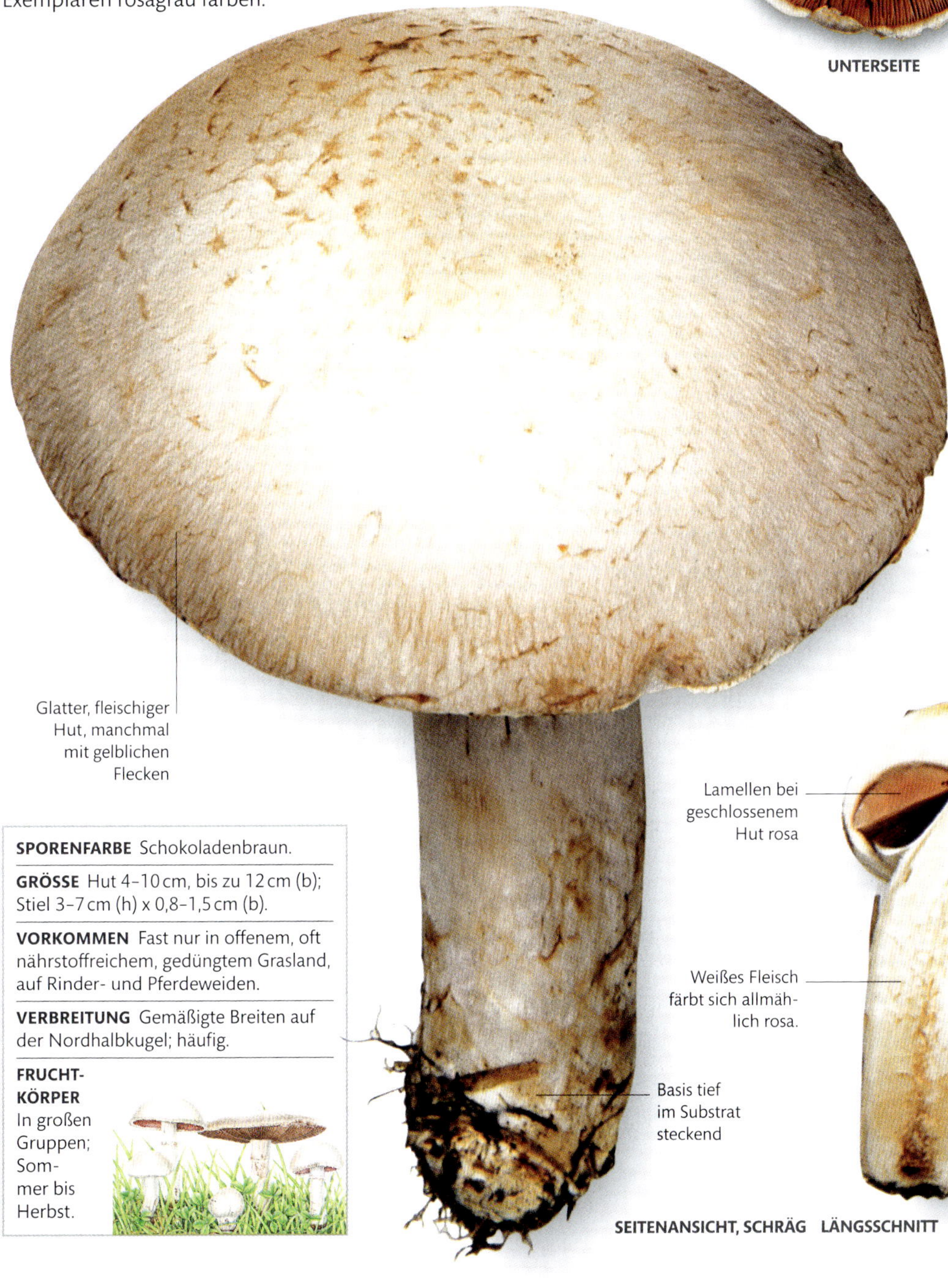

SEITENANSICHT, SCHRÄG

LÄNGSSCHNITT

SPORENFARBE Schokoladenbraun.

GRÖSSE Hut 4–10 cm, bis zu 12 cm (b); Stiel 3–7 cm (h) x 0,8–1,5 cm (b).

VORKOMMEN Fast nur in offenem, oft nährstoffreichem, gedüngtem Grasland, auf Rinder- und Pferdeweiden.

VERBREITUNG Gemäßigte Breiten auf der Nordhalbkugel; häufig.

FRUCHTKÖRPER In großen Gruppen; Sommer bis Herbst.

SALZWIESEN-CHAMPIGNON

AGARICUS BERNARDII

Dieser sehr fleischige, übelriechende und ungenießbare Pilz toleriert salzhaltige oder mit Streusalz kontaminierte Böden. Der schmale Ring ist aufsteigend und die Huthaut platzt oft schuppig oder felderig auf.

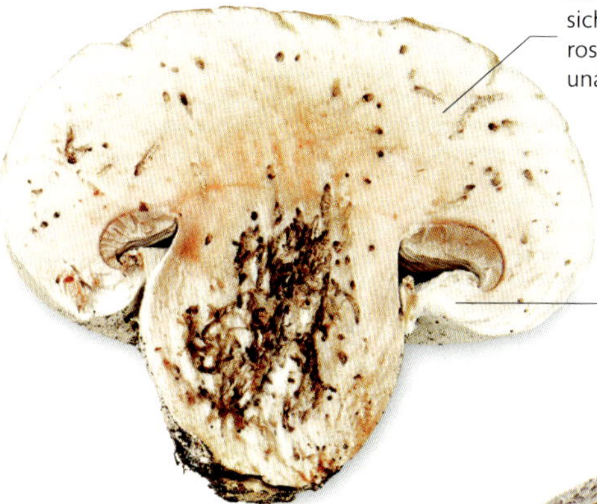

LÄNGSSCHNITT

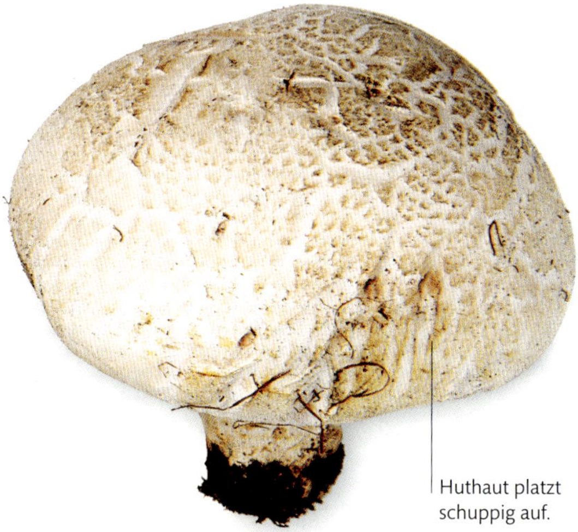

VON SCHRÄG OBEN

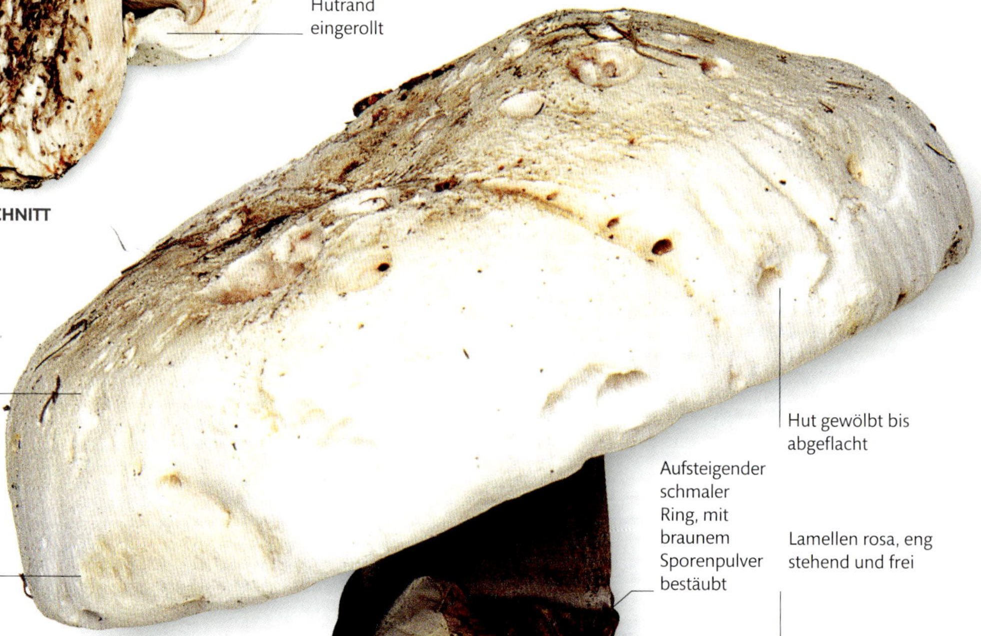

SEITENANSICHT

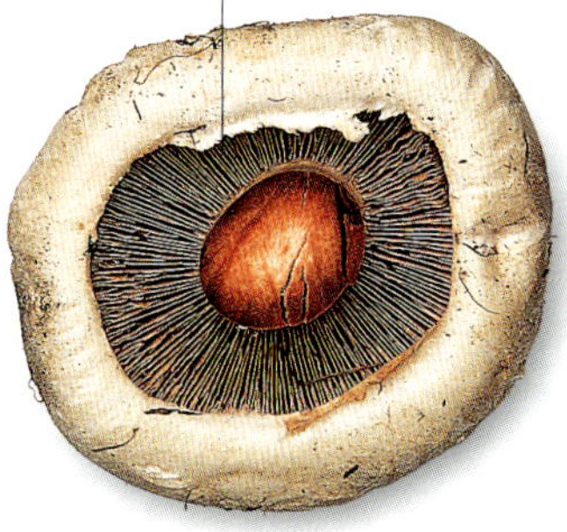

UNTERSEITE

SPORENFARBE Schokoladenbraun.

GRÖSSE Hut 7–15 cm, bis zu 20 cm (b); Stiel 5–10 cm (h) x 2–4 cm (b).

VORKOMMEN Auf Salzwiesen an der Küste; an Rändern von Straßen, auf denen im Winter Streusalz ausgebracht wurde.

VERBREITUNG In Europa weitverbreitet.

FRUCHTKÖRPER In Trupps; Sommer bis Herbst.

KLEINER BLUTCHAMPIGNON

AGARICUS SILVATICUS

Dieser gute Speisepilz läuft bei Verletzung blutrot an. Die Farbreaktion fällt weniger stark aus als bei einigen seiner nahen Verwandten. Die Art darf nicht mit dem giftigen Rebhuhnegerling (*A. phaeolepidotus*) verwechselt werden, dessen Fleisch sich gelb verfärbt.

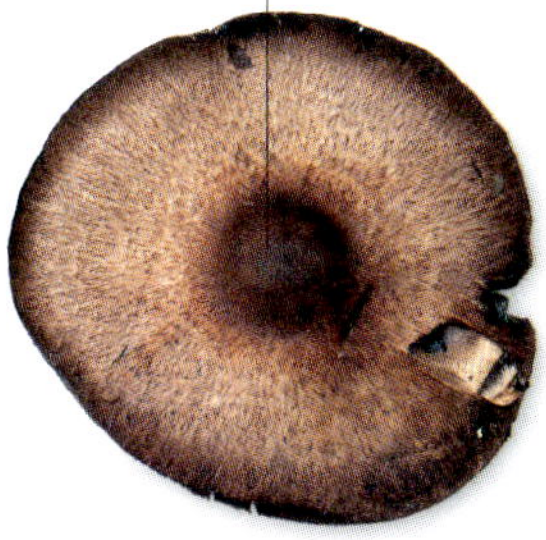

VON OBEN

UNTERSEITE

SEITENANSICHT, SCHRÄG

LÄNGSSCHNITT

SPORENFARBE Schokoladenbraun.

GRÖSSE Hut 5–10 cm (b); Stiel 5–10 cm (h) x 0,5–1,5 cm (b); Basis bis zu 2,5 cm (b).

VORKOMMEN Auf Holzabfällen in Wäldern, Forsten und Parks.

VERBREITUNG Gemäßigte Breiten auf der Nordhalbkugel.

FRUCHTKÖRPER In Trupps oder Ringen in der Nadelstreu; Herbst.

Auch bekannt als Kleiner Waldchampignon oder Kleiner Blutegerling.

RIESENCHAMPIGNON

AGARICUS AUGUSTUS

Der braunschuppige Hut, die gelbe Verfärbung des Fleischs und der Mandelgeruch sind charakteristisch für diesen Speisepilz. Er enthält mitunter Cadmium in hoher Konzentration und sollte deshalb nur in kleinen Mengen gegessen werden.

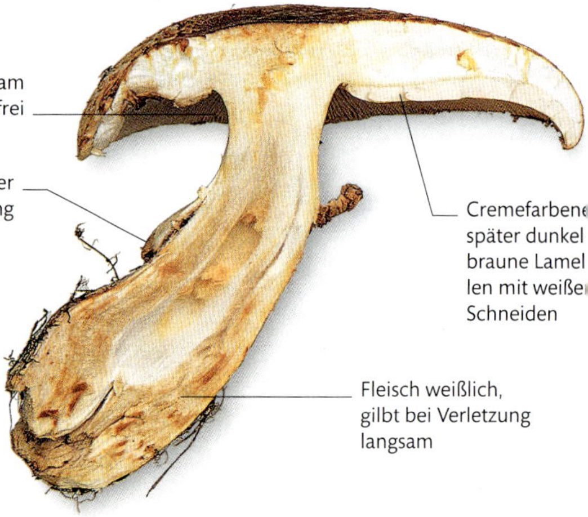

LÄNGSSCHNITT

UNTERSEITE

SEITENANSICHT, SCHRÄG

SPORENFARBE Schokoladenbraun.

GRÖSSE Hut 8–15 cm, bis zu 20 cm (b); Stiel 7–12 cm, bis zu 20 cm (h) x 1,5–3,5 cm (b).

VORKOMMEN Auf nährstoffreichen Böden in Wäldern und Parks, auf Komposterde in Gärten.

VERBREITUNG Gemäßigte Breiten auf der Nordhalbkugel.

FRUCHTKÖRPER Gesellig auf besseren Böden; Herbst.

SCHAFCHAMPIGNON

AGARICUS ARVENSIS

Dieser enge Verwandte von *A. augustus* (siehe gegenüber) hat keine typischen Schuppen auf dem Hut. Der hängende Ring ist auf der Unterseite gezackt wie ein Zahnrad. Das Fleisch färbt sich langsam ockergelb und riecht nach Mandeln. Auch dieser Speisepilz kann Cadmium in hoher Konzentration enthalten.

SEITENANSICHT

LÄNGSSCHNITT

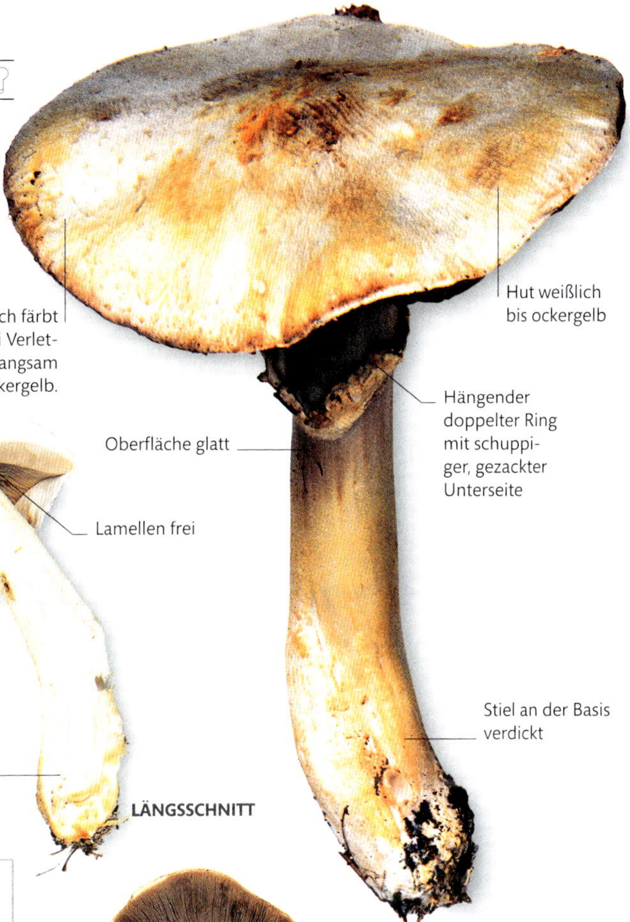

SEITENANSICHT, SCHRÄG

UNTERSEITE

SPORENFARBE Schokoladenbraun.

GRÖSSE Hut 7–15 cm, bis zu 20 cm (b); Stiel 7–15 cm (h) x 1–3 cm (b).

VORKOMMEN Oft auf Pferdeweiden, Rasenflächen und in Parks.

VERBREITUNG Gemäßigte Breiten der Nordhalbkugel; häufig.

FRUCHTKÖRPER Meist in Ringen; Sommer bis Herbst.

FILZIGBERINGTER CHAMPIGNON

AGARICUS HONDENSIS

Dieser nordamerikanische Pilz ruft oft Magen-Darm-Beschwerden hervor. Er unterscheidet sich von *A. moelleri* (siehe S. 224) durch die blasseren Hutschuppen und die weniger abgeflachte Hutmitte. Bei Verletzung gilbt sein Fleisch nicht. Der unangenehme Geruch erinnert an *A. xanthoderma* (siehe S. 223) und *A. moelleri*.

SPORENFARBE Schokoladenbraun

GRÖSSE Hut 6–15 cm (b); Stiel 6–15 cm (h) x 1–2 cm (b), mit knollig verdickter Basis.

VORKOMMEN Auf Waldböden.

VERBREITUNG Nordamerikanische Pazifikküste.

FRUCHTKÖRPER Gesellig in der Streuschicht; Herbst bis Winter.

DÜNNFLEISCHIGER ANISCHAMPIGNON

AGARICUS SILVICOLA

Die Art vertritt *A. arvensis* (siehe S. 221) in Wäldern, der Stiel ist aber schlanker und die Knolle meist abgeflacht. Das gilbende Fleisch riecht nach Bittermandeln oder Anis. Dieser Speisepilz kann Cadmium in hoher Konzentration enthalten und sollte nur in kleinen Mengen gegessen werden.

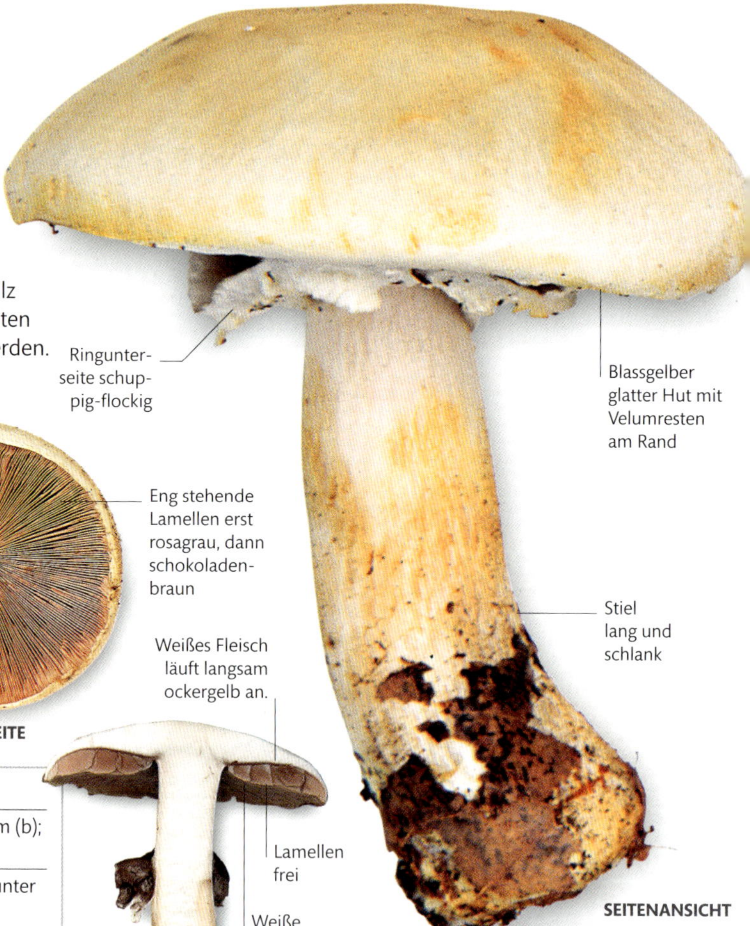

SEITENANSICHT

SEITENANSICHT

UNTERSEITE

LÄNGSSCHNITT

SPORENFARBE Schokoladenbraun.

GRÖSSE Hut 6–12 cm (b); Stiel 8–12 cm (h) x 1–2 cm (b); Stielbasis bis 3 cm (b).

VORKOMMEN Auf nährstoffreichen Waldböden, unter Laub- und Nadelbäumen.

VERBREITUNG Gemäßigte Breiten auf der Nordhalbkugel; häufig.

FRUCHTKÖRPER In kleinen Gruppen oder in Ringen; Sommer bis Herbst.

KALIFORNISCHER CHAMPIGNON

AGARICUS CALIFORNICUS

Dieser Giftpilz kann leicht mit *A. campestris* verwechselt werden (siehe S. 217). Er hat einen stechenden Geruch und einen braunschuppigen Hut. Bei Genuss verursacht *A. californicus* Magen-Darm-Beschwerden. Die Art gehört zu den gilbenden *Agaricus*-Arten, wie auch *A. xanthoderma* (siehe gegenüber).

SPORENFARBE Schokoladenbraun.

GRÖSSE Hut 5–10 cm (b); Stiel 3–10 cm (h) x 1–1,5 cm (b).

VORKOMMEN Meist in städtischen Gebieten, auf feuchten Rasenflächen und in Parks.

VERBREITUNG Kalifornien, Nordamerika.

FRUCHTKÖRPER Gesellig, vor allem im feuchten Gras; ganzjährig.

KARBOLCHAMPIGNON

AGARICUS XANTHODERMA

Obwohl dieser Giftpilz zum Gilben neigt, wirkt er sehr weiß und heller als die anderen gilbenden *Agaricus*-Arten. Das beste Bestimmungsmerkmal ist seine Stielbasis: Sie gilbt im Längsschnitt sattgelb. Das Fleisch riecht tintenartig. Diese Art hat mehrere braunhütige, ebenfalls giftige Verwandte. Die essbaren *Agaricus*-Arten *A. arvensis*, *A. augustus* (siehe S. 220–221) und *A. silvicola* (siehe gegenüber) sind ähnlich, riechen aber nach Bittermandeln und gilben langsamer.

SPORENFARBE Schokoladenbraun.

GRÖSSE Hut 5–13 cm (b); Stiel 5–10 cm (h) x 1–2 cm (b).

VORKOMMEN Auf blanken Böden oder im Gras; in Parks, Gärten, auf Friedhöfen und an ähnlichen Orten.

VERBREITUNG In den gemäßigten Breiten auf der Nordhalbkugel und anderswo weitverbreitet, aber nicht überall.

FRUCHTKÖRPER Oft in großen Gruppen oder Ringen an grasbewachsenen Standorten; Sommer bis Herbst.

UNTERSEITE

SEITENANSICHT

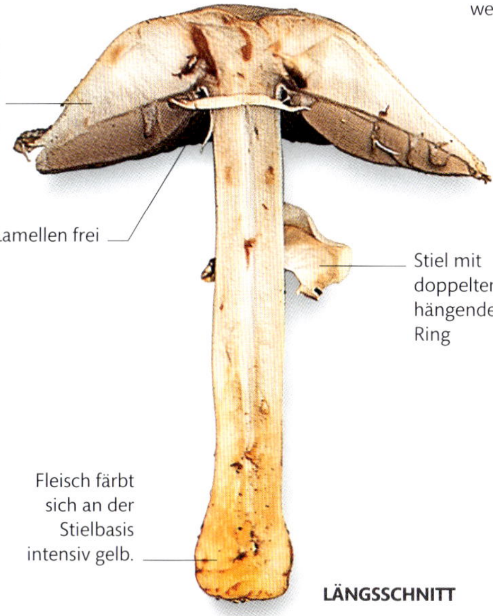

LÄNGSSCHNITT

PERLHUHN-CHAMPIGNON

AGARICUS MOELLERI

Dieser unangenehm riechende Pilz ist nah mit dem Karbolchampignon (*A. xanthoderma*, siehe S. 223) verwandt. Wie dieser ist er giftig und hat rasch gilbendes Fleisch. Vom Rebhuhn-Champignon (*A. phaeolepidotus*) unterscheidet er sich durch die grauere Hutschuppung und die raschere Gelbfärbung. In Nordamerika kommt der ähnliche *A. placomyces* vor. Alle diese Arten enthalten ähnliche Gifte, die schwere Magen-Darm-Beschwerden hervorrufen können.

UNTERSEITE

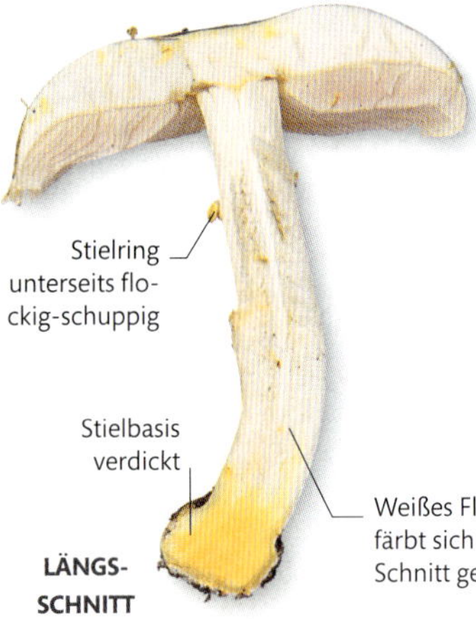

LÄNGSSCHNITT

SEITENANSICHT, SCHRÄG

SPORENFARBE Schokoladenbraun.

GRÖSSE Hut 5–14 cm (b); Stiel 6–10 cm (h) x 1–1,5 cm (b); Basis bis zu 2,5 cm (b).

VORKOMMEN Auf nährstoffreichen, kalkhaltigen Waldböden, auch in Parks.

VERBREITUNG Gemäßigte Breiten auf der Nordhalbkugel; vielerorts selten.

FRUCHTKÖRPER Gesellig, manchmal in Ringen; Spätsommer bis Herbst.

PURPURFASERIGER CHAMPIGNON

AGARICUS PORPHYRIZON

Die Kombination aus mit violetten Fasern durchzogener Hutoberfläche, gilbendem Fleisch und Bittermandelgeruch findet man bei mehreren, meist kleinen *Agaricus*-Arten. *A. porphyrizon* ist ein ungewöhnlich dickfleischig und gedrungener Vertreter. Der Speisepilz wächst in der Streuschicht.

SPORENFARBE Schokoladenbraun.

GRÖSSE Hut 5–8 cm (b); Stiel 4–6 cm (h) x 0,7–1 cm, manchmal 1,5 cm (b).

VORKOMMEN Auf dem Erdboden und im Falllaub, auch auf Holzabfällen und in Gärten.

VERBREITUNG In Europa weitverbreitet, aber zerstreut; weltweite Verbreitung unklar.

FRUCHTKÖRPER Einzel oder in kleinen Gruppen; Herbst.

SCHOPFTINTLING

COPRINUS COMATUS

Dieser essbare Pilz bildet fleischigere Fruchtkörper als andere *Coprinopsis*- und *Coprinellus*-Arten. Die faserschuppigen Hüte zerfließen bald und sind ein wesentliches Merkmal. Diesen Pilz sollte man früh am Tag sammeln, nur junge Fruchtkörper auswählen und sie zu Hause gleich verarbeiten.

SEITENANSICHT

SEITENANSICHT

LÄNGSSCHNITT

SPORENFARBE Schwarz.

GRÖSSE Hut 5–20 cm (h) x 2–6 cm (b); Stiel 10–35 cm (h) x 1–2 cm, bis zu 3 cm (b).

VORKOMMEN Auf gestörten Böden und Rasenflächen, an Weg- und Straßenrändern.

VERBREITUNG Gemäßigte Breiten auf der Nordhalbkugel; häufig.

FRUCHTKÖRPER In großen Scharen; Frühjahr bis Herbst.

TIEGELTEUERLING

CRUCIBULUM CRUCIBULIFORME

Die einzige Art ihrer Gattung bildet nestförmige Fruchtkörper, anders als die Vertreter der Gattung *Cyathus* (siehe gegenüber), deren Fruchtkörper umgekehrt kegelförmig sind. Jede der eiförmigen Peridiolen ist mit einem Hyphenstrang mit dem Nest verbunden. Unreife Fruchtkörper sind mit einem Häutchen bedeckt. Wenn dieses verschwunden ist, schleudern Regentropfen die Peridiolen heraus.

SPORENFARBE Weiß.

GRÖSSE Becher 0,5–1 cm (h) x 0,5–0,8 cm (b); Peridiolen 0,15–0,2 cm (b).

VORKOMMEN In Wäldern, Parks und Gärten, auf Falllaub, Mulch und Sägespänen.

VERBREITUNG Gemäßigte Breiten der Nordhalbkugel; recht häufig.

FRUCHTKÖRPER In Gruppen auf Holzresten; Herbst.

Weiße, linsenförmige Peridiolen

VON OBEN

Fruchtkörper zunächst mit ockerfarbenem Häutchen bedeckt

VON OBEN

Innenseite glatt und ockerfarben

Außenseite des Fruchtkörpers filzig bis glatt

VON SCHRÄG OBEN

STRIEGELIGER TEUERLING

CYATHUS STRIATUS

Die grob längs gefurchte Innenseite des Nests ist das wichtigste Merkmal dieses ungenießbaren Teuerlings. Die Außenseite ist dunkelbraun und striegelig-filzig. Unreife Fruchtkörper sind mit einem weißlichen Häutchen bedeckt, das später verschwindet. Die Peridiolen werden herausgeschleudert, wenn Regentropfen im Nest aufprallen. Die Peridiolen heften sich mit klebrigen Fäden an den Pflanzen in der Umgebung fest. Der Topfteuerling (*C. olla*) ist ähnlich, innen aber nicht gefurcht. Er kommt an offeneren Standorten vor.

LÄNGSSCHNITT

VON OBEN

SEITENANSICHT

SPORENFARBE Weiß.

GRÖSSE Becher 0,8–1,5 cm (h) x 0,6–0,8 cm (b); Peridiolen 1–2 mm (b).

VORKOMMEN In Wäldern, oft auf halb vergrabenen Laubholzästchen.

VERBREITUNG Gemäßigte Breiten auf der Nordhalbkugel; häufig.

FRUCHTKÖRPER Dicht gedrängt; Herbst.

BEUTELSTÄUBLING

LYCOPERDON EXPULIFORME

Die typischen langstieligen Fruchtkörper dieser mörserförmigen Art sind leicht zu bestimmen. Kurzstielige Exemplare ähneln dagegen anderen *Lycoperdon*-Arten, besonders dem Weichen Stäubling (*L. molle*). Bei reifen Fruchtkörpern verschwindet die Haut, die das Sporen bildende Gewebe bedeckt, sodass die Sporen vom Wind und von Regentropfen verbreitet werden. Junge, noch feste Fruchtkörper sind essbar, haben aber keinen Geschmack.

SPORENFARBE Olivbraun bis braun.

GRÖSSE Fruchtkörper 5–20 cm (h); Hut (Kopfteil) 5–10 cm (b).

VORKOMMEN Wälder, offenes Gelände.

VERBREITUNG In den meisten Regionen der Nordhalbkugel, im Norden bis zur subarktischen und im Süden bis zur subtropischen Klimazone.

FRUCHTKÖRPER Meist in kleinen Gruppen; Herbst.

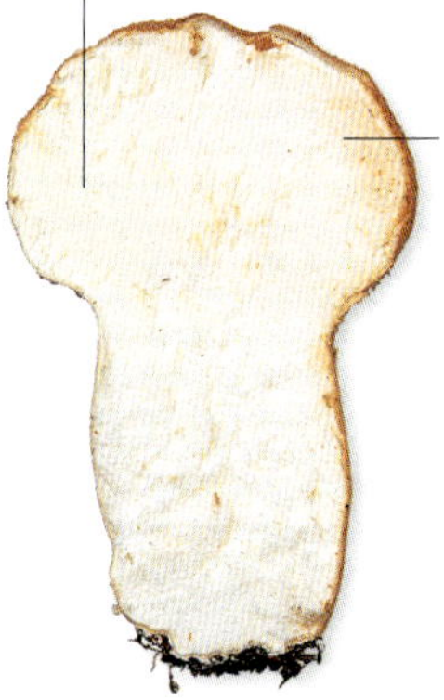

LÄNGSSCHNITT

SEITENANSICHT

LÄNGSSCHNITT

SEITENANSICHT

HASENBOVIST

LYCOPERDON UTRIFORME

Dieser große Bovist wird niemals höher als breit. Die Fruchtkörper sind mit ziemlich groben, mehligen Stacheln bedeckt, die mit der Reife zum größten Teil abfallen. Schließlich löst sich die Haut des Kopfteils auf, sodass die braune Sporenmasse frei liegt. Der sterile Stielteil färbt sich von weiß zu braun. Ungewöhnlich sind die glatten Sporen. Junge Fruchtkörper sind essbar, aber relativ geschmacklos. Es gibt viele ähnliche Arten und Gattungen, von denen einige lila getönte Sporenmasse haben, wie

der Lilafarbene Stäubling (*Calvatia fragilis*), der in wärmeren Regionen in Europa und Nordamerika vorkommt. Der große Sternstäubling (*Mycenastrum corium*) kommt in kontinentalem, trockenem Klima vor. Seine dicke Außenhülle reißt sternförmig auf.

SPORENFARBE Braun mit oder ohne olivgrüne Tönung.

GRÖSSE Fruchtkörper 5–10 cm (h) x 5–15 cm (b).

VORKOMMEN Zwischen Gräsern, Flechten und niedrigen Kräutern im offenen Gelände; häufig an der Küste.

VERBREITUNG Gemäßigte Breiten auf der Nordhalbkugel.

FRUCHTKÖRPER Meist in kleinen Gruppen in offenem Gelände; Sommer bis Herbst.

RIESENBOVIST

CALVATIA GIGANTEA

Dies ist einer der bekanntesten Speisepilze. In den Medien wird immer wieder über rekordverdächtige Exemplare berichtet. Die fußballgroßen Fruchtkörper können über 4 kg schwer werden, der Rekord liegt bei über 20 kg. Der sterile Teil ist bei dieser Art sehr reduziert, und das Innere besteht zum größten Teil aus unzähligen Sporen.

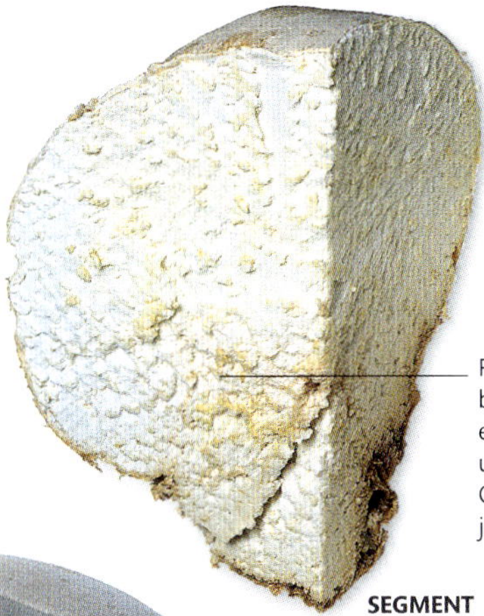

Fleisch essbar, solange es weiß und fest ist; Geschmack jedoch fade

SEGMENT

Riesiger weißer bis cremeweißer Fruchtkörper

Haut ledrig und glatt, verfault schließlich

SEITENANSICHT

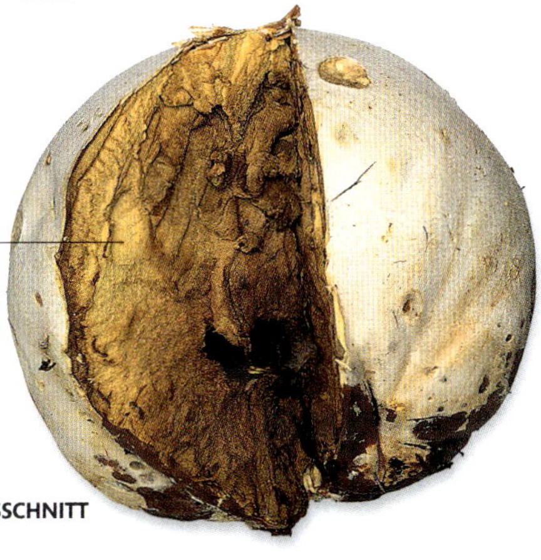

Sporen bildenes Gewege gelblich, später olivbraun

LÄNGSSCHNITT

SPORENFARBE Olivbraun.

GRÖSSE Fruchtkörper 20–50 cm, bis zu 70 cm Durchmesser.

VORKOMMEN Gestörte, sehr nährstoffreiche Böden, wie Äcker, Hecken, Waldränder und Parks.

VORKOMMEN Gemäßigte Breiten auf der Nordhalbkugel; lokal häufig.

FRUCHTKÖRPER Meist in Hexenringen; Sommer bis Herbst.

WIESENSTÄUBLING

LYCOPERDON PRATENSE

Unerfahrene Pilzsammler haben oft Schwierigkeiten, diesen Pilz zu bestimmen. Wesentliches Merkmal ist eine Membran, die den fertilen, kugeligen Kopfteil von der kurzen stielartigen Basis trennt. Sie ist manchmal schwierig zu erkennen. Reife Fruchtkörper sind oben oft abgeflacht und haben eine große Öffnung, durch die die Sporen entlassen werden. Dies geschieht durch auftreffende Regentropfen oder Druck auf den Fruchtkörper. Der untere sterile Teil ist sehr ausdauernd. Feste, frische Exemplare sind essbar.

SPORENFARBE Olivgrau bis olivbraun.

GRÖSSE Fruchtkörper 1,5–3,5 cm (h) x 2–4,5 cm, bis zu 6 cm (b).

VORKOMMEN Auf grasbewachsenen Flächen, wie Rasenflächen, Parks, Golfplätzen, Wiesen und Weiden.

VERBREITUNG Weltweit, fehlt nur in tropischen Tiefländern.

FRUCHTKÖRPER Meist in kleinen Gruppen; Sommer bis Herbst.

SEITENANSICHT

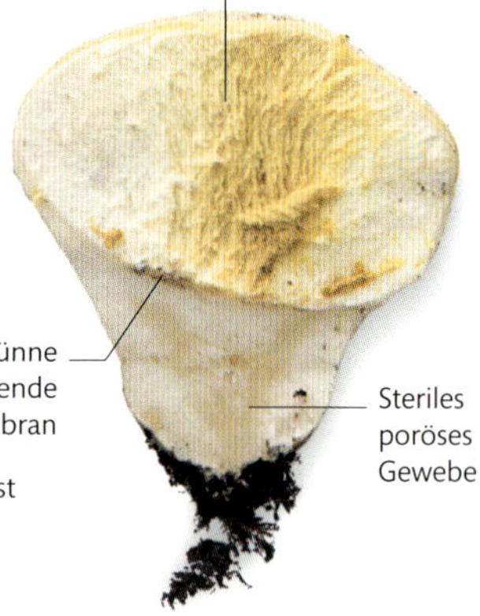

LÄNGSSCHNITT

BLEIGRAUER BOVIST

BOVISTA PLUMBEA

Bovista-Arten haben keine sterile Basis, und ihre Sporen werden aus einer mehr oder weniger deutlich abgegrenzten Öffnung entlassen. Vor der Reife platzt die Außenschicht der Hülle auf und blättert ab, sodass die charakteristische bleigraue Innenschicht sichtbar wird. Die Innenschicht von *B. pila* ist dagegen dunkel- bis bronzebraun. *Bovista*-Arten lösen sich bei Reife oft vom Substrat und werden vom Wind verweht, sodass die Sporen weit verstreut werden. Sie sind keine guten Speisepilze.

SEITENANSICHT

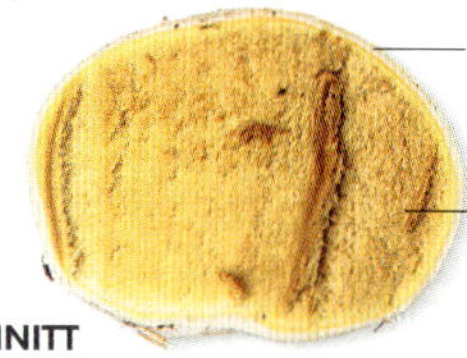

LÄNGSSCHNITT

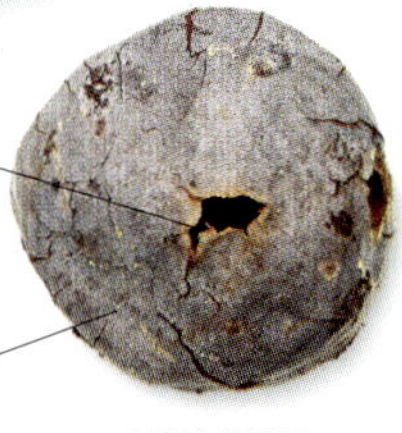

VON OBEN

SPORENMASSE Oliv- bis sepiabraun.

GRÖSSE Fruchtkörper 1–3 cm, manchmal bis zu 5 cm Durchmesser.

VORKOMMEN Meist in trockenem Grasland; auch auf stark gedüngten Wiesen.

VERBREITUNG Weltweit, fehlt nur in tropischen Tiefländern.

FRUCHTKÖRPER Meist in kleinen Gruppen; Sommer bis Herbst.

BIRNENSTÄUBLING

LYCOPERDON PYRIFORME

Diese *Lycoperdon*-Art ist relativ einfach zu bestimmen. Am Standort sind die birnenförmige Gestalt, die feinkörnige bis glatte Oberfläche, die weißen Myzelstränge an der Basis und das Vorkommen auf Holz gute Bestimmungsmerkmale. Oft findet man die jung essbaren Fruchtkörper in Massen auf morschem Holz.

SEITENANSICHT, SCHRÄG

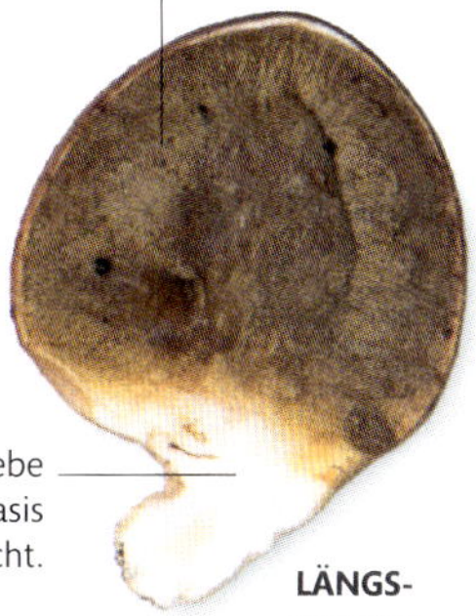

LÄNGS-SCHNITT

SEITENANSICHT

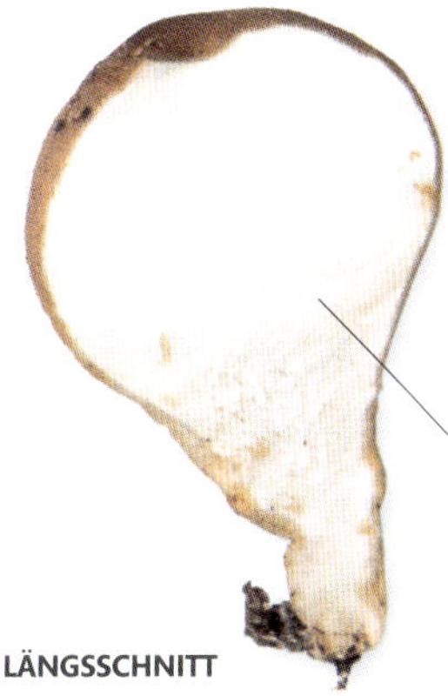

LÄNGSSCHNITT

SPORENFARBE Olivbraun.

GRÖSSE Fruchtkörper 1,5–6 cm (h) x 1–2,5 cm (b).

VORKOMMEN Auf morschem Laubholz, seltener an Nadelholz; in Wäldern, offenen Parks und Gärten.

VERBREITUNG Fast weltweit, fehlt in Gegenden mit extremem Klima.

FRUCHTKÖRPER Büschelig; Herbst bis Winter.

IGELSTÄUBLING

LYCOPERDON ECHINATUM

Der ungenießbare Igelstäubling verdankt seinen Namen den langen Stacheln auf der Außenhaut. Wenn sie abgefallen sind, bleibt ein charakteristisches Netzmuster zurück. Auch die schokoladenbraune Sporenmasse ist ein charakteristisches Merkmal.

VON SCHRÄG OBEN

SEITENANSICHT

SEITENANSICHT

SPORENFARBE Schokoladenbraun mit lila Tönung.

GRÖSSE Fruchtkörper 3–7 cm, in Ausnahmefällen bis 10 cm (h) x 1–3 cm, manchmal bis 6 cm (b).

VORKOMMEN Auf kalkhaltigen Böden, typischerweise in Buchenwäldern; manchmal zusammen mit dem selteneren Flocken-Stäubling (*L. mammiforme*).

VERBREITUNG Wärmere Regionen Europas und angrenzende Teile Asiens.

FRUCHTKÖRPER Meist in kleinen Gruppen; Herbst.

FLASCHENSTÄUBLING

LYCOPERDON PERLATUM

Wie beim Igelstäubling *L. echinatum* (siehe gegenüber) bleibt auch bei diesem nur jung essbaren Stäubling ein Netzmuster auf der Hülle zurück, wenn die Stacheln abgefallen sind. Seine Stacheln bedecken auch den gut entwickelten Stiel, stehen hier aber nicht so dicht. Der Scheitel ist aufgewölbt und reißt bei Reife auf. Der ähnliche, aber schwärzliche Stinkende Stäubling (*L. nigrescens*) hat dunklere, längere Stacheln. Sie bilden Gruppen wie die viel längeren Stacheln von *L. echinatum*.

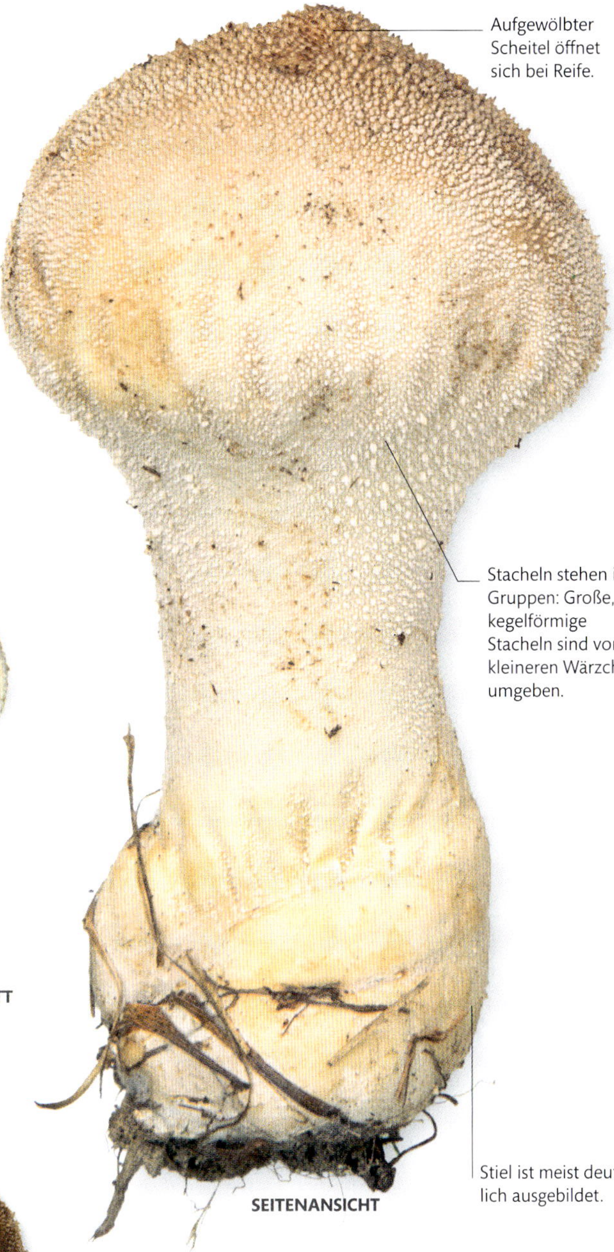

SEITENANSICHT

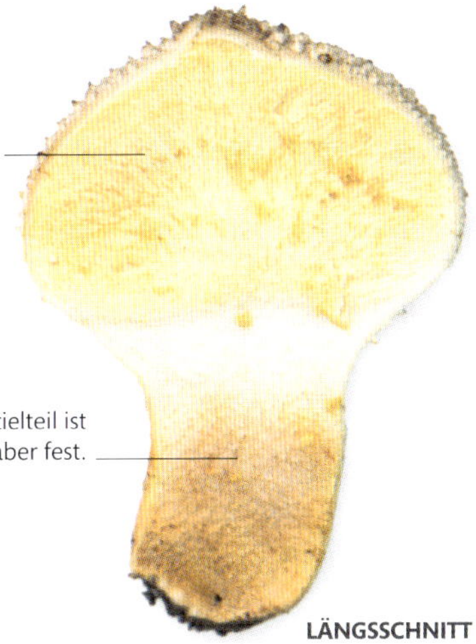

LÄNGSSCHNITT

SEITENANSICHT

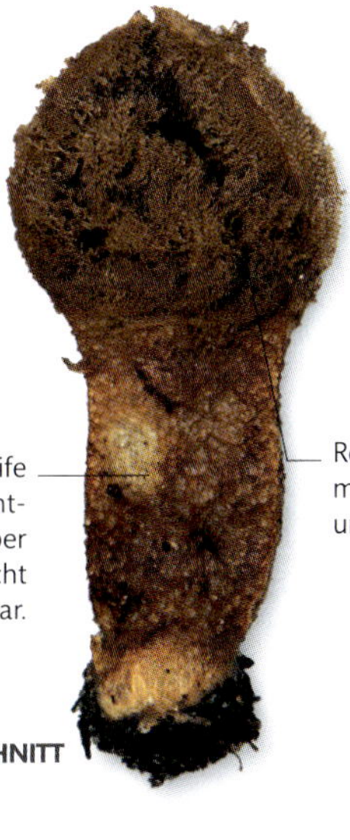

LÄNGSSCHNITT

SPORENFARBE Gelblich bis olivbraun.

GRÖSSE Fruchtkörper 4–7 cm, manchmal nur 2 cm und bis zu 9 cm (h) x 2–4 cm (b).

VORKOMMEN Auf dem Boden, vor allem in Wäldern, aber auch in offenem Grasland.

VERBREITUNG Weltweit; in den gemäßigten Breiten auf der Nordhalbkugel häufig.

FRUCHTKÖRPER In dichten Gruppen und Büscheln, manchmal einzeln; Herbst.

PSATHYRELLACEAE (Mürblingsverwandte)

KLASSE AGARICOMYCETES **ORDNUNG** AGARICALES

Die Gattungen *Coprinopsis*, *Psathyrella* und *Panaeolus* stehen jetzt in der Familie Psathyrellaceae. Alle Arten haben braunes oder schwarzes Sporenpulver, *Coprinopsis*- und *Coprinellus*-Arten zerfließende Lamellen. *Psathyrella*-Arten sind fragil und oft elegant geformt. Die *Panaeolus*-Arten haben marmorierte Lamellen, da ihre Sporen nicht gleichzeitig reifen. Die Lamellen der letzten beiden Gattungen zerfließen nicht.

LÄNGSSCHNITT

SEITENANSICHT

SPECHTTINTLING

COPRINOPSIS PICACEA

Dieser ungenießbare Waldpilz erscheint manchmal in großer Zahl auf gehäckseltem Holz in Forsten. Das Muster des Hutes entsteht, weil die Hülle während des Wachstums schuppig aufreißt. Zusammen mit dem unangenehmen, fauligen Geruch ist dies ein gutes Bestimmungsmerkmal.

SEITENANSICHT

SEITENANSICHT

SPORENFARBE Schwarz.

GRÖSSE Hut 5–10 cm (h) x 2–6 cm (b); Stiel 8–30 cm (h) x 0.,6–2 cm (b).

VORKOMMEN Auf Sägemehl und gehäckseltem Holz in Laubwäldern.

VERBREITUNG Weitverbreitet, in Europa vor allem in Buchenwäldern.

FRUCHTKÖRPER Einzeln oder in Gruppen; Herbst.

FALTENTINTLING

COPRINOPSIS ATRAMENTARIA

Dieser fleischige Pilz erscheint oft in dichten Büscheln am Grund von Baumstümpfen oder absterbenden Bäumen. Mit Alkohol genossen, verursacht er beunruhigendes Herzrasen und Übelkeit. Da sich der verantwortliche chemische Stoff nur langsam abbaut, sollte man einige Tage auf Alkohol verzichten, wenn man den Pilz versehentlich gegessen hat. Der verwandte Spitzhütige Faltentintling (*C. acuminatus*) kann ähnliche Symptome hervorrufen.

SEITENANSICHT

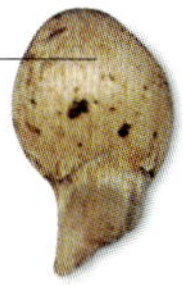

SEITENANSICHT

LÄNGSSCHNITT

SPORENFARBE Schwarz.

GRÖSSE Hut 3–7 cm (b); Stiel 5–12 cm, bis zu 17 cm (h) x 0,8–1,5 cm (b).

VORKOMMEN In Büscheln auf dem Erdboden, aber immer an morsches Holz gebunden, vor allem Laubholz; in Wäldern, Parks und Gärten; oft an der Basis geschwächter Straßenbäume.

VERBREITUNG Gemäßigte Breiten auf der Nordhalbkugel; häufig.

FRUCHTKÖRPER In dichten Büscheln; Frühjahr bis Herbst.

GLIMMERTINTLING

COPRINELLUS MICACEUS

Der Hut dieses Pilzes ist mit körnigen Velumresten bedeckt, die bei bestimmtem Lichteinfall glitzern. Diese sehr häufige Art findet man tief im Wald sowie in Wohngebieten. In Verbindung mit Alkohol ist sie giftig. Einige verwandte Arten bilden einen dicken, orangegelben Filz, der das Substrat überzieht und als Ozonium bezeichnet wird. Eine von ihnen, der Haustintling (*C. domesticus*), wächst oft in feuchten Kellern. Andere *Coprinellus*- und *Coprinopsis*-Arten kommen an ähnlichen Stellen vor, wie hinter lockeren Kacheln in Badezimmern. Ihre Myzelien können mehrmals im Jahr Fruchtkörper bilden.

SPORENFARBE Schwarz.

GRÖSSE Hut 2–4 cm (b); Stiel 4–10 cm (h) x 0,2–0,5 cm (b).

VORKOMMEN An oder auf morschen Baumstümpfen und geschädigten lebenden Bäumen.

VERBREITUNG Gemäßigte Breiten auf der Nordhalbkugel; häufig.

FRUCHTKÖRPER In dichten Büscheln; spätes Frühjahr bis früher Winter.

SCHNEEWEISSER TINTLING

COPRINOPSIS NIVEA

Dieser kleine, ungenießbare Pilz ist bei Weitem noch nicht der kleinste Tintling. Am besten erkennt man ihn an der schneeweißen Farbe und den lockeren, mehligen Velumresten auf dem Hut. Es gibt noch andere weiße *Coprinopsis*-Arten, *C. nivea* ist jedoch größer und unterscheidet sich auch in mikroskopischen Merkmalen.

SPORENFARBE Schwarz.

GRÖSSE Hut 1–3 cm (b); Stiel 5–8 cm (h) x 0,1–0,3 cm (b).

VORKOMMEN Fast immer auf frischem Pferdedung in Wiesen.

VERBREITUNG In Europa häufig; weltweite Verbreitung unbekannt.

FRUCHTKÖRPER Einzeln oder in kleinen Gruppen; Sommer bis Herbst.

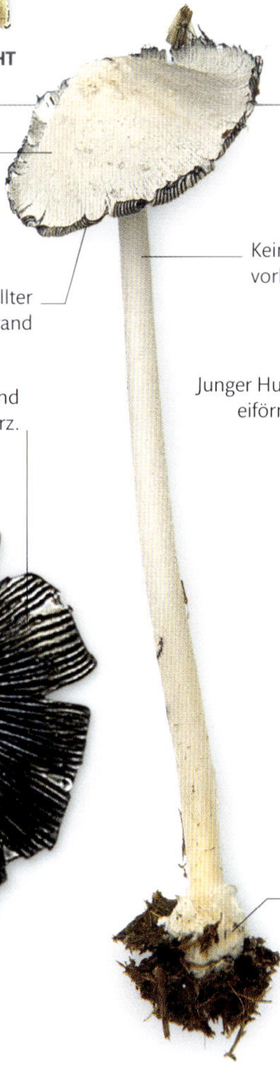

GESÄTER TINTLING

COPRINELLUS DISSEMINATUS

Die cremeweißen Hüte dieses ungenießbaren Tintlings färben sich im Alter grau. Der Zwergmürbling (*Psathyrella pygmaea*) ist ähnlich, sein Hut jedoch weniger stark gefurcht und weder körnig noch behaart.

VON OBEN

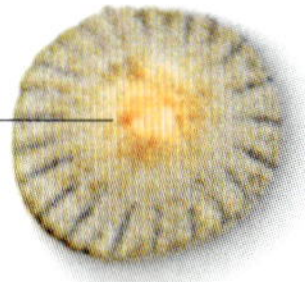

VON OBEN

UNTERSEITE

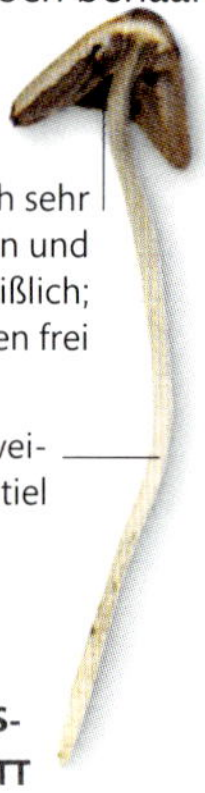

LÄNGSSCHNITT

SEITENANSICHT

SPOREN Schwarz.

GRÖSSE Hut 0,5–1,5 cm (b); Stiel 1–4 cm (h) x 0,1–0,2 cm (b).

VORKOMMEN An Baumstümpfen und absterbenden Laubbäumen.

VERBREITUNG Gemäßigte Breiten auf der Nordhalbkugel; häufig.

FRUCHTKÖRPER Oft zu Hunderten; Frühjahr bis Herbst.

HEUDÜNGERLING

PANAEOLUS FOENISECII

Diesen schwach giftigen Pilz kann man leicht übersehen, obwohl er sehr häufig ist und oft auf Rasenflächen wächst. Sein Sporenpulver ist braun, nicht schwarz wie das anderer *Panaeolus*-Arten. Die Sporenoberfläche ist rau und warzig. Die Lamellen des Heudüngerlings sind braun.

SPORENFARBE Dunkelbraun.

GRÖSSE Hut 1–3 cm (b); Stiel 4–6 cm (h) x 0,2–0,3 cm (b).

VORKOMMEN In Grasland aller Art, auch auf Rasenflächen; bevorzugt nährstoffreiche Böden.

VERBREITUNG In Europa sehr häufig; weltweite Verbreitung unbekannt.

FRUCHTKÖRPER Truppweise in feuchtem Gras; spätes Frühjahr bis Herbst.

BEHANGENER DÜNGERLING

PANAEOLUS PAPILIONACEUS

Weil die Sporen nicht gleichzeitig reifen, sind die Lamellenflächen dieser Art marmoriert, wie es für die Gattung typisch ist. Ein gutes Bestimmungsmerkmal sind die dreieckigen Velumfetzen am Hutrand. Der Hut ist nicht hygrophan und kann bei älteren Fruchtkörpern manchmal blasser sein und einen deutlichen Kontrast zum dunklen Stiel bilden. Man sagt *P. papilionaceus* eine leicht giftige, halluzinogene Wirkung nach, er ist kein Speisepilz.

UNTERSEITE **VON OBEN**

LÄNGSSCHNITT **SEITENANSICHT** **SEITENANSICHT**

SPORENFARBE Schwarz.

GRÖSSE Hut 1–4 cm (b); Stiel 4–10 cm, manchmal nur 2 cm (h) x 0,2–0,3 cm (b).

VORKOMMEN Auf altem Dung und stark gedüngten Feldern, Weiden und Wiesen.

VERBREITUNG Gemäßigte Breiten auf der Nordhalbkugel und darüber hinaus.

FRUCHTKÖRPER Einzeln oder gesellig; Sommer bis Herbst.

TRÄNENDER SAUMPILZ

LACRYMARIA LACRYMABUNDA

Der essbare Pilz ist nach den milchigen Tröpfchen an den Schneiden junger Lamellen benannt. Später werden sie von Sporen geschwärzt und trocknen ein. Die Huthaut ist filzig.

SPORENFARBE Schwarz.

GRÖSSE Hut 2–10 cm (b); Stiel 4–12 cm (h) x 0,5–2 cm (b).

VORKOMMEN Auf gestörten, nährstoffreichen Böden, an Straßen- und Wegrändern.

VERBREITUNG Gemäßigte Breiten auf der Nordhalbkugel.

FRUCHTKÖRPER In Trupps an Straßen und Wegen, oft unter Brennnesseln; Herbst.

RINGDÜNGERLING

PANAEOLUS SEMIOVATUS

Vogelbeobachtern fallen die glänzenden Hüte dieser ungenießbaren, möglicherweise halluzinogenen Art oft auf, wenn sie die Küste mit dem Fernglas abscannen. Der Pilz ist an den Dung von Weidetieren gebunden und am klebrigen, glänzenden Hut und dem Stielring zu erkennen.

SPORENFARBE Schwarz.

GRÖSSE Hut 1–6 cm (b); Stiel 6–10 cm, manchmal nur 2 cm oder bis zu 15 cm (h) x 0,3–0,5 cm (b).

VORKOMMEN Auf Mist oder Dung; auf Viehweiden, vor allem an der Küste.

VERBREITUNG Gemäßigte Breiten; verbreitet.

FRUCHTKÖRPER Einzeln oder gesellig; spätes Frühjahr bis Herbst.

SEITENANSICHT

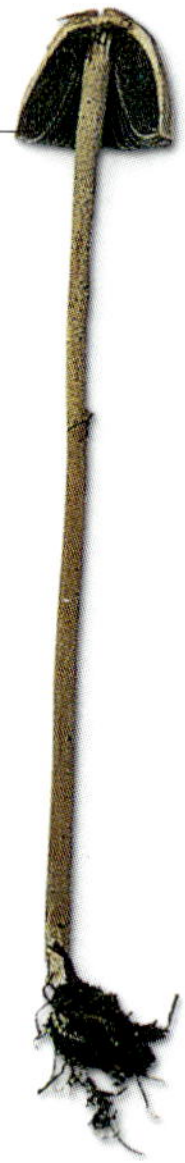

LÄNGSSCHNITT

SEITENANSICHT

WÄSSRIGER FASERLING

PSATHYRELLA PILULIFORMIS

Der Gattung *Psathyrella* gehören viele kleine braune Pilze an, die sehr schwierig zu bestimmen sind. Einige weisen jedoch hilfreiche Merkmale auf. Der ungenießbare *P. piluliformis* beispielsweise wächst immer büschelig und hat weiße Velumreste auf dem Hutrand. Der hygrophane Hut ist nass dunkelrotbraun und trocken etwas blasser gelblich braun. Wenn man sich intensiver mit der Gattung beschäftigt, muss man auch mikroskopische Merkmale wie die Form der Sporen untersuchen.

SEITENANSICHT

UNTERSEITE

LÄNGSSCHITT

SPORENFARBE Dunkelpurpurbraun bis dunkelrotbraun.

GRÖSSE Hut 1,5–6 cm (b); Stiel 3–10 cm, bis zu 15 cm (h) x 0,3–0,9 cm (b).

VORKOMMEN In Wäldern an morschem Laubholz, oft an Baumstümpfen.

VERBREITUNG Gemäßigte Breiten auf der Nordhalbkugel; häufig.

FRUCHTKÖRPER In dichten Büscheln; Herbst.

BEHANGENER FASERLING

PSATHYRELLA CANDOLLEANA

Dieser früh im Jahr erscheinende, ungenießbare Pilz ist vielleicht die häufigste Art der Gattung. Er kommt oft in Gärten und Parks vor. Seine anfangs gelbbraunen Hüte trocknen schnell elfenbeinweiß aus. Die spinnwebartigen Velumfasern verschwinden bald und hinterlassen einen nahezu glatten Hut. Trockene Fruchtkörper sind sehr zerbrechlich. Wenn die Sporen reifen, verfärben sich die Lamellen von weiß über lilagrau zu dunkelbraun. Im späten Frühjahr und Frühsommer kann man die Art mit dem häufigen, viel dunkleren Schmalblättigen Faserling (*P. spadiceogrisea*) verwechseln, der ebenfalls an Waldwegen und ähnlichen Standorten vorkommt.

SEITENANSICHT

UNTERSEITE

LÄNGSSCHNITT

SEITENANSICHT

SPORENFARBE Purpurbraun.

GRÖSSE Hut 1,5–7 cm (b); Stiel 3–9 cm (h) x 0,2–0,6 cm (b).

VORKOMMEN In der Nähe von morschem Laubholz, in Gärten, Parks und Wäldern.

VERBREITUNG Gemäßigte Breiten auf der Nordhalbkugel; häufig.

FRUCHTKÖRPER In Trupps; spätes Frühjahr bis Herbst.

BÜSCHEL-FASERLING

PSATHYRELLA MULTIPEDATA

Der wissenschaftliche Artname dieses ungenießbaren Pilzes bedeutet »vielfüßig« und bezieht sich auf seine Eigenheit, stets in dichten Büscheln zu wachsen, meist spät in der Pilzsaison. Die Stiele sind miteinander verwachsen und wurzeln tief im Boden. Die hygrophanen Hüte sind jung und in feuchtem Zustand braun und mindestens bis zur Hälfte des Radius durchscheinend gerieft. *P. piluliformis* (siehe S. 238) hat breitere Hüte und wächst auf morschen Baumstümpfen. Auch mehrere Raslinge wachsen in offenem Gelände büschelig (*Lyophyllum*, siehe S. 156).

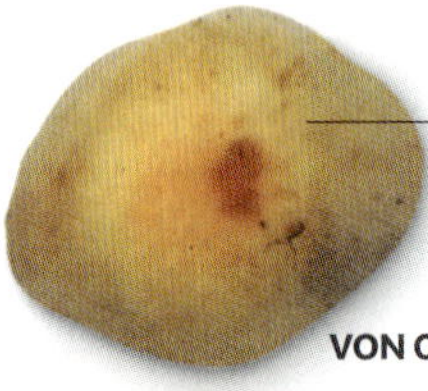

Hut glatt, trocknet blasslederbraun

VON OBEN

Lamellen eng stehend, schmal angewachsen

UNTERSEITE

Hüte bei Feuchtigkeit grau- bis rotbraun, Rand durchscheinend gerieft

Lamellen sind schmal, hellgrau bis dunkel violettbraun.

Die dichten Büschel bestehen aus bis zu 80 verwachsenen Stielen.

SEITENANSICHT

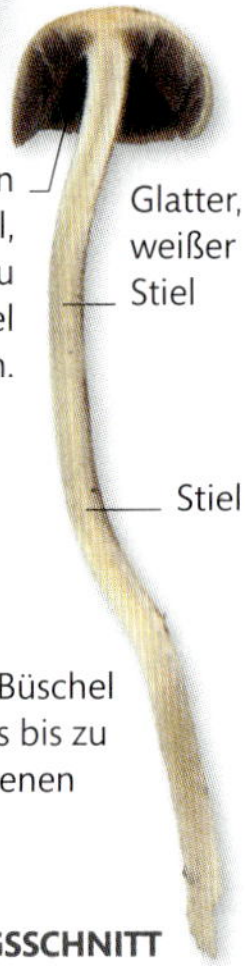

Glatter, weißer Stiel

Stiel hohl

LÄNGSSCHNITT

SPORENFARBE Schwarzbraun.

GRÖSSE Hut 0,8–4 cm (b); Stiel 8–14 cm, manchmal nur 4 cm (h) x 0,2–0,4 cm (b).

VORKOMMEN Auf lehmigen oder tonigen Böden, oft in städtischen Gebieten; an Straßenrändern und in Parks.

VERBREITUNG In Europa weitverbreitet; weltweite Verbreitung unklar.

FRUCHTKÖRPER Immer in dichten, tief verwurzelten Büscheln; Herbst.

LEDERBRAUNER FASERLING

PARASOLA CONOPILUS

Diese nicht essbare Art bildet hohe, elegante Fruchtkörper mit dunkelrotbraunen Hüten, die blassockergelb austrocknen. Die Hüte sind kegelig und glatt und haben einen gerieften Rand. In die Huthaut eingebettet sind dickwandige, dunkle Haare, die nur unter dem Mikroskop sichtbar sind – auch der Braunhaarige Tintling (*P. auricoma*) weist dieses Merkmal auf. Andere *Parasola*-Arten, darunter *P. auricoma*, haben faltig-rippige Hüte und die Lamellen sind meist frei. Einige kommen in Grasland häufig vor, man findet sie aber auch in bewaldeten Gebieten.

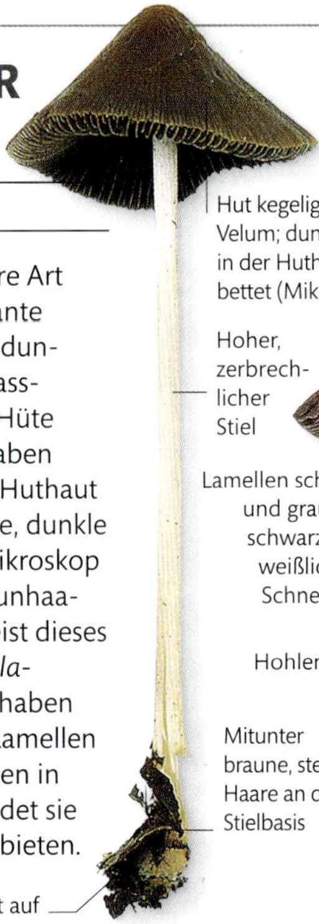

Hut kegelig ohne Velum; dunkle Haare in der Huthaut eingebettet (Mikroskop!)

Hoher, zerbrechlicher Stiel

Wächst oft auf Holzresten.

SEITENANSICHT

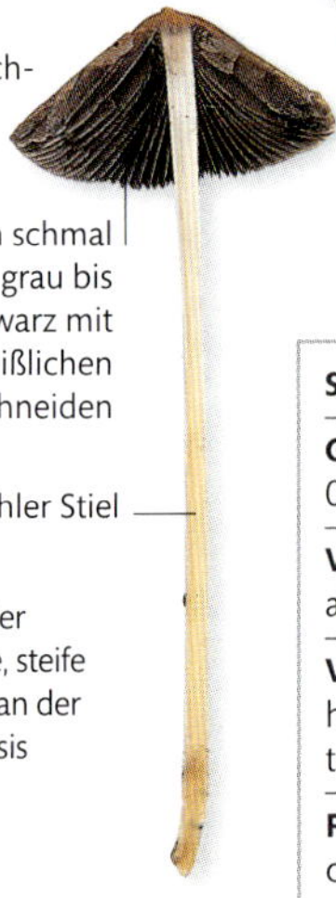

Lamellen schmal und grau bis schwarz mit weißlichen Schneiden

Hohler Stiel

Mitunter braune, steife Haare an der Stielbasis

LÄNGSSCHNITT

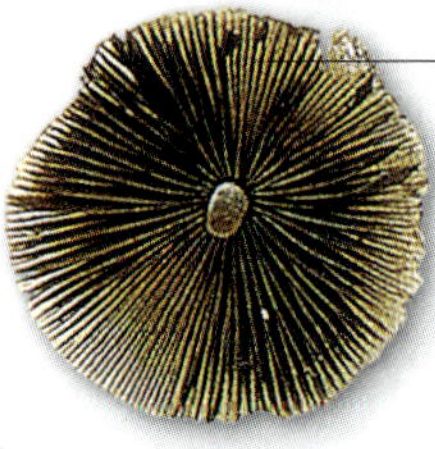

Lamellen ziemlich eng stehend und zerbrechlich

UNTERSEITE

Hut satt dunkelbraun, trocknet gelbbrau aus

VON OBEN

Stieloberfläche ist glatt.

SEITENANSICHT

SPORENFARBE Schwarz.

GRÖSSE Hut 2–6 cm (b); Stiel 9–19 cm (h) x 0,2–0,3 cm (b); Basis bis zu 0,5 cm (b).

VORKOMMEN Auf gestörten Böden, gern zwischen Holzabfällen; an Waldwegen und Straßenrändern, in Parks.

VERBREITUNG In Europa häufig; weltweite Verbreitung unbekannt.

FRUCHTKÖRPER In Trupps oder zerstreut; Spätsommer bis Herbst.

BOLBITIACEAE (Mistpilzverwandte)

KLASSE AGARICOMYCETES **ORDNUNG** AGARICALES

Die Mitglieder dieser Familie sind recht kleine, vielfältige Lamellenpilze. Ein auffälliges Merkmal ist die Hutoberfläche: Sie besteht aus rundlichen Zellen, sodass die Haut bei Trockenheit aufspringt. Das Sporenpulver ist trüb lehmbraun. Auch Velumreste können vorhanden sein, entweder am Hutrand oder als Stielring. Einige Arten sind bekannte Speisepilze, andere hochgiftig.

MILCHWEISSES SAMTHÄUBCHEN

CONOCYBE LACTEA

Die meisten *Conocybe*-Arten kann man nur mit Hilfe eines Mikroskops genau bestimmen. *C. lactea* bildet mit seinem lang gestreckten, elfenbeinweißen Hut eine Ausnahme. Der glatte Hut ist am Rand gerieft und der Stiel fein bepudert. Bei anderen Häubligen (*Galerina*, siehe S. 258) stehen die Lamellen meist entfernter.

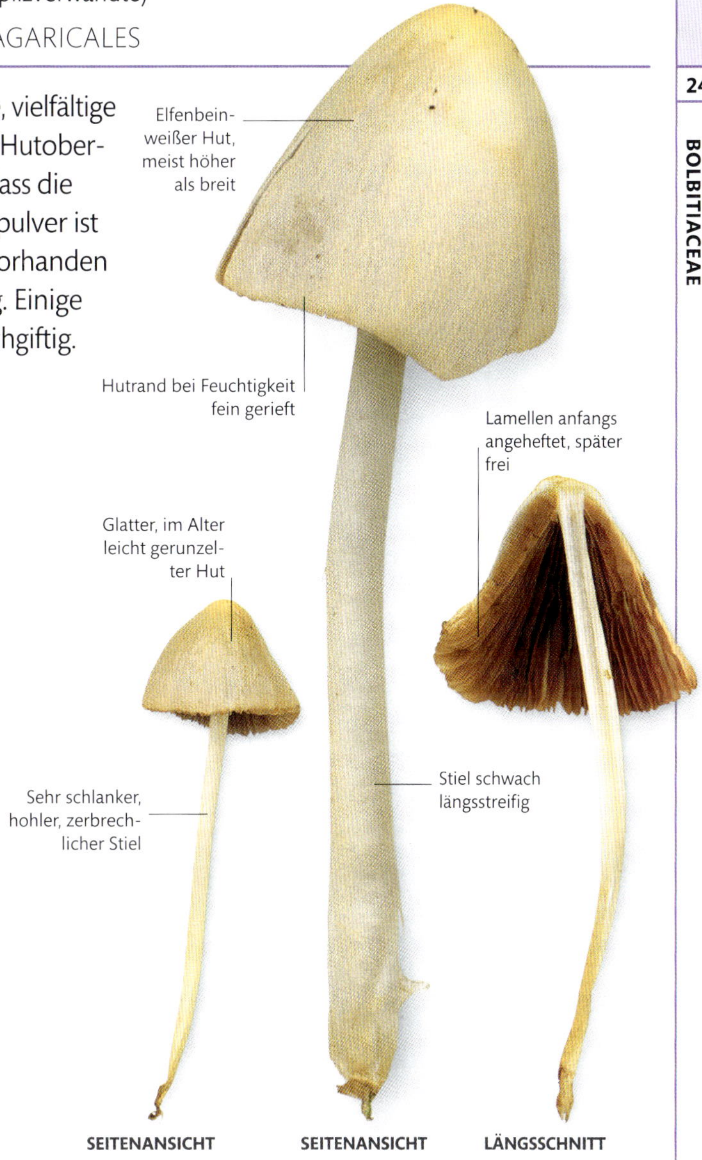

SPORENFARBE Orangebraun.

GRÖSSE Hut 1–1,5 cm (b); Stiel 5–11 cm (h) x 0,01–0,03 cm (b).

VORKOMMEN Im Gras, typischerweise auf Rasenflächen auf guten Böden.

VERBREITUNG Gemäßigte Breiten auf der Nordhalbkugel und darüber hinaus.

FRUCHTKÖRPER Trupps; Sommer bis Herbst.

ROTBRAUNER GLOCKENSCHÜPPLING

PHOLIOTINA ARRHENII

Bei Mitgliedern der Gattung *Pholiotina* bilden Velumreste Schuppen am Hutrand oder einen Ring am Stiel. *P. arrhenii* ist relativ robust, wahrscheinlich giftig und hat einen verschiebbaren Ring, der oft abfällt.

SPORENFARBE Rostbraun.

GRÖSSE Hut 0,5–1,2 cm (b); Stiel 3–5 cm (h) x 0,1–0,15 cm (b).

VORKOMMEN Auf nährstoffreichen, gestörten Böden, typischerweise unter Brennnesseln an Wegrändern.

VERBREITUNG Weitverbreitet, genaue Verbreitung unbekannt.

FRUCHTKÖRPER Einzeln oder in kleinen Gruppen; Herbst.

STROPHARIACEAE (Träuschlingsverwandte)

KLASSE AGARICOMYCETES ORDNUNG AGARICALES

Bei den Arten der Familie Strophariaceae besteht die Huthaut aus lang gestreckten Zellen. Das Sporenpulver ist dunkelbraun oder schwarz. Mitglieder der Gattung *Stropharia* haben oft auffällig gefärbte und zumindest bei feuchter Witterung schleimige Hüte, während *Psilocybe*-Arten (siehe S. 245) matter gefärbt sind. Mehrere Arten enthalten Halluzinogene.

SEITENANSICHT

SÜDLICHER ACKERLING

AGROCYBE CYLINDRACEA

Dieses sehr fleischige Mitglied der Familie unterscheidet sich von *A. praecox* (siehe gegenüber) in der Größe und dem typischen Wuchs. Der Stielring ist gut entwickelt, und die Huthaut springt bei Trockenheit felderig auf, ein Merkmal, das die meisten *Agrocybe*-Arten aufweisen. Dieser Pilz wird in Südeuropa als Speisepilz gezüchtet.

UNTERSEITE

SEITENANSICHT

LÄNGSSCHNITT

SPORENFARBE Lehmbraun.

GRÖSSE Hut 6–15 cm (b); Stiel 8–15 cm (h) x 1–3 cm (b).

VORKOMMEN An abgestorbenen oder gelagerten Stämmen von Weiden und Pappeln.

VERBREITUNG Warme Regionen der gemäßigten Breiten.

FRUCHTKÖRPER Meist in Büscheln oder einzeln; spätes Frühjahr bis Herbst.

VOREILENDER ACKERLING

AGROCYBE PRAECOX

Dieser sehr variable Pilz ist zwar essbar, schmeckt aber oft unangenehm bitter. Velumreste können einen Stielring bilden oder als Fetzen am Hutrand zurückbleiben. Der Hut ist hygrophan und trocknet gelblich grau aus. Die Stielbasis ist gelegentlich angeschwollen. Der Sumpfwiesen-Ackerling (*A. elatella*) ist schlanker und wächst auf sumpfigen Wiesen.

SPORENFARBE Tabakbraun.

GRÖSSE Hut 3–7 cm, bis zu 14 cm (b); Stiel 4–10 cm (h) x 0,6–1 cm (b).

VORKOMMEN Zwischen gehäckseltem Holz oder Gräsern; in Wäldern, Parks und Gärten.

VERBREITUNG Gemäßigte Breiten auf der Nordhalbkugel; häufig.

FRUCHTKÖRPER In kleinen Gruppen; Frühjahr bis Sommer.

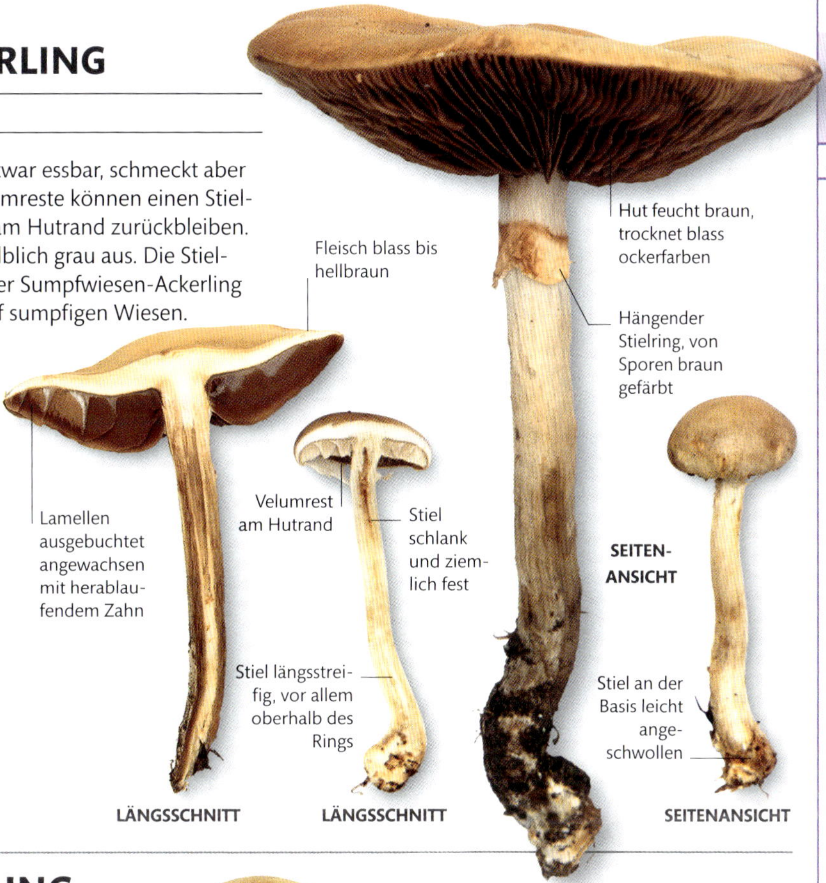

TROCKENER ACKERLING

AGROCYBE PEDIADES

Dieser recht unauffällige und nicht essbare Pilz bildet im Frühsommer Fruchtkörper. Der Hut ist meist völlig glatt (ein Velum ist nicht vorhanden), flach gewölbt und hellockergelblich. Der Rissige Ackerling (*A. dura*) ist blasser und fleischiger und hat Velumreste am Hutrand. Zu beachten ist, dass die Gattung *Agrocybe* früher in die Familie Bolbitiaceae gestellt wurde.

SPORENFARBE Tabakbraun.

GRÖSSE Hut 1–3,5 cm (b); Stiel 2,5–5 cm (h) x 0,3–0,5 cm (b).

VORKOMMEN Typischerweise auf Rasenflächen, Wiesen und Weiden, auch auf gedüngtem Mulch.

VERBREITUNG Gemäßigte Breiten auf der Nordhalbkugel; häufig.

FRUCHTKÖRPER In Trupps; Sommer bis Herbst.

ORANGEROTER TRÄUSCHLING

LERATIOMYCES CERES

Diese ungenießbare Art erkennt man am besten am orangeroten Hut. Sie kommt meist auf gehäckseltem Holz vor. *L. squamosus* var. *thraustus* (siehe S. 248) ist ähnlich gefärbt, aber bedeutend schlanker und dünnfleischiger.

SPORENFARBE Violettbraun.

GRÖSSE Hut 1,5–6 cm (b); Stiel 2–6 cm (h) x 0,2–0,8 cm (b).

VORKOMMEN Meist auf gehäckseltem Holz oder mit Erde vermischten Sägespänen in Gärten und Parkanlagen.

VERBREITUNG Hat sich in Europa in jüngerer Zeit stark ausgebreitet.

FRUCHTKÖRPER Gesellig; Sommer bis Herbst.

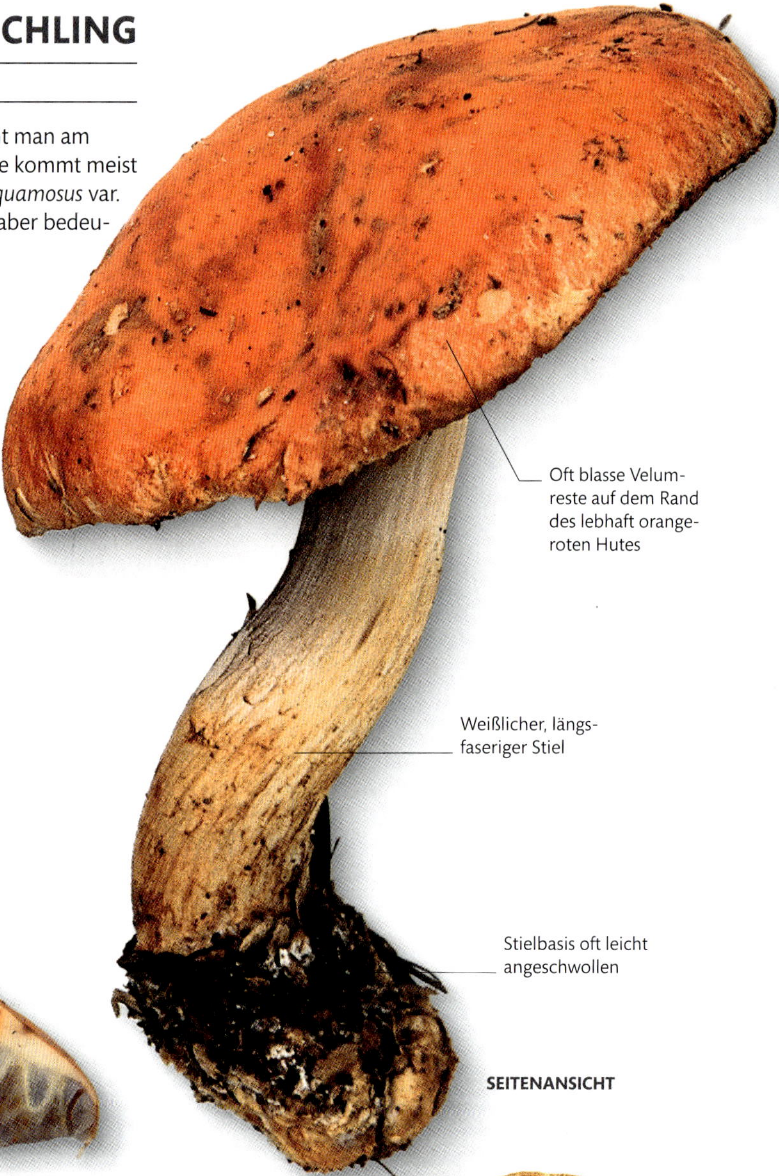

SEITENANSICHT

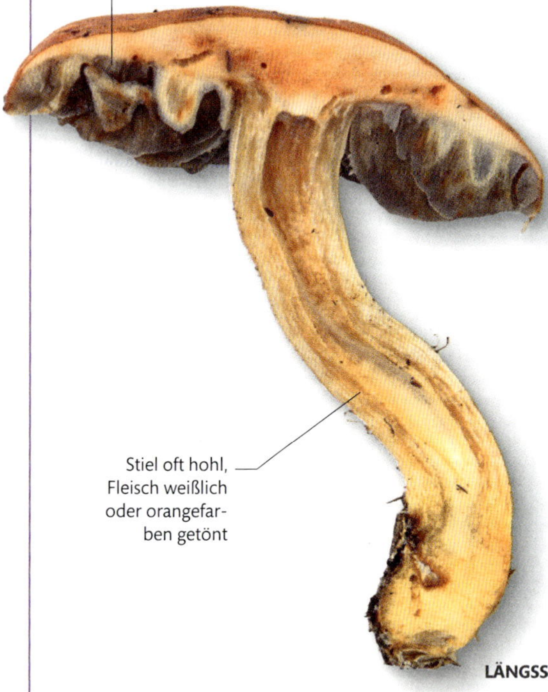

LÄNGSSCHNITT

UNTERSEITE

HALBKUGELIGER TRÄUSCHLING

STROPHARIA SEMIGLOBATA

Wie viele seiner engen Verwandten hat dieser ungenießbare Pilz bei Feuchtigkeit einen schmierigen Hut und einen kleinen, meist unauffälligen Ring, der oft von Sporen schwarz gefärbt ist. Er ist mit seinem langen, schlanken Stiel, der ebenfalls schmierig ist, und dem glatten, oft halbkugeligen Hut eine elegante Erscheinung. *S. semiglobata* ist eine der vielen Arten, die auf Pflanzenfresserdung in verschiedenen Zerfallsstadien spezialisiert sind. Meist wächst er auf älteren Dunghaufen.

VON OBEN

UNTERSEITE

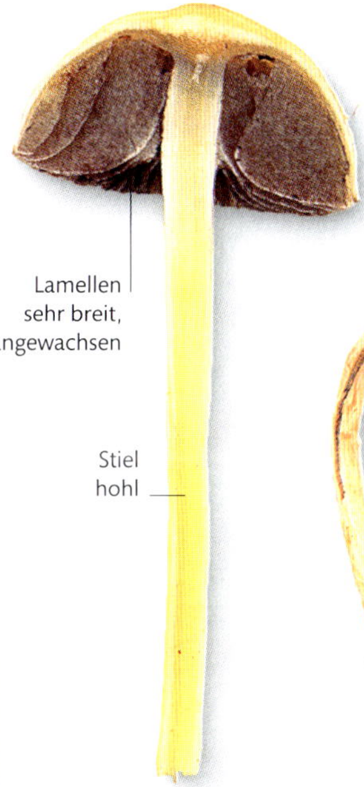

LÄNGSSCHNITT

SEITENANSICHT

SEITENANSICHT

SPORENFARBE Schwarzbraun.

GRÖSSE Hut 0,5–4 cm, bis zu 6 cm (b); Stiel 2–8 cm, bis zu 10 cm (h) x 0,2–0,5 cm (b).

VORKOMMEN Vor allem auf Dung von Pferden, Kühen und Schafen, auf Wiesen und Weiden.

VERBREITUNG Gemäßigte Breiten auf der Nordhalbkugel und darüber hinaus.

FRUCHTKÖRPER In kleinen Gruppen; spätes Frühjahr bis Herbst.

BLAUSTIEL-KAHLKOPF

PSILOCYBE CAERULIPES ☠

Dieser kleine braune Pilz ist wegen seiner halluzinogenen Inhaltsstoffe bekannt. Der Stiel fleckt auf Druck blau, jedoch erst nach einigen Minuten. Der bräunliche Hut ist bei feuchter Witterung schmierig und verflacht im Alter. Vom Blauenden Kahlkopf (*P. cyanescens*, siehe S. 248) kann man ihn anhand mikroskopischer Sporenmerkmale unterscheiden.

SPORENFARBE Dunkel violettbraun.

GRÖSSE 2,5–10 cm (b); Stiel 3–6 cm (h) x 0,2–0,4 cm (b).

VORKOMMEN Auf morschem oder gehäckseltem Holz in Wäldern und Parks.

VERBREITUNG Östliches Nordamerika.

FRUCHTKÖRPER In Trupps oder Büscheln auf Holzresten; Herbst.

KRÖNCHENTRÄUSCHLING

STROPHARIA CORONILLA ☠

Dieser recht kleine, kompakte Lamellenpilz hat einen dicken, aber schmalen Ring und bildet sehr dunkles Sporenpulver. Die Lamellen sind anfangs violettgrau und später dunkel purpurbraun. Das weiße Hutfleisch ist sehr dick. Berichten aus Nordamerika zufolge ist der Pilz möglicherweise giftig. Formen mit abweichenden Sporen werden mitunter als eigenständige Arten geführt.

SPORENFARBE Dunkelviolettbraun.

GRÖSSE Hut 1,5–6 cm (b); Stiel 2,5–4 cm, manchmal bis zu 5 cm (h) x 0,4–1 cm (b).

VORKOMMEN Oft an relativ trockenen grasbewachsenen Standorten, wie in Gärten, Parks und Heidegebieten, und auf Sanddünen.

VERBREITUNG Gemäßigte Breiten auf der Nordhalbkugel.

FRUCHTKÖRPER Einzeln oder in kleinen Gruppen; Herbst.

BRAUNSPORIGER GRÜNSPAN-TRÄUSCHLING

STROPHARIA CAERULEA

Es gibt mehrere blaugrüne Träuschlinge. Diese als Speisepilz nicht empfehlenswerte Art hat vergleichsweise helles Sporenpulver. Der sehr ähnliche Echte Grünspanträuschling (*S. aeruginosa*) hat dunklere Sporen und weiße Lamellenschneiden.

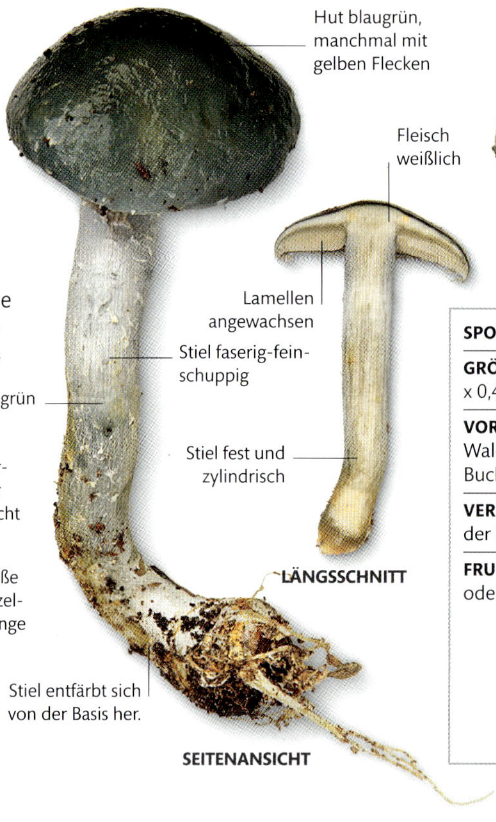

SPORENFARBE Tabakbraun.

GRÖSSE Hut 3–7cm (b); Stiel 4–8cm (h) x 0,4–1cm (b).

VORKOMMEN Meist auf besseren Waldböden in der Laubstreu; oft in Buchenwäldern auf kalkhaltigen Böden.

VERBREITUNG Gemäßigte Breiten auf der Nordhalbkugel.

FRUCHTKÖRPER In kleinen Gruppen oder einzeln; Herbst.

GRAUBLÄTTRIGER SCHWEFELKOPF

HYPHOLOMA CAPNOIDES

Anders als der giftige Grünblättrige Schwefelkopf (*H. fasciculare*, siehe S. 249) hat diese Art keine grünlich getönten Lamellen. Sie sind blassgrau bis dunkel purpurbraun. Der Pilz schmeckt mild und angenehm. Er ist einer der wenigen Lamellenpilze, die man fast während des ganzen Jahres finden kann. *H. capnoides* wächst immer auf Nadelholzstümpfen. Der viel seltenere Wurzelnde Schwefelkopf (*H. radicosum*) kommt an ähnlichen Standorten vor. Seine Stielbasis wurzelt stark und er riecht aromatisch.

SPORENFARBE Dunkelrotbraun.

GRÖSSE Hut 3–7 cm (b); Stiel 5–8 cm (h) x 0,5–1 cm (b).

VORKOMMEN Auf vermorschten Nadelholzstümpfen.

VERBREITUNG Gemäßigte Breiten auf der Nordhalbkugel; häufig.

FRUCHTKÖRPER Büschelig oder einzeln; ganzjährig, jedoch nicht in kalten Wintern.

SEITENANSICHT

VON OBEN

UNTERSEITE

SCHUPPIGER KAHLKOPF

LERATIOMYCES SQUAMOSUS

Obwohl dieser ungenießbare Pilz einigen Träuschlingen ähnelt (*Stropharia*, siehe S. 246), wird er heute in die Gattung *Leratiomyces* gestellt. Eine orangefarbene Form kann dem Orangeroten Träuschling (*L. ceres*, siehe S. 244) ähneln. Die flüchtigen Schuppen auf dem Hut und der hängende Stielring sind charakteristische Merkmale dieser Art.

SPORENFARBE Violettbraun.

GRÖSSE Hut 2–5 cm (b); Stiel 10–15 cm (h) x 0,3–0,5 cm (b).

VORKOMMEN In Wäldern, auf vergrabenem oder teilweise vergrabenem Laubholz, Holzhäcksel-Abfällen oder Sägemehl.

VERBREITUNG Gemäßigte Breiten auf der Nordhalbkugel; recht häufig.

FRUCHTKÖRPER In kleinen Gruppen oder einzeln; Herbst.

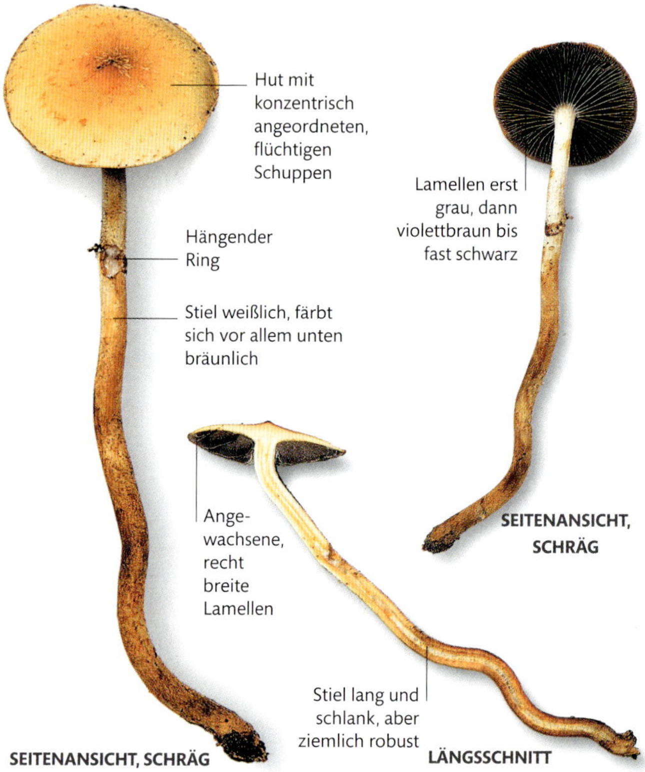

BLAUENDER KAHLKOPF

PSILOCYBE CYANESCENS

Dieser Pilz mit halluzinogenen Inhaltsstoffen verfärbt sich an Druckstellen dunkelblau, vor allem am Hutrand und am Stiel. Der hygrophane, bald ausgebreitete und wellig verbogene Hut ist bei feuchter Witterung leicht schmierig. Oft sind mehrere Stiele büschelig verwachsen. Sie haben keine Ringe. Die Lamellen sind angewachsen und ziemlich entfernt stehend. Der nordamerikanische Blaustiel-Kahlkopf (*P. caerulipes*, siehe S. 245) sieht sehr ähnlich aus.

SPORENFARBE Dunkel violettbraun.

GRÖSSE Hut 2–4 cm (b); Stiel 3–6 cm (h) x 0,3–0,8 cm (b).

VORKOMMEN Meist auf gestörten Böden, wie auf Mulch in Blumenrabatten, der Holzhäckselabfälle enthält; auch in Wäldern und Parks.

VERBREITUNG Gemäßigte Breiten auf der Nordhalbkugel; aber lokal verbreitet.

FRUCHTKÖRPER Gesellig bis büschelig; Herbst bis früher Winter.

GRÜNBLÄTTRIGER SCHWEFELKOPF

HYPHOLOMA FASCICULARE

Dieser giftige Waldpilz ist sehr bekannt. Er ist gut an seinen grüngelben Lamellen und dem büscheligen Wuchs auf Totholz zu erkennen. Die Art ähnelt dem essbaren Graublättrigen Schwefelkopf (*H. capnoides*, siehe S. 247).

SPORENFARBE Violettbraun.

GRÖSSE Hut 3–7 cm, manchmal nur 1 cm (b); Stiel 4–10 cm (h) x 0,3–1 cm (b).

VORKOMMEN Auf morschem Laubholz, wie Baumstümpfen und Wurzelballen.

VERBREITUNG Gemäßigte Breiten auf der Nordhalbkugel; häufig.

FRUCHTKÖRPER Büschelig; spätes Frühjahr bis früher Winter.

SEITENANSICHT

SEITENANSICHT

UNTERSEITE

SPITZKEGELIGER KAHLKOPF

PSILOCYBE SEMILANCEATA ☠

Immer wieder werden Menschen, die sich mit diesem halluzinogenen Pilz vergiftet haben, in Krankenhäuser eingeliefert. Junge Fruchtkörper haben kegelige olivgraue Hüte mit spitzer Mitte, die aber bald verblassen.

SPORENFARBE Purpurschwarz.

GRÖSSE Hut 0,5–2 cm (b);
Stiel 4–10 cm (h) x 0,2–0,3 cm (b).

VORKOMMEN In ungedüngtem Grasland, auf beweideten oder gemähten Wiesen, oft tief im Gras verborgen.

VERBREITUNG Gemäßigte Breiten auf der Nordhalbkugel; häufig.

FRUCHTKÖRPER Einzeln oder in großen Scharen im Grasland; Sommer bis Herbst.

KUBANISCHER KAHLKOPF

PSILOCYBE CUBENSIS ☠

Diese große *Psilocybe*-Art hat einen gebuckelten oder kegeligen Hut, einen hängenden Ring und reif dunkel purpurbraune Lamellen. Der bei feuchter Witterung schmierige Hut kann mit kleinen weißen Velumflocken besetzt sei. Der Pilz enthält ein gefährliches Halluzinogen.

SPORENFARBE Dunkel violettbraun.

GRÖSSE Hut 2–12 cm (b);
Stiel 5–15 cm (h) x 0,5–1,2 cm (b).

VORKOMMEN In den Tropen und Subtropen während der Regenzeit, auf Kuh- und Pferdedung.

VERBREITUNG Karibische Inseln, Golfküste Nordamerikas und darüber hinaus.

FRUCHTKÖRPER Einzeln oder mehrere auf relativ frischem Dung; ganzjährig.

SCHMIERIGER SCHÜPPLING

PHOLIOTA ADIPOSA

Oft wächst dieser ungenießbare Pilz hoch über dem Erdboden in Astlöchern alter Buchen. Hut und Stiel sind schleimig. Der auffällige, leuchtend gelbe Hut ist mit dunkel rostbraunen Schuppen besetzt.

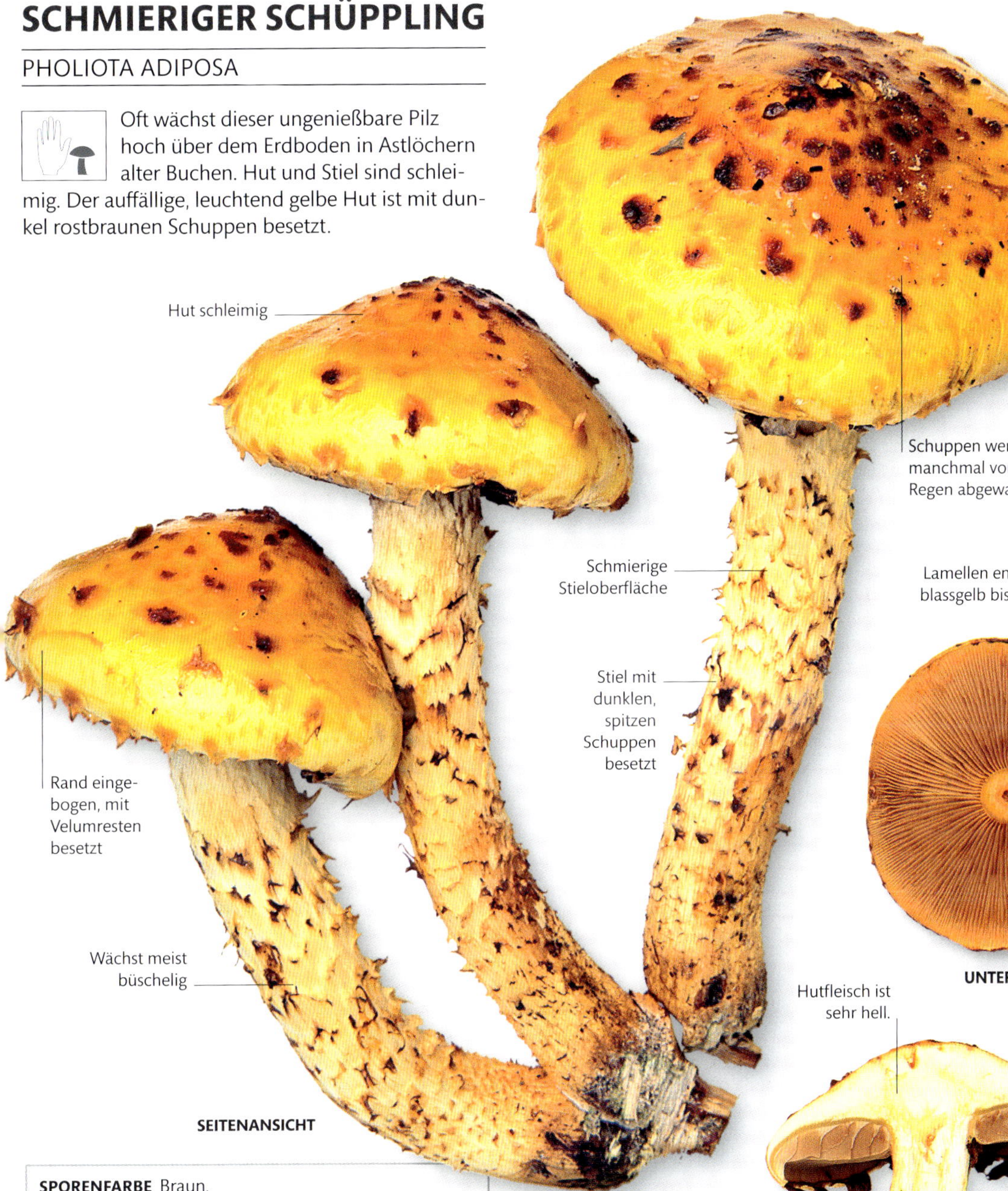

SEITENANSICHT

UNTERSEITE

LÄNGSSCHNITT

SPORENFARBE Braun.

GRÖSSE Hut 7–15 cm, manchmal nur 5 cm (b); Stiel 8–15 cm (h) x 1–2,5 cm (b).

VORKOMMEN Meist hoch am Stamm lebender, aber geschädigter Laubbäume; bevorzugt an Buche, aber auch an Linde.

VERBREITUNG Gemäßigte Breiten auf der Nordhalbkugel.

FRUCHTKÖRPER Meist büschelig; Herbst.

ZIEGELROTER SCHWEFELKOPF

HYPHOLOMA LATERITIUM

Diesen Pilz erkennt man an seiner Größe und dem charakteristisch ziegelrot gefärbten Hut. Seine Lamellen weisen keine Grüntöne auf. Im Vergleich zum Grünblättrigen Schwefelkopf (*H. fasciculare*, siehe S. 249) schmeckt der Pilz milder, aber dennoch unangenehm bitter. Er ist ungenießbar, obwohl er angenehm riecht. Es gibt noch weitere kleinere *Hypholoma*-Arten, wie *H. udum* und *H. elongatum*, die in Mooren wachsen, und *H. marginata*, der in Scharen auf Nadelstreu erscheint.

SPORENFARBE Violettbraun.

GRÖSSE Hut 5–10 cm, manchmal 3,5 cm (b); Stiel 5–10 cm (h) x 0,5–1,5 cm (b).

VORKOMMEN Auf Laubholzstümpfen und -wurzeln in Wäldern und Parks.

VERBREITUNG Gemäßigte Breiten auf der Nordhalbkugel; weitverbreitet.

FRUCHTKÖRPER Büschelig; Herbst.

SEITENANSICHT

SEITENANSICHT

LÄNGSCHNITT

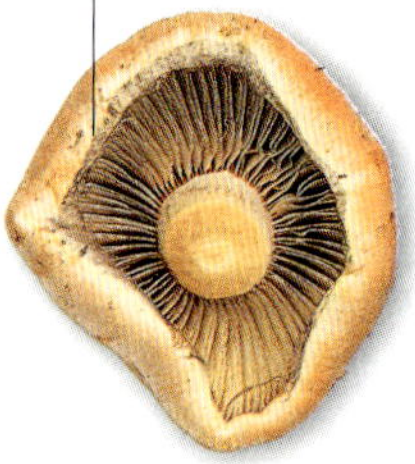

UNTERSEITE

ZITRONENGELBER ERLENSCHÜPPLING

FLAMMULA ALNICOLA

Der Hut dieses ungenießbaren Schüpplings ist nicht oder nur unauffällig geschuppt. Bei jungen Fruchtkörpern sind die Velumreste am deutlichsten am Hutrand zu erkennen. Der gelbliche oder leicht grünlich getönte Hut und der büschelige Wuchs sind wichtige Erkennungsmerkmale. Die Stiele sind fast glatt. Eine an Weiden wachsende Form schmeckt bitter und wird manchmal als eigenständige Art *Pholiota salicicola* geführt. Der Kiefern-Schüppling (*F. pinicola*) ist verwandt und kommt auf Nadelholz vor.

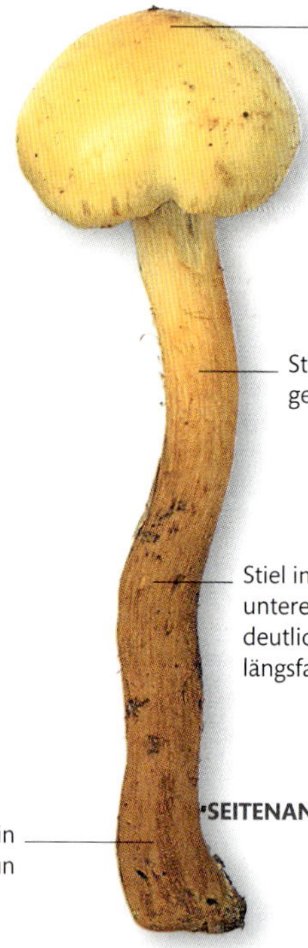

SEITENANSICHT

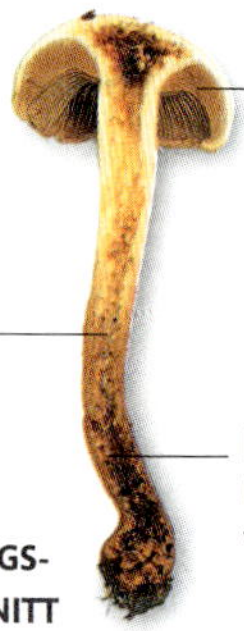

LÄNGSSCHNITT

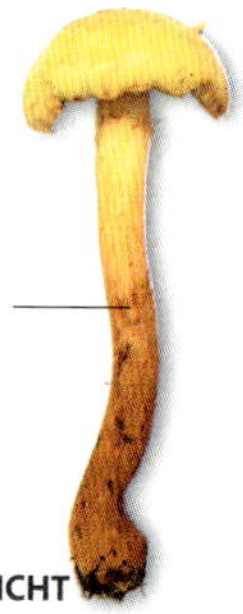

SEITENANSICHT

SPORENFARBE Braun.

GRÖSSE Hut 3–7 cm, manchmal bis 10 cm (b); Stiel 8–15 cm (h) x 0,6–1 cm (b).

VORKOMMEN An toten und geschädigten Laubbäumen, wie Erle und Birke; selten an Nadelholz; oft an feuchten Standorten.

VERBREITUNG Gemäßigte Breiten auf der Nordhalbkugel; genaue Verbreitung unklar.

FRUCHTKÖRPER Büschelig auf Laubholzstümpfen; Herbst.

SPARRIGER SCHÜPPLING

PHOLIOTA SQUARROSA

Die dichten, aufgebogenen Schuppen an Hut und Stiel machen diesen ungenießbaren Schüppling unverwechselbar. Im Stadtgebieten sieht man ihn häufig, er kommt aber auch in Wäldern vor. Jahr für Jahr bildet er dichte Büschel an alten Läubbäumen, oft an Ulme oder Eberesche. Der ähnliche, aber kleinere und hellere Ockerblasse Schüppling (*P. squarrosoides*) wächst ebenfalls an Laubholz. Er hat aber eine dicke Schleimschicht unter den Schuppen. Der Beringte Flämmling (*Gymnopilus spectabilis*, siehe S. 260) hat einen ähnlichen Wuchs, aber keine ausgeprägten Schuppen und schmeckt bitter.

SPORENFARBE Braun.

GRÖSSE Hut 5–15 cm (b); Stiel 6–15 cm (h) x 1–2 cm (b).

VORKOMMEN An der Basis lebender Laubbäume und an Laubholzstümpfen.

VERBREITUNG Gemäßigte Breiten auf der Nordhalbkugel; in Nordamerika häufig.

FRUCHTKÖRPER Büschelig an Stämmen und Stümpfen; Herbst bis früher Winter.

KOHLENSCHÜPPLING

PHOLIOTA HIGHLANDENSIS

Dieser ungenießbare Pilz wächst häufig auf alten Brandstellen. Er ist an seinem ziemlich fleischigen orangebraunen Fruchtkörpern und der bei feucher Witterung schleimigen Huthaut zu erkennen. Auch viele andere Lamellenpilze wachsen an Brandstellen, die meisten dieser Arten sind aber deutlich kleiner.

UNTERSEITE

SEITENANSICHT, SCHRÄG

SEITENANSICHT, SCHRÄG

LÄNGSSCHNITT

SPORENFARBE Braun.

GRÖSSE Hut 2–6 cm (b); Stiel 2–6 cm (h) x 0,4–1 cm (b).

VORKOMMEN Auf alten Lagerfeuerstellen und Waldbrandflächen.

VERBREITUNG Gemäßigte Breiten auf der Nordhalbkugel.

FRUCHTKÖRPER In Schwärmen oder büschelig; nahezu ganzjährig.

STROHBLASSER SCHÜPPLING

PHOLIOTA GUMMOSA

Auch wenn *P. gummosa* auf dem Erdboden zu wachsen scheint, entspringen seine Stiele aber meistens Holzresten, die im Boden vergraben sind. Charakteristisch sind die blassockergrünlichen Hüte, die braunen Lamellen und der weißliche, schuppige Stiel. Bei feuchter Witterung ist der Hut schmierig. Als Speisepilz ist die Art nicht zu empfehlen.

SPORENFARBE Braun.

GRÖSSE Hut 2–6 cm (b); Stiel 4–9 cm (h) x 0,4–1 cm (b).

VORKOMMEN Oft an Wegrändern, auf gestörten Böden; meist auf im Erdboden vergrabenem Holz.

VERBREITUNG Gemäßigte Breiten auf der Nordhalbkugel.

FRUCHTKÖRPER Oft in großen Scharen oder Büscheln; Herbst.

LÄNGSSCHNITT

SEITENANSICHT

UNTERSEITE

TONBLASSER SCHÜPPLING

PHOLIOTA LENTA

Die blassgelben Lamellen und ein schleimiger Hut kennzeichnen diesen ungenießbaren Schüppling. Anders als der Strohblasse Schüppling (*P. gummosa*, siehe S. 255) hat er meist eine völlig glatte Huthaut und es fehlt die grünliche Tönung.

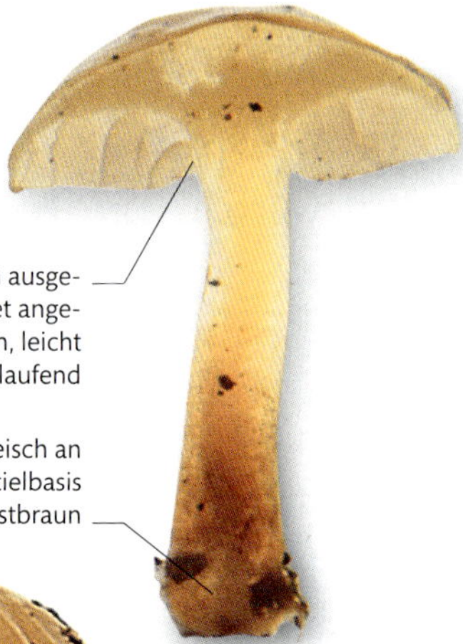

LÄNGSSCHNITT

SEITENANSICHT

UNTERSEITE

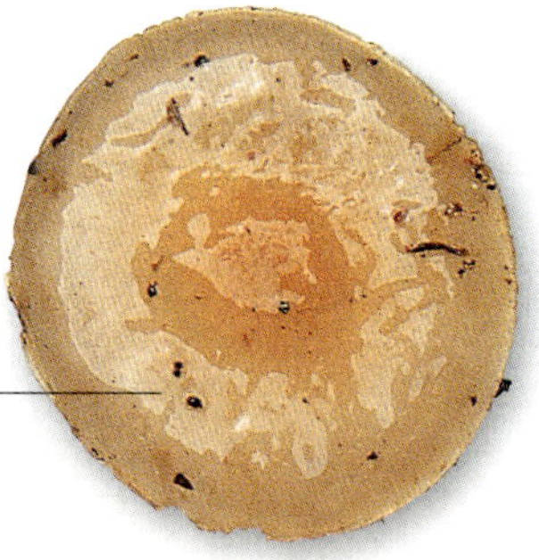

VON OBEN

SPORENFARBE Braun.

GRÖSSE Hut 4–8 cm (b); Stiel 5–8 cm (h) x 0,7–1,2 cm (b).

VORKOMMEN Auf Holzresten im Falllaub, typischerweise auf Buchenholz, aber auch unter anderen Laubbäumen; selten auf Nadelholz.

VERBREITUNG Gemäßigte Breiten auf der Nordhalbkugel.

FRUCHTKÖRPER Einzeln oder in kleinen Gruppen; Spätherbst.

CORTINARIACEAE (Schleierlingsverwandte)

KLASSE AGARICOMYCETES **ORDNUNG** AGARICALES

Dies ist wahrscheinlich die größte Lamellenpilz-Familie. Die meisten ihrer Arten haben rostbraune, oft warzige Sporen. Einige Arten zersetzen organische Substanzen, die meisten bilden aber Mykorrhizen mit Pflanzen. Die wichtigste Gattung ist *Cortinarius*, der weltweit Tausende von Arten angehören.

UNTERSEITE

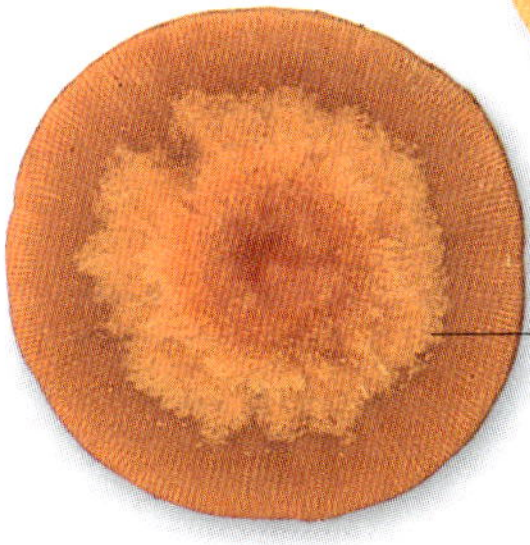

VON OBEN

STOCKSCHWÄMMCHEN

KUEHNEROMYCES MUTABILIS

Weil diese Art stark hygrophan ist, sind die Hüte zweifarbig. Charakteristisch sind auch die spitzen, abstehenden Schüppchen am Stiel unterhalb des Rings, der oft von Sporen braun bestäubt ist. Das Stockschwämmchen ist ein guter Speisepilz, darf aber nicht mit giftigen *Galerina*-Arten wie dem Gifthäubling (*G. marginata*, siehe S. 258) verwechselt werden.

LÄNGSSCHNITT

SEITENANSICHT

SPORENFARBE Ockerbraun.

GRÖSSE Hut 2–7 cm (b); Stiel 3–7 cm, bis zu 10 cm (h) x 0,4–1 cm (b).

VORKOMMEN In Wäldern und Parks; auf morschem Laubholz, selten auf Nadelholz.

VERBREITUNG Gemäßigte Breiten auf der Nordhalbkugel; häufig.

FRUCHTKÖRPER In dichten Büscheln; nahezu ganzjährig.

KALYPTRATSPORIGER HÄUBLING

GALERINA CALYPTRATA

Dieser zarte, nicht essbare Pilz hat honigbraune, geriefte Hüte und wächst auf Moosen. Vom ähnlichen Mooshäubling (*G. hypnorum*) unterscheidet sich die Art durch ihre Sporen: Sie sind kalyptrat, d. h., die äußere Wand löst sich blasenförmig von der darunter liegenden Schicht ab. Es gibt noch mehrere ähnliche Arten.

SPORENFARBE Ockerbraun.

GRÖSSE Hut 0,3–0,8 cm, bis zu 1,5 cm (b); Stiel 3–4 cm (h) x 0,1–0,2 cm (b).

VORKOMMEN Auf Moosen in Rasenflächen und feuchten Wäldern.

VERBREITUNG Genaue Verbreitung nicht bekannt.

FRUCHTKÖRPER Einzeln oder in kleinen Gruppen; Sommer bis Herbst.

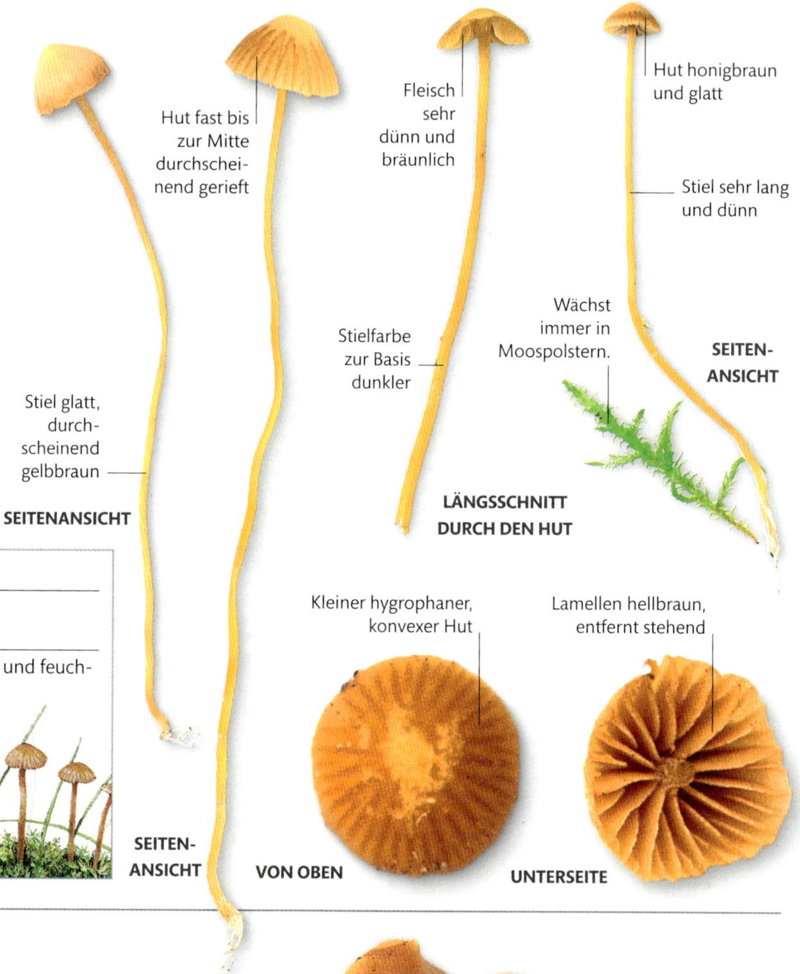

GIFTHÄUBLING

GALERINA MARGINATA ☠

Dieser Giftpilz kann dem essbaren Stockschwämmchen (*Kuehneromyces mutabilis*, siehe S. 257) ähneln, der Stiel ist jedoch unterhalb des Rings nicht geschuppt. Es ist unbedingt notwendig, die Art gut zu kennen, wenn man Stockschwämmchen sammeln will. *G. marginata* und einige verwandte Arten können zu schweren Vergiftungen führen.

SPORENFARBE Rostbraun.

GRÖSSE Hut 1–5 cm, manchmal bis 7 cm (b); Stiel 3–7 cm (h) x 0,3–0,7 cm, manchmal bis 1 cm (b).

VORKOMMEN An morschen Stümpfen und Stämmen, oft auf Moosen und Falllaub in feuchten Wäldern.

VERBREITUNG Gemäßigte Breiten auf der Nordhalbkugel.

FRUCHTKÖRPER Meist in Schwärmen; Sommer bis milde Winter.

GEFLECKTBLÄTTRIGER FLÄMMLING

GYMNOPILUS PENETRANS

Der recht einheitlich orangebraune ungenießbare Pilz hat charakteristische rostbraune Flecken auf den Lamellen. Er kann mit dem Rotbraunen Flämmling (*G. picreus*) verwechselt werden, der einen dunkleren Stiel und lebhafter gelbe Lamellen hat. Einige Autoren trennen zwei weitere Arten ab: *G. hybridus* und *G. sapineus*. Diese Arten wachsen alle auf Totholz oder Pflanzenresten in Laub- und Nadelwäldern.

UNTERSEITE

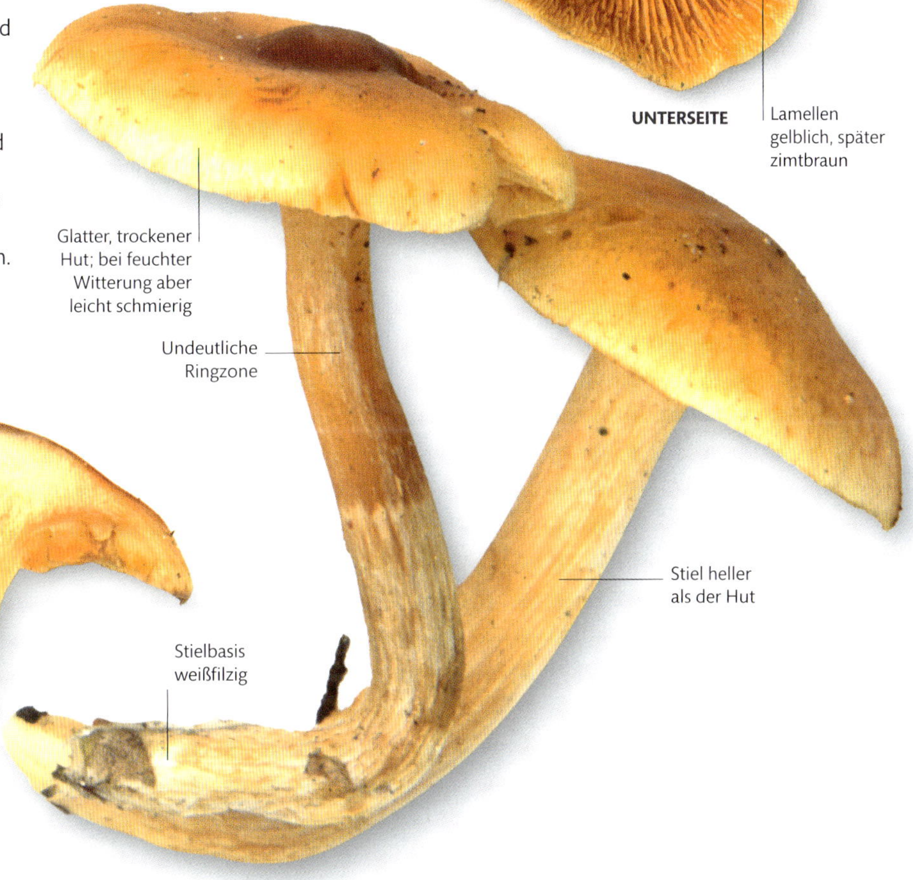

SEITENANSICHT

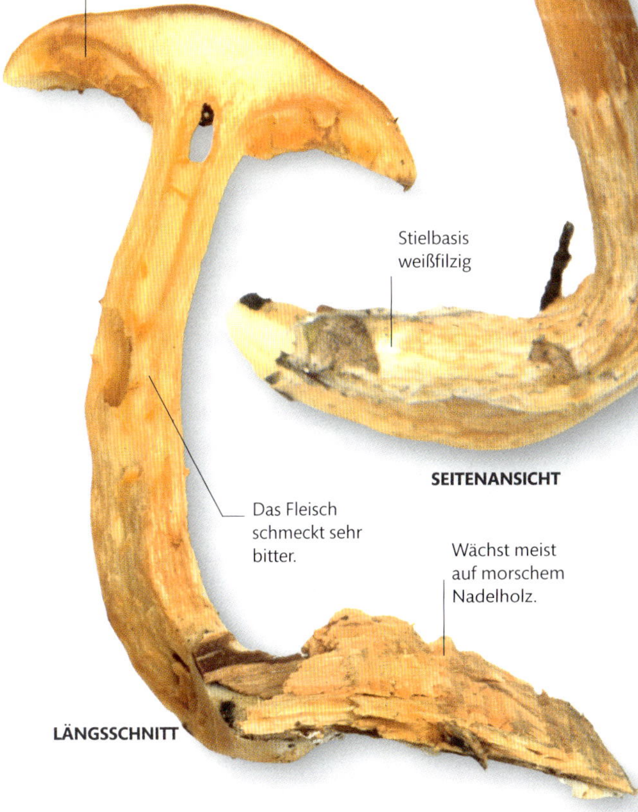

LÄNGSSCHNITT

SPORENFARBE Rostbraun.

GRÖSSE Hut 3–8 cm (b); Stiel 4–7 cm (h) x 0,4–1 cm (b).

VORKOMMEN Auf Totholz, meist Nadelholz, in naturbelassenen Wäldern und Forsten.

VERBREITUNG Gemäßigte Breiten auf der Nordhalbkugel.

FRUCHTKÖRPER Meist in kleinen Gruppen auf morschem Nadelholz; Herbst.

BERINGTER FLÄMMLING

GYMNOPILUS SPECTABILIS

Dieser beachtliche Pilz wächst meist büschelig und hat einen auffälligen Stielring. Am Hutrand befinden sich Velumreste. An dieser Merkmalskombination ist er leicht erkennbar, obwohl er sehr variabel ist. Er ist die fleischigste *Gymnopilus*-Art, enthält aber halluzinogene Inhaltsstoffe und ist giftig. *Phaeolepiota aurea* (siehe S. 180) sieht ähnlich aus, wächst aber auf dem Erdboden.

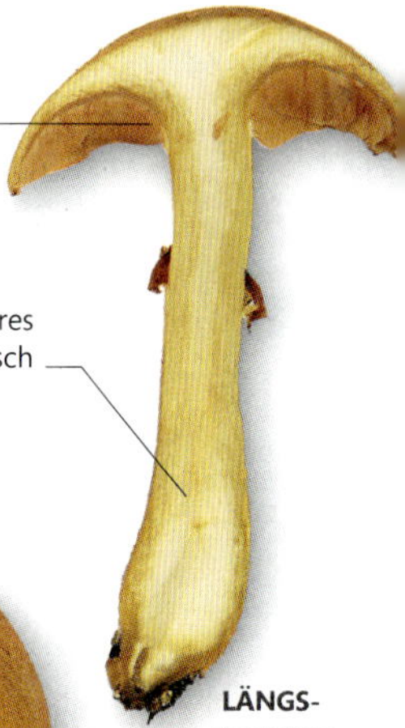

LÄNGSSCHNITT

SEITENANSICHT, SCHRÄG

SPORENFARBE Rostbraun.

GRÖSSE Hut 5–15 cm (b); Stiel 5–15 cm (h) x 1–3,5 cm (b).

VORKOMMEN Auf morschem Laubholz, selten auf Nadelholz; oft an Stümpfen und geschädigten Stämmen.

VERBREITUNG Gemäßigte Breiten auf der Nordhalbkugel.

FRUCHTKÖRPER Büschelig, meist in Bodennähe; Herbst.

ZIMT-HAUTKOPF

CORTINARIUS CINNAMOMEUS

Von oben betrachtet, ist dieser Giftpilz *C. semisanguineus* (siehe gegenüber) sehr ähnlich. Seine Lamellen sind jedoch orangefarben oder orangegelb und später von reifen Sporen zimtbraun gefärbt. Ähnlich ist auch der Safran-Hautkopf (*C. croceus*), dessen junge Lamellen aber satter gelb gefärbt sind.

SPORENFARBE Rostbraun.

GRÖSSE Hut 2–5 cm (b); Stiel 2–7 cm (h) x 0,5–1 cm (b).

VORKOMMEN Bildet Mykorrhizen mit Laub- und Nadelbäumen auf nährstoffarmen Böden.

VERBREITUNG Gemäßigte Breiten auf der Nordhalbkugel. Verbreitet.

FRUCHTKÖRPER Gesellig unter Bäumen; Herbst.

BLUTBLÄTTRIGER HAUTKOPF

CORTINARIUS SEMISANGUINEUS

Cortinarius-Arten mit lebhaft roter oder gelber Färbung werden in die Untergattung *Dermocybe* gestellt, die zur größeren Gruppe *Telamonia* gehört. Sie sind giftig, enthalten aber ausgezeichnete Textilfarbstoffe. *C. semisanguineus* erkennt man am besten an seiner rotbraunen Farbe und den auffallend blutroten Lamellen.

SPORENFARBE Rostbraun.

GRÖSSE Hut 2–7 cm (b); Stiel 4–10 cm (h) x 0,5–1 cm (b).

VORKOMMEN Bildet Mykorrhizen mit Nadelbäumen; unter jungen Fichten in Fichtenforsten oft massenhaft.

VERBREITUNG Gemäßigte Breiten auf der Nordhalbkugel.

FRUCHTKÖRPER Gesellig unter Nadelbäumen, oft zwischen Moosen; Herbst.

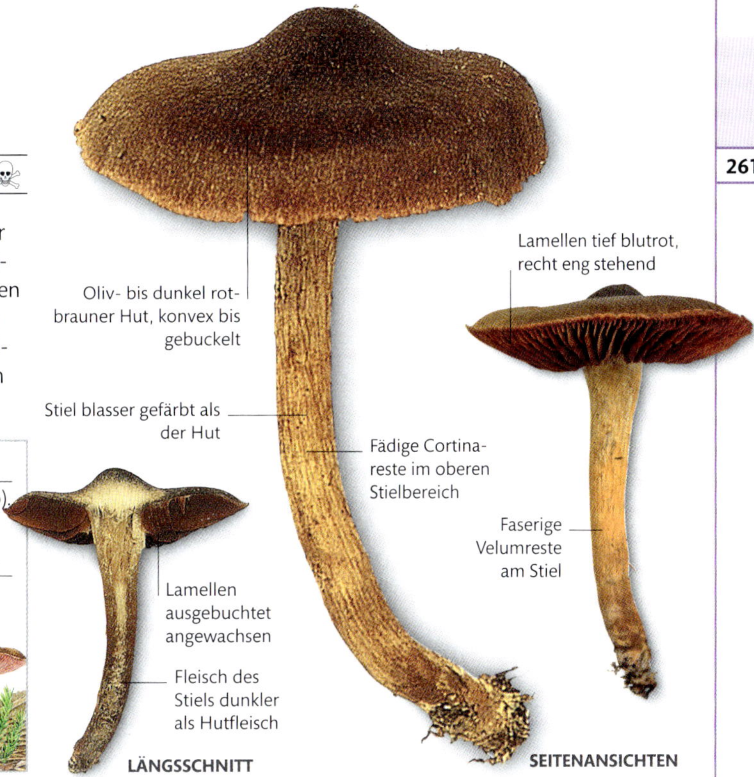

LÄNGSSCHNITT

SEITENANSICHTEN

DUNKELVIOLETTER SCHLEIERLING

CORTINARIUS VIOLACEUS

Alle Teile dieses eindrucksvollen Pilzes sind dunkel blauviolett, außer den rostbraunen Sporen. Man unterscheidet zwei Formen, von denen eine an Laub- und die andere an Nadelholz vorkommt. Letztere wird auch unter dem Namen *C. hercynicus* geführt. Beide sind recht selten und sollten deshalb nicht gesammelt werden.

SPORENFARBE Rostbraun.

GRÖSSE Hut 6–15 cm (b); Stiel 6–14 cm (h) x 1–2,5 cm (b).

VORKOMMEN In feuchten Wäldern und Mooren; bildet Mykorrhizen mit Laub- und Nadelbäumen.

VERBREITUNG Gemäßigte Breiten auf der Nordhalbkugel.

FRUCHTKRÖRPER In kleinen Gruppen; Sommer bis Herbst.

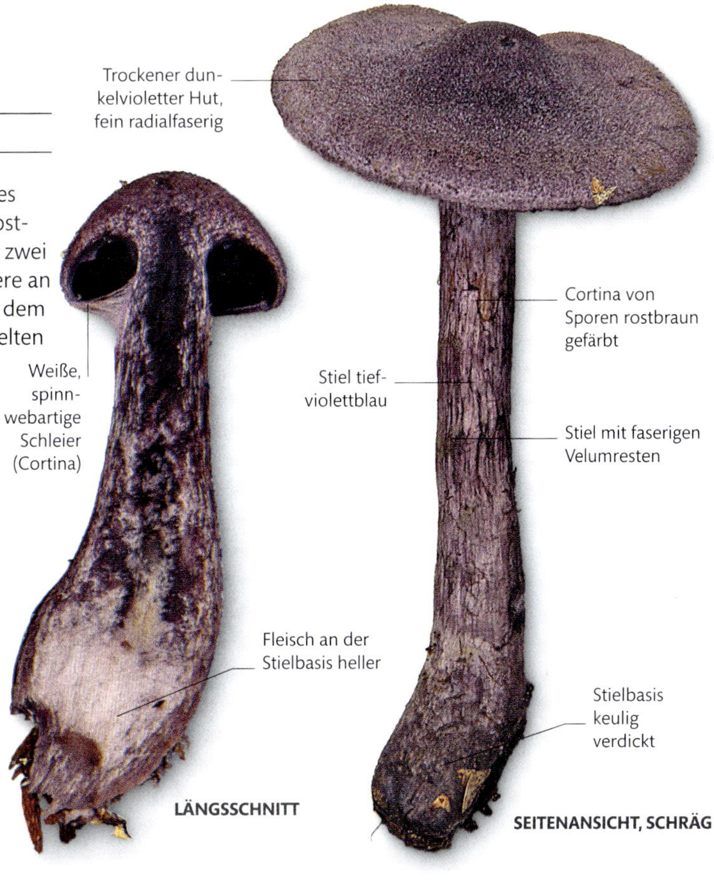

LÄNGSSCHNITT

SEITENANSICHT, SCHRÄG

ROTSCHUPPIGER SCHLEIERLING

CORTINARIUS BOLARIS

Cortinarius-Arten sind oft sehr schwierig zu bestimmen, diese giftige Art aber ist mit den roten Schuppen auf Hut und Stiel charakteristisch. *C. bolaris* ist meist recht kurzstielig und kräftig. Die spinnwebartige Cortina ist typisch für die Gattung. Ihre Reste sind als feine Fasern am Hutrand sichtbar.

LÄNGSSCHNITT

SEITENANSICHT, SCHRÄG

SEITENANSICHT, SCHRÄG

SPORENFARBE Rostbraun.

GRÖSSE Hut 3–6 cm (b); Stiel 3–6 cm (h) x 0,8–1,5 cm (b).

VORKOMMEN In Mischwäldern auf sauren Böden; bildet Mykorrhizen mit Laubbäumen, besonders mit Eichen und Birken.

VERBREITUNG Gemäßigte Breiten auf der Nordhalbkugel; mancherorts häufig, fehlt anderswo.

FRUCHTKÖRPER Meist in kleinen Gruppen auf sauren Böden; Herbst.

ORANGEFUCHSIGER RAUKOPF

CORTINARIUS ORELLANUS

Dieser orangebraune Giftpilz hat einen grobfaserigen, gebuckelten Hut und rötliche Lamellen. Der Stiel weist spinnwebartige Cortinareste auf, aber keine Gürtelzonen wie der des Spitzgebuckelten Raukopfs (*C. rubellus*, siehe gegenüber). Beide Arten sind äußerst giftig und verursachen bleibende Nierenschäden.

SPORENFARBE Rostbraun.

GRÖSSE Hut 3–6 cm, bis 8 cm (b); Stiel 4–9 cm (h) x 1–2 cm (b).

VORKOMMEN Meist an Laubbäume auf sauren Böden gebunden, vor allem an Eichen.

VERBREITUNG In warmen Regionen Europas verbreitet; fehlt in Nordamerika.

FRUCHTKÖRPER In kleinen Gruppen auf sauren Böden; Herbst.

WOHLRIECHENDER GÜRTELFUSS

CORTINARIUS TORVUS

Kennzeichen der ungenießbaren Art sind die »bestrumpfte« Stielbasis, der aromatische Geruch, die blasse Farbe und das dicke Fleisch.

Weißliche, spinnwebartige Cortina am Hutrand

SEITENANSICHT

Fleisch bräunlich, in der Stielspitze oft mit violetter Tönung

Lamellen breit und geschweift, violett- oder rostbraun

LÄNGSSCHNITT

Dicke, feste entfernt stehende Lamellen

UNTERSEITE

Hut polsterförmig, graubraun, radialfaserig

Ringzone des Stiels ist oft durch Sporen braun gefärbt (»bestrumpft«).

SEITENANSICHT, SCHRÄG

Mehr oder weniger keulige Stielbasis

SEITENANSICHT

SPORRENFARBE Rostbraun.

GRÖSSE Hut 4–8 cm, bis zu 10 cm (b); Stiel 4–9 cm (h) x 0,5–1,5 cm (b); Stielbasis bis zu 2 cm (b).

VORKOMMEN Bildet Mykorrhizen, meist mit Buchen; verschiedene Böden.

VERBREITUNG In Europa und im Osten Nordamerikas weitverbreitet.

FRUCHTKÖRPER Einzeln oder in kleinen Gruppen im Falllaub; Herbst.

SPITZGEBUCKELTER RAUKOPF

CORTINARIUS RUBELLUS ☠

Dieser rotbraune Giftpilz hat Cortinagürtel am Stiel und einen spitz gebuckelten Hut. Das Sporenpulver ist rostbraun, wie für *Cortinarius*-Arten typisch. Achtung: Sehr gefährlich sind Verwechslungen mit den essbaren *Cantharellus*-Arten (siehe S. 59).

SPORENFARBE Rostbraun.

GRÖSSE Hut 3–8 cm (b); Stiel 5–11 cm (h) x 0,8–1,5 cm (b); Basis bis zu 2 cm (b).

VORKOMMEN Bildet Mykorrhizen, meist mit Nadelbäumen auf sauren Böden.

VERBREITUNG In Europa und Teilen Asiens weitverbreitet und in manchen Regionen häufig.

FRUCHTKÖRPER Einzeln oder gesellig; Sommer bis Herbst.

GESCHMÜCKTER GÜRTELFUSS

CORTINARIUS ARMILLATUS

Dieser leicht bestimmbare, ungenießbare Pilz hat auffällige rote Velumgürtel an seinem kräftigen, langen Stiel und einen großen, dickfleischigen Hut, der mit feinen orangebraunen Faserschüppchen besetzt ist. Auch mehrere kleinere Arten haben rötliche Velumgürtel am Stiel. Man findet diese aber oft unter Nadelbäumen.

SPORENFARBE Rostbraun.

GRÖSSE Hut 5–12 cm (b); Stiel 7–15 cm (h) x 1–3 cm (b).

VORKOMMEN Bildet Mykorrhizen mit Birken und möglicherweise anderen Baumarten in feuchten Wäldern und Moorwäldern.

VERBREITUNG Gemäßigte Breiten auf der Nordhalbkugel; recht häufig.

FRUCHTKÖRPER Gesellig unter Bäumen; Sommer bis Herbst.

BRAUNSCHUPPIGER DICKFUSS

CORTINARIUS PHOLIDEUS

Zu den Kennzeichen dieses ungenießbaren Pilzes gehören die violetten jungen Lamellen in Kombination mit dem schuppigen Hut und dem braun gegürtelten Stiel. Typischer Mykorrhiza-Partner ist die Birke, aber der Pilz kommt auch unter anderen Bäumen vor. Das Fleisch ist violett getönt und riecht schwach nach Mandarinen.

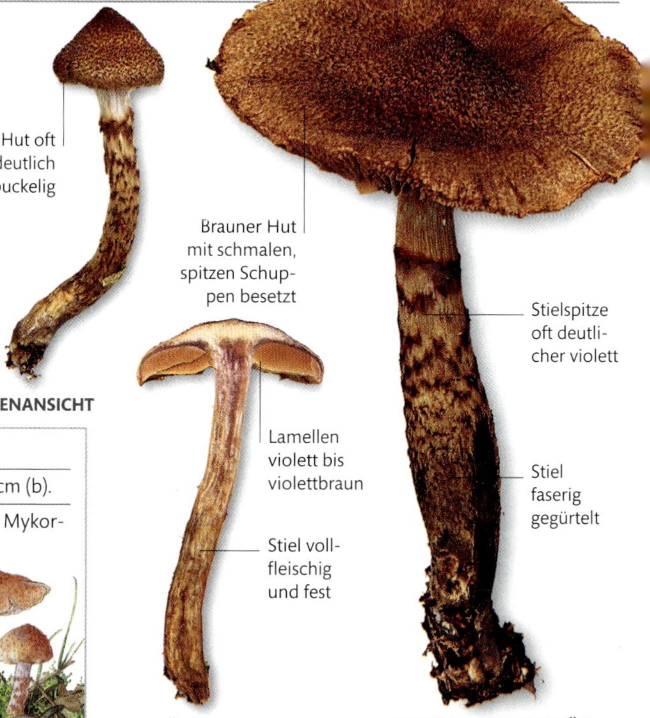

SPORENFARBE Rostbraun.

GRÖSSE Hut 3–8 cm (b); Stiel 5–12 cm (h) x 0,5–1 cm, bis zu 1,5 cm (b).

VORKOMMEN In Mischwäldern, bevorzugt saure Böden; bildet Mykorrhizen mit Laubbäumen, vor allem Birken, und einigen Nadelbäumen.

VERBREITUNG Gemäßigte Breiten auf der Nordhalbkugel; recht häufig.

FRUCHTKÖRPER In kleinen Gruppen auf moosbewachsenen, sauren Böden; Herbst.

WEISSVIOLETTER DICKFUSS

CORTINARIUS ALBOVIOLACEUS

Der gesamte Fruchtkörper dieses ungenießbaren Pilzes – mit Ausnahme der Lamellen und der rostbraunen Sporen, die oft die Cortinareste am Stiel färben – ist weißlich violett. Der Hut ist konvex und dickfleischig, der Stiel oft verbogen und an der Basis keulig verdickt. Ähnlich sind der Hygrophane Dickfuß (*C. malachius*, siehe S. 271), der unter Nadelbäumen wächst und einen feinschuppigen Hut hat, sowie der Bocks-Dickfuß (*C. camphoratus*) und der Lila Dickfuß (*C. traganus*), ebenfalls an Nadelbäume gebundene Arten, die jedoch penetrant riechen.

SPORENFARBE Rostbraun.

GRÖSSE Hut 5–8 cm, manchmal nur 3 cm (b); Stiel 5–12 cm (h) x 1–2 cm (b).

VORKOMMEN Bildet Mykorrhizen mit Laubbäumen, seltener mit Nadelbäumen; auf sauren Böden.

VERBREITUNG Gemäßigte Breiten auf der Nordhalbkugel; in manchen Regionen häufig.

FRUCHTKÖRPER Einzeln oder in kleinen Gruppen im Falllaub; Herbst.

SEITENANSICHT

SEITENANSICHT

UNTERSEITE

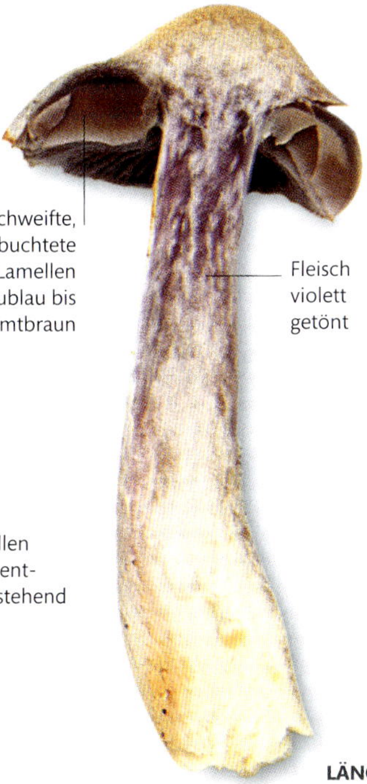

LÄNGSSCHNITT

WEISSFLOCKIGER GÜRTELFUSS

CORTINARIUS HEMITRICHUS

Diese ungenießbare *Cortinarius*-Art ist ein Vertreter der Untergattung *Telamonia*. Die meisten dieser Pilze sind klein und sehr schwierig zu bestimmen. *C. hemitrichus* ist geruchlos, hat einen schlanken Wuchs und eine graubraune Färbung. Man kann den Pilz leicht mit anderen *Cortinarius*-Arten verwechseln, auf die hier im Einzelnen nicht eingegangen werden kann.

VON OBEN

LÄNGSSCHNITT

SEITENANSICHT

UNTERSEITE

SPORENFARBE Rostbraun.

GRÖSSE Hut 2–4 cm (b); Stiel 5–10 cm (h) x 0,4–0,5 cm (b).

VORKOMMEN Bildet Mykorrhizen mit Fichten.

VERBREITUNG Weitverbreitet; genaues Verbreitungsgebiet unbekannt.

FRUCHTKÖRPER Gesellig; Sommer bis Herbst.

BUCHEN-KLUMPFUSS

CORTINARIUS ANSERINUS

Dieser Pilz ist ein typischer Schleierling der Buchenwälder. Er gehört zur Untergattung der Klumpfüße (*Phlegmacium*). Man kann ihn mit dem Amethystblättrigen Klumpfuß (*C. calochrous*, siehe S. 268) verwechseln, der kleiner ist und weißliches Stielfleisch hat. Beim Buchen-Klumpfuß ist das Stielfleisch lila und der fruchtige Geruch erinnert an Pflaumen. Die Huthaut schmeckt bitter, das Fleisch mild. Geruch und Geschmack sind wichtige Merkmale der Klumpfüße, die aber keine Speisepilze sind.

SPORENFARBE Rostbraun.

GRÖSSE Hut 6–12 cm (b); Stiel 6–12 cm (h) x 1–2,5 cm (b); Stielbasis bis zu 4 cm b).

VORKOMMEN Bildet Mykorrhizen mit Buchen; wächst in der Laubstreu auf kalkhaltigen Böden.

VERBREITUNG In Europa weitverbreitet, stellenweise häufig; weltweite Verbreitung nicht bekannt.

FRUCHTKÖRPER Einzeln oder in kleinen Gruppen auf Laubstreu; Herbst.

GELBGESTIEFELTER SCHLEIMKOPF

CORTINARIUS TRIUMPHANS

Dieser fleischige, ungenießbare Pilz hat auffällige gelbe Gürtelzonen am kräftigen Stiel. Der schmierige Hut ist orangegelb, am Rand sind oft Velumreste vorhanden. Die Arten *C. saginus*, *C. cliduchus* und *C. olidus* sind ähnlich.

SPORENFARBE Rostbraun.

GRÖSSE Hut 8–15 cm (b); Stiel 10–15 cm, manchmal nur 5 cm (h) x 1–3 cm (b).

VORKOMMEN Bildet Mykorrhizen mit Birken; im Gras in Wäldern, auf Rasenflächen, in Parks und Gärten.

VERBREITUNG In Europa lokal verbreitet, in Teilen Asiens und im Nordosten Nordamerikas.

FRUCHTKÖRPER Gesellig unter Birken, immer im Gras; Sommer bis Herbst.

PELARGONIEN-GÜRTELFUSS

CORTINARIUS FLEXIPES

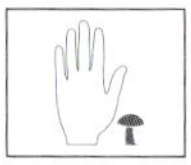

Diesen nicht sehr charakteristischen ungenießbaren Pilz erkennt man am besten an den feinen, blassen Schüppchen auf dem spitzbuckeligen Hut und dem Geruch nach Pelargonien (*Pelargonium*). Bei manchen Exemplaren fehlen die Schüppchen und der Hutrand ist gerieft. Die jungen Lamellen können einen violetten Schimmer haben, und der Stiel ist oft mit blassen Cortinaresten gegürtelt. Formen mit lila gefärbtem Stiel werden manchmal als eigenständige Art *C. paleifer* geführt.

VON OBEN

UNTERSEITE

SEITENANSICHT

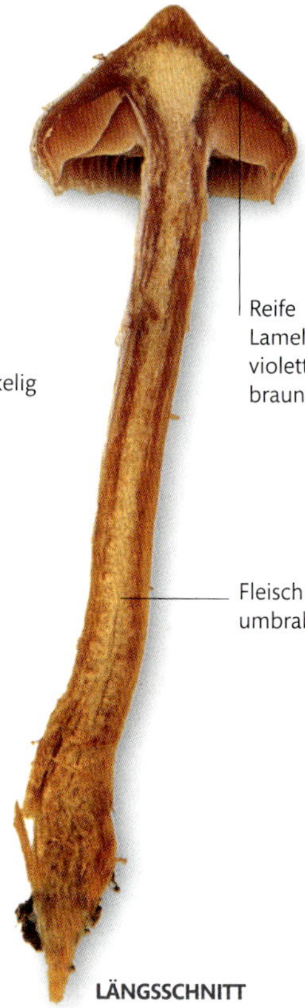

LÄNGSSCHNITT

SPORENFARBE Rostbraun.

GRÖSSE Hut 1–3 cm, bis zu 5 cm (b); Stiel 4–7 cm (h) x 0,3–0,5 cm (b).

VORKOMMEN Bildet Mykorrhizen, vor allem in feuchten Nadelwäldern, aber auch unter Laubbäumen in verschienenen Waldgesellschaften.

VERBREITUNG Gemäßigte Breiten auf der Nordhalbkugel.

FRUCHTKÖRPER Gesellig in Scharen; Sommer bis Herbst.

AMETHYSTBLÄTTRIGER KLUMPFUSS

CORTINARIUS CALOCHROUS

Die Mitglieder der Untergruppe *Phlegmacium* sind nicht sehr groß, haben lilafarbene Lamellen, einen milden Geschmack und eine Stielknolle. Sie sind keine Speisepilze. *C. calochrous* ist eine der häufigsten Arten aus einer Gruppe nah verwandter und sehr ähnlicher Pilze.

SPORENFARBE Rostbraun.

GRÖSSE Hut 4–6 cm (b); Stiel 3–6 cm (h) x 0,6–1 cm (b); Stielknolle bis 3 cm (b).

VORKOMMEN Auf besseren Böden, oft in der Laubstreu; bildet meist Mykorrhizen mit Buchen.

VERBREITUNG Gemäßigte Breiten auf der Nordhalbkugel; in manchem Regionen häufig.

FRUCHTKÖRPER Einzeln oder in kleinen Gruppen unter Buchen; Herbst.

PRÄCHTIGER KLUMPFUSS

CORTINARIUS BERGERONII

Dieser giftige Pilz ähnelt farblich dem Leuchtendgelben Klumpfuß (*C. splendens*, siehe S. 272), ist aber größer und hat blasslila getöntes Stielfleisch. Es gibt noch mehrere ähnliche *Cortinarius*-Arten, darunter den Zedernklump-Fuß (*C. cedretorum*) und den Goldbraunen Klumpfuß (*C. aureofulvus*).

SPORENFARBE Rostbraun.

GRÖSSE Hut 6–10 cm (b); Stiel 6–10 cm (h) x 2–3 cm (b); Stielknolle bis zu 5 cm (b).

VORKOMMEN Bildet Mykorrhizen mit Buchen auf kalkhaltigen Böden.

VERBREITUNG In Europa weitverbreitet, aber nicht überall; weltweite Verbreitung unbekannt.

FRUCHTKÖRPER Einzeln oder in kleinen Gruppen; Herbst.

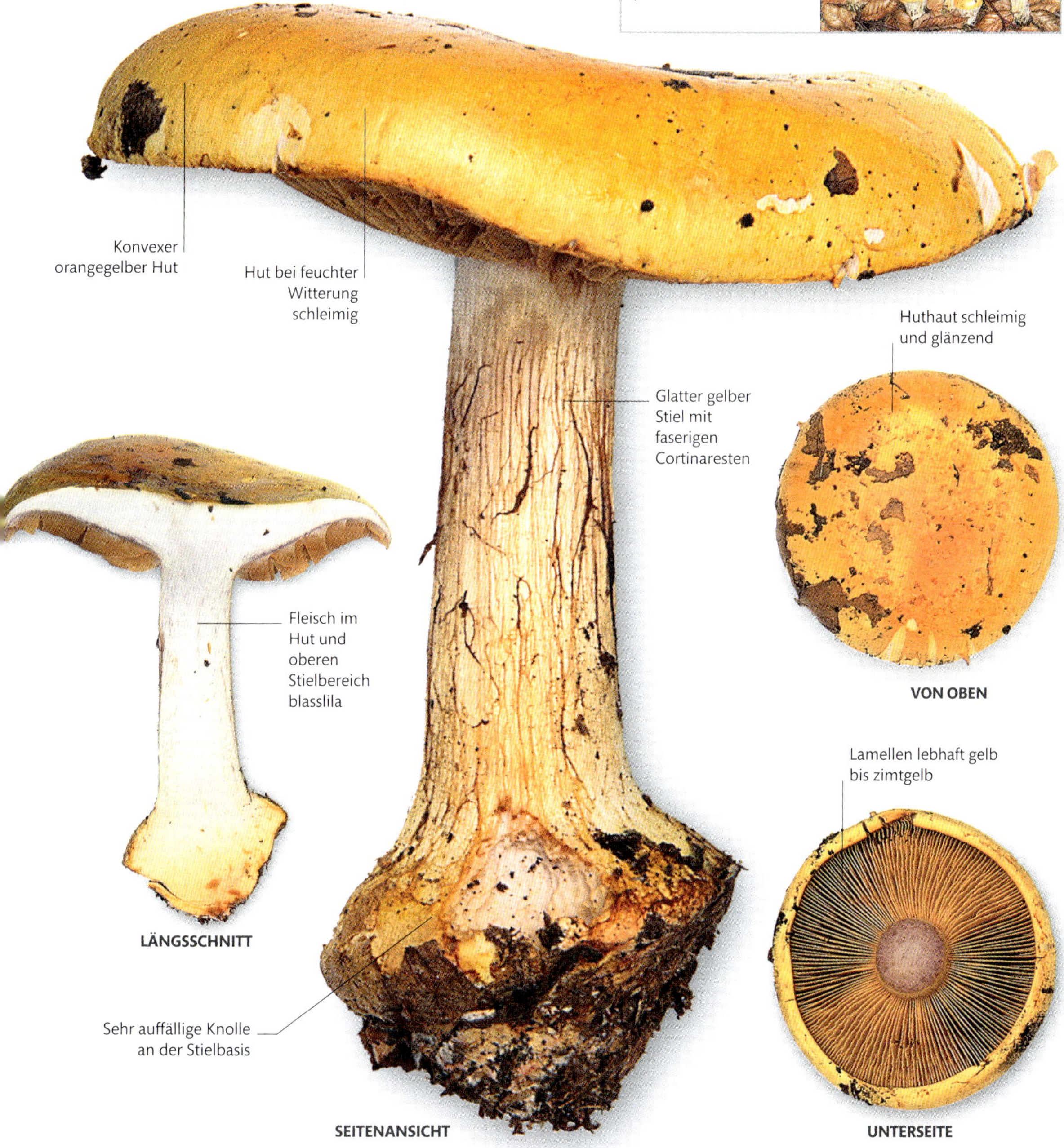

ROSAVIOLETTER KLUMPFUSS

CORTINARIUS SODAGNITUS

C. sodagnitus ist ein auffälliges Mitglied der Untergattung *Phlegmacium.* Hut und Stiel sind lebhaft violett gefärbt. Bei der Reife älterer Pilze färbt sich der Hut aber von der Mitte aus ockerfarben. Die Knolle ist an der Stielbasis deutlich gerandet. Die Huthaut schmeckt bitter, das Fleisch mild, jedoch kann die Art - auch ihre Verwandten - nicht als Speisepilz empfohlen werden. Der Bunte Klumpfuß (*C. dibaphus*) ist ein bunterer, etwas größerer Verwandter mit ähnlicher Verbreitung.

LÄNGSSCHNITT

UNTERSEITE

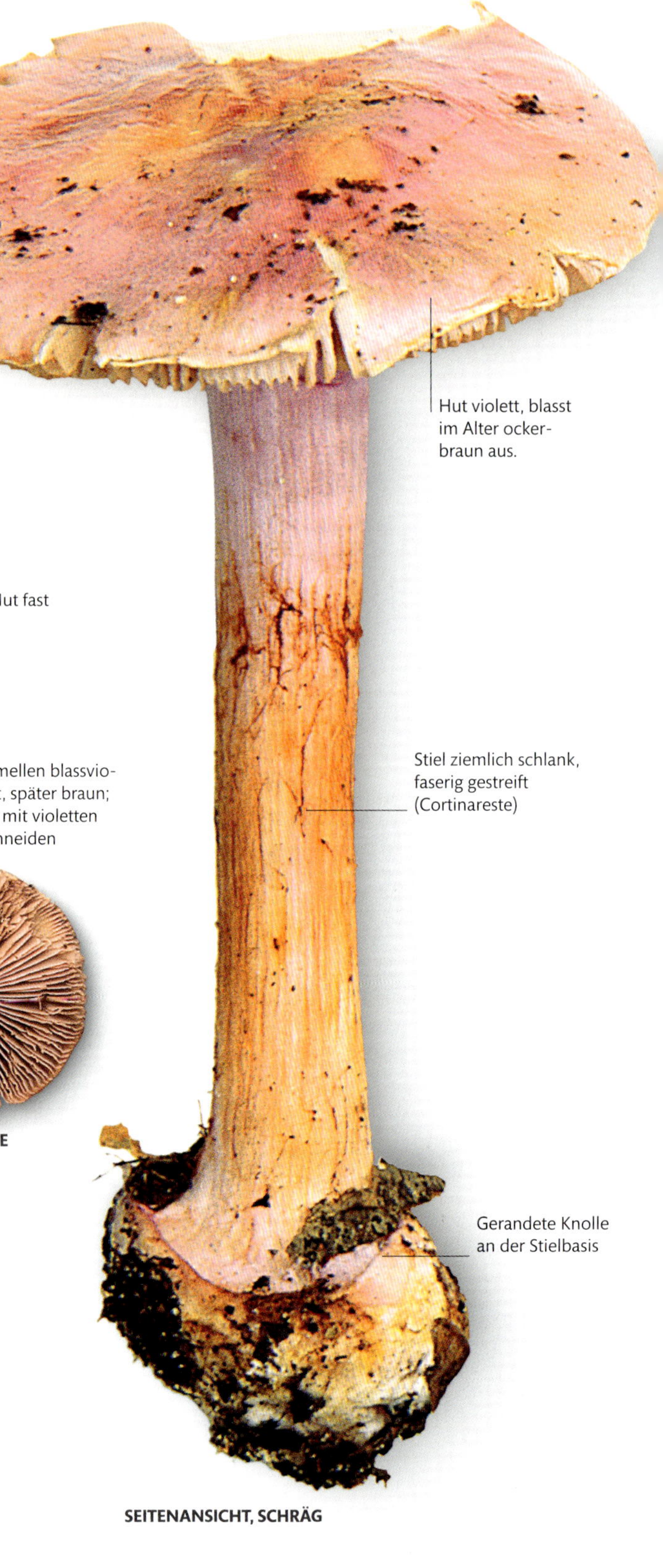

SEITENANSICHT, SCHRÄG

SPORENFARBE Rostbraun.

GRÖSSE Hut 4–10 cm (b); Stiel 6–10 cm (h) x 0,5–1,5 cm (b); Basalknolle bis zu 3 cm (b).

VORKOMMEN Vor allem an Buchen auf kalkhaltigen Böden gebunden.

VERBREITUNG Gemäßigte Breiten auf der Nordhalbkugel; mancherorts häufig.

FRUCHTKÖRPER Einzeln oder in kleinen Gruppen in der Laubstreu; Herbst.

HYGROPHANER DICKFUSS

CORTINARIUS MALACHIUS

Dieser ungenießbare Pilz ähnelt jung im Wuchs und in der Färbung dem Weißvioletten Dickfuß (*C. alboviolaceus*, siehe S. 265). Er ist jedoch an Nadelbäume gebunden und seine lila Färbung verschwindet bald und wird von ockerbräunlichen Tönen ersetzt. Außerdem ist der Hut mit faserigen und schuppigen Cortinaresten besetzt. Der Bocks-Dickfuß (*C. camphoratus*) wächst ebenfalls unter Nadelbäumen, riecht aber sehr stechend.

SEITENANSICHT, SCHRÄG

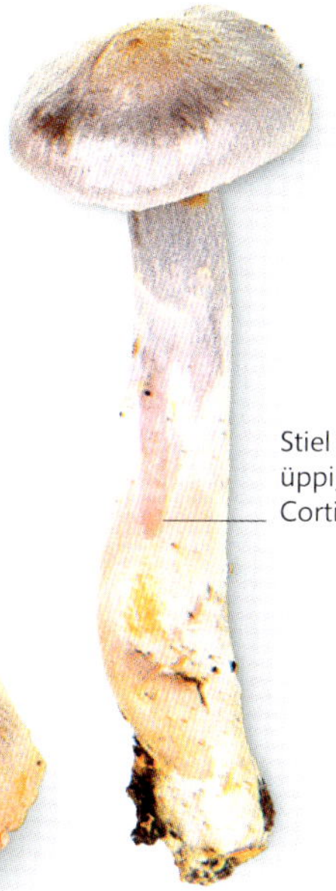

SEITENANSICHT

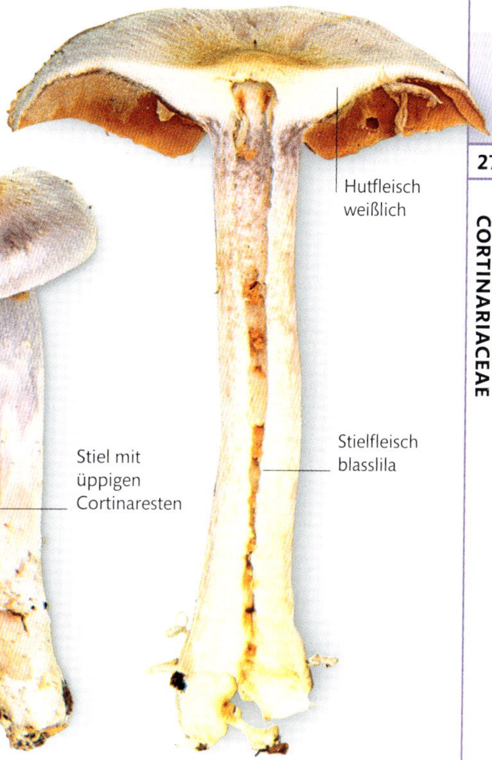

LÄNGSSCHNITT

VON OBEN

UNTERSEITE

SPORENFARBE Rostbraun.

GRÖSSE Hut 4–8 cm, bis zu 12 cm (b); Stiel 5–12 cm (h) x 1–2 cm (b).

VORKOMMEN Bildet Mykorrhizen mit Nadelbäumen.

VERBREITUNG In Europa weitverbreitet, aber lokal; weltweite Verbreitung unbekannt.

FRUCHTKÖRPER In Gruppen in der Nadelstreu oder zwischen Moosen; Herbst.

LEUCHTENDGELBER KLUMPFUSS

CORTINARIUS SPLENDENS

Es gibt mehrere gelbe *Cortinarius*-Artem mit deutlicher Stielknolle, die schwierig zu unterscheiden sind. Diese auffällig gefärbte, giftige Art ist ein relativ kleines Mitglied der Gruppe. Das gelbliche Fleisch verfärbt sich mit Kalilauge rotbraun. Gelbe *Cortinarius*-Arten ähneln den gelben *Tricholoma*-Arten (siehe S. 138–149), deren Sporenpulver aber anders gefärbt ist.

Hut gelb, zur Mitte hin oft orangebraun

Faserige Cortinareste am Stiel

Stielbasis ist auffällig knollig.

SEITENANSICHT, SCHRÄG

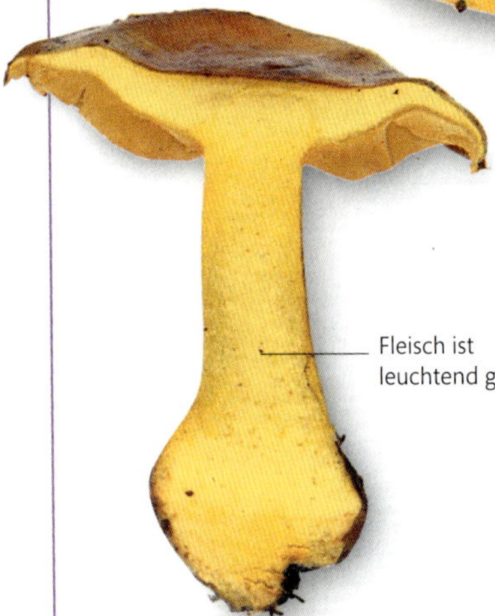

Fleisch ist leuchtend gelb.

LÄNGSSCHNITT

SPORENFARBE Rostbraun.

GRÖSSE Hut 3–7 cm (b); Stiel 4–9 cm (h) x 0,7–1,4 cm (b); Knolle bis zu 3,5 cm (b).

VORKOMMEN Bildet Mykorrhizen, häufig mit Buchen; auf kalkhaltigen Böden.

VERBREITUNG In Europa weitverbreitet, lokal häufig; weltweite Verbreitung unzureichend bekannt.

FRUCHTKÖRPER Einzeln oder in kleinen Gruppen; Herbst.

Lamellen leuchtend gelb, im Alter rostgelb

UNTERSEITE

VIOLETTROTER KLUMPFUSS

CORTINARIUS RUFO-OLIVACEUS

C. rufo-olivaceus ist ein großer Vertreter der Untergattung *Phlegmacium* mit typisch schmierigem Hut. Dieser ist rhabarberfarben, am Rand mitunter mit Olivtönen. Der oft lange, schlanke knollige Stiel weist viele verschiedene Farbtöne auf. Die Lamellen sind grünlich oder lila. Wegen der einzigartigen Farbkombination ist dieser Pilz leicht zu bestimmen. Mehrere verwandte Arten sind olivgrün, darunter der auffällige Schwarzgrüne Klumpfuß (*C. atrovirens*).

Geschweifte Lamellen, olivgrün bis lila

Fleisch weißlich mit violetter Tönung; Basis rosabraun

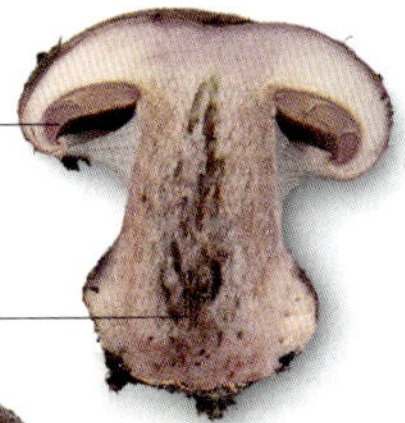

LÄNGSSCHNITT

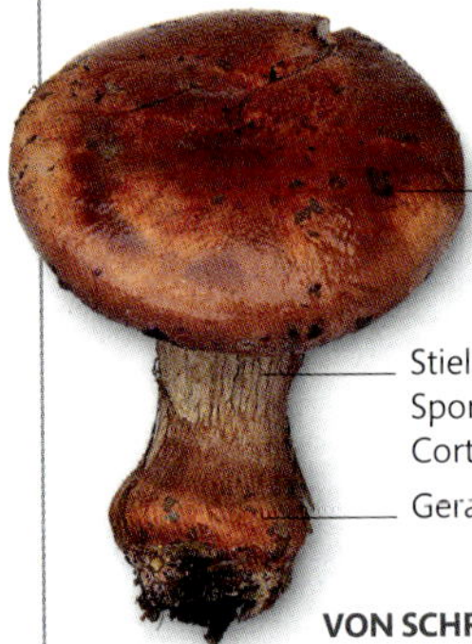

Huthaut ist schmierig-klebrig, manchmal oliv getönt.

Stiel mit von Sporen gebräunten Cortinaresten

Gerandete Stielknolle

VON SCHRÄG OBEN

SPORENFARBE Rostbraun.

GRÖSSE Hut 6–10 cm, bis zu 12 cm (b); Stiel 7–12 cm (h) x 1,5–2 cm (b); Knolle bis zu 3 cm (b).

VORKOMMEN Bildet Mykorrhizen, vor allem mit Buchen und Eichen auf kalkhaltigen Böden.

VERBREITUNG In Europa weitverbreitet, aber lokal; weltweite Verbreitung unbekannt.

FRUCHTKÖRPER In kleinen Gruppen; Herbst.

DUNKELSCHEIBIGER FÄLBLING

HEBELOMA MESOPHAEUM ☠

Hebeloma-Arten werden in mehrere Gruppen unterteilt. Diese ungenießbare Art gehört zu den beschleierten Fälblingen und hat mehrere nahe Verwandte, die am besten mithilfe des Mikroskops bestimmt werden können. Die Velumreste sind als feine weißliche Fäden und Fetzen am Hutrand und im oberen Stielbereich zu erkennen. Viele Fälblinge riechen nach Rettich.

Weißliche Velumfetzen am Hutrand

SEITENANSICHT

Hutrand mit weißen Velumresten

UNTERSEITE

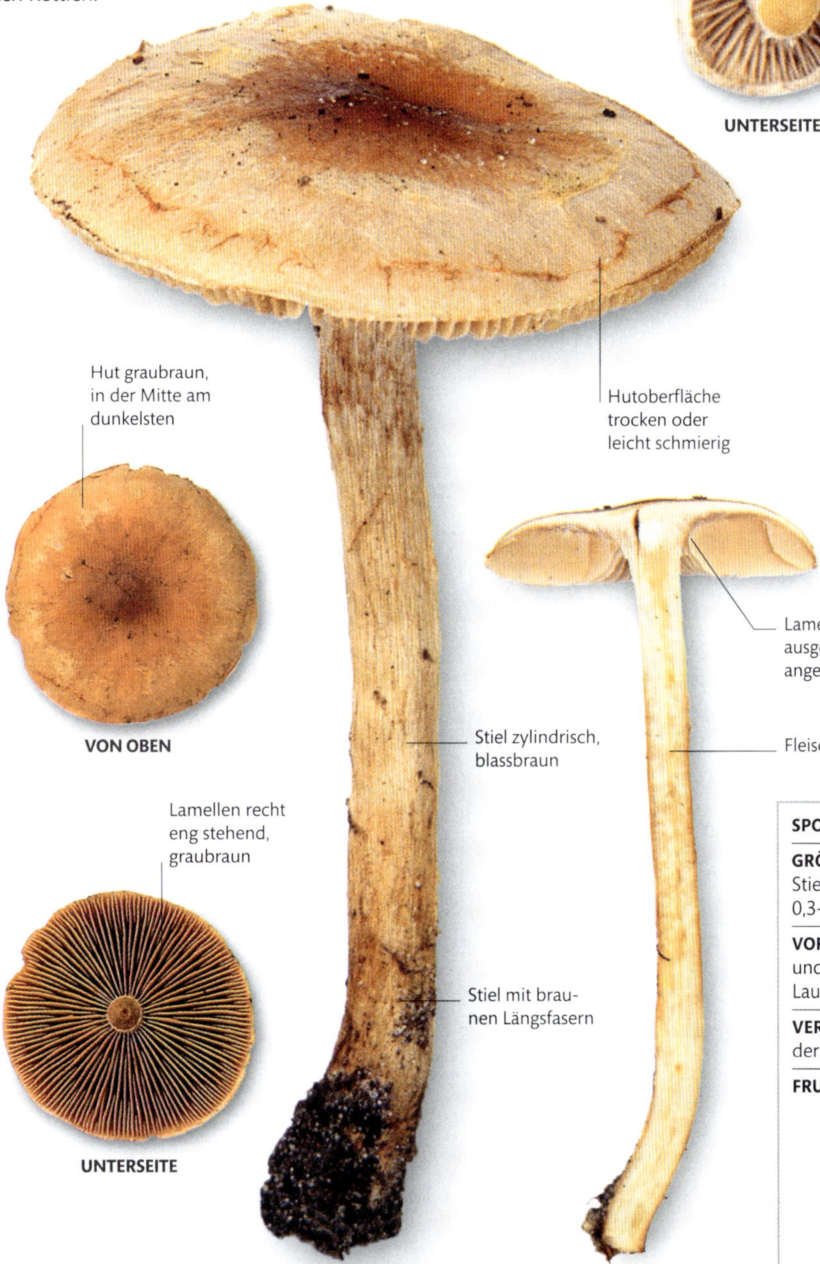

Hutoberfläche trocken oder leicht schmierig

Stiel zylindrisch, blassbraun

Stiel mit braunen Längsfasern

SEITENANSICHT, SCHRÄG

Hut graubraun, in der Mitte am dunkelsten

VON OBEN

Lamellen recht eng stehend, graubraun

UNTERSEITE

Lamellen ausgebuchtet angewachsen

Fleisch blassbraun

LÄNGSSCHNITT

SPORENFARBE Tabakbraun.

GRÖSSE Hut 2–5 cm, bis zu 7,5 cm (b); Stiel 2–6 cm, bis zu 9 cm (h) x 0,3–0,7 cm, bis zu 1,8 cm (b).

VORKOMMEN In Mischwäldern, Parks und Gärten; bildet Mykorrhizen mit Laub- und Nadelbäumen.

VERBREITUNG Gemäßigte Breiten auf der Nordhalbkugel; häufig.

FRUCHTKÖRPER In Trupps; Herbst.

HEIDE-SCHLEIMFUSS

CORTINARIUS MUCOSUS

Dieser ungenießbare orangebraune Pilz gehört zu einer Gruppe von *Cortinarius*-Arten mit schleimigem Hut und Stiel. *C. mucosus* hat einen weißlichen Stiel und einen recht dunklen rot- bis orangebraunen Hut. Er bildet Mykorrhizen mit Kiefern. Der ähnliche Blaustiel-Schleimfuß (*C. collinitus*) hat einen von bläulich getöntem Schleim bedeckten Stiel und wächst unter Fichten.

VON OBEN

LÄNGSSCHNITT

SEITENANSICHT

SPORENFARBE Rostbraun.

GRÖSSE Hut 6–10 cm, bis zu 15 cm (b); Stiel 7–12 cm, bis zu 15 cm (h) x 1–2,5 cm (b).

VORKOMMEN Bildet Mykorrhizen mit zweinadeligen Kiefern; typischerweise auf sandigen Böden.

VERBREITUNG Gemäßigte Breiten der Nordhalbkugel; lokal häufig.

FRUCHTKÖRPER Einzeln oder in kleinen Gruppen; Sommer bis Herbst.

BLAUER KLUMPFUSS

CORTINARIUS CAERULESCENS

Dies ist eine beeindruckende, nicht essbare blaue *Cortinarius*-Art mit weißen Velumresten und einer auffälligen Stielkolle. *C. eucaeruleus* ist noch blauer und kommt an ähnlichen Stellen vor. Große, auffällig gefärbte Arten dieser Gruppe kommen oft gemeinsam auf nährstoffreichen Böden vor.

SPORENFARBE Rostbraun.

GRÖSSE Hut 5–12 cm (b); Stiel 4–8 cm, bis zu 10 cm (h) x 1,5–2,5 cm (b); Knolle bis zu 4 cm (b).

VORKOMMEN Bildet Mykorrhizen mit Laubbäumen auf kalkhaltigen Böden; vor allem im Falllaub.

VERBREITUNG In Europa weitverbreitet, aber lokal; weltweite Verbreitung unbekannt.

FRUCHTKÖRPER In kleinen Gruppen in der Laubstreu; Herbst.

TONGRAUER FÄLBLING ☠

HEBELOMA CRUSTULINIFORME

Diese recht fleischige, giftige Art ohne Schleierreste scheidet helle Tröpfchen an den Lamellenschneiden ab. Später sind diese von reifen Sporen dunkel gefärbt und hinterlassen beim Eintrocknen dunkle Flecken. Verwandte Arten haben oft einen ähnlichen Rettichgeruch oder riechen entfernt nach Kokos.

SEITENANSICHT

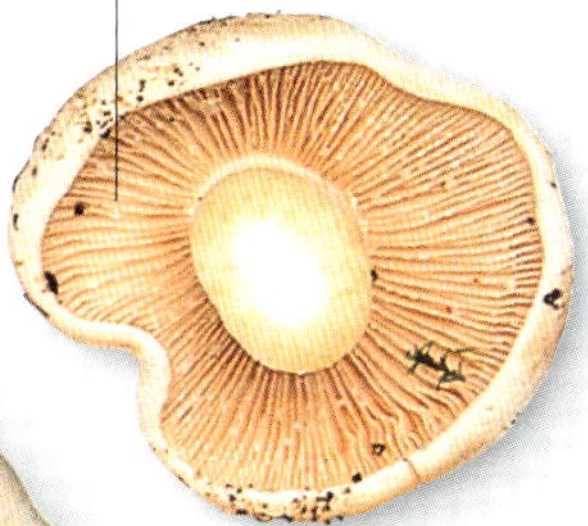

UNTERSEITE

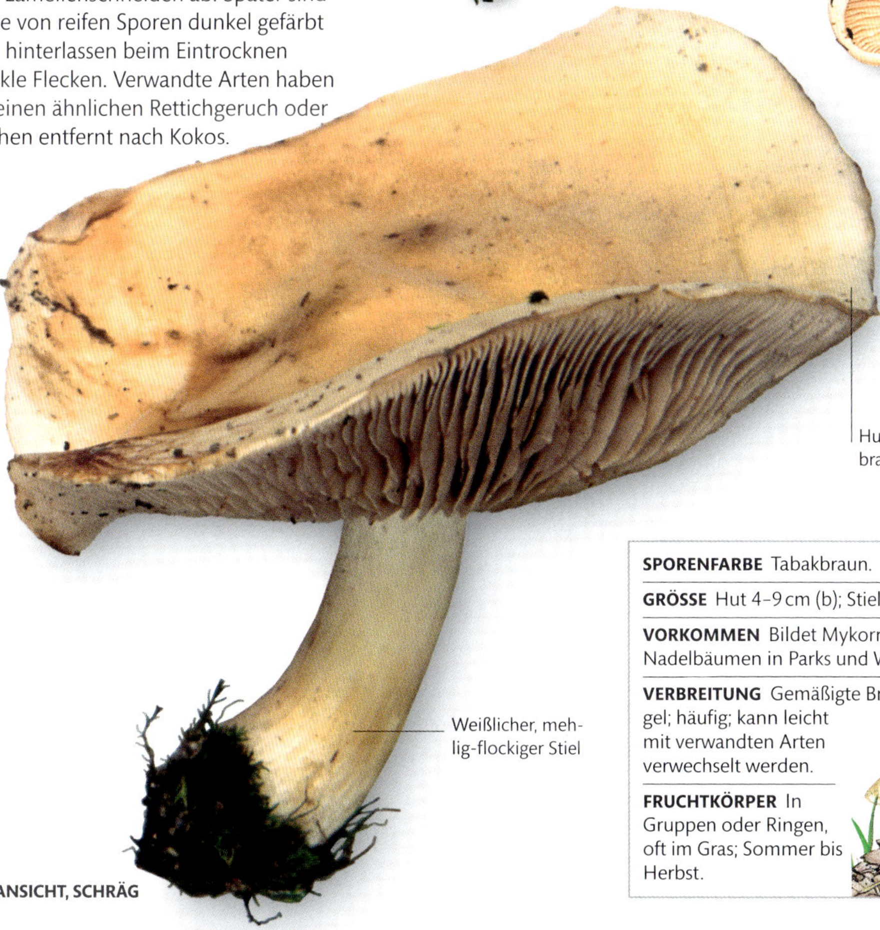

SEITENANSICHT, SCHRÄG

SPORENFARBE Tabakbraun.

GRÖSSE Hut 4–9 cm (b); Stiel 3–8 cm (h) x 0,8–2 cm (b).

VORKOMMEN Bildet Mykorrhizen mit Laub- und Nadelbäumen in Parks und Wäldern.

VERBREITUNG Gemäßigte Breiten auf der Nordhalbkugel; häufig; kann leicht mit verwandten Arten verwechselt werden.

FRUCHTKÖRPER In Gruppen oder Ringen, oft im Gras; Sommer bis Herbst.

WURZELNDER FÄLBLING

HEBELOMA RADICOSUM ☠

Dieser ungewöhnliche, große, ungenießbare Fälbling riecht auffällig nach Marzipan oder Bittermandeln. Der Stiel wurzelt tief im Boden in Wühlmausnestern. Hut und Stiel sind typisch braunschuppig. Der auffällige Stielring ist ein ungewöhnliches Merkmal der Gattung. Die Art kann mit Schüpplingen (*Pholiota*, siehe S. 251–256) verwechselt werden, die jedoch nicht so charakteristisch riechen und an Totholz wachsen.

LÄNGSSCHNITT

UNTERSEITE

SEITENANSICHT, SCHRÄG

SPORENFARBE Tabakbraun.

GRÖSSE Hut 5–12 cm (b); Stiel 6–20 cm (h) x 1,5–2,5 cm (b).

VORKOMMEN Bildet Mykorrhizen mit Laubbäumen, ist aber auch an die Nester und den Kot von Wühlmäusen in durchlässigen Böden gebunden.

VERBREITUNG Gemäßigte Breiten auf der Nordhalbkugel; nirgendwo häufig.

FRUCHTKÖRPER Meist einzeln, tief im Boden wurzelnd; Herbst.

SÜSSRIECHENDER FÄLBLING

HEBELOMA SACCHARIOLENS ☠

Eine Gruppe von Fälblingen riecht stark süßlich-aromatisch – diese Art ist am häufigsten. Drei weitere unterscheiden sich durch mikroskopische Merkmale, während *H. hetiieri* einen filzigen Hut hat. *H. fusisporum* und H. *gigaspermum* sind blasser und an Weiden gebunden.

SPORENFARBE Tabakbraun.

GRÖSSE Hut 2–8 cm (b); Stiel 2,5–5 cm (h) x 0,4–0,8 cm (b).

VORKOMMEN Bildet Mykorrhizen mit Laubbäumen auf besseren Böden, in Parks und Wäldern.

VERBREITUNG Artkomplex in den gemäßigten Breiten auf der Nordhalbkugel verbreitet.

FRUCHTKÖRPER Gesellig, häufig unter Eichen; Herbst.

REIFPILZ, ZIGEUNER

CORTINARIUS CAPERATUS

Früher wurde dieser Pilz wegen seines häutigen Stielrings in die Gattung *Rozites* gestellt. Er hat jedoch blassbraune Sporen. Junge Hüte sind eiförmig geschlossen. Als Speisepilz ist *C. caperatus* bei vielen Pilzkennern hochgeschätzt.

UNTERSEITE

VON OBEN

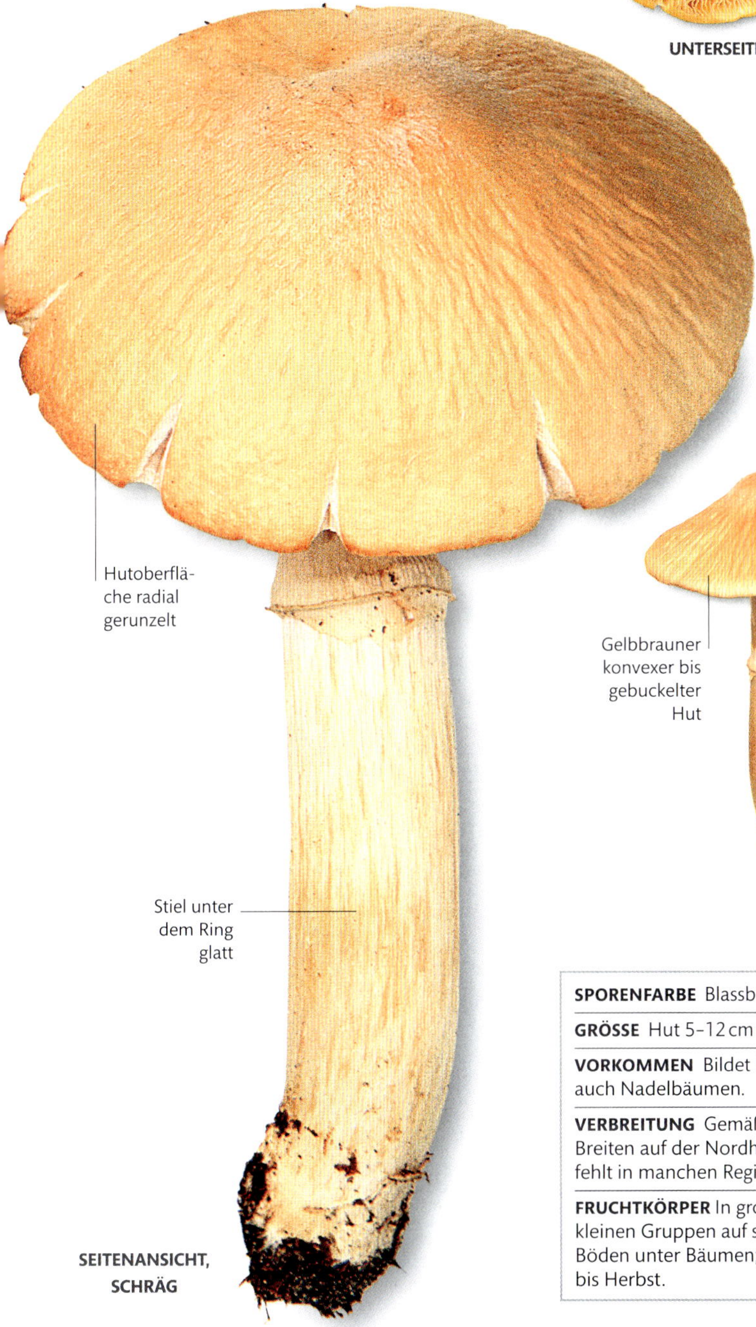

SEITENANSICHT, SCHRÄG

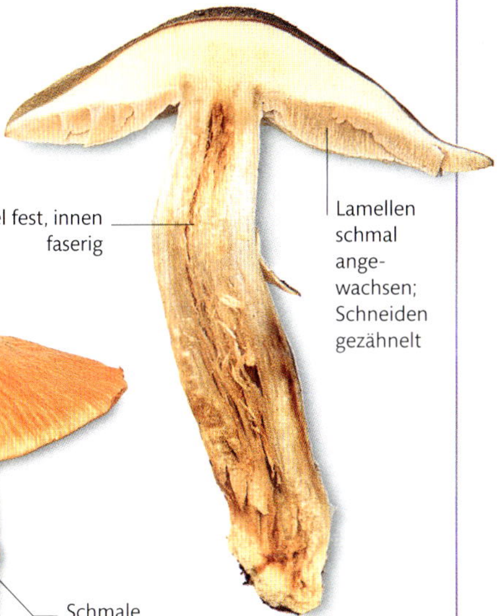

LÄNGSSCHNTT

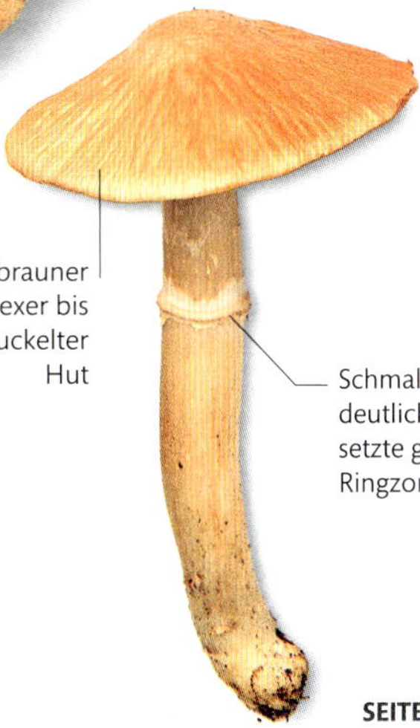

SEITENANSICHT

SPORENFARBE Blassbraun.

GRÖSSE Hut 5–12 cm (b); Stiel 5–15 cm (h) x 1–2 cm (b).

VORKOMMEN Bildet Mykorrhizen mit Laubbäumen, oft Buchen, und auch Nadelbäumen.

VERBREITUNG Gemäßigte Breiten auf der Nordhalbkugel; fehlt in manchen Regionen.

FRUCHTKÖRPER In großen oder kleinen Gruppen auf sauren Böden unter Bäumen; Sommer bis Herbst.

INOCYBACEAE (Risspilzverwandte)

KLASSE AGARICOMYCETES **ORDNUNG** AGARICALES

Diese Familie wurde früher mit der Gattung *Cortinarius* in die Familie Cortinariaceae gestellt. Das Sporenpulver der Mitglieder ist trüb braun, die Hüte reißen oft radial ein. Viele Arten riechen ganz charakteristisch, häufig samenartig oder nach Camembert.

GRÜNROTER RISSPILZ

INOCYBE HAEMACTA

Die meisten Risspilze sind recht unauffällig gefärbt und weisen selten Grüntöne auf, anders als diese giftige Art. Im Alter färbt sich der grau- bis grünlich braune Hut rötlicher. Der Geruch von *I. haemacta* erinnert an Urin oder einen Tierstall.

SPORENFARBE Tabakbraun.

GRÖSSE Hut 3–6,5 cm (b); Stiel 2–8 cm (h) x 0,4–0,6 cm (b).

VORKOMMEN Bildet Mykorrhizen mit Laubbäumen auf nährstoffreichen Böden, in Parks und Wäldern.

VERBREITUNG In Europa weitverbreitet, mancherorts aber selten; weltweite Verbreitung unzureichend bekannt.

FRUCHTKÖRPER Einzeln oder in kleinen Gruppen; Herbst.

SEITENANSICHT

VON OBEN

UNTERSEITE

LÄNGSSCHNITT

SEITENANSICHT, SCHRÄG

RÖTENDER RISSPILZ

INOCYBE GODEYI ☠

Dieser cremeweiße bis blassockerfarbene, giftige Pilz verfärbt sich im Alter orangerot. Die knollige Stielbasis ist ein weiteres gutes Bestimmungsmerkmal. Der Weißrosa Risspilz (*I. whitei*) ist ebenfalls weißlich und verfärbt sich rosa, aber er hat keine Stielknolle.

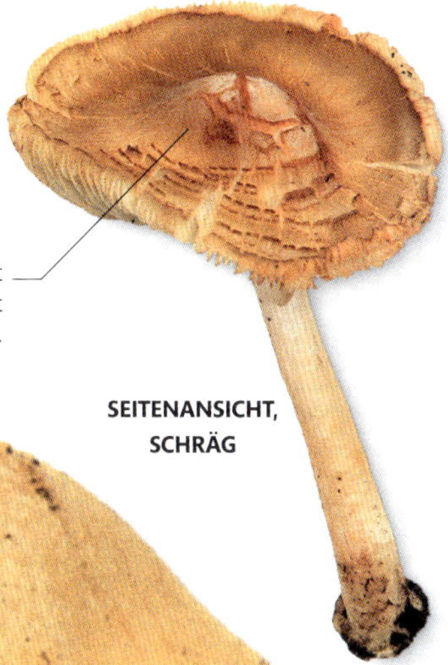

Hut färbt sich lebhaft orangerot.

SEITENANSICHT, SCHRÄG

Hut kegelig, anfangs cremefarben

Gesamter Stiel flaumig bereift

Stielbasis mit deutlicher Knolle

SEITENANSICHT

Lamellen angeheftet, ziemlich entfernt stehend

UNTERSEITE

Lamellen cremefarben bis rötlich braun gefärbt

LÄNGSSCHNITT

SPORENFARBE Tabakbraun.

GRÖSSE Hut 1,5–5 cm (b); Stiel 2–7 cm (h) x 0,3–0,6 cm (b); Knolle bis 0,8 cm (b).

VORKOMMEN Auf kalkhaltigen Böden, bildet Mykorrhizen mit Laubbäumen, vor allem Buchen.

VERBREITUNG In Europa nur in manchen Regionen häufig; weltweite Verbreitung unzureichend bekannt.

FRUCHTKÖRPER In kleinen Gruppen; Herbst.

ERDBLÄTTRIGER RISSPILZ

INOCYBE GEOPHYLLA ☠

Dieser Giftpilz ist vielleicht der häufigste Risspilz. Man erkennt ihn an der seidig-faserigen weißen Huthaut und den blassgrauen Lamellen. *I. lilacea* (siehe rechts) galt früher als Farbvariante dieser Art. Der Wollfädige Risspilz (*I. sindonia*) ist ebenfalls weiß, aber robuster und wächst unter Nadelbäumen.

SPORENFARBE Braun.

GRÖSSE Hut 1–4 cm (b); Stiel 2–5 cm (h) x 0,3–0,5 cm (b).

VORKOMMEN Auf nährstoffreichen, oft blanken und gestörten Böden, wie Weg- und Grabenrändern; bildet Mykorrhizen mit Laub- und Nadelbäumen.

VERBREITUNG Gemäßigte Breiten auf der Nordhalbkugel; häufig.

FRUCHTKÖRPER In kleinen oder größeren Gruppen; Herbst.

VIOLETTER SEIDENRISSPILZ

INOCYBE LILACEA ☠

Dieser Giftpilz ist lila gefärbt. Er ähnelt *I. geophylla* stark und galt früher als Farbvariante dieser Art. Beide Arten können an Waldwegen gemeinsam auftreten. Auch viele andere Risspilze kommen an ähnlichen Standorten vor.

SPORENFARBE Braun.

GRÖSSE Hut 1–4 cm (b); Stiel 2–5 cm (h) x 0,3–0,5 cm (b).

VORKOMMEN Auf nährstoffreichen, oft blanken und gestörten Böden, wie Weg- und Grabenrändern; bildet Mykorrhizen mit Laub- und Nadelbäumen.

VERBREITUNG Gemäßigte Breiten auf der Nordhalbkugel; häufig.

FRUCHTKÖRPER In kleinen oder größeren Gruppen; Herbst.

ZIEGELROTER RISSPILZ

INOCYBE ERUBESCENS

Dieser dickfleischige Giftpilz erscheint früh im Jahr. Er hat schon zu lebensgefährlichen Vergiftungen geführt, denn er kann mit Speisepilzen, wie dem Mairitterling (*Calocybe gambosa*, siehe S. 157) verwechselt werden. Die Fruchtkörper verfärben sich bei Druck und im Alter ziegelrot. Der Hut ist wie bei anderen Gattungsvertretern radialfaserig. Der Weißrosa Risspilz (*I. whitei*) verfärbt sich ebenfalls rosa bis ziegelrot, ist aber schlanker und weißlicher.

SEITENANSICHT

SEITENANSICHT

SPORENFARBE Tabakbraun.

GRÖSSE Hut 3–9 cm (b); Stiel 4–7 cm, bis 12 cm (h) x 1–2 cm (b).

VORKOMMEN Bildet Mykorrhizen mit Laubbäumen, wie Buchen und Linden; auf besseren oder kalkhaltigen Böden; in Wäldern und Parks.

VERBREITUNG In Europa und Teilen Asiens verbreitet.

FRUCHTKÖRPER Gesellig; vor allem im späten Frühjahr.

GALLERTFLEISCHIGES KRÜPPELFÜSSCHEN

CREPIDOTUS MOLLIS

Anders als viele meist kleinere *Crepidotus*-Arten hat dieser giftige Pilz eine gelatinöse Huthaut und gelatinöses Fleisch. Der Hut ist hygrophan und bei nasser Witterung durchscheinend gerieft. Der nah verwandte *C. calopus* hat bräunliche Schüppchen auf dem Hut.

VON OBEN

SEITENANSICHT

SEITENANSICHT

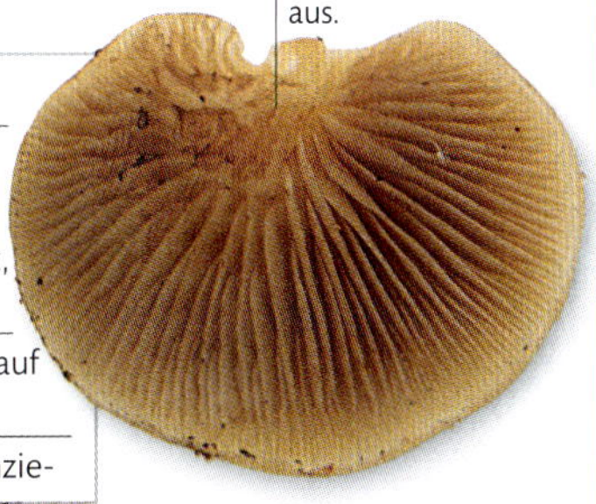

UNTERSEITE

SPORENFARBE Tabakbraun.

GRÖSSE Fächerförmiger Hut 2–7 cm (b).

VORKOMMEN Auf totem Laubholz, wie Ulme, Esche und Buche.

VERBREITUNG Gemäßigte Breiten auf der Nordhalbkugel.

FRUCHTKÖRPER Einzeln oder dachziegelartig; Herbst.

GEMEINES STUMMELFÜSSCHEN

CREPIDOTUS VARIABILIS

Dies ist eine von mehreren kleinen Arten mit muschelförmigen Fruchtkörpern und braunem Sporenpulver, die man am besten anhand mikroskopischer Merkmale bestimmen kann. *C. variabilis* am ähnlichsten ist das Erdblättrige Stummelfüßchen (*C. cesati*), das aber noch häufiger ist. Ebenfalls recht ähnlich, aber gelblich getönt ist das Blassgelbe Stummelfüßchen (*C. luteolus*), das vor allem auf den Stängeln von Kräutern wächst.

UNTERSEITE

VON UNTEN

VON OBEN

SPORENFARBE Tabakbraun.

GRÖSSE Fächerförmige Fruchtkörper 0,5–3 cm (b); Stiel fehlend oder rudimentär vorhanden.

VORKOMMEN An toten Laubholzzweigen, auf Reisighaufen in feuchten Wäldern.

VERBREITUNG Gemäßigte Breiten auf der Nordhalbkugel; häufig.

FRUCHTKÖRPER In Gruppen; Sommer bis Herbst.

KEGELIGER RISSPILZ

INOCYBE RIMOSA

Erst mit relativ viel Erfahrung kann man diesen sehr variablen, mehr oder weniger gelben Giftpilz im Gelände sicher erkennen. Der Hut ist charakteristisch spitzbuckelig und radialfaserig. Im Alter ist der Hutrand oft aufgebogen und reißt ein. Der Stiel wird zur Basis hin breiter, ist aber nicht knollig verdickt und nur im oberen Teil fein bereift. Typischerweise sind die Lamellen gelblich. Ebenfalls sehr häufig ist der Gefleckte Rißpilz (*I. maculata*). Sein Hut ist dunkler rötlich braun mit weißen Velumflecken. Der Stiel ist ziemlich hell und die Basis oft knollig verdickt.

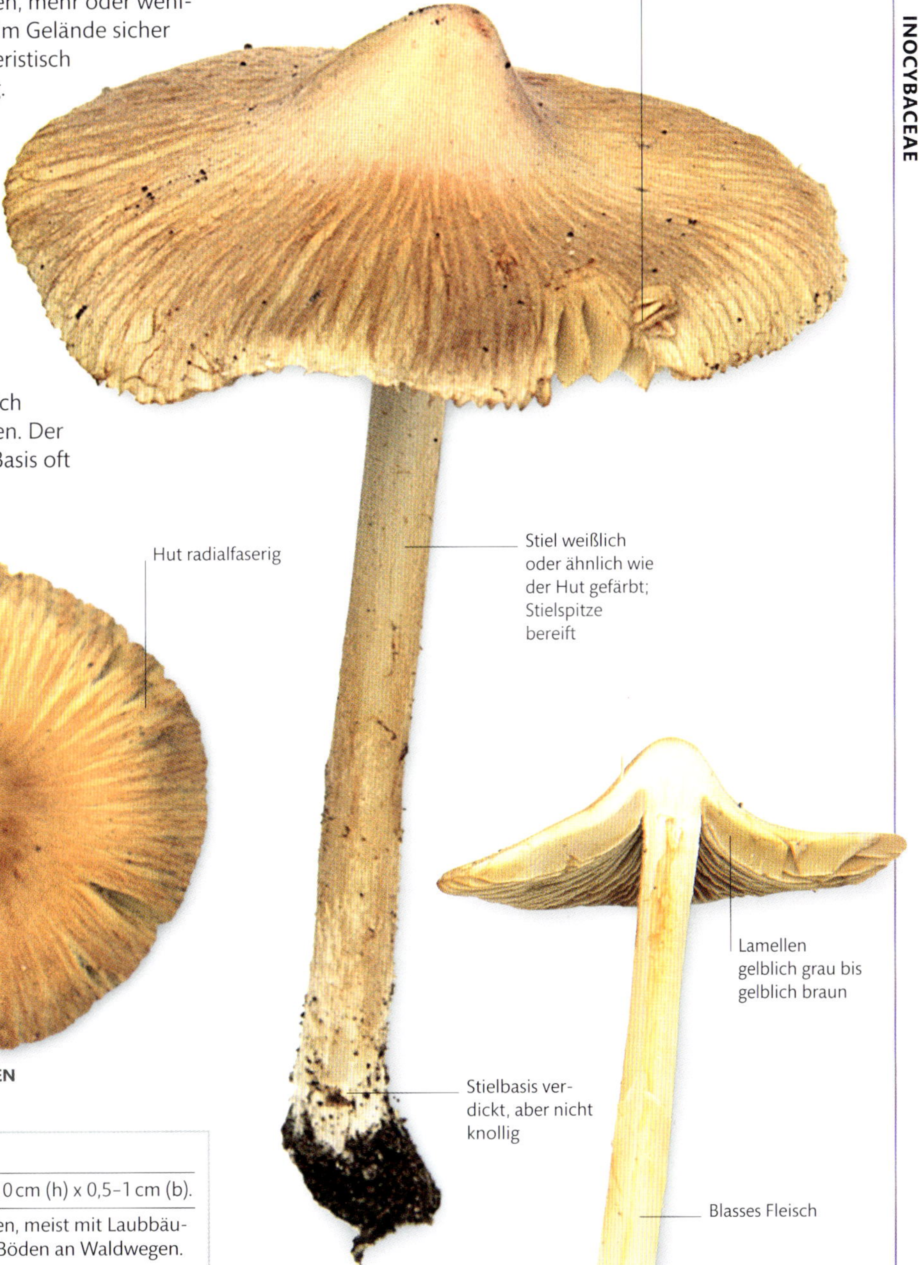

SEITENANSICHT

LÄNGSSCHNITT

VON OBEN

SPORENFARBE Tabakbraun.

GRÖSSE Hut 3–7 cm (b); Stiel 6–10 cm (h) x 0,5–1 cm (b).

VORKOMMEN Bildet Mykorrhizen, meist mit Laubbäumen auf besseren, oft gestörten Böden an Waldwegen.

VERBREITUNG Gemäßigte Breiten auf der Nordhalbkugel; häufig.

FRUCHTKÖRPER Meist in kleinen Gruppen; Sommer bis Herbst.

GRAUVIOLETTER RISSPILZ

INOCYBE GRISEOLILACINA

Diese Art ist am einfachsten an den braunen Schuppen auf dem Hut und dem blasslila Stiel zu erkennen. Der Hut kann lila getönt sein. Der Braunviolette Rißpilz (*I. cincinnata*) ist recht ähnlich, hat meist aber einen dunkleren Hut und der Stiel ist vor allem an der Spitze lila gefärbt.

Fleisch häufig von Insektenlarven zerfressen

Blasses Fleisch, kann lila getönt sein.

LÄNGSSCHNITT

Hut ockerbraun, Rand manchmal lila getönt

Stiel zylindrisch, Basis nicht knollig verdickt

SEITENANSICHT, SCHRÄG

Konvexer Hut mit charakteristischen braunen Schuppen besetzt

Stiel lila getönt

Stiel faserschuppig

SEITENANSICHT

Lamellen ockerfarben bis blassbraun mit weißlichen Schneiden

UNTERSEITE

Stiel zur Basis hin dunkler gefärbt

SEITENANSICHT, SCHRÄG

SPORENFARBE Braun.

GRÖSSE Hut 0,8–4 cm (b); Stiel 4–7 cm, manchmal nur 2 cm (h) x 0,2–0,6 cm (b).

VORKOMMEN Bildet Mykorrhizen mit Laubbäumen auf besseren Böden; oft an Straßenrändern.

VERBREITUNG Gemäßigte Breiten auf der Nordhalbkugel; genaue Verbreitung bisher nicht bekannt.

FRUCHTKÖRPER Meist in kleinen Gruppen; Herbst.

STRUPPIGER RISSPILZ

INOCYBE LACERA

Diese variable Art kann man nur mithilfe des Mikroskops genau bestimmen. Sie ist matt- bis dunkelbraun, und der Hut ist mit grobfaserigen Schuppen besetzt. Am Hutrand junger Fruchtkörper sind oft Velumreste zu sehen. *I. lanuginosa* und *I. stellatospora* sind ähnlich, mit filzigeren Stielen.

SPORENFARBE Tabakbraun.

GRÖSSE Hut 1–4,5 cm (b); Stiel 2,5–6 cm, bis zu 10 cm (h) x 0,2–0,6 cm (b).

VORKOMMEN Bildet Mykorrhizen mit verschiedenen Bäumen, wie Weiden und Nadelbäumen.

VERBREITUNG Gemäßigte Breiten auf der Nordhalbkugel; häufig.

FRUCHTKÖRPER In kleinen Gruppen oder Scharen; Frühjahr bis Herbst.

UNTERSEITE

LÄNGSSCHNITT SEITENANSICHT SEITENANSICHT

STERNSPORIGER RISSPILZ

INOCYBE ASTEROSPORA

Risspilze lassen sich in zwei Gruppen unterteilen: Arten mit glatten und solche mit eckigen Sporen. *I. asterospora* bildet eine Extremform eckiger Sporen, denn sie sind sternförmig. Die oft ziemlich großen Fruchtkörper haben grob radialfaserige Hüte und deutlich abgesetzte Knollen an der Stielbasis.

Hut unterhalb der Radialfasern blasser

SEITENANSICHT, SCHRÄG

Lamellen tabakbraun

UNTERSEITE

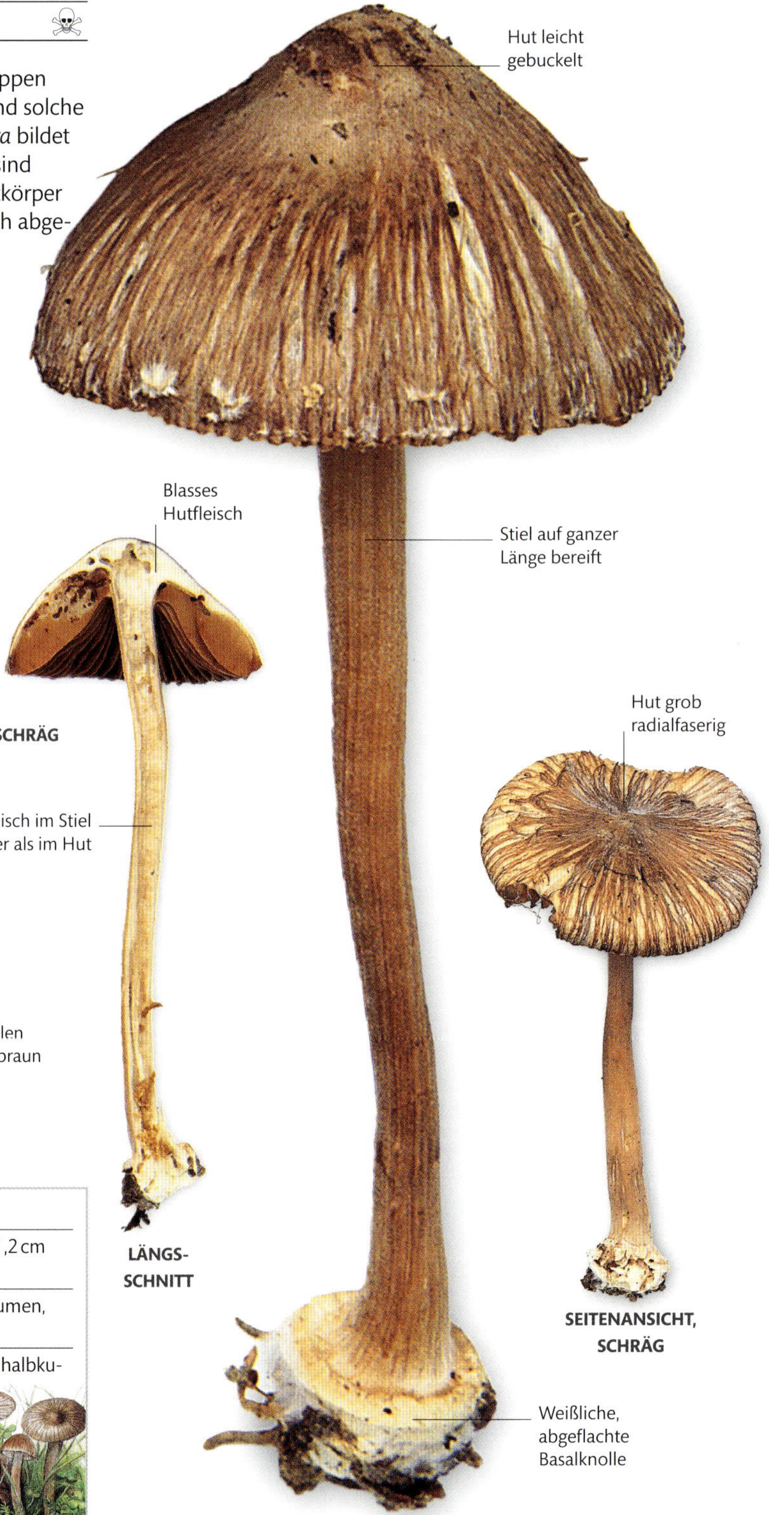

Blasses Hutfleisch

Fleisch im Stiel brauner als im Hut

LÄNGS-SCHNITT

Hut leicht gebuckelt

Stiel auf ganzer Länge bereift

Weißliche, abgeflachte Basalknolle

SEITENANSICHT

Hut grob radialfaserig

SEITENANSICHT, SCHRÄG

SPORENFARBE Tabakbraun.

GRÖSSE Hut 3–7 cm (b); Stiel 4–9 cm (h) x 0,5–1,2 cm (b); Basalknolle bis 2 cm (b).

VORKOMMEN Bildet Mykorrhizen mit Laubbäumen, vor allem Haselsträuchern oder Buchen.

VERBREITUNG Gemäßigte Breiten auf der Nordhalbkugel; genaue Verbreitung vielerorts unbekannt.

FRUCHTKÖRPER Einzeln oder in kleinen Gruppen; Herbst.

ENTOLOMATACEAE (Rötlingsverwandte)

KLASSE AGARICOMYCETES **ORDNUNG** AGARICALES

Diese Gruppe von Lamellenpilzen bildet rosa Sporen, die ungewöhnlich eckig geformt sind. Weitere wichtige Merkmale sind die Sporenwände, die sehr komplex aufgebaut sind, wie auch die niemals freien Lamellen. Form und Größe der Fruchtkörper variieren innerhalb der Familie stark.

NIEDERGEDRÜCKTER RÖTLING

ENTOLOMA RHODOPOLIUM ☠

Diese sehr variable Art ist schwierig zu bestimmen. Mehrere ähnliche Arten, die sich in der etwas unterschiedlichen Färbung und mikroskopischen Merkmalen unterscheiden, sind schwierig abzugrenzen. Alle sind giftig. Es gibt eine schlanke Form, die nach Salpeter riecht und früher als eigenständige Art geführt wurde.

LÄNGSSCHNITT **SEITENANSICHT, SCHRÄG**

UNTERSEITE

SPORENFARBE Rosa.

GRÖSSE Hut 4–12 cm (b); Stiel 6–15 cm (h) x 0,5–2 cm (b).

VORKOMMEN In Laubwäldern, meist unter Buchen, auf besseren Böden.

VERBREITUNG Gemäßigte Breiten auf der Nordhalbkugel, lokal häufig; weltweite Verbreitung unklar.

FRUCHTKÖRPER Gesellig im Falllaub; Herbst.

SCHILDRÖTLING

ENTOLOMA CLYPEATUM

Dieser Lamellenpilz erscheint im späten Frühjahr unter Weißdorn oder anderen Bäumen und Sträuchern der Familie *Rosaceae*. Er ist sehr fleischig und tritt oft in Massen auf, etwas später als die Morcheln (*Morchella*, siehe S. 26). *E. clypeatum* gilt als schmackhaft, ist jedoch roh giftig und muss gründlich gekocht werden. Er darf jedoch auf keinen Fall mit dem giftigen Ziegelroten Risspilz (*Inocybe erubescens*, siehe S. 281) verwechselt werden, der zur gleichen Zeit im Jahr und mitunter an ähnlichen Standorten vorkommt.

SPORENFARBE Rosa.

GRÖSSE Hut 4–12 cm (b); Stiel 4–10 cm, bis zu 15 cm (h) x 0,8–2,5 cm (b).

VORKOMMEN Auf nährstoffreichen, oft lehmigen Böden unter Weißdorn und verwandten Bäumen und Sträuchern (Rosaceae) in Gärten, Parks und offenen Wäldern.

VERBREITUNG In Europa weitverbreitet, kommt auch in Japan vor; weltweite Verbreitung unklar.

FRUCHTKÖRPER Gesellig; Frühjahr bis Sommer.

OCKERBLÄTTRIGER RÖTLING

ENTOLOMA CETRATUM

Diese elegante, wahrscheinlich giftige Art wächst vor allem in Nadelwäldern auf moosbewachsenen, sauren Böden. Die warmen Honigtöne, der radialstreifige Hut und die hohe, schlanke Gestalt sind gute Erkennungsmerkmale. Anders als bei einigen verwandten Arten ist der Stiel kaum längsfaserig. An den Basidien bilden sich nur zwei Sporen.

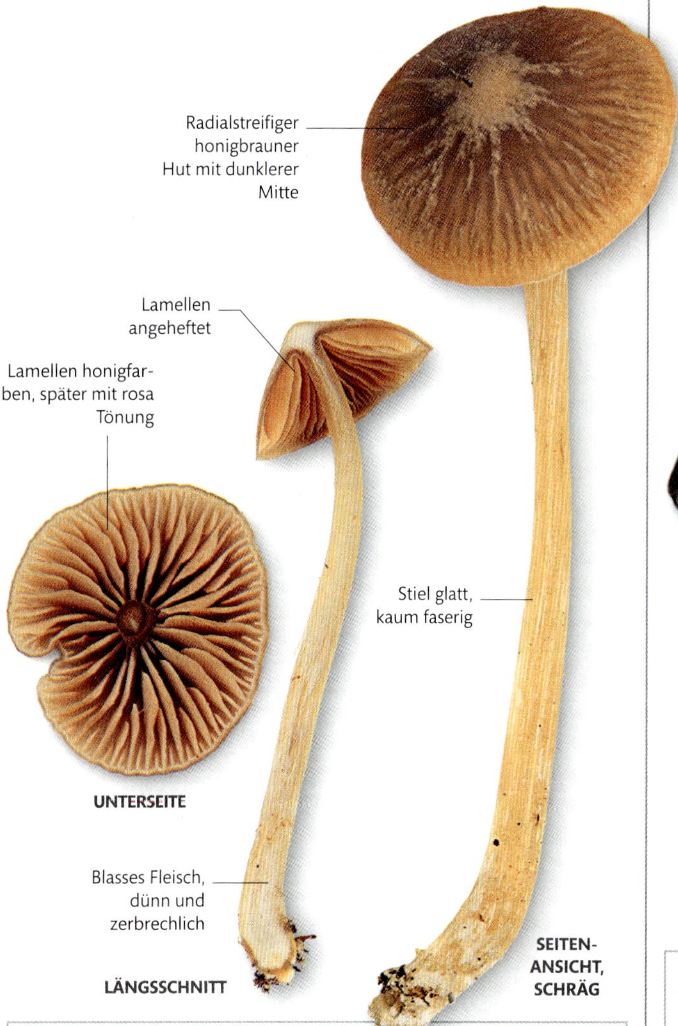

SPORENFARBE Rosa.

GRÖSSE Hut 0,5–3 cm, bis zu 5 cm (b); Stiel 5–8 cm (h) x 0,2–0,4 cm (b).

VORKOMMEN Auf humusreichen Böden unter Nadelbäumen, auch in Laubwäldern auf sauren Böden, in Heidegebieten und an sumpfigen Standorten.

VERBREITUNG In Europa häufig; weltweite Verbreitung nicht bekannt.

FRUCHTKÖRPER Einzeln oder in kleinen Gruppen; Sommer bis Herbst.

KREUZSPORIGER RÖTLING

ENTOLOMA CONFERENDUM

Diese Art ist nicht leicht zu bestimmen. Im Vergleich zu ähnlichen Arten ist der längsfaserige Stiel silbrig. Der Hut ist anfangs kegelig und wird später konvex. Das wichtigste Merkmal sind die kreuzförmigen Sporen, die man nur unter dem Mikroskop erkennen kann.

SPORENFARBE Rosa.

GRÖSSE Hut 2–4 cm, bis zu 6 cm (b); Stiel 3–6 cm, bis zu 8 cm (h) x 0,3–0,7 cm (b).

VORKOMMEN Meist an grasbewachsenen Stellen in Parks und auf Sportplätzen, auch im Gras oder Moos in offenem Waldland.

VERBREITUNG Gemäßigte Breiten auf der Nordhalbkugel; häufig.

FRUCHTKÖRPER Einzeln oder in kleinen Gruppen; Frühjahr bis Herbst.

MEHLRÄSLING

CLITOPILUS PRUNULUS

Der Geruch nach frischem Mehl, die herablaufenden rosagrauen Lamellen und der blasse Fruchtkörper sind die wichtigsten Kennzeichen dieses essbaren Pilzes. Anders als einige verwandte Arten ist er an Bäume gebunden. Verwechsungen mit den giftigen *Clitocybe-* (siehe S. 133) und *Entoloma*-Arten (siehe gegenüber) sind gefährlich.

UNTERSEITE

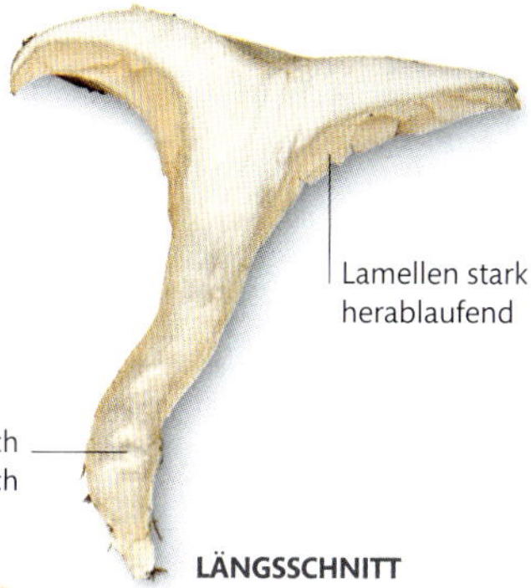

LÄNGSSCHNITT

SEITENANSICHT, SCHRÄG

SEITENANSICHT, SCHRÄG

SEITENANSICHT

SPORENFARBE Rosa.

GRÖSSE Hut 3–9 cm (b); Stiel 2–6 cm (h) x 0,4–1 cm, manchmal bis 1,5 cm (b).

VORKOMMEN Auf humusreichen, sauren Böden in Wäldern; auch an grasbewachsenen Stellen in Baumnähe.

VERBREITUNG Gemäßigte Breiten auf der Nordhalbkugel; recht häufig.

FRUCHTKÖREPR Einzeln oder in kleinen Gruppen; Sommer bis Herbst.

RIESENRÖTLING

ENTOLOMA LIVIDUM

Obwohl dieser Pilz nicht tödlich giftig ist, muss man ihn kennen, denn er sieht den *Lepista*-Arten ähnlich (siehe S. 134–137). Er ist für etwa zehn Prozent der Pilzvergiftungen in Europa verantwortlich. Seine Lamellen sind jung hell zitronengelb, färben sich später aber rosa wie bei anderen *Entoloma*-Arten. Auch die Sporenfarbe ist ein wichtiges Kennzeichen.

SPORENFARBE Rosa.

GRÖSSE Hut 8–20 cm (b); Stiel 10–18 cm (h) x 2–4 cm (b).

VORKOMMEN Oft auf lehmigen Böden, in Laubwäldern; häufig an Eichen oder Buchen gebunden.

VERBREITUNG In Europa in manchen Regionen verbreitet; in Nordamerika und Ostasien durch nah verwandte Art ersetzt.

FRUCHTKÖRPER In kleinen Gruppen, oft unter alten Laubbäumen; Herbst.

PORPHYRBRAUNER RÖTLING

ENTOLOMA PORPHYROPHAEUM

An der Kombination aus purpurgrauer bis brauner Färbung, hohem Wuchs und dem Vorkommen in Grasland kann man diesen nicht sehr häufigen Rötling erkennen. Er gehört zu jenen Pilzen, die selten geworden sind, seit Kunstdünger auf Wiesen und Weiden ausgebracht wird. Der Porphyrbraune Rötling ist wahrscheinlich giftig.

SEITENANSICHT | LÄNGSSCHNITT | SEITENANSICHT

SPORENFARBE Rosa.

GRÖSSE Hut 4–8 cm, bis 14 cm (b); Stiel 7–14 cm, bis 17 cm (h) x 0,5–2 cm (b).

VORKOMMEN In naturbelassenem Grasland, oft zusammen mit Arten der Familien Hygrophoraceae und Clavariaceae; auch auf Almwiesen und in Wäldern mit viel Unterholz.

VERBREITUNG In Europa weitverbreitet, aber nicht häufig; weltweite Verbreitung unzureichend bekannt.

FRUCHTKÖRPER Meist in kleinen Gruppen; Sommer bis Herbst.

SEIDIGER RÖTLING

ENTOLOMA SERICEUM

Auch diese giftige *Entoloma*-Art, die häufig auf Rasenflächen vorkommt, ist schwierig zu bestimmen. Sie ähnelt dem Kreuzsporigen Rötling (*E. conferendum*, siehe S. 289), die Sporen sind jedoch anders geformt. Außerdem ist der Stiel meist kürzer und der Hut dunkler. *E. sericeum* riecht zudem stark nach ranzigem Mehl.

SPORENFARBE Rosa.

GRÖSSE Hut 2–5 cm, bis zu 7 cm (b); Stiel 2–6 cm, bis zu 8 cm (h) x 0,2–0,6 cm (b).

VORKOMMEN Toleriert gedüngte Wiesen und Rasenflächen; auch in annähernd naturbelassenem Grasland.

VERBREITUNG Gemäßigte Breiten auf der Nordhalbkugel, in Europa häufig; weltweite Verbreitung unklar.

FRUCHTKÖRPER Meist in kleinen Gruppen an grasbewachsenen Standorten; Herbst.

BRAUNGRÜNER RÖTLING

ENTOLOMA INCANUM

Dies ist wahrscheinlich die auffälligste der kleinen, möglicherweise giftigen *Entoloma*-Arten. Zusammen mit anderen blauen Arten wird sie oft in die Gattung *Leptonia* gestellt. Der Fruchtkörper ist grün oder braungrün, das Fleisch verfärbt sich bei Verletzung blaugrün bis himmelblau. Der stechende Geruch erinnert an den von Mäusen. Wegen seiner Tarnfärbung ist dieser Pilz im Gras kaum zu erkennen und wird oft übersehen.

Hutmitte leicht niedergedrückt

Fleisch färbt sich bei Verletzung blau.

SEITENANSICHT

Hut konvex, hell grasgrün bis goldbraun mit Grünstich

Stiel durchscheinend grün mit weißlicher Basis

SEITENANSICHT

Lamellen angewachsen oder angeheftet

Stiel hohl

LÄNGSSCHNITT

Hutrand oft wellig geformt

Lamellen trübrosa

UNTERSEITE

SPORENFARBE Rosa.

GRÖSSE Hut 1–3 cm, bis zu 4 cm (b); Stiel 2–6 cm, bis zu 8 cm (h) x 0,2–0,4 cm (b).

VORKOMMEN In Grasland, an grasbewachsenen Wegrändern oder in grasigen Wäldern; oft auf kalkhaltigen Böden.

VERBREITUNG In Europa und Nordamerika weitverbreitet, aber nicht häufig.

FRUCHTKÖRPER Einzeln oder in Trupps; Sommer bis früher Herbst.

GESÄGTBLÄTTRIGER RÖTLING

ENTOLOMA SERRULATUM

Einige *Entoloma*-Arten mit blauen Farbtönen auf dem Hut und/oder am Stiel werden häufig in die Gattung *Leptonia* gestellt. Die flachen Hüte haben meist eine niedergedrückte Mitte. Der giftige *E. serrulatum* ist fast schwarz und hat gesägte schwarzblaue Lamellenschneiden.

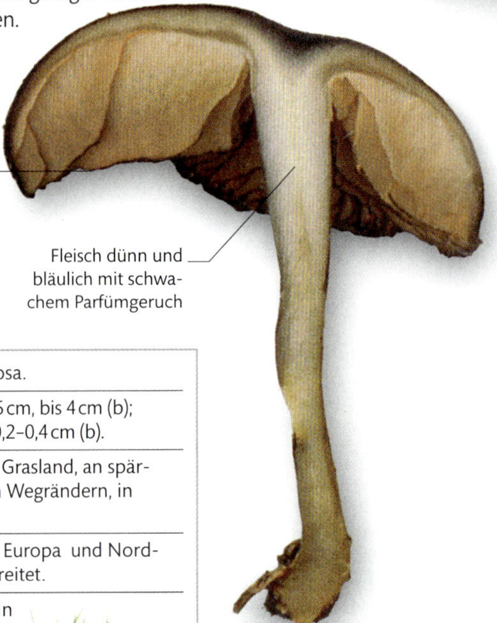

LÄNGSSCHNITT

SEITENANSICHT

UNTERSEITE

SPORENFARBE Rosa.

GRÖSSE Hut 1–2,5 cm, bis 4 cm (b); Stiel 2–6 cm (h) x 0,2–0,4 cm (b).

VORKOMMEN In Grasland, an spärlich bewachsenen Wegrändern, in Sandgruben.

VERBREITUNG In Europa und Nordamerika weitverbreitet.

FRUCHTKÖRPER In kleinen Gruppen; Spätsommer bis Herbst.

STAHLBLAUER RÖTLING

ENTOLOMA NITIDUM

Eine der wenigen relativ großen Arten unter den blauen, ungenießbaren Rötlingen. *E. bloxamii* ist ähnlich, aber gedrungener und bevorzugt offenes Grasland. Trotz ihrer Färbung sind sie nicht nah mit *E. serrulatum* verwandt (siehe oben) und haben keine niedergedrückte Hutmitte.

SPORENFARBE Rosa.

GRÖSSE Hut 1–2,5 cm, bis 4 cm (b); Stiel 2–6 cm (h) x 0,2–0,4 cm (b).

VORKOMMEN Zwischen Moosen in Nadelwäldern, v. a. in Fichtenforsten, auf feuchten, sauren Böden.

VERBREITUNG In Europa und angrenzenden Teilen Asiens, v. a. im Norden; weltweite Verbreitung unbekannt.

FRUCHTKÖRPER Einzeln oder in kleinen Gruppen; Herbst.

PLUTEACEAE (Dachpilzverwandte)

KLASSE AGARICOMYCETES **ORDNUNG** AGARICALES

Die meisten Mitglieder dieser Familie wachsen auf morschem Holz. Die rosa Sporen entwickeln sich in Lamellen, die meist eng stehend, weich und frei sind. Man kann sie unversehrt vom Hutfleisch ablösen. Die Hutoberfläche kann glatt, radialfaserig oder mit Haaren besetzt sein. Bei der Gattung *Volvariella* sind die jungen Hüte von einer Hülle umschlossen, die später als Ring am Stiel zurückbleibt.

WOLLIGER SCHEIDLING

VOLVARIELLA BOMBYCINA

Dieser Pilz ist leicht zu bestimmen, aber nicht einfach zu finden. Der gelbliche, seidig-faserige Hut und die Volva am Stielgrund können sehr groß werden. Dies ist eine der wenigen *Volvariella*-Arten, die an toten oder geschädigten, aber meist noch stehenden Baumstämmen wachsen. Er ist essbar, wegen seiner Seltenheit sollte man ihn nicht sammeln.

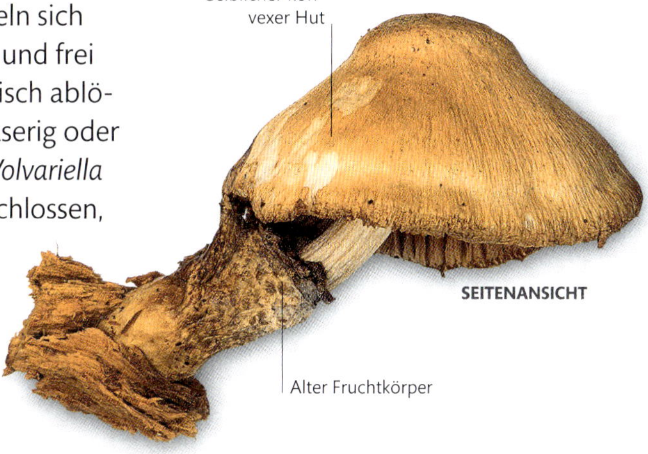

SEITENANSICHT

LÄNGSSCHNITT

SEITENANSICHT

SPORENFARBE Rosa.

GRÖSSE Hut 10–25 cm (b); Stiel 8–20 cm (h) x 1–2,5 cm (b).

VORKOMMEN An stehenden, selten umgestürzten, toten Laubholzstämmen; auch an lagerndem Holz oder Bauholz in Gebäuden.

VERBREITUNG Gemäßigte Breiten; breitet sich nach Süden aus.

FRUCHTKÖRPER Einzeln oder zu mehreren; Sommer bis Herbst.

GROSSER SCHEIDLING

VOLVARIELLA GLOIOCEPHALA

Von allem am Boden wachsenden Scheidlingen ist dies bei Weitem der größte. Ein weiteres Kennzeichen ist der glatte, klebrige weiße bis mausgraue Hut. Der nah verwandte Schwarzstreifige Scheidling (*V. volvacea*) wird in Teilen Südostasiens gezüchtet. Er wird frisch auf Märkten verkauft und als Konserve exportiert. Der Geschmack des Großen Scheidlings erinnert ein wenig an Gurke. Der Pilz ist nicht lange haltbar.

SPORENFARBE Rosa.

GRÖSSE Hut 6–14 cm (b); Stiel 10–25 cm (h) x 0,7–1,5 cm (b).

VORKOMMEN Auf gestörten, nährstoffreichen Böden, wie Stoppelfeldern, Kompost, Rindenmulch oder modrigen Heuhaufen.

VERBREITUNG Gemäßigte Breiten der Nordhalbkugel; breitet sich weiter nach Süden aus.

FRUCHTKÖRPER Einzeln oder gesellig; Sommer bis Herbst.

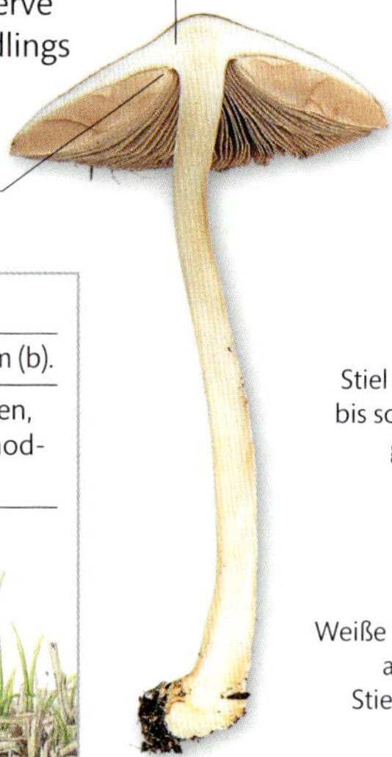

LÄNGSSCHNITT

SEITENANSICHT

UNTERSEITE

REHBRAUNER DACHPILZ

PLUTEUS CERVINUS

Dieser sehr variable, essbare Holzbewohner erreicht die beeindruckendsten Dimensionen, wenn er auf Sägemehl wächst. Typisch sind der dunkelbraune Hut und der an der Basis längsfaserige Stiel.

SEITENANSICHT

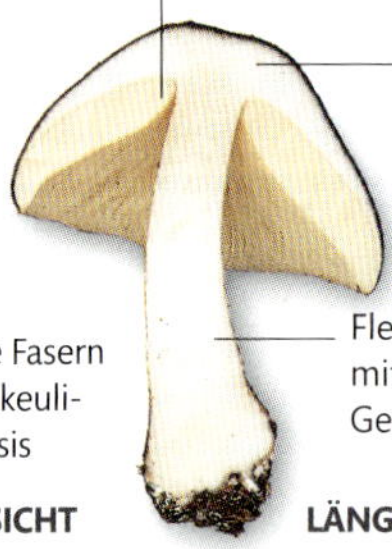

LÄNGSSCHNITT

SEITENANSICHT, SCHRÄG

UNTERSEITE

SPORENFARBE Rosa.

GRÖSSE Hut 4–10 cm, bis 16 cm (b); Stiel 4–10 cm (h) x 0,5–1,5 cm (b), bis 2 cm (an der Basis).

VORKOMMEN Auf morschem Laubholz in Wäldern, Parks und Gärten.

VERBREITUNG Gemäßigte Breiten auf der Nordhalbkugel; breitet sich nach Süden aus.

FRUCHTKÖRPER Einzeln oder in Gruppen; Sommer bis Herbst.

SCHWARZFLOCKIGER DACHPILZ

PLUTEUS UMBROSUS

An seinem samtigen, dunkelbraunen Hut und den dunklen Lamellenschneiden ist dieser Pilz leicht zu erkennen. Er wächst oft zusammen mit anderen Dachpilzen an morschem Laubholz. Es gibt eine seltene weiße Form. Der Speisewert von P. *umbrosus* ist unbekannt.

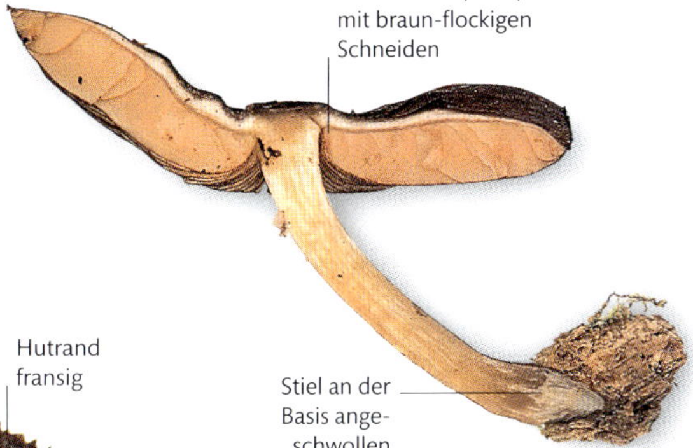

LÄNGSSCHNITT

UNTERSEITE

VON OBEN

SEITENANSICHT, SCHRÄG

SPORENFARBE Rosa.

GRÖSSE Hut 4–11 cm (b); Stiel 5–8 cm, bis 12 cm (h) x 0,4–2 cm (b).

VORKOMMEN Oft an dicken, morschen Laubholzstämmen.

VERBREITUNG Gemäßigte Breiten auf der Nordhalbkugel; nicht häufig.

FRUCHTKÖRPER Einzeln oder in kleinen Gruppen; Sommer bis Herbst.

ORANGEROTER DACHPILZ

PLUTEUS AURANTIORUGOSUS

Diesen ungenießbaren Pilz kann man von verwandten Arten relativ gut am lebhaft orangeroten Hut unterscheiden. Die Hutoberfläche besteht aus rundlichen Zellen und wirkt feinsamtig. Beim Rehbraunen Dachpilz hingegen (*P. cervinus*, siehe S. 294) besteht sie aus lang gestreckten Zellen.

UNTERSEITE

SEITENANSICHT

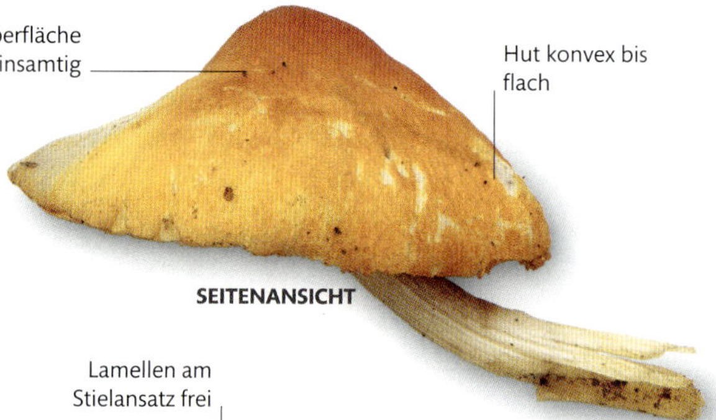

SEITENANSICHT

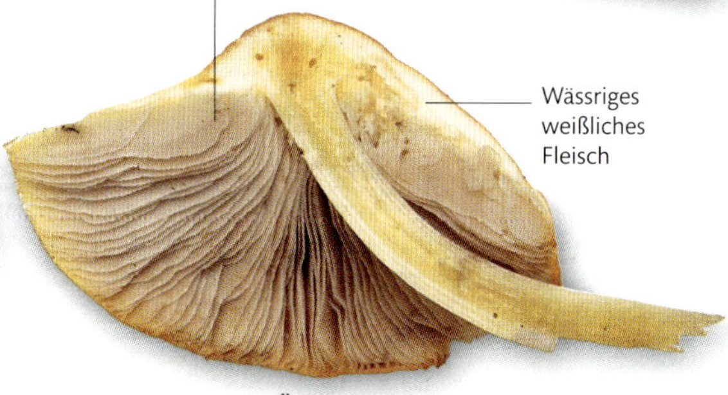

LÄNGSSCHNITT

SEITENANSICHT

SPORENFARBE Rosa.

GRÖSSE Hut 2–5 cm (b); Stiel 3–8 cm (h) x 0,3–0,6 cm (b).

VORKOMMEN An umgestürzten oder gelagerten Baumstämmen, vor allem Pappeln, Eschen und Ulmen.

VERBREITUNG Gemäßigte Breiten auf der Nordhalbkugel; nicht häufig.

FRUCHTKÖRPER Einzeln oder in kleinen Gruppen; Sommer bis Herbst.

GOLDBRAUNER DACHPILZ

PLUTEUS CHRYSOPHAEUS

Die Hutoberfläche dieses nicht essbaren Pilzes ist mehr oder weniger gerunzelt. Die charakteristisch gelbgrüne Färbung wird im Alter bräunlicher. Der Runzelige Dachpilz (*P. phlebophorus*) ist ein enger Verwandter mit brauner Färbung. Der Gelbstielige Dachpilz (*P. romellii*) hat einen brauneren Hut und ist vor allem an der Stielbasis gelb gefärbt.

SEITENANSICHT

LÄNGSSCHNITT

SEITENANSICHT

VON OBEN

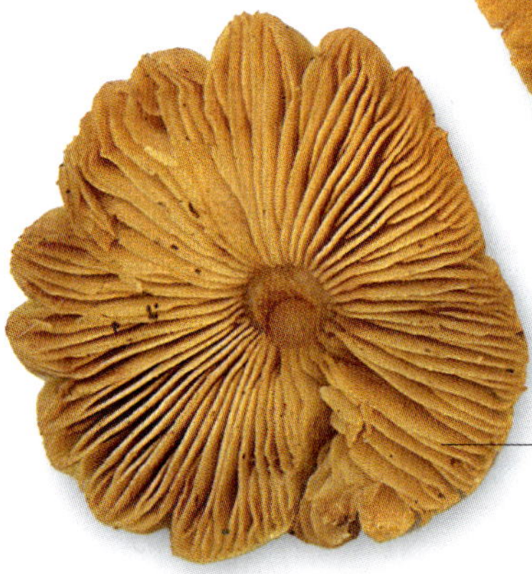

UNTERSEITE

SPORENFARBE Rosa.

GRÖSSE Hut 1–6 cm (b); Stiel 3–8 cm (h) x 0,3–0,8 cm (b).

VORKOMMEN An stark vermorschten Laubholzstümpfen und umgestürzten, bemoosten Stämmen.

VERBREITUNG In Europa weitverbreitet, Verbreitung anderswo unzureichend bekannt.

FRUCHTKÖRPER Einzeln oder in kleinen Gruppen; Sommer bis Herbst.

GLOEOPHYLLACEAE (Blättlings-verwandte)

KLASSE AGARICOMYCETES **ORDNUNG** GLOEOPHYLLALES

OBERSEITE, SCHRÄG

Einige Arten dieser Familie bilden häutige oder krustenförmige Fruchtkörper aus. Die Braunfäuleerreger der Gattung *Gloeophyllum* dagegen bilden ihre Sporen entweder in Röhren oder in lamellenähnlichen Strukturen. Die Fruchtkörper sind korkig und oft rostbraun gefärbt. Manche Arten richten Schäden an Gebäuden an.

VON OBEN

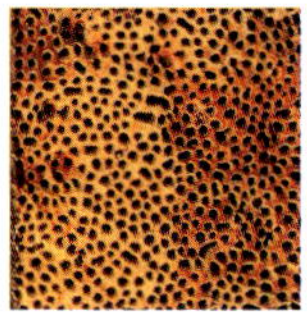

POREN

FENCHELPORLING

GLOEOPHYLLUM ODORATUM

Dieser ungenießbare Porling hat einen angenehmen Geruch, der an Fenchel und Orangen erinnert. Er bildet kissenförmige, oberseits filzige Fruchtkörper an Nadelholzstümpfen. Die Zuwachskante ist lebhaft gelb oder orangefarben, ältere Teile des Fruchtkörpers färben sich schwarz. Häufig sind auch der Zaunblättling (*G. sepiarium*) und der Tannenblättling (*G. abietinum*). Sie haben jedoch korkige Lamellen und wachsen oft an Bauholz, wie auch der seltene Balkenblättling (*G. trabeum*).

SPORENFARBE Weiß.

GRÖSSE Fruchtkörper 5–20 cm breit x 5–20 cm tief x 2–5 cm dick; Röhrenschicht bis zu 1 cm, selten dicker.

VORKOMMEN An Nadelholzstümpfen, meist Fichte; Braunfäuleerreger.

VERBREITUNG Gemäßigte Breiten der Nordhalbkugel.

FRUCHTKÖRPER Meist unförmige Fruchtkörper; ganzjährig.

SPARASSIDACEAE (Glucken-verwandte)

KLASSE AGARICOMYCETES **ORDNUNG** POLYPORALES

Die Glucken bilden eine kleine, charakteristische Familie. Ihre Fruchtkörper setzen sich aus vielen lappig verbreiterten Ästen zusammen und können riesig werden. Die Fruchtschicht überzieht eine Seite der Lappen. Alle Arten sind an totes oder geschädigtes Holz gebunden.

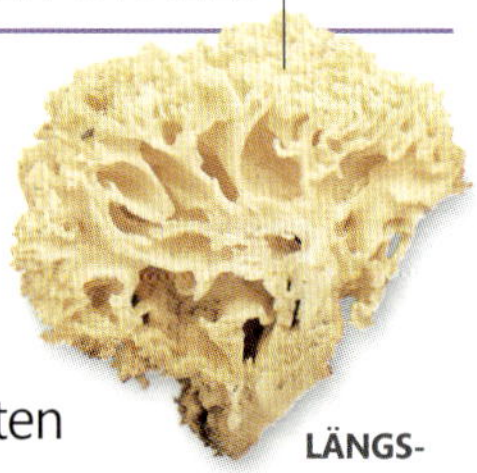

LÄNGS-SCHNITT

KRAUSE GLUCKE

SPARASSIS CRISPA

S. crispa ist wegen ihres angenehmen Geschmacks und der oft eindrucksvollen Größe ein beliebter Speisepilz. Der Fruchtkörper hat einen kurzen Strunk und kann im Extremfall bis zu 14 kg schwer werden. Häufiger sind 1 bis 9 kg schwere Exemplare. Der Pilz ist ein Braunfäuleerreger.

SPORENFARBE Weiß.

GRÖSSE Fruchtkörper 10–40 cm (b).

VORKOMMEN Nadelholzstümpfe, oft Kiefern, in Forsten und naturbelassenen Wäldern.

VERBREITUNG Gemäßigte Breiten auf der Nordhalbkugel; mancherorts häufig.

FRUCHTKÖRPER Meist einzeln; Spätsommer bis Herbst.

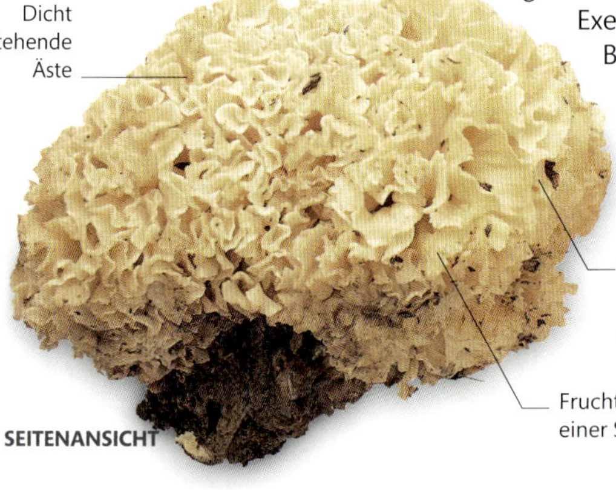

SEITENANSICHT

MERULIACEAE (Fältlingsverwandte)

KLASSE AGARICOMYCETES **ORDNUNG** POLYPORALES

Diese Familie ist schwierig zu definieren. Die Fruchtkörper sind zäh oder gelatinös und überziehen das Substrat meist als Krusten. Die Fruchtschicht kann glatt, gerunzelt oder faltig sein oder aus Stacheln oder Röhren bestehen. Die Arten wachsen auf Totholz und sind Weißfäuleerreger.

UNTERSEITE

SEITENANSICHT

SEITENANSICHT

GALLERTFLEISCHIGER FÄLTLING

PHLEBIA TREMELLOSA

Diese Art ist in ihrer Gattung wegen ihrer gut ausgebildeten Hüte eine Ausnahme, ein Teil der Fruchtschicht läuft aber am Substrat herab. Die Oberseite der Hüte ist samtig-filzig, die Unterseite faltig-äderig. Das ungenießbare Fleisch ist gallertig. Der verwandte Orangerote Kammpilz (*P. radiata*) wächst auf ähnlichen Substraten, bildet aber keine Hutkanten aus.

SPORENFARBE Weiß.

GRÖSSE Fruchtkörper fließen zusammen, 4–15 cm (b).

VORKOMMEN An Laubholzstümpfen, oft Birke und Buche; selten an Nadelholz.

VERBREITUNG Gemäßigte Breiten auf der Nordhalbkugel; häufig.

FRUCHTKÖRPER Büschelig oder mehrfach geschichtet; Herbst bis früher Winter.

ANGEBRANNTER RAUCHPORLING

BJERKANDERA ADUSTA

Dieser Pilz ist überall häufig, wo totes Laubholz anfällt. Die ungenießbaren, dünnfleischigen Fruchtkörper sind an den kleinen aschgrauen Poren zu erkennen. Im Schnitt ist eine dünne dunkle Schicht zwischen dem Fleisch und der Röhrenschicht zu sehen. *Bjerkandera fumosum* ist größer mit blasseren Poren.

SPORENFARBE Weiß.

GRÖSSE Fruchtkörper 3–7 cm (b) x 1–5 cm tief x bis zu 8 mm dick; Röhrenschicht bis zu 2 mm dick.

VORKOMMEN In Wäldern; Weißfäuleerreger an Laubholz, selten an Nadelholz.

VERBREITUNG Gemäßigte Breiten auf der Nordhalbkugel; häufig.

FRUCHTKÖRPER In Reihen oder geschichtet; ganzjährig.

VON OBEN

UNTERSEITE

POREN

GANODERMATACEAE (Lackporlingsverwandte)

KLASSE AGARICOMYCETES **ORDNUNG** POLYPORALES

Die meisten Arten dieser Familie bilden zum Teil sehr attraktive Fruchtkörper, die mit einer wie lackiert aussehenden Kruste überzogen und reif mit braunem Sporenpulver bedeckt sind. Andere wachsen mehrere Jahre lang auf dem befallenen Holz und können beachtlich groß werden. Sie sind Weißfäuleerreger.

KUPFERROTER LACKPORLING

GANODERMA PFEIFFERI

Diesen ungenießbaren Pilz kann man im Winter viel leichter bestimmen als während der Wachstumsperiode vom Frühjahr bis zum Herbst, da die Röhren dann mit einer dicken, wachsartigen gelben Substanz verschlossen sind. Die Oberfläche ist mit einer kupferroten Lackkruste überzogen, die schmilzt, wenn man sie erhitzt. Der Pilz riecht angenehm.

SPORENFARBE Braun.

GRÖSSE Fruchtkörper 20–50 cm (b) x bis zu 25 cm tief x bis zu 15 cm dick; Röhrenschicht 10 cm dick.

VORKOMMEN Am Stammgrund alter, lebender Buchen, selten an anderen Wirten; Weißfäuleerreger.

VERBREITUNG In Mittel- und Südeuropa, aber regional verbreitet.

FRUCHTKÖRPER Vom Stammgrund bis in einige Meter Höhe; ganzjährig.

Oberfläche ist mit lackartiger Kruste überzogen.

VON OBEN

Fleisch braun

5–6 Poren pro mm; im Winter mit gelbem Wachs überzogen

UNTERSEITE

MALERPILZ

GANODERMA APPLANATUM

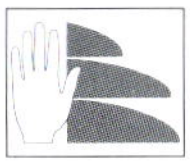

Ritzt man die weißliche Unterseite dieses ungenießbaren Pilzes mit einem spitzen Gegenstand an, bildet sich ein brauner Strich, daher der deutsche Name. Er ähnelt *G. adspersum*, der eine dickere Kruste und dunkleres Fleisch hat und kräftigere Fruchtkörper bildet.

VON OBEN

Vom Pilz umwachsener Efeu

Oberseite teilweise mit dicker Sporenschicht bedeckt

LÄNGSSCHNITT

Dünne Lackkruste, im Schnitt schwach erkennbar

Dunkelbraunes Fleisch, mit weißem Gewebe durchsetzt

Röhren

UNTERSEITE

Weißliche bis cremefarbene Poren

SPORENFARBE Braun.

GRÖSSE Fruchtkörper 10–60 cm (b) x bis zu 30 cm tief x 2–8 cm dick.

VORKOMMEN An lebenden oder toten Baumstämmen und Stümpfen in Parks und Wäldern.

VERBREITUNG Gemäßigte Breiten auf der Nordhalbkugel; häufig.

FRUCHTKÖRPER Niedrig an Stümpfen und Stämmen; ganzjährig.

GLÄNZENDER LACKPORLING

GANODERMA LUCIDUM

Diese einjährige, nicht essbare Art hat einen wie gedrechselt aussehenden Stiel und einen muschelförmigen, rot bis schwarzrot glänzenden Hut. Die Poren sind weißlich, die Röhrenschicht ist braun. Das Fleisch färbt sich von weißlich nach braun. Es gibt mehrere nah verwandte Arten, von denen einige auf Nadelholz wachsen. In China und andernorts werden diesem Pilz und verwandten Arten Heilkräfte zugeschrieben.

SPORENFARBE Braun.

GRÖSSE Fruchtkörper 10–30 cm (b) x 10–20 cm tief x bis zu 3 cm dick.

VORKOMMEN An Laub- und Nadelholzstümpfen, vor allem in relativ naturbelassenen Wäldern.

VERBREITUNG Gemäßigte Breiten auf der Nordhalbkugel; in manchen Regionen häufig.

FRUCHTKÖRPER Einzeln oder in Gruppen; ganzjährig.

POLYPORACEAE (Porlingsverwandte)

KLASSE AGARICOMYCETES **ORDNUNG** POLYPORALES

Zu dieser Familie gehört eine Vielzahl an Porlingen mit weichem oder holzig-hartem Fleisch. Sie sind huf- oder konsolenförmig oder bestehen aus Hut und Stiel. Anders als die meisten Porlinge, deren Fruchtkörper zäh sind, bilden *Polyporus*-Arten weiche Fruchtkörper, die jung essbar sind. Die meisten Arten entwickeln weißes Sporenpulver, bei den Arten der Gattung *Ganoderma* ist es allerdings zimtbraun.

LÄNGSSCHNITT

SCHUPPIGER STIELPORLING

POLYPORUS SQUAMOSUS

Bereits im Frühjahr erscheinen die Fruchtkörper dieses unverkennbaren Porlings an geschädigten Baumstämmen oder Stümpfen. Sie wachsen schnell zu beachtlicher Größe heran. Doch auch Insekten tragen dazu bei, dass bald nur ein ausgetrocknetes Gebilde übrig bleibt. Die Fruchtkörper sind essbar und schmecken nach Melone.

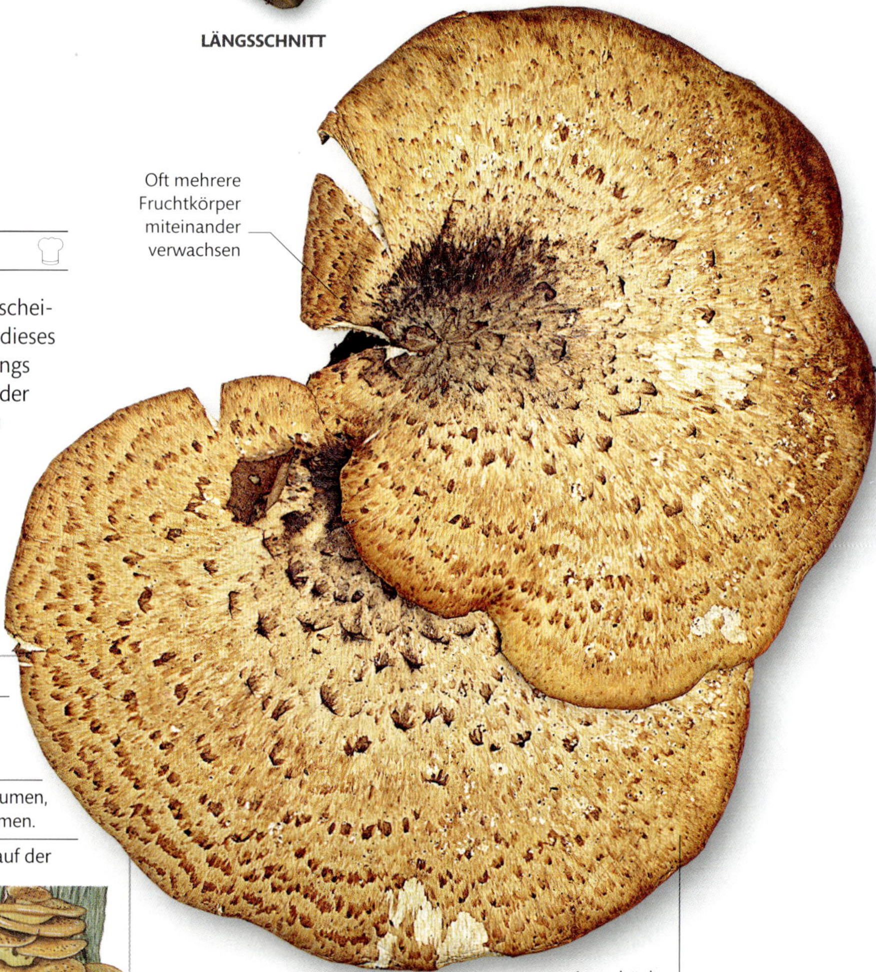

VON OBEN

SPORENFARBE Weiß.

GRÖSSE Fruchtkörper 10–60 cm (b) x 10–30 cm tief x bis zu 5 cm dick; Röhrenschicht 1 cm dick.

VORKOMMEN Parasitisch an Laubbäumen, in Wäldern, Parks und an Straßenbäumen.

VERBREITUNG Gemäßigte Breiten auf der Nordhalbkugel; häufig.

FRUCHTKÖRPER Einzeln oder in Gruppen; spätes Frühjahr bis Sommer.

SKLEROTIEN-STIELPORLING

POLYPORUS TUBERASTER

Im Mittelmeerraum ist der Pilz seit vielen Jahrhunderten bekannt. Die bis zu 15 kg schweren Sklerotien wurden gesammelt und die alljährlich erscheinenden Fruchtkörper geerntet. Die Art unterscheidet sich durch den zentralen Stiel und die aufgebogenen Hutschuppen vom Schuppigen Stielporling (*P. squamosus*, siehe links). Kleine Formen wachsen ohne Sklerotien. Zwar ist der Pilz essbar, doch ziemlich zäh.

UNTERSEITE

SEITENANSICHT

SEITENANSICHT, SCHRÄG

SPORENFARBE Weiß.

GRÖSSE Hut 5–20 cm (b); Stiel bis zu 8 cm (h) x 1,5 cm (b); Röhrenschicht bis zu 5 mm dick.

VORKOMMEN Laubwälder, oft auf kalkhaltigen Böden.

VERBREITUNG Gemäßigte Breiten auf der Nordhalbkugel.

FRUCHTKÖRPER Meist einzeln auf unterirdischen Sklerotien; spätes Frühjahr bis Herbst.

SCHWARZROTER STIELPORLING

POLYPORUS DURUS

Dieser ungenießbare Porling hat einen glatten, meist trichterförmigen Hut, der anfangs blass graubraun und im Alter dunkel kastanienbraun ist. Sein Rand ist orangebraun und wellig. Bei feuchter Witterung ist der Hut schmierig. Der kurze, schwarzgraue Stiel ist seiten- oder randständig, und die Poren laufen ein Stück am Stiel herab. Der Schwarzfuß-Stielporling (*P. melanopus*), eine ähnliche, aber seltenere Art, hat eine leicht filzige Oberfläche, die nie fettig glänzt. Er kommt oft auf kalkhaltigen Böden vor. Auch *P. cyathiformis* ist sehr ähnlich, aber trompetenförmig und wächst auf Weiden an feuchten Standorten.

UNTERSEITE

VON SCHRÄG OBEN

POREN

SPORENFARBE Weiß.

GRÖSSE Hut 5–20 cm (b); 2–4 cm, Stiel bis zu 8 cm (h) x 0,5–2 cm (b); Röhrenschicht 1 mm dick.

VORKOMMEN In feuchten Wäldern, wächst an verschiedenen Laubbäumen.

VERBREITUNG Gemäßigte Breiten auf der Nordhalbkugel; lokal häufig.

FRUCHTKÖRPER Einzeln oder in kleinen Gruppen; spätes Frühjahr bis Herbst.

LÖWENGELBER STIELPORLING

POLYPORUS LEPTOCEPHALUS

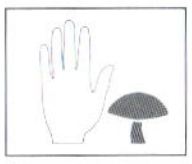

Der glatte goldgelbe bis zimtbraune Hut dieses ungenießbaren Porlings bildet einen auffälligen Kontrast zum dunklen, exzentrischen Stiel. Gelegentlich findet man auch Zwergformen, deren Stiel in der Mitte sitzt.

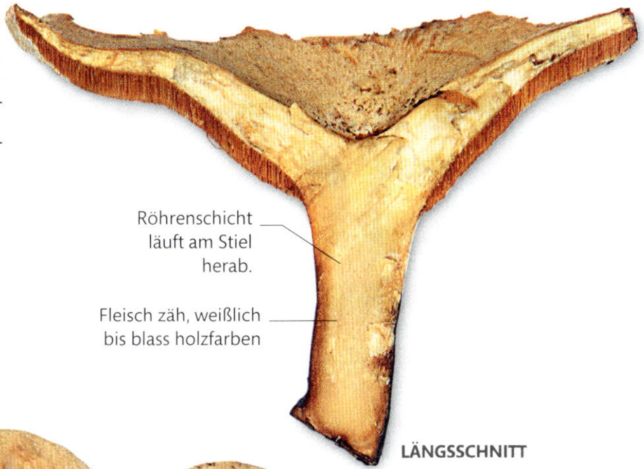

LÄNGSSCHNITT

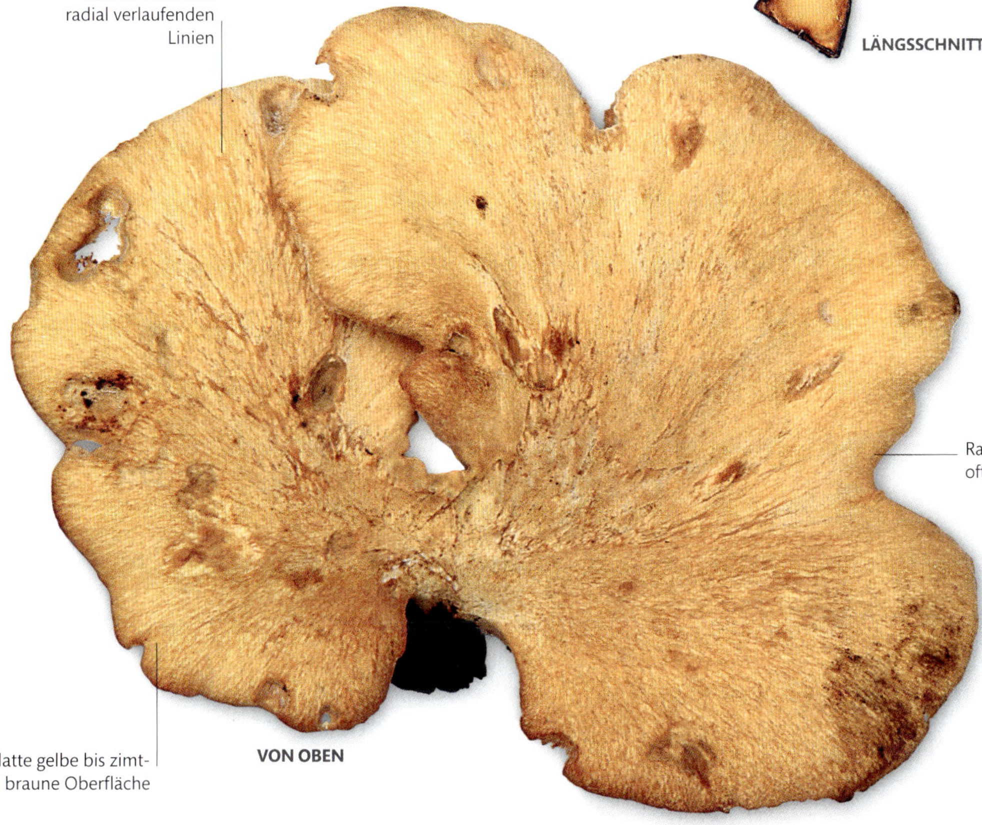

VON OBEN

SEITENANSICHT

SPORENFARBE Weiß.

GRÖSSE Hut 3–12 cm (b); Stiel bis zu 8 cm (h) x 0,5–1,5 cm (b); Röhrenschicht dünner als 1 mm.

VORKOMMEN An verschiedenen toten oder geschädigten Laubbäumen, meist an Stümpfen, in Wäldern und Parks; häufig an Weiden.

VERBREITUNG Gemäßigte Breiten auf der Nordhalbkugel; häufig.

FRUCHTKÖRPER In kleinen Gruppen; spätes Frühjahr bis Herbst.

WINTER-STIELPORLING

POLYPORUS BRUMALIS

Dieser bekannte ungenießbare Pilz bildet erst ab Herbst seine zähen, ausdauernden Fruchtkörper, die meisten erscheinen im frühen Winter. Im Frühjahr wird der Pilz vom ähnlichen Mai-Stielporling (*P. ciliatus*) abgelöst. Die Poren des Winterporlings sind größer und anfangs rundlich. Später werden sie länglicher. Die Poren des Mai-Stielporlings kann man mit bloßem Augen kaum erkennen. Beide Arten haben jung einen fein behaarten Hut und sind Weißfäuleerreger. Einige ähnliche *Polyporus*-Arten kommen in wärmerem Klima vor.

UNTERSEITE

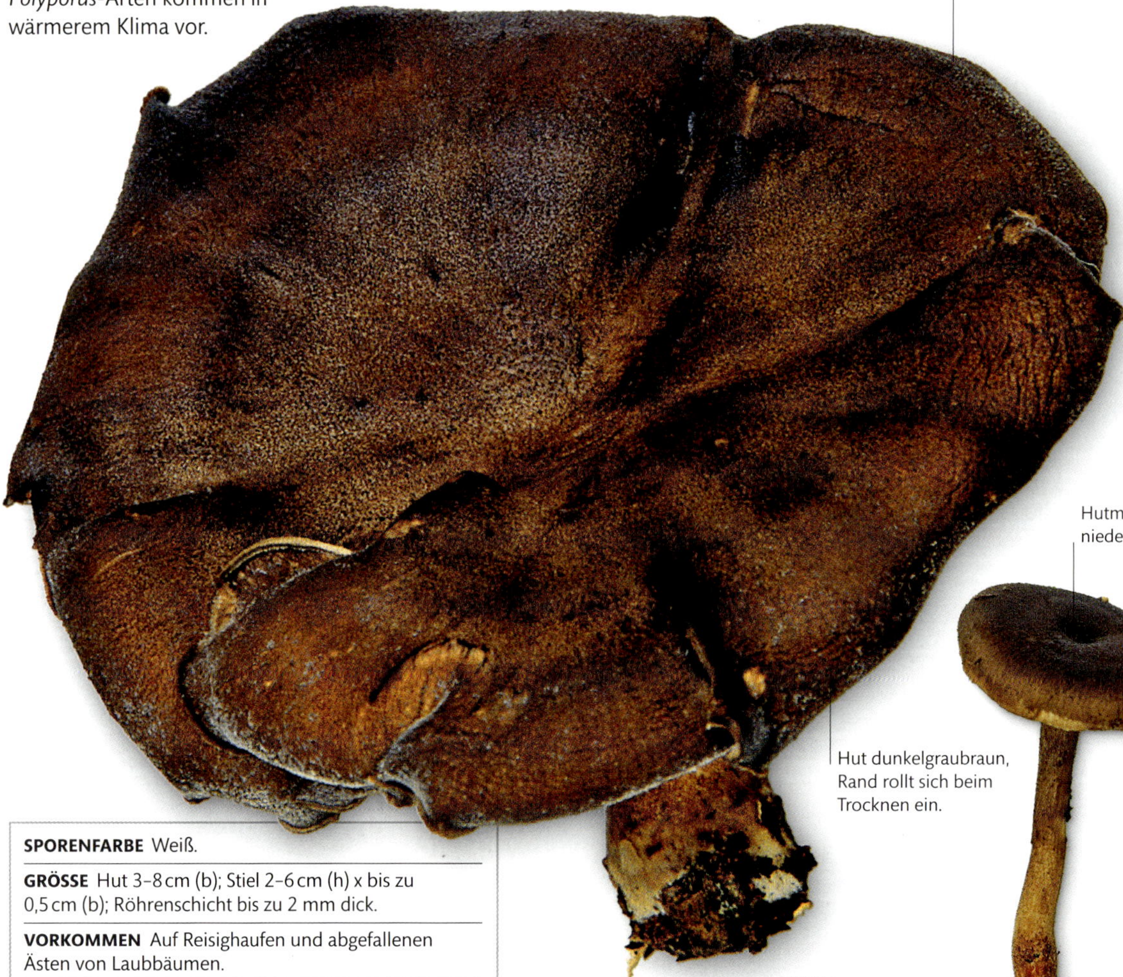

OBERSEITE, SCHRÄG

SEITENANSICHT

SPORENFARBE Weiß.

GRÖSSE Hut 3–8 cm (b); Stiel 2–6 cm (h) x bis zu 0,5 cm (b); Röhrenschicht bis zu 2 mm dick.

VORKOMMEN Auf Reisighaufen und abgefallenen Ästen von Laubbäumen.

VERBREITUNG Gemäßigte Breiten auf der Nordhalbkugel; häufig.

FRUCHTKÖRPER Einzeln oder in kleinen Gruppen; Spätherbst bis Frühjahr.

ECHTER ZUNDERSCHWAMM

FOMES FOMENTARIUS

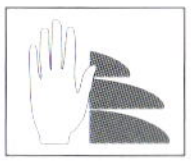

Dieser ungenießbare mehrjährige Porling wurde in der Vergangenheit zu unterschiedlichen Zwecken eingesetzt. Gut dokumentiert ist sein Gebrauch als Zunder zum Feuerentfachen, daher sein deutscher Name. Außerdem wurden aus dem Fleisch Hüte hergestellt. Die Gestalt ist stark abhängig vom jeweiligen Wirt.

SPORENFARBE Weiß.

GRÖSSE Fruchtkörper 5–30 cm (b) x bis zu 25 cm tief; einjährige Röhrenschicht 5 mm dick.

VORKOMMEN Parasitisch an lebenden Laubbäumen, besonders an Buche und Birke; bildet an umgestürzten Bäumen weiterhin Fruchtkörper; Weißfäuleerreger.

VERBREITUNG Gemäßigte Breiten auf der Nordhalbkugel; oft häufig.

FRUCHTKÖRPER Einzeln oder in Reihen an Laubholz; ganzjährig.

LÄNGSSCHNITT

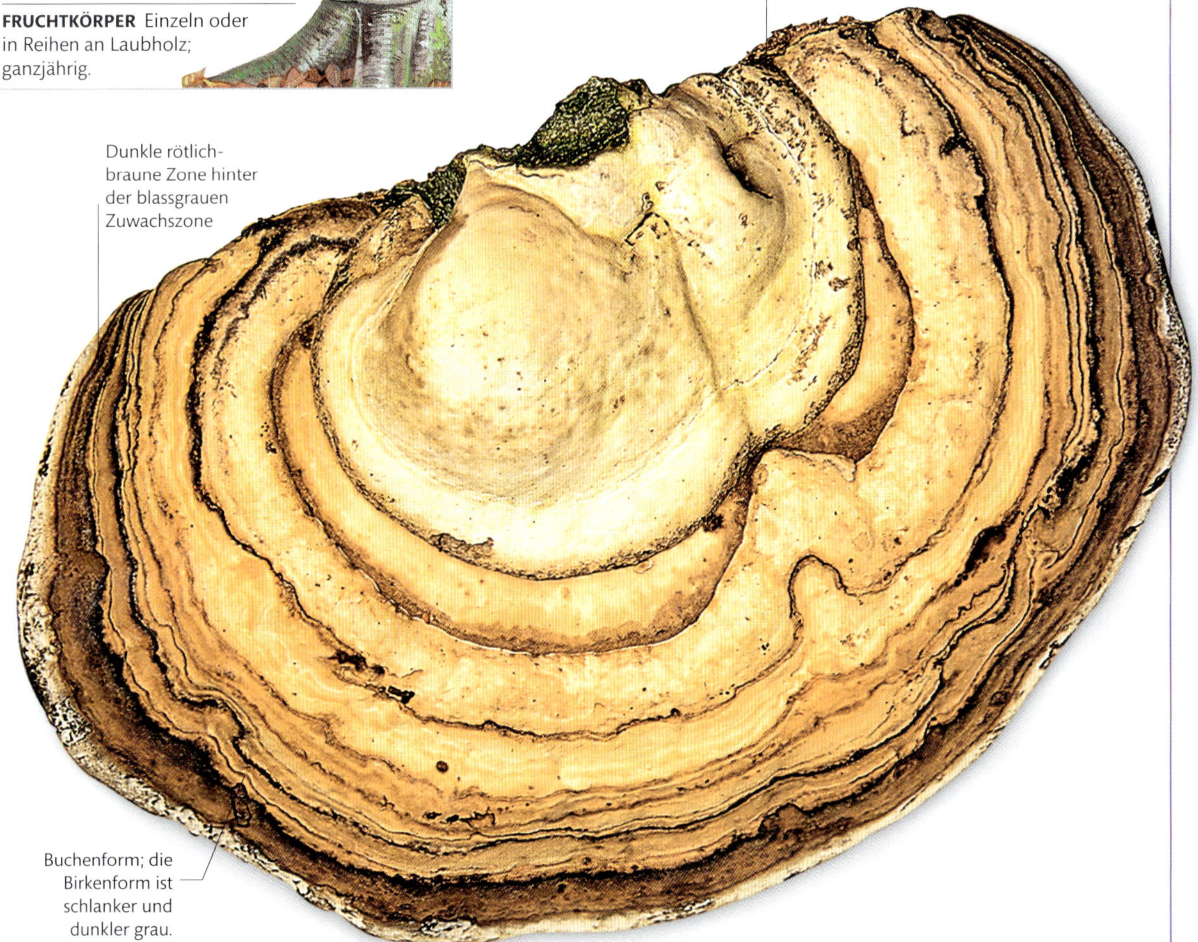

VON OBEN

RÖTENDE TRAMETE

DAEDALEOPSIS CONFRAGOSA

Die Poren dieses ungenießbaren Porlings verfärben sich auf Druck rosa. Die Fruchtkörper sind ziemlich dünn, nur die Ansatzstelle ist gebuckelt. Die Oberfläche ist jung hellgrau bis gelblich, im Alter schmutzig rotbraun und gezont. Die Poren können rundlich, länglich oder labyrinthisch sein.

UNTERSEITE

VON OBEN

POREN

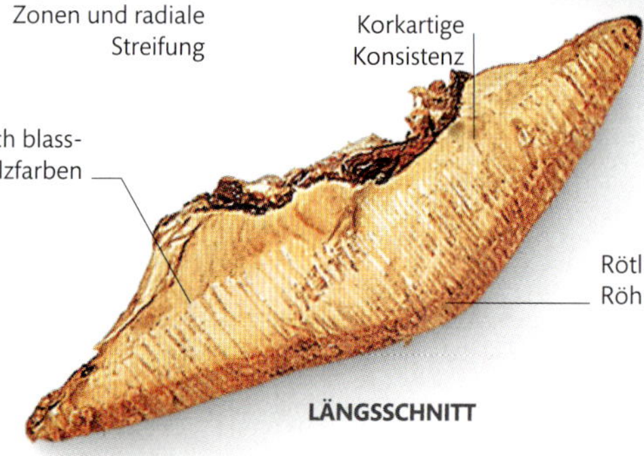

LÄNGSSCHNITT

SPORENFARBE Weiß.

GRÖSSE Fruchtkörper 8–15 cm (b) x 5–10 cm tief x 0,5–4 cm (sogar 6 cm) dick.

VORKOMMEN In einigen Regionen an verschiedenen Laubbäumen, in anderen nur an wenigen Baumarten; bevorzugt Weiden; Weißfäuleerreger.

VERBREITUNG Gemäßigte Breiten auf der Nordhalbkugel; recht häufig.

FRUCHTKÖRPER In Reihen; ganzjährig.

BIRKENBLÄTTLING

TRAMETES BETULINA

Von oben kann man diesen ungenießbaren Porling mit verschiedenen Trametenarten (siehe S. 308) verwechseln. Die lamellenähnlichen labyrinthischen Poren sind jedoch ein Hauptmerkmal dieser Art. Die halbkreisförmigen Fruchtkörper wachsen oft in Gruppen und sind lederartig zäh. Die Oberseite ist samtig behaart.

UNTERSEITE

SPORENFARBE Weiß.

GRÖSSE 3–10 cm (b) x 1–5 cm tief x 1–2 cm dick.

VORKOMMEN Weißfäuleerreger an verschiedenen Laubholzarten, manchmal an Nadelholz; bevorzugt in einigen Regionen Birken, in anderen Buchen oder Eichen.

VERBREITUNG Gemäßigte Breiten auf der Nordhalbkugel; in manchen Regionen selten.

FRUCHTKÖRPER Einzeln oder in Reihen an Totholz; ganzjährig.

VON OBEN

FOMITOPSIDACEAE (Baumschwamm-verwandte)

KLASSE AGARICOMYCETES **ORDNUNG** POLYPORALES

Die Arten der Familie Fomitopsidaceae ähneln »normalen« Porlingen, sie sind aber keine Weißfäuleerreger. Das bedeutet, dass sie das Lignin im befallenen Holz nicht abbauen, sodass es seine braune Färbung behält.

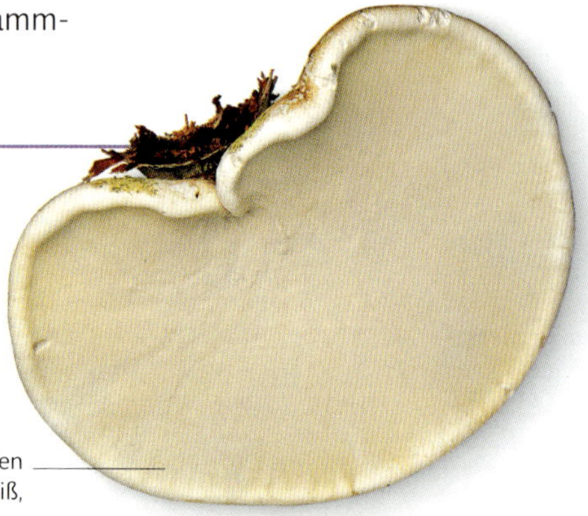

Poren bei wachsenden Fruchtkörpern weiß, 3–4 Poren pro mm

UNTERSEITE

BIRKENPORLING

PIPTOPORUS BETULINUS

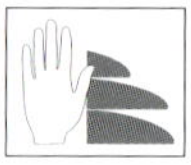

Diese einjährige, ungenießbare Art findet man in allen Waldgesellschaften mit älteren Birken. Befallene Bäume sterben schließlich ab, aber der Pilz bildet auch an toten Bäumen weiterhin Fruchtkörper. Die braune Oberfläche ist hautartig und das Fleisch weich, aber zäh. Früher schliff man mit ihm Rasiermesser und verwendete es in der Uhrmacherei als Poliermittel. Alte Fruchtkörper werden auf Bäumen oft vom Birkenporling-Kissenpustelpilz (*Hypocrea pulvinata*) oder, wenn der Baumstamm umgestürzt oder der Pilz abgefallen ist, vom Goldgelben Schmarotzerpustelpilz (*Hypomyces aurantius*) befallen.

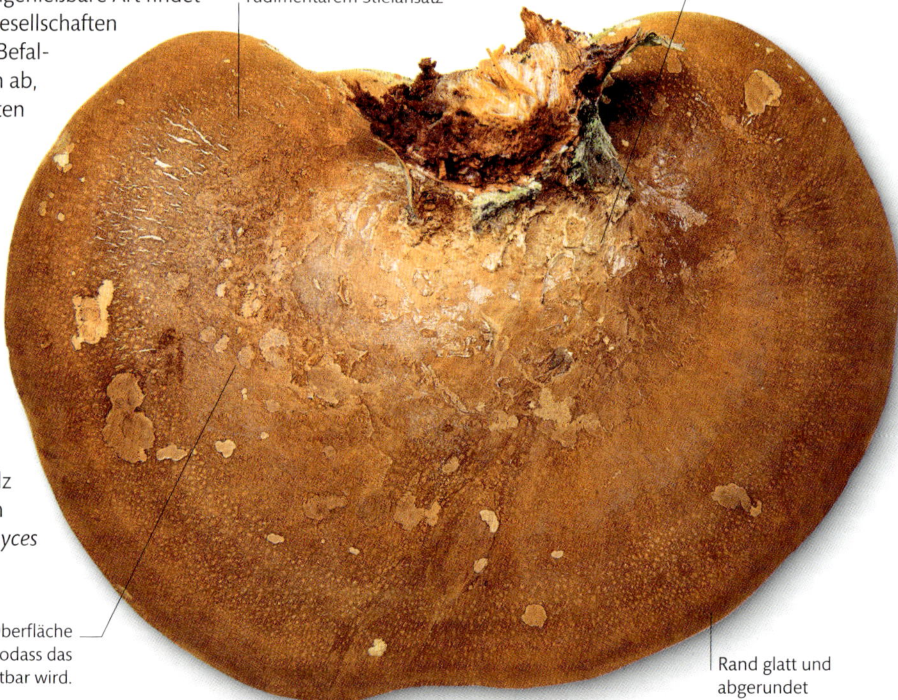

Halbkreisförmiger Fruchtkörper ohne oder nur mit rudimentärem Stielansatz

Ansatzstelle ist oft verdickt.

Glatte, braune Oberfläche platzt rissig auf, sodass das weiße Fleisch sichtbar wird.

Rand glatt und abgerundet

VON OBEN

LÄNGSSCHNITT

Fleisch reinweiß, recht weich, aber ziemlich zäh; wird zur Präparation von Insekten verwendet

SPORENFARBE Weiß.

GRÖSSE Fruchtkörper 5–30 cm (b) x 2–6 cm dick; Röhrenschicht bis zu 1 cm dick.

VORKOMMEN In feuchten Wäldern, parasitiert an meist älteren Birken, die schließlich absterben.

VERBREITUNG Gemäßigte Breiten auf der Nordhalbkugel; häufig.

FRUCHTKÖRPER Einzeln oder gesellig; ganzjährig.

SCHWEFELPORLING

LAETIPORUS SULPHUREUS

Dieser prächtige Porling ist leuchtend gelb gefärbt. Die Fruchtkörper erscheinen an Stammwunden und wachsen rasch zu beeindruckender Größe heran. Jung sind sie gute Speisepilze, manche Menschen reagieren jedoch allergisch. In jüngerer Zeit wurden mehrere bisher unbekannte *Laetiporus*-Arten entdeckt.

LÄNGSSCHNITT

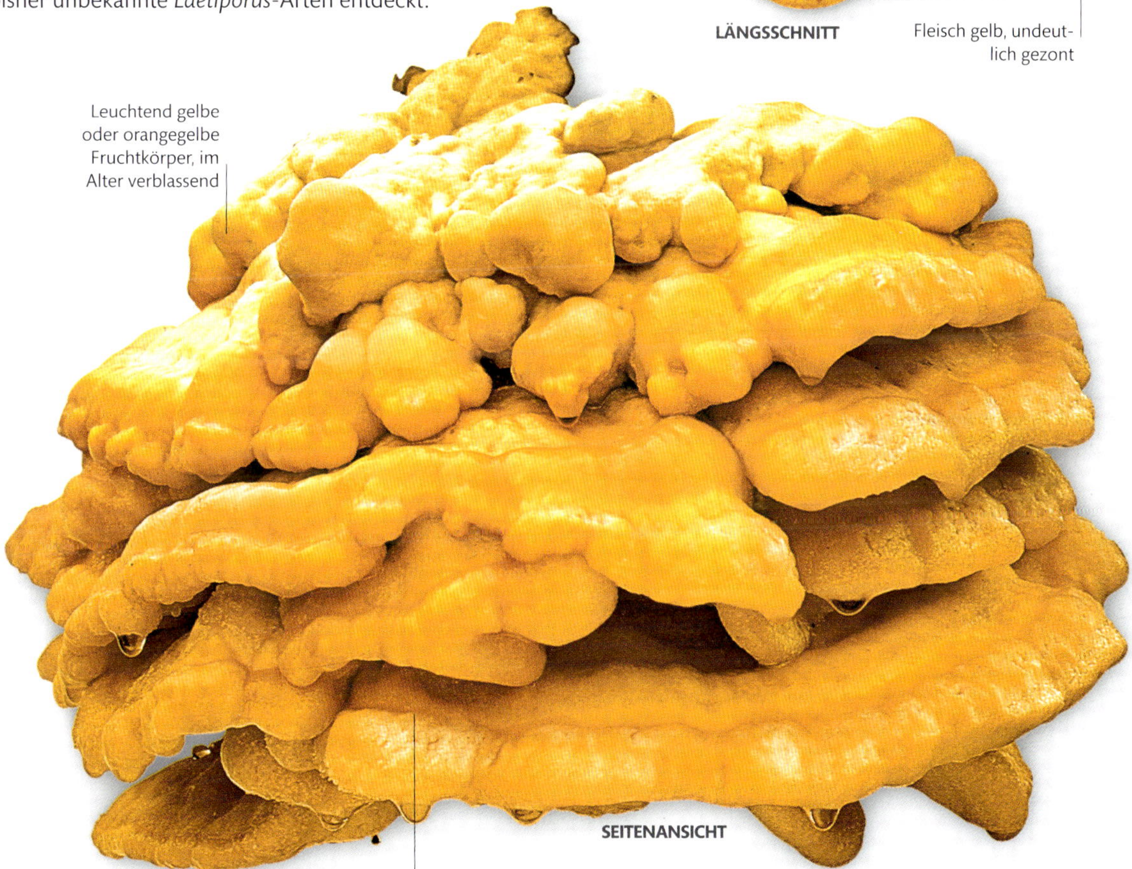

SEITENANSICHT

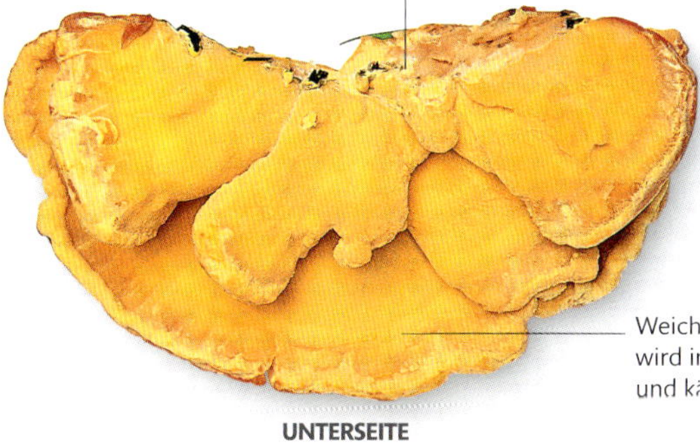

UNTERSEITE

SPORENFARBE Weiß.

GRÖSSE Fruchtkörper 10–50 cm (b) x 10–30 cm tief x 1–5 cm dick; Röhrenschicht bis zu 5 mm dick.

VORKOMMEN In einigen Regionen an Laubbäumen häufig, in anderen an Nadelholz; befällt das Kernholz.

VERBREITET Gemäßigte Breiten auf der Nordhalbkugel; häufig.

FRUCHTKÖRPER Meist dachziegelartig, hoch am Stamm; Frühsommer bis Herbst.

BITTERER SAFTPORLING

POSTIA STIPTICA

Das beste Bestimmungsmerkmal dieses unauffälligen Porlings ist sein gallenbitterer Geschmack. Andere weiße Saftporlinge schmecken milder, röten an Druckstellen oder kommen nur auf Laubholz vor. *P. stiptica* ist im Längsschnitt charakteristisch dreieckig geformt. Bei feuchter Witterung sondern die Poren eine weißliche Flüssigkeit ab, die cremefarben eintrocknet.

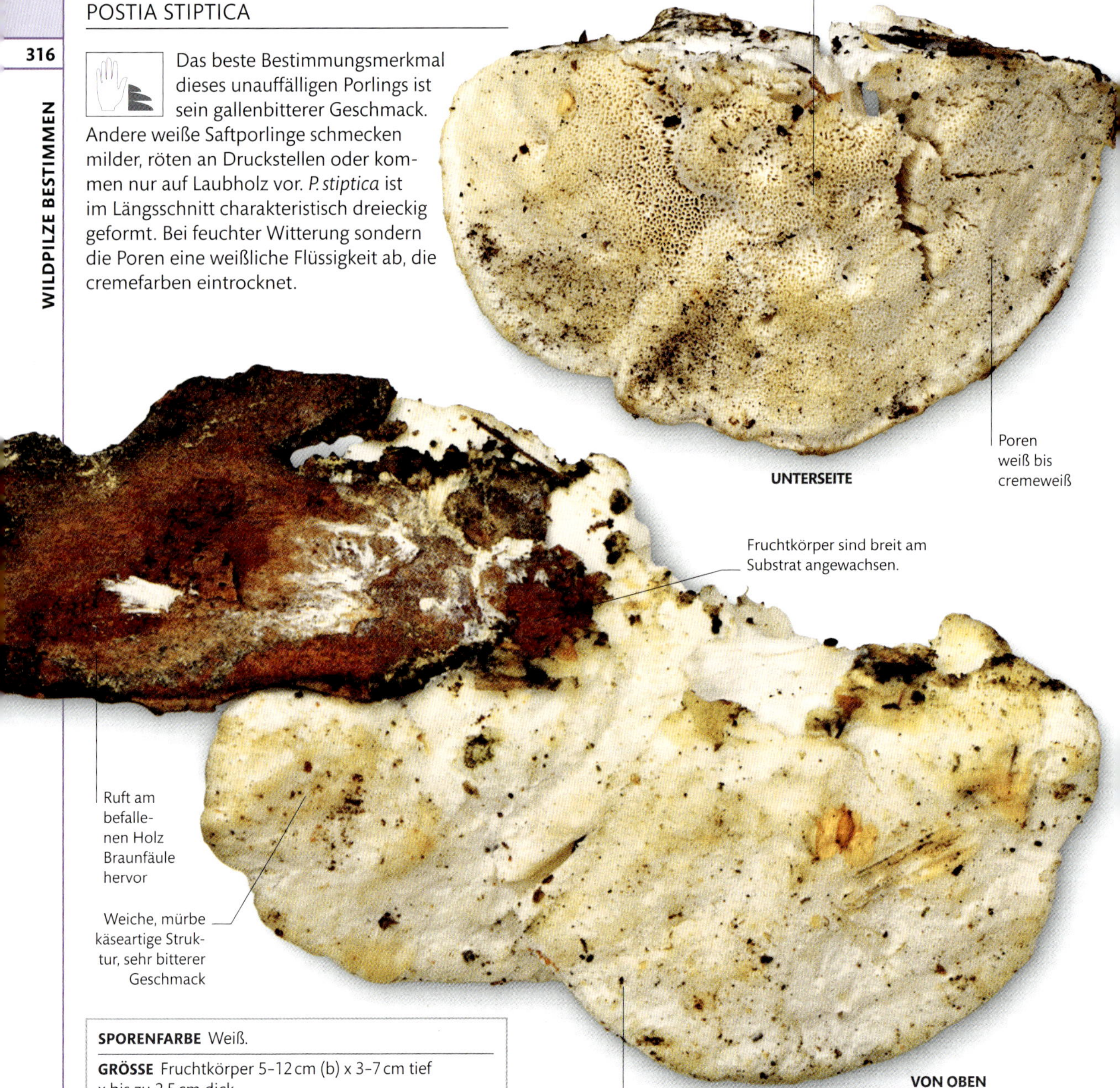

4–6 Poren pro mm

Poren weiß bis cremeweiß

UNTERSEITE

Fruchtkörper sind breit am Substrat angewachsen.

Ruft am befallenen Holz Braunfäule hervor

Weiche, mürbe käseartige Struktur, sehr bitterer Geschmack

VON OBEN

Oberfläche weiß bis schmutzig grau; rau und höckerig

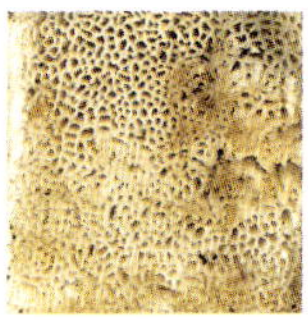

1 cm

POREN

SPORENFARBE Weiß.

GRÖSSE Fruchtkörper 5–12 cm (b) x 3–7 cm tief x bis zu 2,5 cm dick.

LEBENSRAUM An Stümpfen und Stämmen von Nadelbäumen in Wäldern und Forsten; gelegentlich an Laubholz.

VERBREITUNG Gemäßigte Breiten auf der Nordhalbkugel; häufig, vor allem in der borealen Zone.

FRUCHTKÖRPER Einzeln oder in kleinen Gruppen; meist erst im Herbst.

KIEFFERN-BRAUNPORLING

PHAEOLUS SCHWEINITZII

Dieser ungenießbare Porling wächst sehr schnell. Die Fruchtkörper sind einjährig und haben einen mehr oder weniger zentralen Stiel. Der schwefelgelbe Hutrand säumt mehrere konzentrische rostbraune Zonen. Später im Jahr färbt sich der Fruchtkörper schmutzig braun, bevor er verfault. Die grünlich gelben Poren, die sich jung auf Druck dunkelbraun färben, sind ein gutes Bestimmungsmerkmal. Das gelbe bis braune Fleisch enthält ein Pigment, mit dem man Garn einfärbt.

Junge Fruchtkörper sind gelb.

SEITENANSICHT

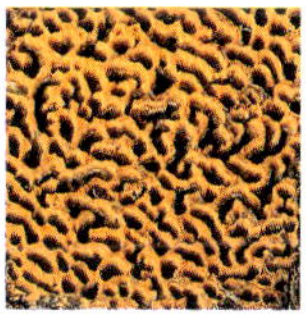

1 cm

POREN

Oberfläche stark behaart und filzig

Ältere Fruchtkörper, die nicht mehr wachsen, sind einheitlich dunkelbraun gefärbt.

VON OBEN

SPORENFARBE Weiß.

GRÖSSE Fruchtkörper 15–30 cm (b) x 1–3 cm dick; Röhrenschicht bis 1 cm dick.

VORKOMMEN Auf unterirdischen Wurzeln lebender oder toter Nadelbäume, vor allem Kiefern.

VERBREITUNG In den gemäßigten Breiten auf der Nordhalbkugel recht häufig; weltweit verbreitet.

FRUCHTKÖRPER Meist einzeln; Sommer bis Winter.

BLAUENDER SAFTPORLIG

POSTIA CAESIA

Die halbkreisrunden, ungenießbaren Fruchtkörper von *P. caesia* sind weich und schwammig mit feinfilziger Oberfläche, die sich im Alter blauschwarz verfärbt. Die weißen Poren flecken blau. Die Porendichte beträgt etwa 3–6 Poren pro mm Röhrenschicht.

SPORENFARBE Weiß.

GRÖSSE Fruchtkörper 3–8 cm (b) x 2–5 cm (h) x 1,5 cm dick; Röhrenschicht bis zu 6 mm dick.

VORKOMMEN An Nadelholzstümpfen, meist an Kiefern.

VERBREITUNG Gemäßigte Breiten auf der Nordhalbkugel; häufig.

FRUCHTKÖRPER Einzeln oder in Gruppen; Herbst.

EICHENWIRRLING

DAEDALEA QUERCINA

Die Fruchtkörper dieses ungenießbaren Porlings sind frisch biegsam wie Kork, trocken aber hart wie Holz. Die jungen Poren am Rand sind rundlich, bilden aber später ein Labyrinth, das von der Ansatzstelle radial ausstrahlt. Andere Porlinge mit labyrinthischen Poren (siehe S. 312–313) sind leicht vom Eichenwirrling zu unterscheiden, denn ihre Fruchtkörper sind dünner und kommen nicht am Kernholz alter Eichen vor.

Sehr zähes, korkig-holziges Fleisch

VON OBEN

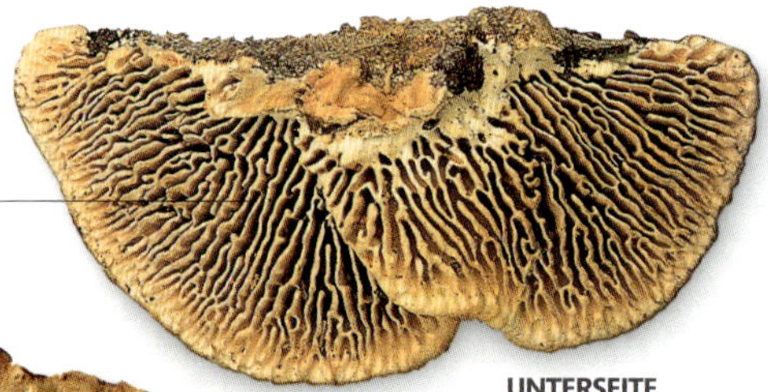

Poren labyrinthisch; Wände dick und korkig

UNTERSEITE

SPORENFARBE Weiß.

GRÖSSE Fruchtkörper 10–30 cm (b) x 5–20 cm tief x 3–7 cm dick; Poren 1–3 cm dick.

VORKOMMEN In Wäldern an Eichen und Edelkastanien; Braunfäuleerreger.

VERBREITUNG Gemäßigte Breiten auf der Nordhalbkugel; recht häufig.

FRUCHTKÖRPER Meist an Stümpfen; ganzjährig.

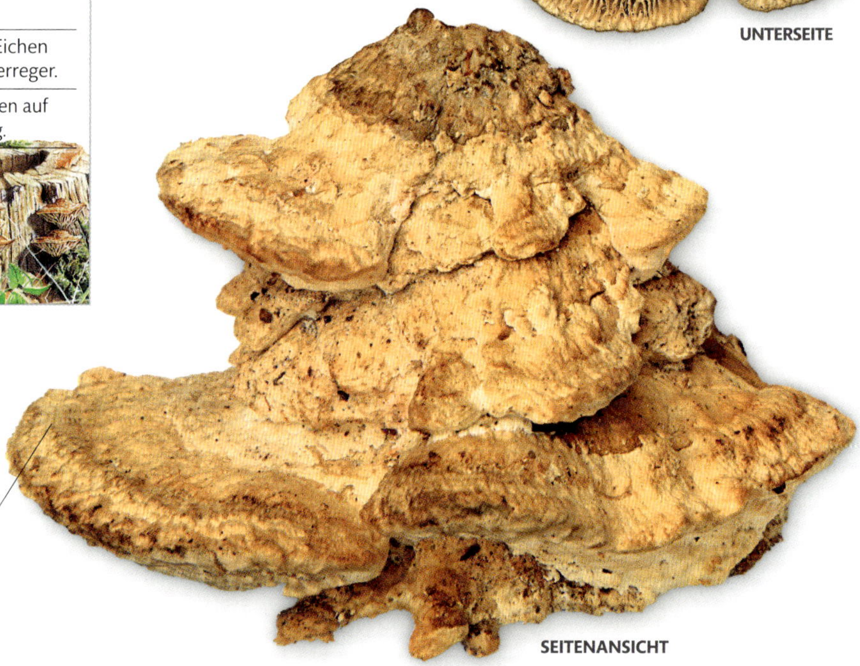

Oberfläche kahl bis flaumig, aber höckerig und gefurcht

SEITENANSICHT

ROTRANDIGER BAUMSCHWAMM

FOMITOPSIS PINICOLA

Diese Art ähnelt *Fomes fomentarius* (siehe S. 311), hat aber auffällige gelbe und rote Zonen am Rand. Die lackartige Kruste schmilzt, wenn man sie mit einem Feuerzeug erhitzt. Die Poren sind gelb, das Fleisch ist hart und ungenießbar.

SPORENFARBE Weiß.

GRÖSSE Fruchtkörper 10–40 cm (b) x 5–25 cm tief, bis zu 10 cm dick.

VORKOMMEN An toten und geschwächten Laub- und Nadelbäumen; Parasit, Braunfäuleerreger.

VERBREITUNG Gemäßigte Breiten auf der Nordhalbkugel; fehlt im Norden in vielen Regionen.

FRUCHTKÖRPER Einzeln oder übereinander; ganzjährig.

MERIPILACEAE (Riesenporlingsverwandte)

KLASSE AGARICOMYCETES ORDNUNG POLYPORALES

Diese nicht gut definierte Familie sollte möglicherweise nur die Gattung *Meripilus* umfassen. Die Arten der Gattungen *Grifola* und *Meripilus* sind Weißfäuleerreger, die lebende Wirte unter dem Erdboden befallen. Sie bilden einjährige, weiche Fruchtkörper mit weißen Sporen.

2–3 Poren pro mm

Poren weiß, bei alten Fruchtkörpern gelblich

UNTERSEITE

KLAPPERSCHWAMM

GRIFOLA FRONDOSA

Diesen Weißfäuleerreger findet man fast immer an der Basis alter Eichen und Edelkastanien. Er kann *Meripilus giganteus* ähneln (siehe S. 320), seine Fruchtkörper sind aber kleiner und grauer und die Poren verfärben sich bei Berührung nicht grauschwarz. Junge Fruchtkörper sind essbar, die Art sollte aber geschont werden. Der Eichenhase (*Polyporus umbellatus*) sieht ähnlich aus, hat aber mittig gestielte Fruchtkörper.

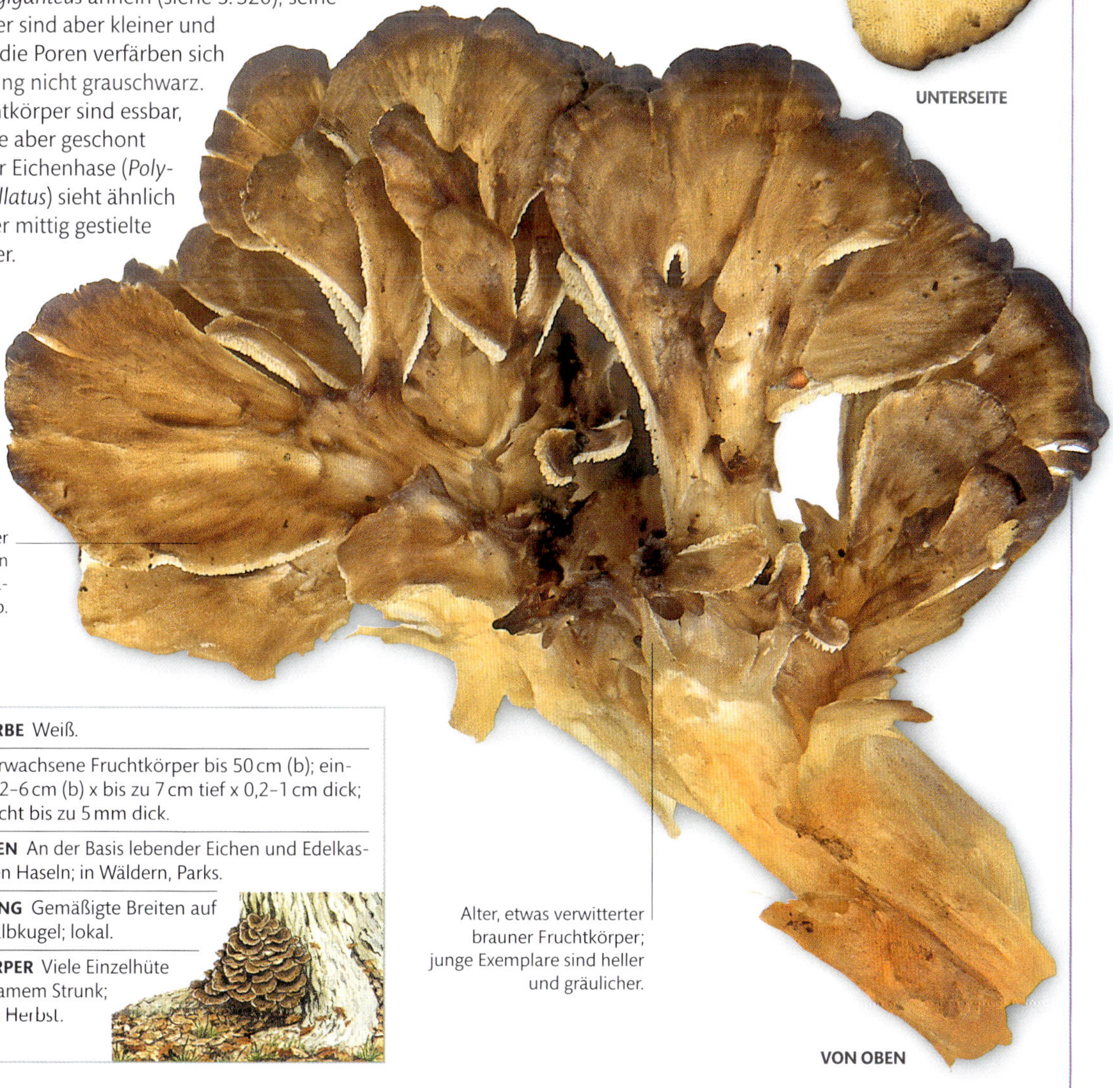

Fruchtkörper zweigen von einem zentralen Strunk ab.

Alter, etwas verwitterter brauner Fruchtkörper; junge Exemplare sind heller und gräulicher.

VON OBEN

SPORENFARBE Weiß.

GRÖSSE Verwachsene Fruchtkörper bis 50 cm (b); einzelne Hüte 2–6 cm (b) x bis zu 7 cm tief x 0,2–1 cm dick; Röhrenschicht bis zu 5 mm dick.

VORKOMMEN An der Basis lebender Eichen und Edelkastanien, selten Haseln; in Wäldern, Parks.

VERBREITUNG Gemäßigte Breiten auf der Nordhalbkugel; lokal.

FRUCHTKÖRPER Viele Einzelhüte an gemeinsamem Strunk; Sommer bis Herbst.

RIESENPORLING

MERIPILUS GIGANTEUS

Die riesigen Fruchtkörper dieses Pilzes sind zwar jung essbar, haben aber keinen besonders guten Geschmack. Die weißlichen Poren flecken bei Berührung dunkelgrau bis schwärzlich, und wenn man den Fruchtkörper kocht, färbt er sich ebenso. Man erkennt den Pilz an seiner Größe, den dicht übereinanderwachsenden Fruchtkörpern und der goldbraunen Färbung in Verbindung mit dem grau fleckenden Fleisch.

SPORENFARBE Weiß.

GRÖSSE Fruchtkörper bis zu 80 cm (b); Einzelhüte 10–30 cm (b) x 10–30 cm tief x 1–3 cm dick; Röhrenschicht bis zu 1 cm dick.

VORKOMMEN Wälder und Parks; an Baumstümpfen und absterbenden Bäumen.

VERBREITUNG Gemäßigte Breiten der Nordhalbkugel; recht häufig.

FRUCHTKÖRPER In dichten Büscheln am Stammgrund; Herbst.

UNTERSEITE

SEITENANSICHT

POREN

VON OBEN

SERPULACEAE/CONIOPHORACEAE (Kellerschwamm und Verwandte)

KLASSE AGARICOMYCETES **ORDNUNG** BOLETALES

Der Hausschwamm (*Serpula lacrymans*) ist ein Mitglied der Familie Serpulaceae, die nah mit der Familie Coniophoraceae verwandt ist. Die Arten der Coniophoraceae können ebenso verbautes Holz befallen, richten aber normalerweise keine so großen Schäden an. Alle Arten dieser Gruppe ähneln Rindenpilzen (Corticiaceae) und bilden häutige Fruchtkörper ohne Poren oder Lamellen. Ihre Sporen sind jedoch farbig. Viele Arten befallen auch Holz in der Natur.

HAUSSCHWAMM

SERPULA LACRYMANS

Der Hausschwamm ist gefürchtet, denn er kann Bauholz zerstören, indem er schwere Braunfäule verursacht, sodass es rasch morsch wird. Er gedeiht vor allem in schlecht gelüfteten Gebäuden, im Freien wurde er dagegen sehr selten beobachtet. Die bräunlichen, geäderten Fruchtkörper liegen dem Substrat eng auf und scheiden Tröpfchen aus. Außerdem bildet der Pilz ein üppiges watteartiges weißes Myzel aus.

SPORENFARBE Gelb bis olivbraun.

GRÖSSE Fruchtkörper bis zu 50 cm (b).

VORKOMMEN Auf Bauholz, vor allem auf Dielenbrettern; Mörtel oder andere alkalische Substanden können die Säuren neutralisieren, die er bildet.

VERBREITUNG In Gebäuden weitverbreitet und häufig; in der Natur nur von der nordamerikanischen Westküste und dem Fuß des Himalaja in Indien bekannt.

FRUCHTKÖRPER An Holz und Wänden von Gebäuden; ganzjährig.

BRAUNER KELLERSCHWAMM

CONIOPHORA PUTEANA

Wie der Name sagt, wächst dieser Pilz meist in Kellern, aber er kommt auch in anderen feuchten Räumen vor. In Gebäuden gehört er zu den gefürchteten Nassfäuleerregern, aber man trifft ihn auch in Wäldern an, wo er Braunfäule hervorruft. Die Fruchtkörper sind flach und können über einen Meter lang werden. Die Randzone ist weiß und fransig und der zentrale Bereich von reifen Sporen gelb- bis olivbraun gefärbt. Die Oberfläche wird im Alter typisch faltig und warzig. Die Fruchtkörper lassen sich leicht vom Substrat abziehen.

SPORENFARBE Gelb- bis olivbraun.

GRÖSSE Fruchtkörper 5–100 cm (b).

VORKOMMEN Auf feuchtem Bauholz in Gebäuden und auf verschiedenen Holzsubstraten im Freien.

VERBREITUNG Gemäßigte Breiten.

FRUCHTKÖRPER An Totholz, Balken und Brettern; ganzjährig, vor allem im Herbst.

PAXILLACEAE (Kremplingsverwandte)

KLASSE AGARICOMYCETES **ORDNUNG** BOLETALES

Diese Lamellenpilze bilden braune Sporen und ähneln *Clitocybe*- (siehe S. 130) oder *Lepista*-Arten (siehe S. 134). Sie gelten heute als nahe Verwandte bestimmter Röhrlinge und ihre weichen Lamellen lösen sich leicht vom Hutfleisch wie die Röhrenschicht der Röhrlinge. Alle Arten bilden Mykorrhizen mit Laub- oder Nadelbäumen aus.

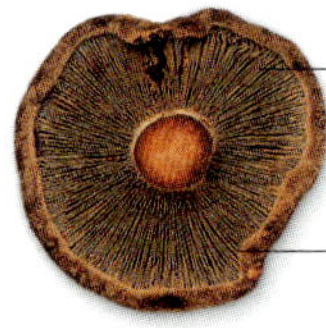

KAHLER KREMPLING

PAXILLUS INVOLUTUS ☠

Jeder Pilzsammler sollte diesen hochgiftigen und häufigen Pilz sehr genau kennen. Der eingerollte, flaumige Hutrand und die weichen, leicht vom Hutfleisch ablösbaren Lamellen, die auf Druck bräunen, sind gute Kennzeichen. Der ähnliche gelbfleischige Erlenkrempling (*P. filamentosus*) kommt unter Erlen vor.

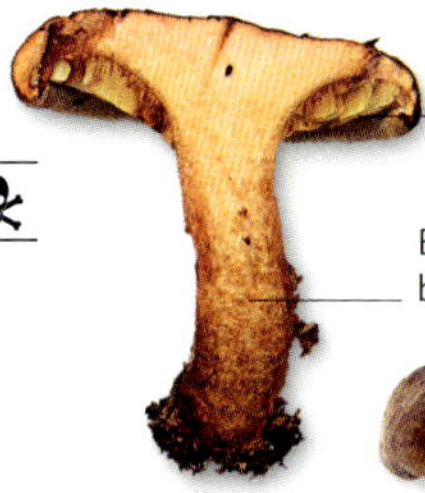

SPORENFARBE Gelbbraun.

GRÖSSE Hut 6–15 cm (b); Stiel 4–8 cm (h) x 1–2 cm (b).

VORKOMMEN Bildet Mykorrhizen mit Nadel- und Laubbäumen, vor allem Birken; in Wäldern, Parks und Gärten.

VERBREITUNG Gemäßigte Breiten auf der Nordhalbkugel; häufig.

FRUCHTKÖRPER In Gruppen, Ringen oder Reihen; Sommer bis Herbst.

TAPINELLACEAE (Holzkremplingsverwandte)

KLASSE AGARICOMYCETES **ORDNUNG** BOLETALES

Die Pilze der Familie Tapinellaceae wurden früher mit den Kempligen in eine Gruppe gestellt. Anders als diese zersetzen die *Tapinella*-Arten jedoch Holz, vor allem Nadelholz. Sie sind Braunfäuleerreger. Die Lamellen lösen sich wie bei *Paxillus* leicht vom Hutfleisch (siehe oben).

SAMTFUSS-KREMPLING

TAPINELLA ATROTOMENTOSA

Diese fleischige, ungenießbare Art hat einen dicken Stiel, der meist seitlich ansetzt. Er ist mit einem samtigen Filz überzogen. Die Huthaut ist feinsamtig. Der Muschelkrempling (*T. panuoides*) ist ähnlich, aber dünnfleischiger und blasser und meist stiellos.

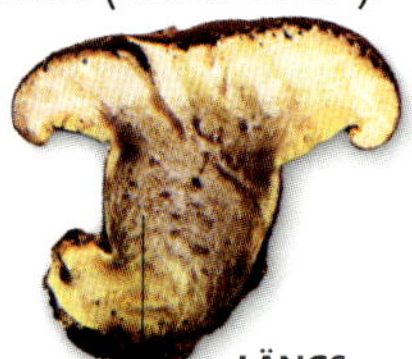

SPORENFARBE Gelblich braun.

GRÖSSE Hut 10–25 cm (b); Stiel 5–10 cm (h) x 2–5 cm (b).

VORKOMMEN Auf und in der Nähe von Nadelholzstümpfen in Wäldern.

VERBREITUNG Gemäßigte Breiten auf der Nordhalbkugel; häufig.

FRUCHTKÖRPER Einzeln oder in kleinen Gruppen; Sommer bis Herbst.

HYGROPHOROPSIDACEAE (Falscher Pfifferling und Verwandte)

KLASSE AGARICOMYCETES ORDNUNG BOLETALES

Diese kleine Familie blasssporiger Lamellenpilze ist mit den Röhrlingen verwandt. Sie bilden keine Mykorrhizen, sondern zersetzen das Substrat. Sie können mit den *Chantarellus*-Arten verwechselt werden (siehe S. 59).

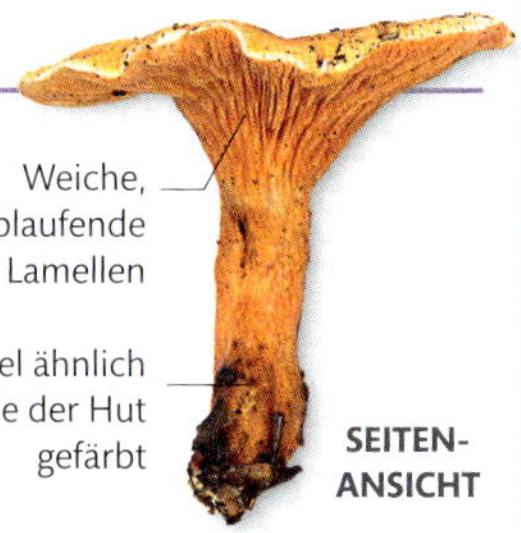

SEITENANSICHT

FALSCHER PFIFFERLING

HYGROPHOROPSIS AURANTIACA

Viele Anfänger haben diesen Pilz schon gesammelt, weil sie dachten, es handle sich um den Echten Pfifferling (*Cantharellus cibarius*, siehe S. 59). Der Falsche Pfifferling hat jedoch echte, gegabelte Lamellen. Diese dünnfleischige Art ist kein Speisepilz.

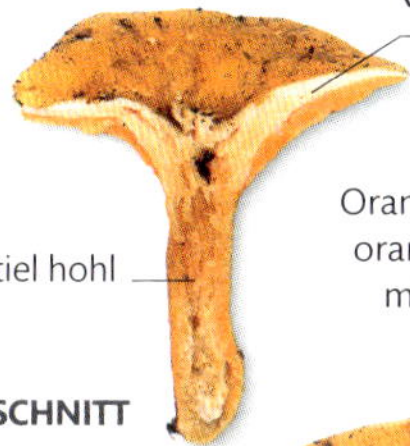

LÄNGSSCHNITT

SEITENANSICHT, SCHRÄG

UNTERSEITE

SPORENFARBE Weißlich.

GRÖSSE Hut 2–8 cm (b); Stiel 2–5 cm (h) x 0,3–0,8 cm (b).

VORKOMMEN Kein Mykorrhizabildner; auf Nadelstreu, morschem Holz oder Sägespänen.

VERBREITUNG Gemäßigte Breiten auf der Nordhalbkugel; häufig.

FRUCHTKÖRPER Meist gesellig; Sommer bis Winter.

GOMPHIDIACEAE (Schmierlingsverwandte)

KLASSE AGARICOMYCETES ORDNUNG BOLETALES

Diese Familie bevorzugt Laubholz. Die meisten Arten sind Lamellenpilze mit schleimigem Velum (Gattungen *Gomphidius* und *Chroogomphus*) und bilden dunkle Sporen. Ihre Biologie ist unzureichend bekannt, möglicherweise parasitieren sie Mykorrhizen, die andere Pilze ausbilden. Die Röhrlinge der Gattung *Suillus* sind nah verwandt (siehe S. 343–346).

ROSENROTER SCHMIERLING

GOMPHIDIUS ROSEUS

Dieser unverkennbare, essbare Pilz hat einen korallenroten Hut und einen spindeligen Stiel. Die schleimigen Velumreste am Stiel sind oft von Sporen geschwärzt.

SEITENANSICHT

UNTERSEITE

SPORENFARBE Fast schwarz.

HUT 1,5–5 cm (b); Stiel 2–4 cm (h) x 0,5–1 cm (b).

VORKOMMEN Unter Kiefern, meist in der Nähe von Kuhröhrlingen (*Suillus bovinus*) auf sandigen oder moorigen Böden.

VERBREITUNG Gemäßigte Breiten auf der Nordhalbkugel.

FRUCHTKÖRPER In kleinen Gruppen; Herbst.

KUPFERROTER GELBFUSS

CHROOGOMPHUS RUTILUS

Die Hüte der *Chroogomphus*-Arten sind weniger schleimig als die der Schmierlinge (*Gomphidius*). Bei diesem mittelmäßigen Speisepilz ist der Hut nur bei feuchter Witterung schmierig. Am Stiel sind rötliche, faserige Velumreste vorhanden.

UNTERSEITE

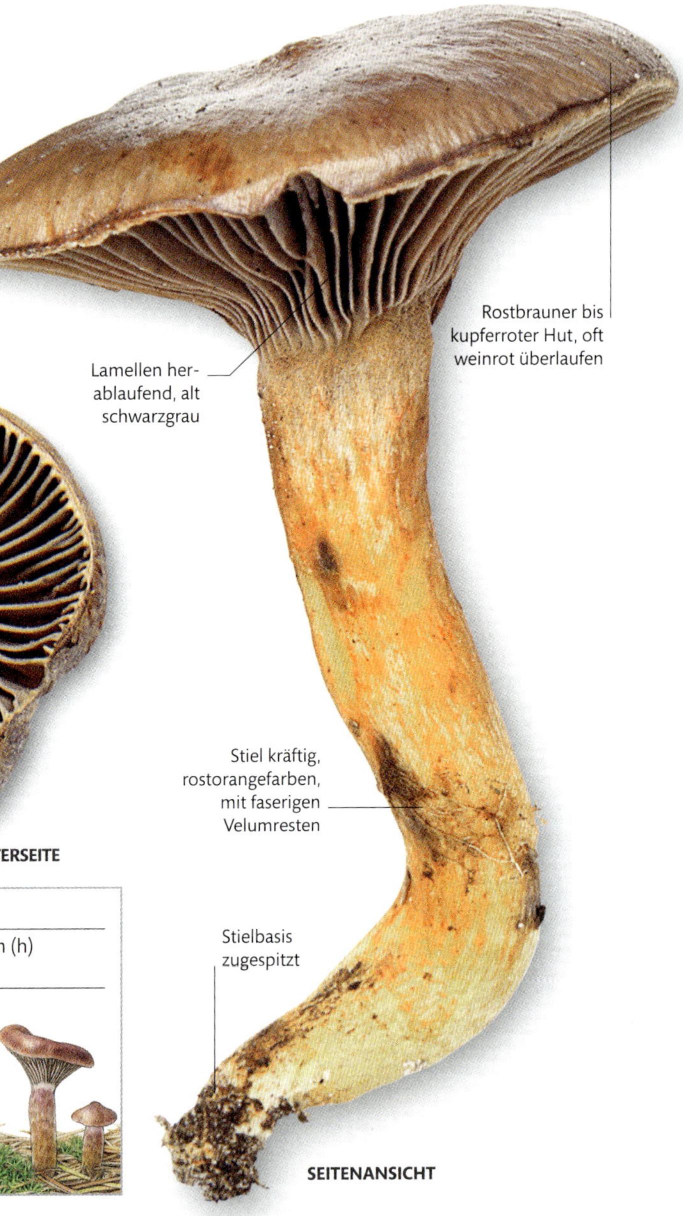

SEITENANSICHT

SPORENFARBE Fast schwarz.

GRÖSSE 4–8 cm, bis zu 12 cm (b); Stiel 1–10 cm, bis zu 12 cm (h) x 0,5–1 cm, bis zu 1,5 cm (b).

VORKOMMEN In Wäldern und Forsten, bildet Mykorrhizen mit Kiefern.

VERBREITUNG Gemäßigte Breiten auf der Nordhalbkugel; in manchen Regionen häufig.

FRUCHTKÖRPER In kleinen Gruppen zwischen Moosen und Kiefernnadeln; Sommer bis Herbst.

GROSSER SCHMIERLING

GOMPHIDIUS GLUTINOSUS

Dieser säuerlich schmeckende Pilz ist mit einem schleimigen, transparenten Velum bedeckt, das man am besten abzieht, bevor man ihn zubereitet. Der Stiel hat eine undeutliche Ringzone. Die Stielbasis ist zitronengelb.

SPORENFARBE Fast schwarz.

GRÖSSE Hut 4–10 cm, bis zu 13 cm (b); Stiel 5–10 cm (h) x 1–2 cm (b).

VORKOMMEN Bildet Mykorrhizen mit Fichten; genaue Biologie aber noch weitgehend unbekannt.

VERBREITUNG Gemäßigte Breiten auf der Nordhalbkugel.

FRUCHTKÖRPER In kleinen Gruppen unter Fichten; Sommer bis Herbst.

BOLETACEAE (Dickröhrlingsverwandte)

KLASSE AGARICOMYCETES ORDNUNG BOLETALES

Nicht alle Pilze, die als Röhrlinge bezeichnet werden, gehören zur Familie Boletaceae. Manche gehören zu den Strobilomycetaceae, Gyroporaceae oder Suillaceae (siehe S. 341–343). Röhrlinge sind meist weichfleischig mit Röhren auf der Hutunterseite. Einige Arten färben sich beim Durchschneiden blau, rot oder schwarz. Alle *Boletus*-Arten bilden Mykorrhizen mit Bäumen oder Sträuchern. Essbare Arten findet man meist in Buchen- und Eichenwäldern, aber auch in Nadelholzforsten. Einige sind jedoch giftig.

ANHÄNGSELRÖHRLING

BOLETUS APPENDICULATUS

Das auffälligste Merkmal dieses fleischigen Pilzes sind die zitronengelben Röhren. Ein Netz, das den Stiel überzieht, ist ähnlich gefärbt. Der Stiel verjüngt sich zur Basis hin meist. Oft weist er ein wurzelartiges Anhängsel auf, daher der Name. Die Huthaut ist feinfilzig und Fleisch und Röhren verfärben sich bläulich. Dieser Speisepilz unterscheidet sich vom Wurzelnden Bitterröhrling (*B. radicans*) durch den dunkleren Hut und den milden Geschmack.

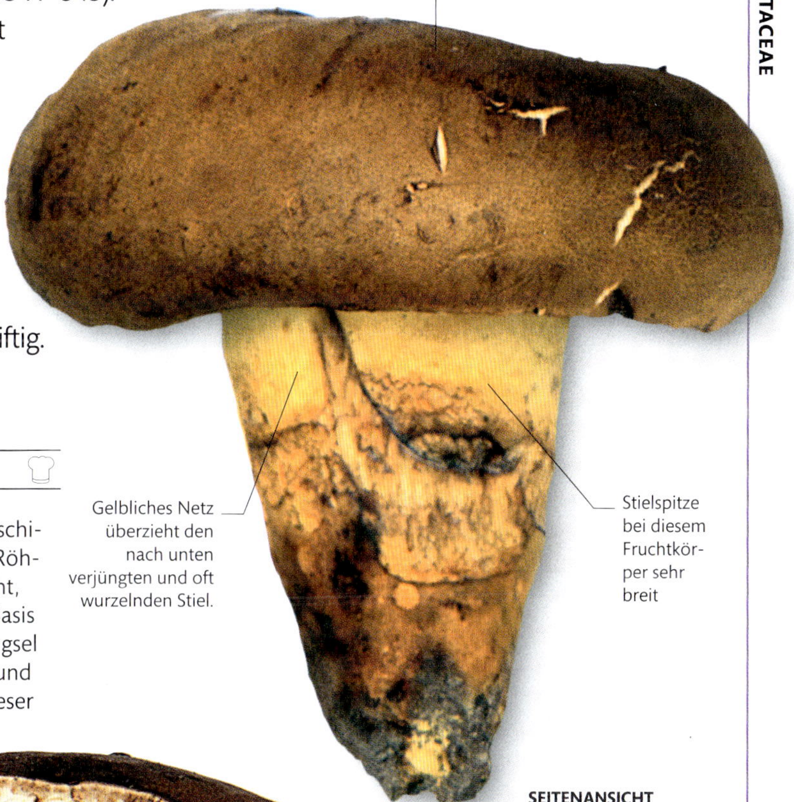

SEITENANSICHT

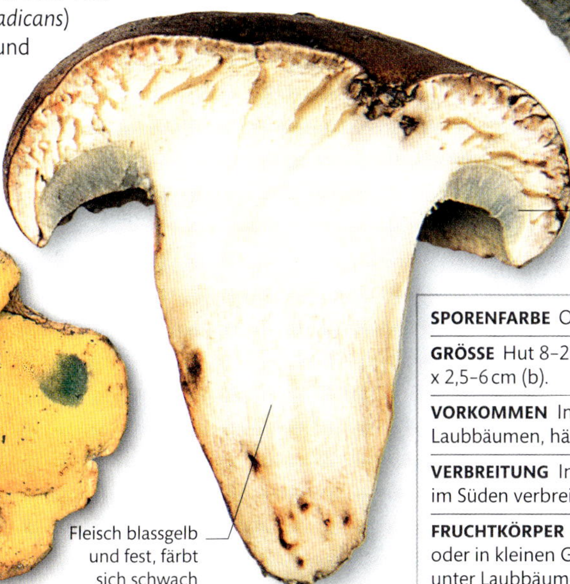

LÄNGSSCHNITT

UNTERSEITE

SPORENFARBE Olivbraun.

GRÖSSE Hut 8–20 cm (b); Stiel 7–15 cm (h) x 2,5–6 cm (b).

VORKOMMEN In Wäldern, bildet Mykorrhizen mit Laubbäumen, häufig mit Eichen.

VERBREITUNG In Europa vor allem im Süden verbreitet.

FRUCHTKÖRPER Einzeln oder in kleinen Gruppen unter Laubbäumen; Sommer bis Herbst.

STEINPILZ

BOLETUS EDULIS

Der Steinpilz gehört zu den beliebtesten Speisepilzen und ist nah verwandt mit einigen ähnlichen, ebenfalls essbaren Röhrlingen. Gute Kennzeichen sind die blasse Netzzeichnung auf dem Stiel und die gelblichen bis olivfarbenen Poren.

SPORENFARBE Olivbraun.

GRÖSSE Hut 10–25 cm, manchmal nur 5 cm (b); Stiel 10–20 cm (h) x 3–10 cm (b).

VORKOMMEN In moosreichen Wäldern; bildet Mykorrhizen mit Laub- und Nadelbäumen.

VERBREITUNG Gemäßigte Breiten auf der Nordhalbkugel; häufig.

FRUCHTKÖRPER Einzeln oder gesellig; Sommer bis Herbst.

SEITENANSICHT

LÄNGSSCHNITT

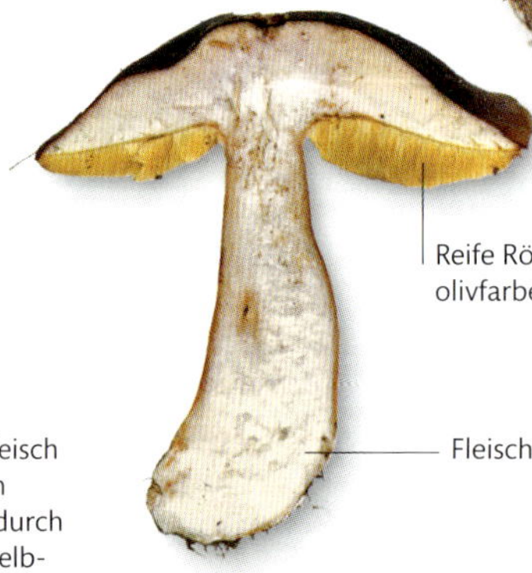

LÄNGSSCHNITT

UNTERSEITE

BRONZERÖHRLING

BOLETUS AEREUS

Dieser Röhrling kann *B. reticulatus* (siehe gegenüber) stark ähneln. Der Hut ist aber oft dunkler, matt kastanienbraun mit feinsamtiger Oberfläche. Auch der Stiel ist dunkler braun, oft mit einer bräunlichen bis rostbraunen Netzzeichnung. Junge Fruchtkörper sind etwa so hoch wie breit, was ihnen eine gedrungene und rundliche Gestalt verleiht. Das weiße Fleisch verfärbt sich beim Durchschneiden nicht. Der Pilz ist

ein geschätzter Speisepilz, der vor allem in Mittel- und Südeuropa vorkommt.

SPORENFARBE Olivbraun.

GRÖSSE Hut 7–15 cm, bis zu 30 cm (b); Stiel 6–10 cm (h) x 4–8 cm (b).

VORKOMMEN Bildet Mykorrhizen mit alten Laubbäumen; oft an Eichen oder Buchen.

VERBREITUNG Gemäßigte Breiten auf der Nordhalbkugel, vor allem in südlichen Regionen.

FRUCHTKÖRPER Einzeln oder in Gruppen; Sommer bis Herbst.

SOMMERSTEINPILZ

BOLETUS RETICULATUS

In der Form und Größe ähnelt dieser Pilz dem Steinpilz (*B. edulis*, siehe gegenüber), aber die Hutoberfläche ist heller und oft rissig. Das Stielnetz ist stärker ausgeprägt. *B. reticulatus* erscheint meist einige Wochen früher als *B. edulis* und *B. aereus* (siehe gegenüber) und in einigen Gegenden oft gleichzeitig mit dem Flockenstieligen Hexenröhrling (*B. luridiformis*, siehe S. 328).

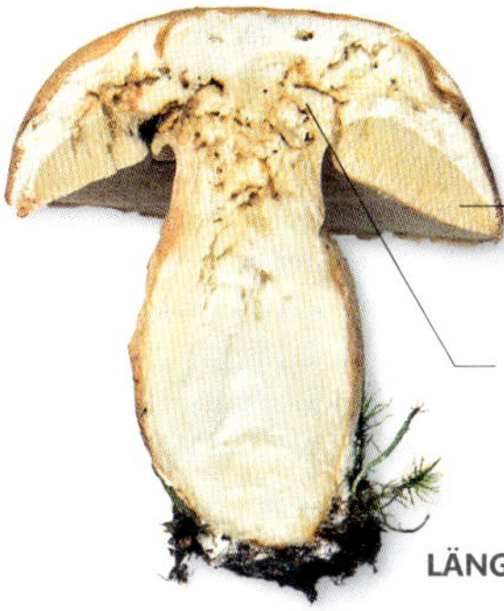

LÄNGSSCHNITT

SEITENANSICHT

SPORENFARBE Olivbraun.

GRÖSSE Hut 7–15 cm, bis zu 25 cm (b); Stiel 6–15 cm (h) x 2–5 cm (b).

VORKOMMEN Wälder, bildet Mykorrhizen mit Laubbäumen wie Buchen und Eichen.

VERBREITUNG Gemäßigte Breiten auf der Nordhalbkugel; fehlt in Nordamerika.

FRUCHTKÖRPER Einzeln oder gesellig unter Laubbäumen; Sommer bis Herbst.

KIEFERNSTEINPILZ

BOLETUS PINOPHILUS

Auch diese Art ähnelt dem Steinpilz (*Boletus edulis*, siehe gegenüber), Hut und Stiel sind aber dunkler braun. Ebenso zieht sich das Stielnetz weiter am Stiel hinunter. Dieser sehr gute Speisepilz ist an Kiefern gebunden und wächst meist auf sandigen Böden.

SPORENFARBE Olivbraun.

GRÖSSE Hut 10–20 cm, bis zu 25 cm (b); Stiel 10–15 cm, bis zu 20 cm (h) x 4–8 cm, bis zu 10 cm (b).

VORKOMMEN In Wäldern, bildet Mykorrhizen mit Kiefern auf Sandböden.

VERBREITUNG In Europa verbreitet; weltweite Verbreitung unklar.

FRUCHTKÖRPER Einzeln oder in Gruppen; Sommer bis Herbst.

FLOCKENSTIELIGER HEXENRÖHRLING

BOLETUS LURIDIFORMIS

B. luridiformis gehört zu einer Gruppe von Röhrlingen mit roten Poren, deren Fleisch sich im Schnitt blau verfärbt. Beim Kochen verschwindet diese Verfärbung. Eine gelbe Form gilt mitunter als eigenständige Art *B. junquilleus*.

UNTERSEITE

SPORENFARBE Braun bis olivbraun.

GRÖSSE Hut 5–20 cm (b); Stiel 5–15 cm (h) x 2–6 cm (b).

VORKOMMEN Vor allem in moosreichen Wäldern auf durchlässigen, sauren Böden; bildet Mykorrhizen mit Laub- und Nadelbäumen.

VERBREITUNG In Europa häufig; weltweite Verbreitung unbekannt.

FRUCHTKÖRPER Einzeln oder in kleinen Gruppen; Sommer bis Herbst.

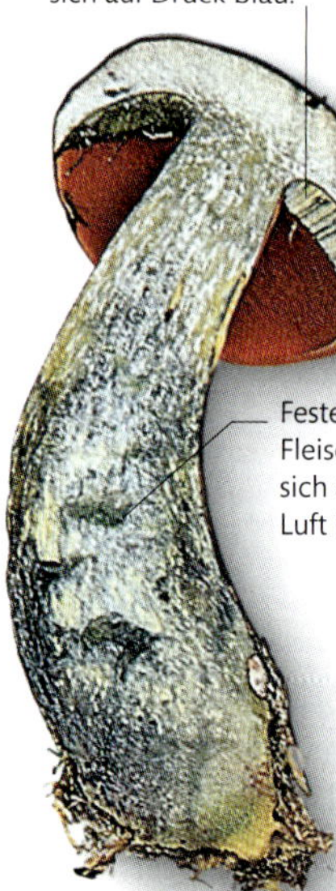

LÄNGSSCHNITT

SEITENANSICHT

NETZSTIELIGER HEXENRÖHRLING

BOLETUS LURIDUS

Diese auffällige Art erscheint früh im Jahr und ist am besten an ihrem sehr auffälligen dunklen Stielnetz, dem blauenden Fleisch und den orangefarbenen Poren zu erkennen. Oberhalb der Röhren ist das Fleisch rot. Es gibt Berichte, dass dieser Pilz mit Alkohol genossen leichte Vergiftungen hervorrufen kann.

SPORENFARBE Olivbraun.

GRÖSSE Hut 10–20 cm (b); Stiel 8–16 cm, bis zu 20 cm (h) x 2–5 cm (b).

VERBREITUNG Bildet Mykorrhizen mit verschiedenen Bäumen in Wäldern, Parks und sogar mit Zistrosengewächsen an offenen, grasbewachsenen Standorten auf kalkhaltigen Böden.

VERBREITUNG In Europa häufig; weltweite Verbreitung unbekannt.

FRUCHTKÖRPER Einzeln oder gesellig; Frühsommer bis Herbst.

MARONENRÖHRLING

BOLETUS BADIUS

In vieler Hinsicht ähnelt dieser gute Speisepilz dem Steinpilz (*B. edulis*, siehe S. 326), sein einheitlich brauner Stiel ist aber zylindrischer und eine Netzzeichnung ist nicht ausgebildet. Auch bei dieser Art färben sich die Poren bei Druck blau. Am häufigsten findet man den Maronenröhrling im Spätherbst, wenn andere Röhrlingen keine Fruchtkörper mehr bilden. Einige Mykologen stellen diesen Pilz zusammen mit dem Rotfußröhrling (*B. chrysenteron*, siehe S. 332) in die Gattung *Xerocomus*.

Glatter, meist schmieriger Hut, dunkelbraun und polsterförmig

Stiel fein gestreift, ohne Netz, blasser als der Hut

Wächst meist unter Kiefern und Fichten

SEITENANSICHT, SCHRÄG

Röhren weiß bis olivgelb

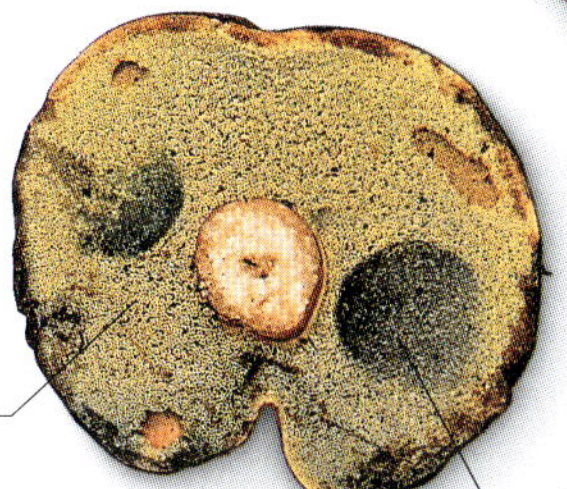

Poren färben sich auf Druck blau.

UNTERSEITE

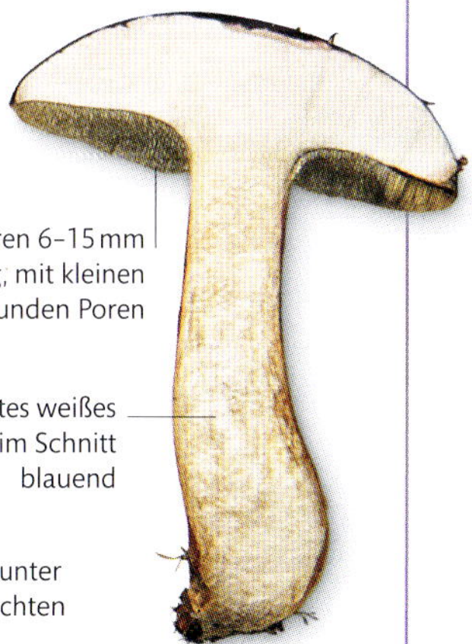

Röhren 6–15 mm lang, mit kleinen runden Poren

Festes weißes Fleisch, im Schnitt blauend

LÄNGSSCHNITT

SPORENFARBE Olivbraun.

GRÖSSE Hut 4–15 cm (b); Stiel 4–12 cm (h) x 1–4 cm (b).

VORKOMMEN In Wäldern, bildet Mykorrhizen mit Kiefern und Fichten, aber auch mit Laubbäumen.

VERBREITUNG Gemäßigte Breiten auf der Nordhalbkugel; lokal häufig.

FRUCHTKÖRPER Einzeln oder gesellig; Herbst.

SATANSRÖHRLING

BOLETUS SATANAS

Dieser fleischige, dickstielige Röhrling mit hellem Hut ist an seinen blutroten Röhren und dem roten Stielnetz erkennbar. Fleisch und Poren färben sich nur leicht blau. Viele Fruchtkörper riechen unangenehm. Das Fleisch schmeckt mild, ist aber leicht giftig und ruft Magen-Darm-Beschwerden hervor.

SPORENFARBE Olivbraun.

GRÖSSE Hut 10–25 cm (b); Stiel 5–15 cm (h) x 4–12 cm (b).

VORKOMMEN Bildet Mykorrhizen mit Laubbäumen, oft mit Buchen und Eichen.

VERBREITUNG Weitverbreitet, aber selten; häufiger in Südeuropa.

FRUCHTKÖRPER Einzel oder gesellig; Sommer bis Frühherbst.

SCHÖNFUSSRÖHRLING

BOLETUS CALOPUS

Dieser ungenießbare, möglicherweise schwach giftige Pilz ähnelt dem giftigen Satansröhrling (*B. satanas*, siehe S. 329). Er ist deutlich kleiner und hat gelbe Röhren und bitter schmeckendes gelbliches Fleisch, das sich bläulich verfärbt, wenn man es anschneidet. Das gelbliche Netz ist auf dem roten Stiel deutlich zu erkennen. Die anderen hellhütigen und rotstieligen Röhrlinge (*B. satanas*, *B. legaliae* und *B. pulcherrimus*, siehe S. 329–331) haben rote Poren. Der gelbporige Ochsenröhrling (*B. torosus*) bildet eine Ausnahme: Er unterscheidet sich durch seine tief dunkelblaue Fleischverfärbung.

SEITENANSICHT, SCHRÄG

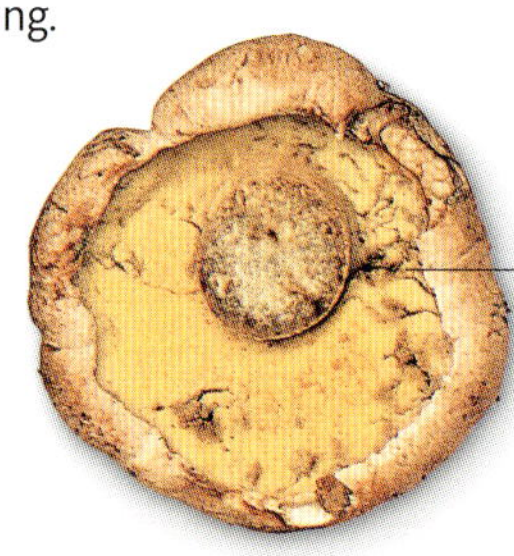

UNTERSEITE

SEITENANSICHT

SPORENFARBE Olivbraun.

GRÖSSE Hut 6–14 cm, bis zu 20 cm (b); Stiel 6–10 cm (h) x 3–5 cm (b).

VORKOMMEN Bildet Mykorrhizen mit Laub- und Nadelbäumen, meist auf sauren oder sandigen Böden.

VERBREITUNG Gemäßigte Breiten auf der Nordhalbkugel, aber nicht überall.

FRUCHTKÖRPER Einzeln oder in Gruppen; Sommer bis Herbst.

PRÄCHTIGER RÖHRLING

BOLETUS PULCHERRIMUS

Dieser nordamerikanische Pilz gehört zu einer Gruppe attraktiver giftiger Röhrlinge. Er ist an den blutroten Poren, die sich auf Druck blauschwarz verfärben, dem rotbraunen Hut und dem dicken gelben, im Schnitt blauenden Fleisch zu erkennen. Den keuligen, aber nicht knollig verdickten rotbraunen Stiel schmückt oben ein dunkelrotes Netz.

SPORENFARBE Braun.

GRÖSSE Hut 7,5–25 cm (b); Stiel 7,5–15 cm (h) x 10 cm (b) an der Basis.

VORKOMMEN In Mischwäldern mit Eichen, Douglasien und Riesentannen.

VERBREITUNG Westküste Nordamerikas und New Mexico.

FRUCHTKÖRPER Einzeln oder in Gruppen in Mischwäldern; Spätsommer bis Herbst.

BLUTROTER RÖHRLING

BOLETUS RUBELLUS

Vor allem junge Fruchtkörper dieses kleinen Röhrlings haben einen blutroten Hut und Stiel. Zwar ist der Pilz essbar, aber nicht besonders empfehlenswert. Die Poren sind gelblich und färben sich bei Druck blau. Der Pilz hat mehrere nahe Verwandte mit oder ohne orangefarben getönte, körnige Stielbasis. Manche Mykologen stellen die Art mit dem Rotfußröhrling (*B. chrysenteron*) und der Ziegenlippe (*B. ferrugineus*, siehe S. 332–333) in die Gattung *Xerocomus*.

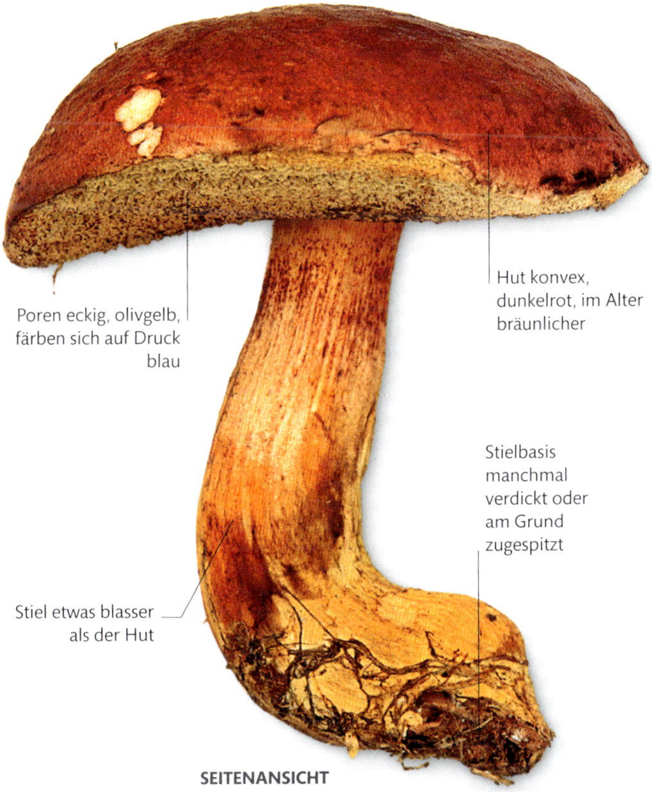

SEITENANSICHT

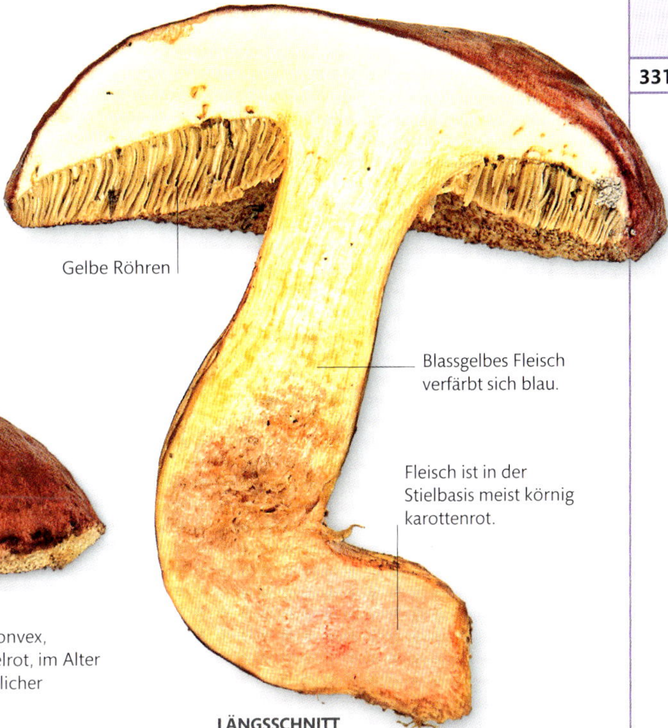

LÄNGSSCHNITT

SPORENFARBE Olivbraun.

GRÖSSE Hut 3–6 cm (b); Stiel 3–8 cm (h) x 0,5–1 cm, bis zu 1,5 cm (b).

VORKOMMEN Bildet Mykorrhizen mit Laubbäumen, oft in grasbewachsenen Gebieten, offenen Wäldern und Parks.

VERBREITUNG Gemäßigte Breiten auf der Nordhalbkugel; recht lokal.

FRUCHTKÖRPER Meist gesellig; Sommer bis Herbst.

FALSCHER SATANSRÖHRLING

BOLETUS LEGALIAE

Dieser Giftpilz gehört zu einer schwierigen Gruppe netzstieliger Röhrlinge mit rötlichen Hüten. Der Hut ist dunkler als der von *B. satanas* (siehe S. 329), der Geruch angenehmer. Das weißliche bis gelbliche Fleisch läuft schwach blau an und färbt sich in der Stielbasis rosa.

SPORENFARBE Olivbraun.

GRÖSSE Hut 5–15 cm (b); Stiel 8–16 cm (h) x 2,5–5 cm (b).

VORKOMMEN Bildet Mykorrhizen mit Laubbäumen, bevorzugt kalkhaltige Böden.

VERBREITUNG In Europa regional verbreitet, vor allem im Süden.

FRUCHTKÖRPER Meist einzeln oder in kleinen Gruppen; Sommer bis Frühherbst.

ROTFUSSRÖHRLING

BOLETUS (XEROCOMUS) CHRYSENTERON

Dies ist eine der kleineren, weniger fleischigen Röhrlingsarten. Die Huthaut springt schon früh auf, sodass die darunter liegende rote Schicht sichtbar wird. Der Stiel ist dünn und zylindrisch ohne Netzzeichnung. Die Art wird mitunter in die Gattung *Xerocomus* gestellt. Sie ist zwar essbar, aber nicht empfehlenswert.

UNTERSEITE

SEITENANSICHT

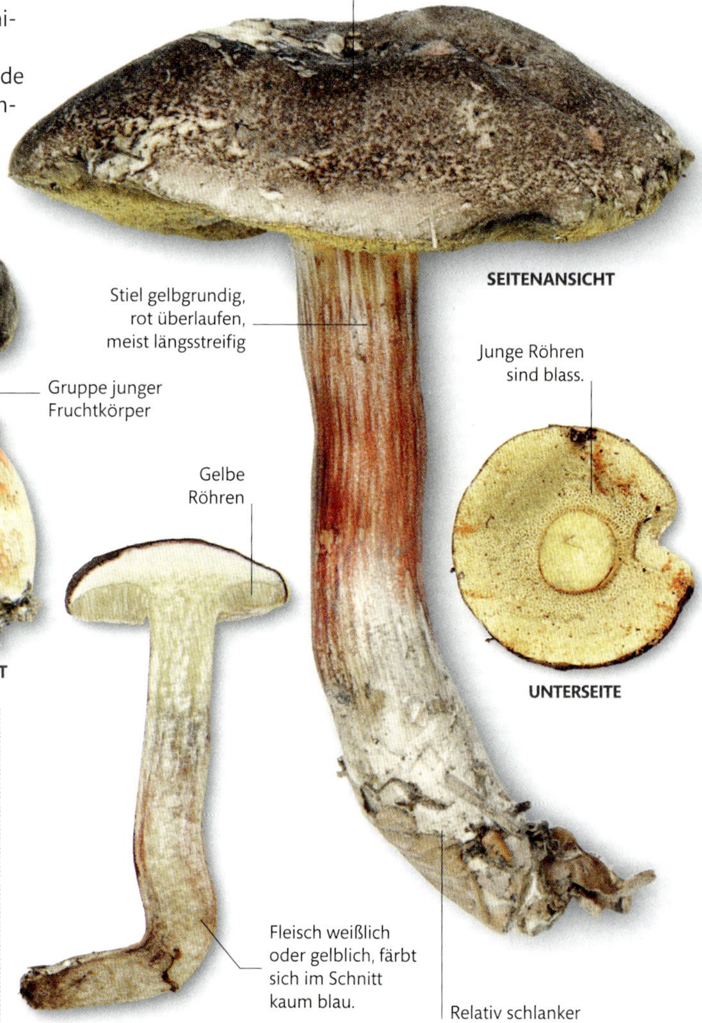

SEITENANSICHT

LÄNGSSCHNITT

UNTERSEITE

SPORENFARBE Olivbraun.

GRÖSSE Hut 3–10 cm (b); Stiel 3–10 cm (h) x 0,5–2 cm (b).

VORKOMMEN Bildet Mykorrhizen mit Laubbäumen, oft mit Buchen auf durchlässigen humusreichen Böden, die unter sauren Bedingungen entstanden.

VERBREITUNG Gemäßigte Breiten auf der Nordhalbkugel, in einigen Regionen häufig.

FRUCHTKÖRPER Oft in großen Gruppen; Sommer bis Herbst.

ZIMTROTER RÖHRLING

BOLETUS SENSIBILIS

Der große Röhrling hat einen rot- bis zimtbraunen Hut. Die gelben Röhren färben sich auf Druck blau, verblassen aber zu blassrot. Der obere Stielbereich ist gelb und schwach genetzt, die Basis rot. Der Giftpilz kann mit dem essbaren Zweifarbigen Röhrling (*B. bicolor*) verwechselt werden.

SPORENFARBE Olivbraun.

GRÖSSE Hut 6–15 cm (b); Stiel 8–12 cm (h) x 1–3 cm (b).

VORKOMMEN Bildet Mykorrhizen mit Laubbäumen, oft auf sandigen Böden.

VERBREITUNG Gemäßigte Breiten im Osten Nordamerikas; fehlt in Europa.

FRUCHTKÖRPER In kleinen Gruppen auf Sandböden; Sommer bis Herbst.

ZIEGENLIPPE

BOLETUS (XEROCOMUS) FERRUGINEUS

Dieser Röhrling gehört zu einem schwierig zu bestimmenden Komplex nah verwandter Arten mit wildlederartiger Hutoberfläche. Er ist an seinem fast reinweißen Fleisch und dem gelben Myzel an der Stielbasis zu erkennen. *B. subtomentosus* hat gelblicheres Fleisch und weißes Myzel an der Stielbasis. Beide Pilze sind mittelmäßige Speisepilze.

UNTERSEITE

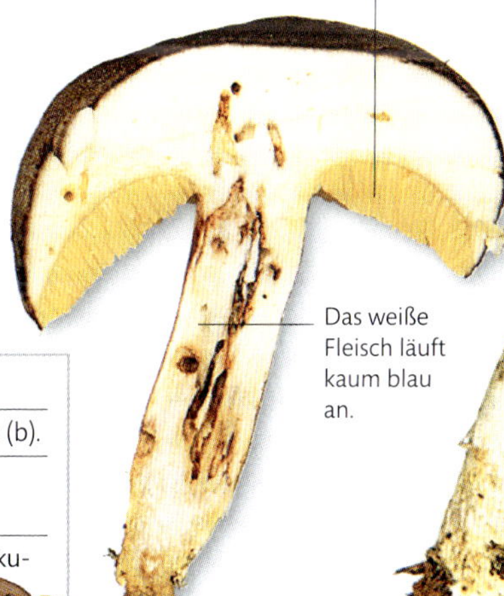

LÄNGSSCHNITT

SEITENANSICHT

SPORENFARBE Olivbraun.

GRÖSSE Hut 6–10 cm (b); Stiel 6–10 cm (h) x 1–2,5 cm (b).

VORKOMMEN Bildet Mykorrhizen mit Laub- und Nadelbäumen.

VERBREITUNG Gemäßigte Breiten auf der Nordhalbkugel, auch boreale und alpine Regionen.

FRUCHTKÖRPER Einzeln oder in kleinen Gruppen unter Laub- oder Nadelbäumen; Sommer bis Herbst.

DÜSTERER ROTFUSSRÖHRLING

BOLETUS POROSPORUS

Diese Art ähnelt *B. chrysenteron* und *B. ferrugineus* (siehe oben). Die untere Schicht der Huthaut ist aber nicht rot und der Stiel ist oft viel dunkler. Das beste Kennzeichen ist unter dem Mikroskop sichtbar: Die Sporen sind trunkat (einseitig abgeflacht).

SPORENFARBE Olivbraun.

GRÖSSE Hut 4–10 cm (b); Stiel 4–10 cm (h) x 0,5–2 cm (b).

VORKOMMEN Bildet Mykorrhizen mit Laubbäumen in unterschiedlichen Waldgesellschaften.

VERBREITUNG In Europa weitverbreitet, aber nicht sehr häufig; weltweite Verbreitung unklar.

FRUCHTKÖRPER Einzeln oder in kleinen Gruppen; Sommer bis Herbst.

PARASITISCHER RÖHRLING

PSEUDOBOLETUS PARASITICUS

Dieser kleine, recht einheitlich ockerbraune Röhrling hat eine ungewöhnliche Lebensweise: Er wächst auf den Fruchtkörpern des Dickschaligen Kartoffelbovisten (*Scleroderma citrinum*, siehe S. 340). Sein Name lässt anderes erwarten, doch schädigt er seinen Wirt nicht. Als Speisepilz kann er nicht empfohlen werden.

SEITENANSICHT

SEITENANSICHT

SPORENFARBE Olivbraun.

GRÖSSE Hut 2–7 cm (b); Stiel 3–6 cm (h) x 0,8–1,5 cm (b).

VORKOMMEN Auf den Fruchtkörpern des Pilzes *Scleroderma citrinum* (siehe S. 340); bildet Mykorrhizen mit Laubbäumen.

VERBREITUNG Europa, Osten Nordamerikas.

FRUCHTKÖRPER Büschelig auf *Scleroderma citrinum*; Sommer bis Herbst.

SCHWARZBLAUENDER RÖHRLING

BOLETUS PULVERULENTUS

Nahezu unverwechselbar ist dieser Pilz, da er auf Druck sofort schwarzblau anläuft. Sein feinflockiger Stiel ähnelt dem von *B. luridiformis* (siehe S. 328), ist aber eher gelb als rot und an der Basis verjüngt. Die Poren sind matt gelb, der Hut ist braun bis rotbraun.

SPORENFARBE Olivbraun.

GRÖSSE Hut 4–10 cm (b); Stiel 4–10 cm (h) x 1–3 cm (b).

VORKOMMEN Bildet Mykorrhizen mit Laubbäumen auf besseren Böden, oft mit Eichen.

VERBREITUNG Gemäßigte Breiten auf der Nordhalbkugel, aber nur in bestimmten Gebieten.

FRUCHTKÖRPER Einzeln oder gesellig; Sommer bis Herbst.

EICHENROTKAPPE

LECCINUM AURANTIACUM

Diese Art hat einen rotbraunen Hut und einen mit dunkelbraunen Schüppchen bedeckten Stiel. Das Fleisch ist sehr fest und schmackhafter als das der *Leccinum*-Arten mit weicherem Fleisch. Früher wurde dieser Pilz in mehrere Arten aufgespalten, je nach dem Mykorrhiza-Partner. *L. vulpinum* und *L. piccinum* sehen ähnlich aus, sie wachsen unter Kiefern und Fichten. Rotkappen sind gute Speisepilze.

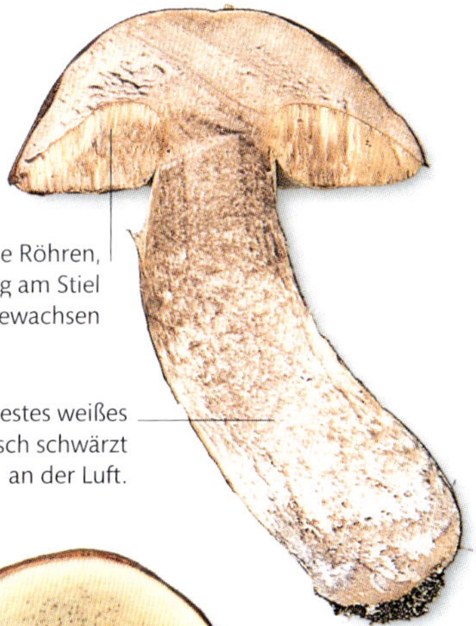

LÄNGSSCHNITT

UNTERSEITE

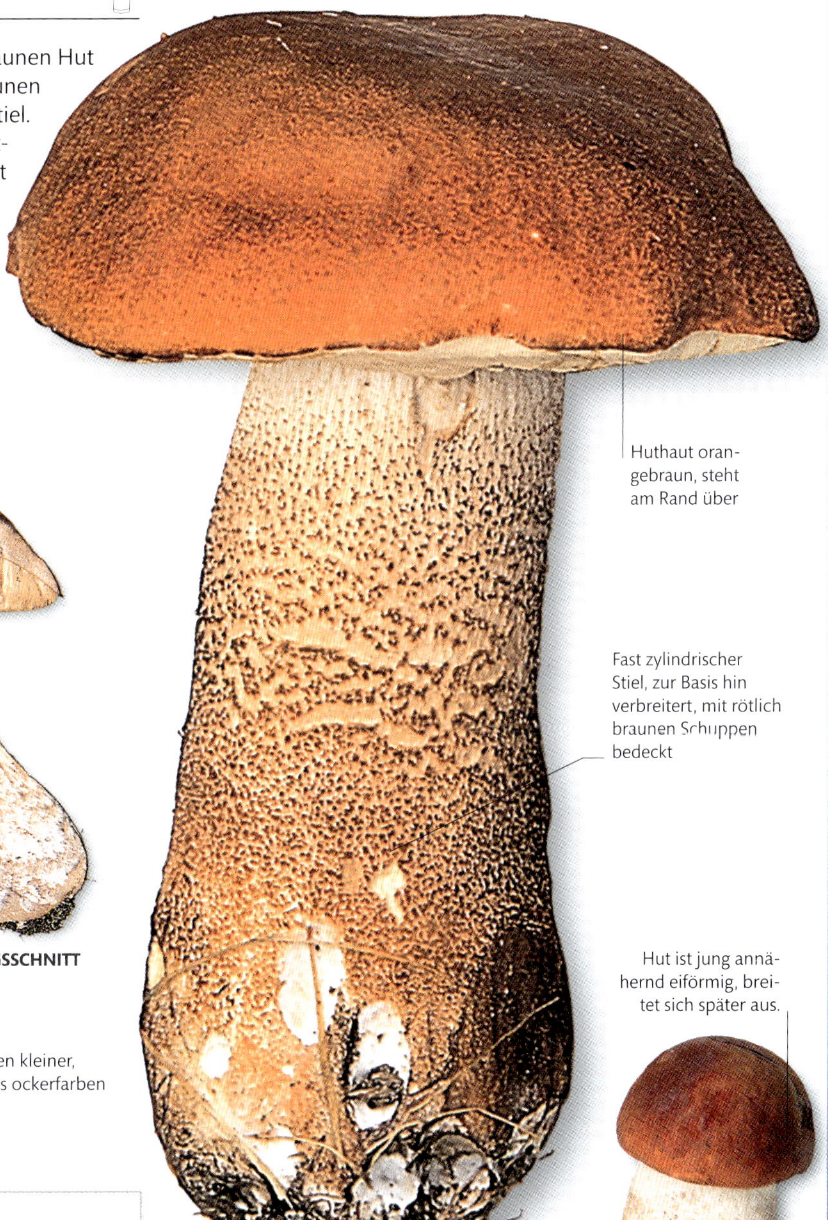

SEITENANSICHT

SEITENANSICHT

SPORENFARBE Ockerbraun.

GRÖSSE 8–15 cm, bis zu 20 cm (b); Stiel 10–15 cm (h) x 1,5–3 cm (b).

VORKOMMEN In Wäldern, bildet Mykorrhizen mit Pappeln, Eichen und anderen Laubbäumen.

VERBREITUNG Gemäßigte Breiten der Nordhalbkugel, in einigen Regionen häufig.

FRUCHTKÖRPER Meist in kleinen Gruppen; Sommer bis Herbst.

PFEFFERRÖHRLING

CHALCIPORUS PIPERATUS

Dieser sehr kleine, ungenießbare Röhrling ist bis auf das chromgelbe Stielfleisch zimtbraun gefärbt. Das sehr weiche Fleisch schmeckt brennend scharf, deshalb wird der Pilz manchmal zum Würzen verwendet. Der Kurzsporige Zwergröhrling (*C. rubinus*) ist ähnlich, kann aber durch seine purpurroten Poren unterschieden werden. Er ist viel seltener, wärmeliebend und wächst unter Laubbäumen. Der Bitterliche Zwergröhrling (*C. amarellus*) ist auch ähnlich, aber mehr rosa getönt und nicht so scharf.

SPORENFARBE Rostbraun.

GRÖSSE Hut 3–5 cm, bis zu 7 cm (b); Stiel 4–6 cm, bis zu 8 cm (h) x 0,3–1 cm (b).

VORKOMMEN Bildet Mykorrhizen mit Laub- und Nadelbäumen.

VERBREITUNG Gemäßigte Breiten auf der Nordhalbkugel.

FRUCHTKÖRPER Meist in kleinen Gruppen; Sommer bis Herbst.

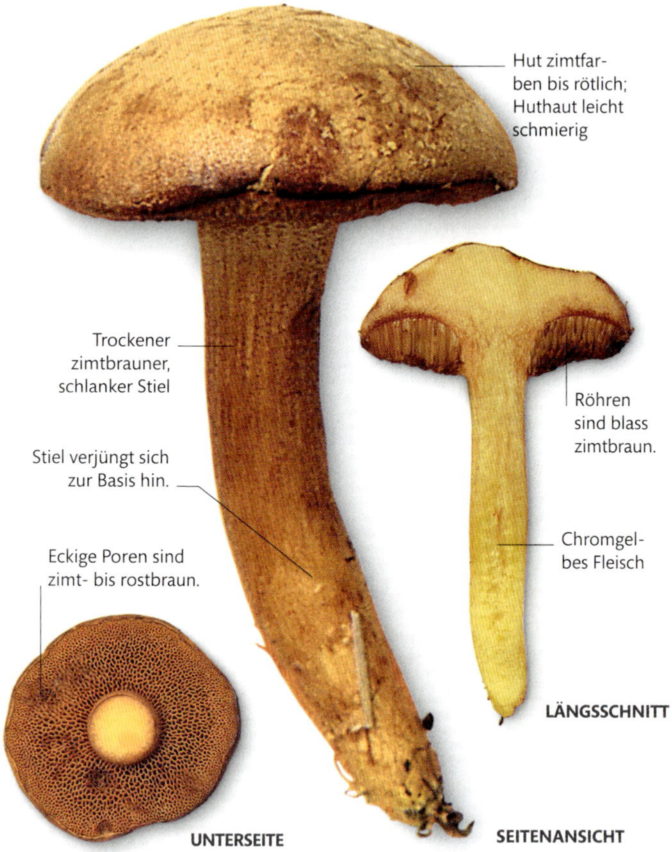

GELBER RAUFUSS

LECCINELLUM CROCIPODIUM

Dieser Pilz ähnelt den *Leccinum*-Arten, zeigt aber gelbe Poren und Gelbtöne an Hut und Stiel. Das Fleisch verfärbt sich nach einiger Zeit weinrot bis schwarzviolett, und die feinsamtige Huthaut platzt bald rissig auf. Auch andere *Leccinellum*-Arten haben gelbliche Röhren und ihr Fleisch verfärbt sich dunkel. Der Pilz ist essbar, muss aber vorher gut abgekocht werden.

SPORENFARBE Olivocker.

GRÖSSE Hut 4–10 cm (b); Stiel 5–12 cm (h) x 1–3 cm (b).

VORKOMMEN Bildet Mykorrhizen mit Eichen, vorzugsweise auf besseren Böden.

VERBREITUNG Meist in wärmeren Regionen Europas; weltweite Verbreitung unzureichend bekannt.

FRUCHTKÖRPER Einzeln oder in kleinen Gruppen; Sommer bis Herbst.

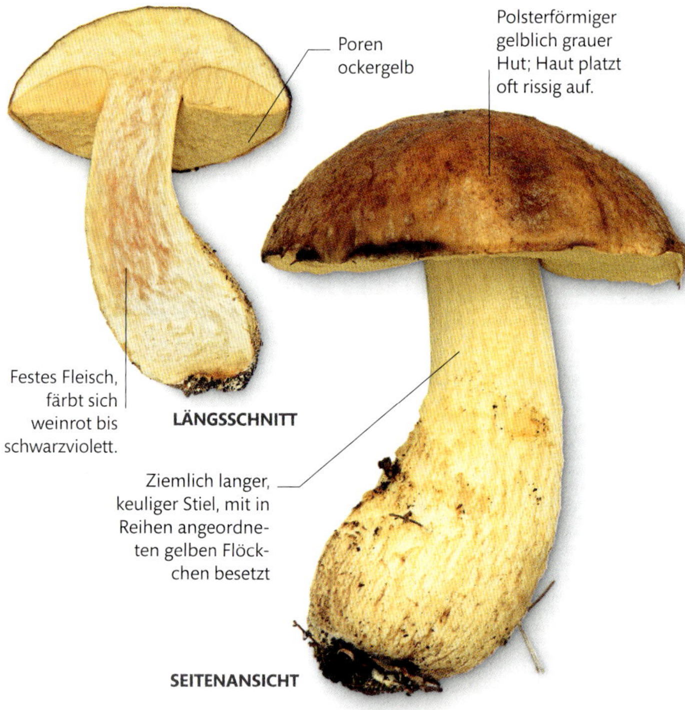

HEIDEROTKAPPE

LECCINUM VERSIPELLE

Die hübsche Heiderotkappe hat einen orangefarbenen Hut, der zum hohen, schwarzschuppigen Stiel einen starken Kontrast bildet. Das feste Fleisch verfärbt sich graublau und ist schmackhafter als das der weichfleischigen Pilze aus der *Leccinumscabrum*-Gruppe. Vor dem Genuss sollte es aber gut abgekocht werden.

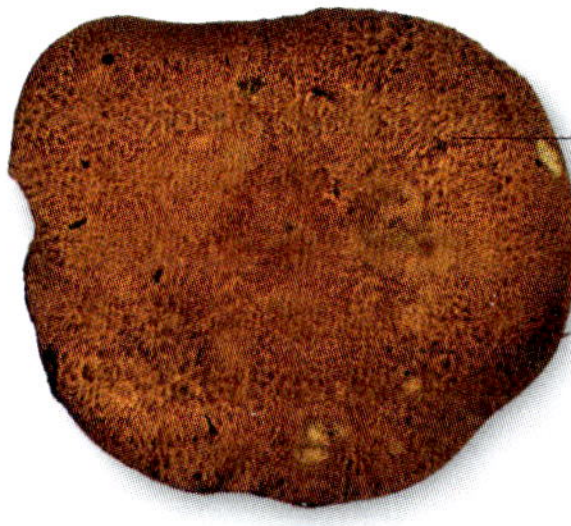

VON OBEN

UNTERSEITE

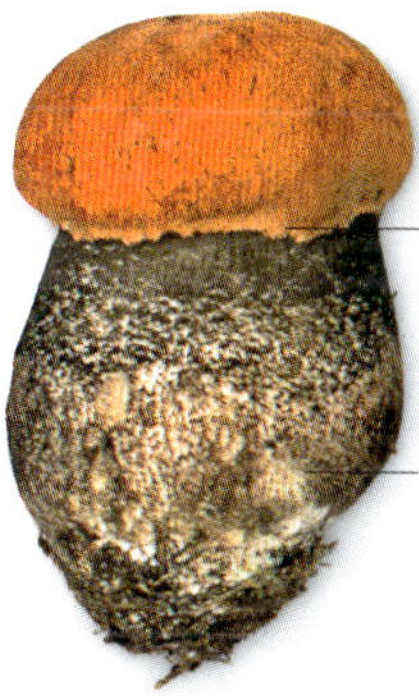

SEITENANSICHT

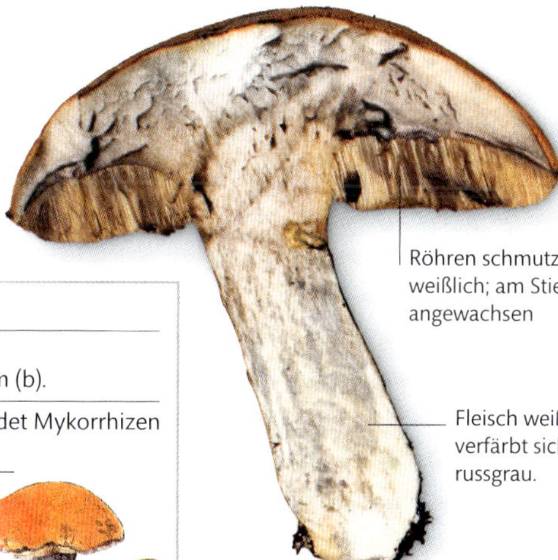

LÄNGSSCHNITT

SEITENANSICHT

SPORENFARBE Ockerbraun.

GRÖSSE Hut 8–15 cm, bis zu 20 cm (b); Stiel 10–18 cm (h) x 1,5–4 cm, bis zu 5 cm (b).

VORKOMMEN In feuchten Wäldern, bildet Mykorrhizen mit Birken.

VERBREITUNG Gemäßigte Breiten der Nordhalbkugel; häufig.

FRUCHTKÖRPER Einzeln oder in kleinen Gruppen; Sommer bis Herbst.

BUNTFÄRBENDER BIRKENPILZ

LECCINUM VARIICOLOR

Dies ist eine der an Birken gebundenen *Leccinum*-Arten. Der Hut ist rußbraun mit dunkleren und helleren Regionen. Das Stielfleisch färbt sich im Schnitt nach einigen Minuten rosa und türkis, die Basis ist meist blaufleckig.

SPORENFARBE Ockerbraun mit rötlichem Stich.

GRÖSSE 7–12 cm, bis zu 18 cm (b); Stiel 8–15 cm (h) x 1–3 cm (b).

VORKOMMEN Bildet Mykorrhizen mit Birken auf feuchten Böden.

VERBREITUNG Europa und angrenzende Teile Asiens; weltweite Verbreitung unklar.

FRUCHTKÖRPER Einzeln oder gesellig; Sommer bis Herbst.

BIRKENPILZ

LECCINUM SCABRUM

Die grauweißlichen Poren, die schwarzgrauen Stielschüppchen und der braune Hut kennzeichnen diesen an Birken gebundenen Pilz. Das Fleisch im Hut ist weich, das im Stiel dagegen fest und längsfaserig. Anders als bei seinen Verwandten verfärbt es sich beim Birkenpilz nicht. Die Abgrenzung zu nahen Verwandten ist noch unklar, als *L. scabrum* wird oft die gesamte Gruppe braunhütiger *Leccinum*-Arten bezeichnet. Der Birkenpilz ist essbar, aber nicht sehr schmackhaft.

SPORENFARBE Ockerbraun.

GRÖSSE Hut 6–15 cm, bis zu 20 cm (b); Stiel 10–20 cm (h) x 1–3 cm (b).

VORKOMMEN Bildet Mykorrhizen mit Birken an feuchten und trockeneren Standorten.

VERBREITUNG Gemäßigte Breiten auf der Nordhalbkugel.

FRUCHTKÖRPER Einzeln oder in kleinen Gruppen; Sommer bis Herbst.

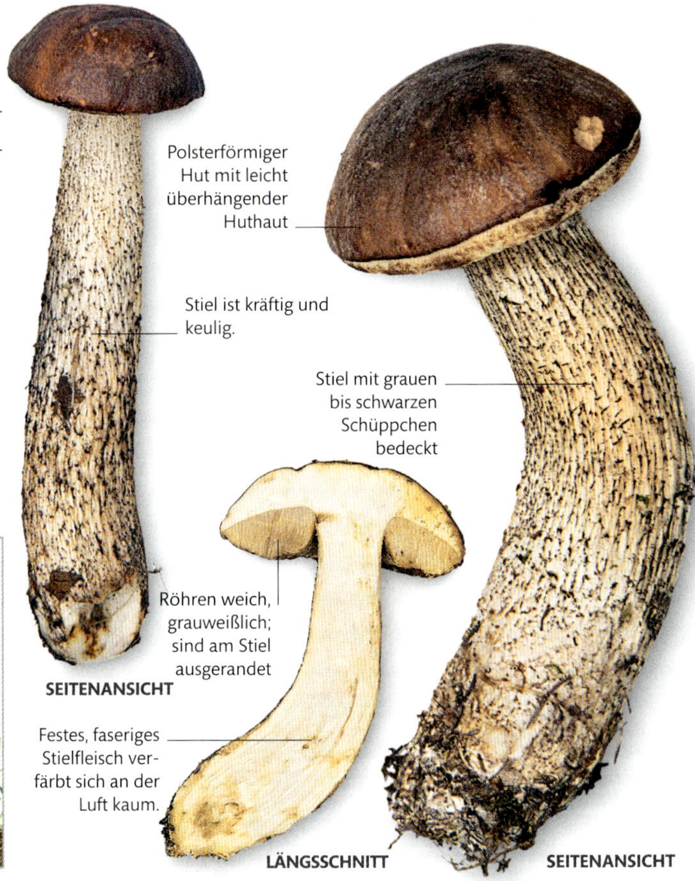

GALLENRÖHRLING

TYLOPILUS FELLEUS

Kennzeichen dieses gallenbitter schmeckenden dickfleischigen Pilzes sind die rosa getönten Poren und das dunkle Stielnetz. Achtung: Junge Fruchtkörper können ähnlich aussehen wie der Steinpilz (*Boletus edulis*) und verwandte Speisepilze (siehe S. 326).

SPORENFARBE Schmutzig rosa.

GRÖSSE Hut 6–15 cm, bis zu 20 cm (b); Stiel 5–12 cm (h) x 2,5–5 cm, manchmal nur 1,5 cm (b).

VORKOMMEN Auf durchlässigen sauren Böden unter Laub- und Nadelbäumen.

VERBREITUNG Gemäßigte Breiten auf der Nordhalbkugel, in vielen Gegenden häufig.

FRUCHTKÖRPER Einzeln oder in Gruppen; Sommer bis Herbst.

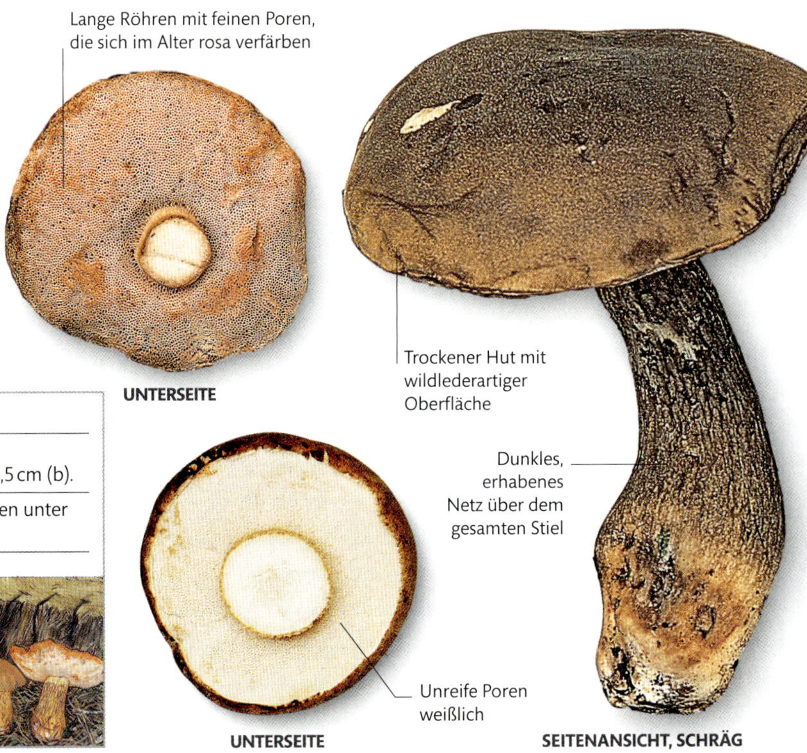

STRUBBELKOPF-RÖHRLING

STROBILOMYCES STROBILACEUS

Dieser ungewöhnliche Röhrling ist ungenießbar. In Europa kann man ihn kaum verwechseln, in Nordamerika und im östlichen Asien gibt es jedoch mehrere ähnliche Arten. Das Fleisch ist zäh und das Sporenpulver dunkel. Einigen Berichten zufolge ist der Pilz giftig.

SEITENANSICHT SEITENANSICHT

SPORENFARBE Schwarzviolett.

GRÖSSE Hut 5–10 cm, bis zu 15 cm (b); Stiel 8–16 cm (h) x 1–2 cm (b).

VORKOMMEN Unter Laub- und Nadelbäumen, meist auf besseren Böden.

VERBREITUNG Gemäßigte Breiten auf der Nordhalbkugel, aber nicht überall.

FRUCHTKÖRPER Oft einzeln oder in kleinen Gruppen; Sommer bis Herbst.

DÜSTERER RÖHRLING

PORPHYRELLUS PORPHYROSPORUS

Dieser Pilz wird in der Laubstreu oft übersehen. Die sepiabraune Huthaut ist samtig und oft rissig. Die rotbraunen Poren verfärben sich blaugrün. Der Geschmack ist unangenehm, und es gibt Berichte von Vergiftungen.

SPORENFARBE Violettbraun.

GRÖSSE Hut 5–15 cm (b); Stiel 5–12 cm (h) x 1–3 cm (b).

VORKOMMEN Unter Laubbäumen, wie Buchen, und in Nadelwäldern.

VERBREITUNG Gemäßigte Breiten auf der Nordhalbkugel; fehlt in manchen Regionen.

FRUCHTKÖRPER Einzeln oder in Gruppen, oft tief in der Laubstreu; Sommer bis Herbst.

SCLERODERMATACEAE (Kartoffelboviste und Verwandte)

KLASSE AGARICOMYCETES **ORDNUNG** BOLETALES

Diese Boviste, die den Stäublingen der Familie *Agaricaceae* ähneln (siehe S. 228–233), sind darauf angewiesen, dass der Wind ihre schwärzlichen, metallisch riechenden Sporen verbreitet. Anders als die Stäublinge bilden sie Mykorrhizen mit Bäumen. Alle Arten sind giftig.

LÄNGSSCHNITT

DICKSCHALIGER KARTOFFELBOVIST

SCLERODERMA CITRINUM

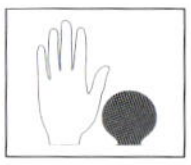

Dieser schuppige und warzige Pilz mit dicker Schale ist in feuchten Wäldern häufig. Die schwärzliche, leicht marmorierte Sporenmasse und der metallische Geruch sind typisch. Dieser giftige Pilz darf nicht mit den essbaren *Lycoperdon*- (siehe S. 228) oder *Tuber*-Arten (siehe S. 40–41) verwechselt werden.

SPORENFARBE Schwarzviolett.

GRÖSSE Fruchtkörper 4–10 cm, manchmal bis 15 cm (b); Schale 0,2–0,5 cm dick.

VORKOMMEN Bildet Mykorrhizen mit Laubbäumen, meist in feuchten Wäldern; manchmal vom Parasitischen Röhrling (*Boletus parasiticus*, siehe S. 334) befallen.

VERBREITUNG Gemäßigte Breiten auf der Nordhalbkugel; häufig.

FRUCHTKÖRPER Oft gesellig in Gruppen zwischen Moosen; Sommer bis Herbst.

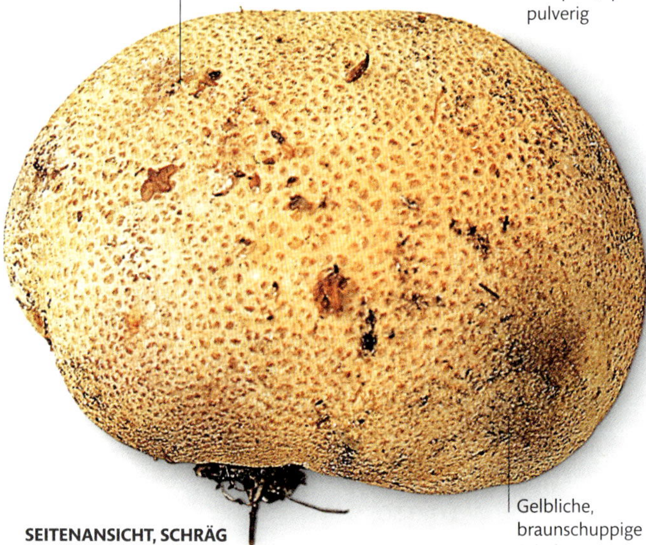

SEITENANSICHT, SCHRÄG

BRAUNWARZIGER KARTOFFELBOVIST

SCLERODERMA VERRUCOSUM

Die Größe, die auffällige stielartige Basis und die dünne Schale sind die besten Kennzeichen dieses Giftpilzes. Mit bis zu 1 mm Dicke ist die Schale viel dünner als die von *S. citrinum* (siehe oben). Beim ebenfalls häufigen *S. bovista* ist sie ähnlich dünn, er hat außerdem andere Sporen.

SPORENFARBE Violettschwarz.

GRÖSSE Fruchtkörper 5–10 cm, bis zu 12 cm (h), einschließlich »Stiel« x 2–5 cm, bis zu 8 cm (b).

VORKOMMEN Bildet Mykorrhizen mit Laubbäumen wie Eichen und Buchen; in Wäldern und Parks; meist auf besseren Böden.

VERBREITUNG Gemäßigte Breiten auf der Nordhalbkugel; häufig.

FRUCHTKÖRPER Meist in kleinen Gruppe auf blanken Böden; Herbst.

WETTERSTERN

ASTRAEUS HYGROMETRICUS

Dieser ungenießbare Pilz ähnelt einigen *Geastrum*-Arten stark (siehe S. 350–352). Er hat erstaunliche hygroskopische Eigenschaften: Bei Trockenheit rollen sich seine Lappen zu einer Kugel zusammen – bei Feuchtigkeit breiten sie sich wieder aus. Die Sporen werden von Regentropfen verbreitet.

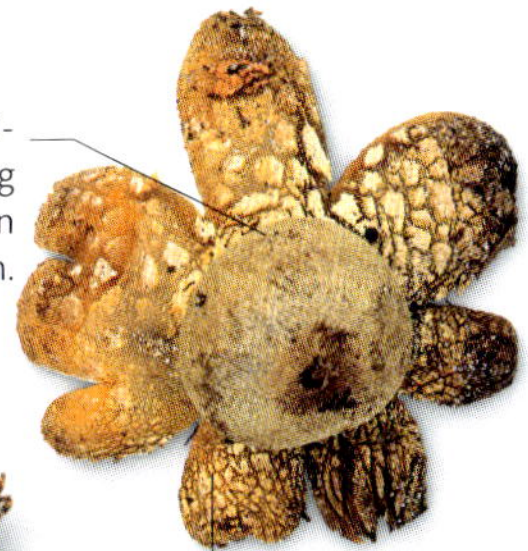

Durch die scheitelständige Öffnung werden die Sporen entlassen.

VON OBEN

Lappen grau- bis rotbraun

Oberfläche der Innenkugel rau

Oberfläche der Lappen mit heller Felderung

VON OBEN

SPORENFARBE Braun.

GRÖSSE Ausgebreiteter Fruchtkörper 5–9 cm (b).

VORKOMMEN Mykorrhizapilz, vor allem in trockenen, offenen Wäldern; bevorzugt sandige Böden.

VERBREITUNG Weltweit mit Ausnahme der kalt gemäßigten Zonen und der Arktis.

FRUCHTKÖRPER In kleinen Gruppen; Herbst; alte Fruchtkörper sind ganzjährig zu finden.

GYROPORACEAE (Blasssporröhrlingsverwandte)

KLASSE AGARICOMYCETES ORDNUNG AGARICALES

Dieser kleinen Familie, die von der Gattung *Gyroporus* repräsentiert wird, gehören wenige bekannte Arten an. Sie sind Mykorrhizabildner und haben recht blasse Sporen. Im Schnitt sieht man, dass der Stiel innen gekammert ist. Beachten Sie, dass die sogenannten Röhrlinge mehreren Familien angehören. Manche Mitglieder dieser Familien haben Lamellen statt Röhren an der Hutunterseite.

Weißliche Röhren 3–6 mm lang; Poren sind weißlich bis blassbraun

SEITENANSICHT

Stiel glatt, orangebraun

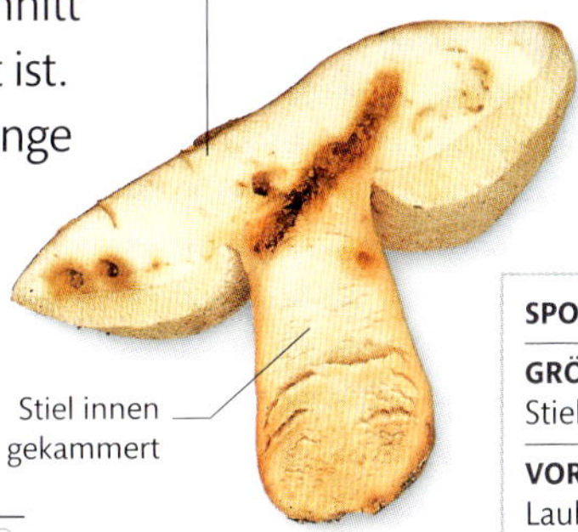

Brüchiges weißliches Fleisch verfärbt sich nicht.

Stiel innen gekammert

LÄNGSSCHNITT

HASENRÖHRLING

GYROPORUS CASTANEUS

Gyroporus-Arten haben zerbrechliche, gekammerte Stiele und annähernd freie Röhren. *G. castaneus* ist typisch satt orangebraun, und das Fleisch verfärbt sich beim Anschneiden nicht. Es schmeckt angenehm nussig. Eine ähnliche, wahrscheinlich giftige Art kommt in Portugal und Spanien vor.

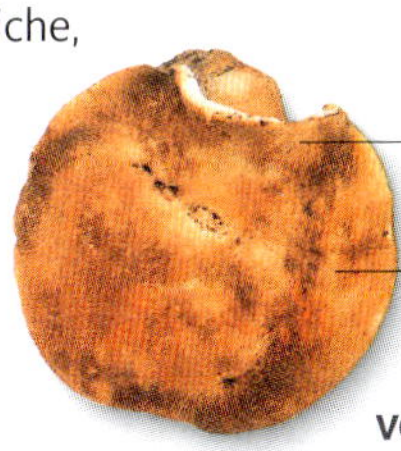

Hut gewölbt bis flach; orangebraun

Huthaut feinsamtig

VON OBEN

SPORENFARBE Blassgelb.

GRÖSSE Hut 3–8 cm, bis zu 12 cm (b); Stiel 4–7 cm (h) x 1–3 cm (b).

VORKOMMEN Bildet Mykorrhizen mit Laubbäumen, vor allem Eichen, auch mit Kiefern; oft auf sandigen Böden.

VERBREITUNG Gemäßigte Breiten auf der Nordhalbkugel; mancherorts recht häufig.

FRUCHTKÖRPER Einzel oder in kleinen Gruppen; Sommer bis Herbst.

KORNBLUMENRÖHRLING

GYROPORUS CYANESCENS

Wer diesen Pilz nicht kennt, den erwartet eine Überraschung, wenn er ihn durchschneidet oder die Porenschicht ankratzt: Fleisch und Poren färben sich kornblumenblau. Wie bei anderen *Gyroporus*-Arten ist das Fleisch brüchig und im Stiel gekammert. Der unten meist knollige Stiel läuft an der Basis zu einem spitzen Ende zu. Die Röhren sind am Stielansatz fast frei, die Poren klein und rundlich. Der Kornblumenröhrling schmeckt angenehm nussig. Bei anderen Röhrligen, die sich blau färben, ist das Blau meist dunkler, häufig schwarzblau.

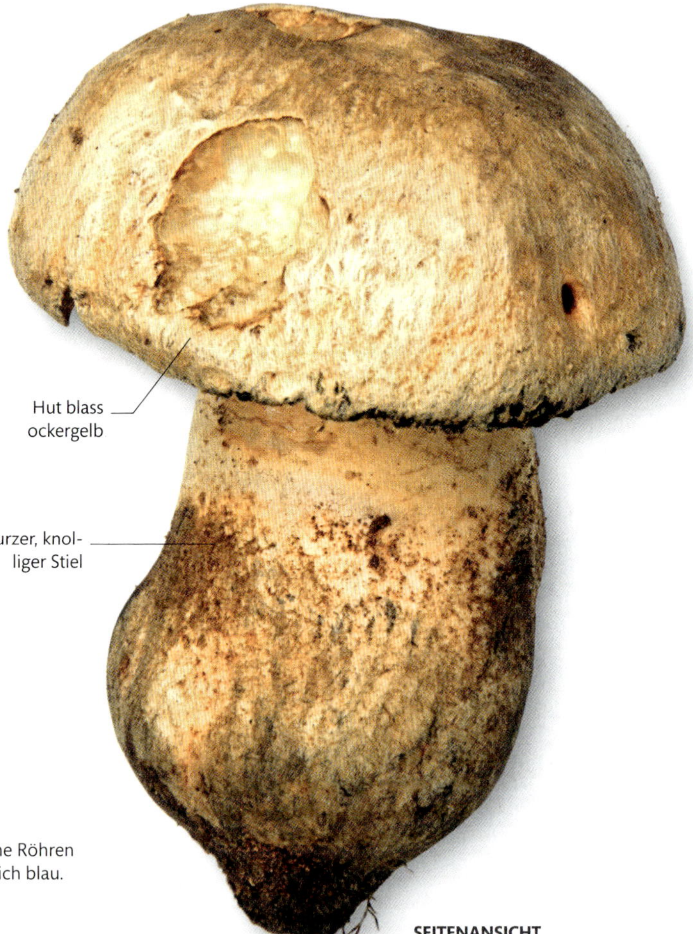

SEITENANSICHT

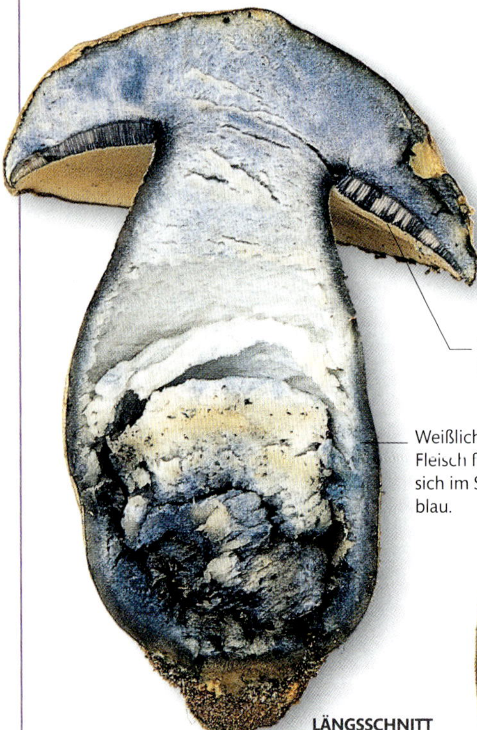

LÄNGSSCHNITT

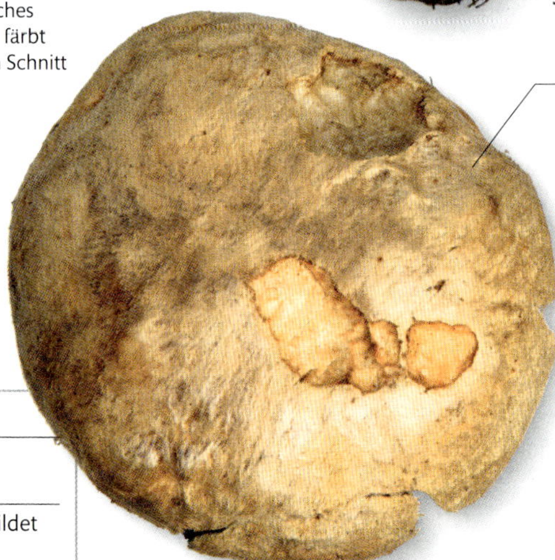

VON OBEN

UNTERSEITE

SPORENFARBE Blassgelb.

GRÖSSE Hut 5–8 cm, bis zu 12 cm (b); Stiel 6–10 cm (h) x 2–3 cm (b).

VORKOMMEN In Wäldern auf sandigen Böden; bildet Mykorrhizen mit Laub- und Nadelbäumen.

VERBREITUNG Gemäßigte Breiten auf der Nordhalbkugel; nur mancherorts häufiger.

FRUCHTKÖRPER Einzeln oder in kleinen Gruppen; Sommer bis Herbst.

SUILLACEAE (Schmierröhrlingsverwandte)

KLASSE AGARICOMYCETES ORDNUNG BOLETALES

Bei den Röhrlingen dieser Familie ist meist der Hut und oft auch der Stiel schleimig. Viele tragen einen auffälligen Stielring. Alle bilden Mykorrhizen mit Nadelbäumen. Sie sind nah mit den Trüffeln der Gattung *Rhizopogon* und den Lamellenpilzen der Gattungen *Gomphidius* und *Chroogomphus* verwandt (siehe S. 323–324).

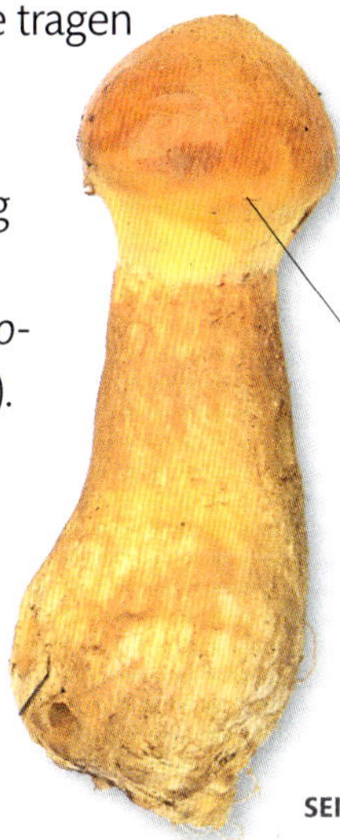

Unreifer Fruchtkörper

SEITENANSICHT

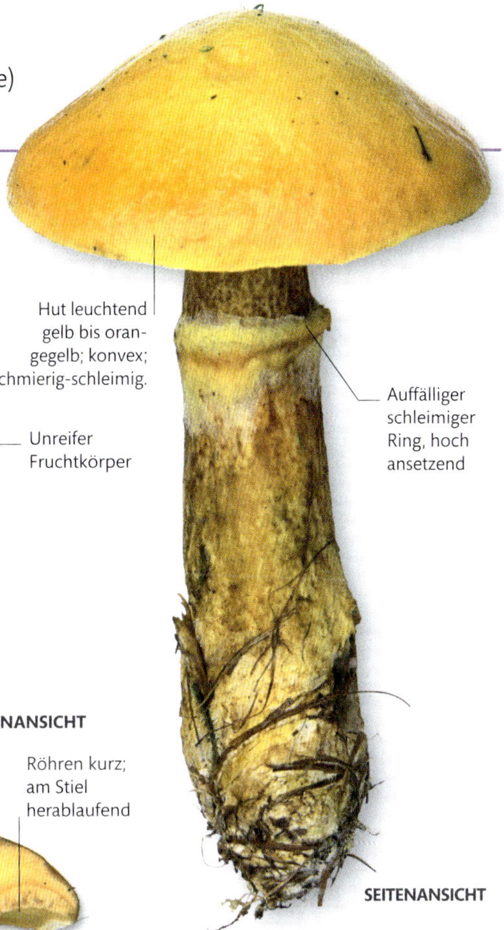

Hut leuchtend gelb bis orangegelb; konvex; schmierig-schleimig.

Auffälliger schleimiger Ring, hoch ansetzend

SEITENANSICHT

GOLDRÖHRLING

SUILLUS GREVILLEI

Im Frühherbst kann man diesen farbenfrohen Röhrling unter oder in der Nähe von Lärchen finden – der Wirtsbaum kann in einiger Entfernung stehen. Sammeln Sie ihn am besten bei trockenem Wetter und ziehen Sie das schleimige Velum vor der Zubereitung ab.

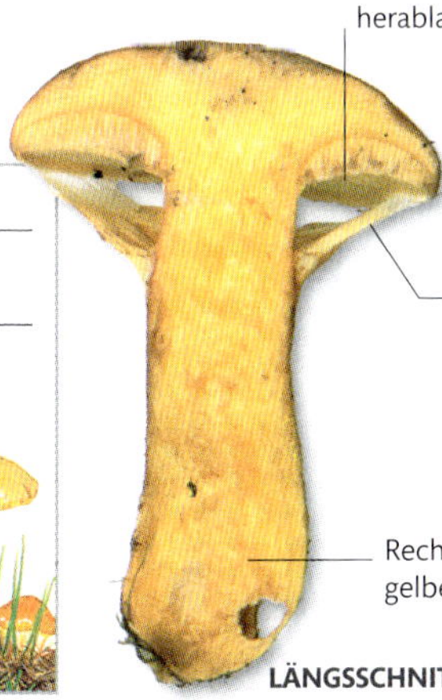

Röhren kurz; am Stiel herablaufend

Schleimige Velumreste überziehen den Fruchtkörper.

Recht festes gelbes Fleisch

LÄNGSSCHNITT

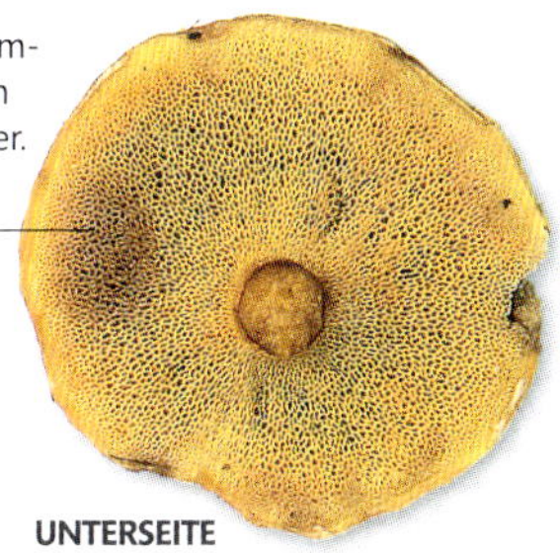

Poren fein, zitronengelb

UNTERSEITE

SPORENFARBE Gelbbraun.

GRÖSSE Hut 5–10 cm, bis 18 cm (b); Stiel 4–10 cm, bis 20 cm (h) x 1–2 cm, bis 2,5 cm (b).

VORKOMMEN An Lärchen gebunden; in Wäldern, Parks und Gärten.

VERBREITUNG Gemäßigte Breiten auf der Nordhalbkugel; häufig.

FRUCHTKÖRPER In Trupps unter Lärchen an grasigen Stellen; Herbst.

GRAUER LÄRCHENRÖHRLING

SUILLUS VISCIDUS

Mit seiner schmutzig olivbraunen Färbung ist dieser schleimige Pilz weniger attraktiv als *S. grevillei* (siehe oben), die zweite häufige an Lärchen gebundene Art. Der Hut enthält viele Farbtöne. Das Fleisch des mittelmäßigen Speisepilzes ist weich und schwammig.

SPORENFARBE Braun.

GRÖSSE Hut 5–12 cm (b); Stiel 5–10 cm (h) x 1–2 cm (b).

VORKOMMEN Bildet Mykorrhizen mit Lärchen auf besseren Böden.

VERBREITUNG In Europa und Asien; fehlt in Nordamerika.

FRUCHTKÖRPER Truppweise, oft bei Lärchen; Sommer bis Herbst.

BUTTERPILZ

SUILLUS LUTEUS

Dieser recht kurzstielige Röhrling hat einen schleimigen purpurbraunen Hut, dessen Haut sich leicht abziehen lässt. Weitere Bestimmungsmerkmale sind die zitronengelben Poren und der breite Ring mit dunkler Unterseite. Bei Trockenheit gesammelt, ist er weniger schleimig. Manche Menschen reagieren stark allergisch auf diesen Speisepilz.

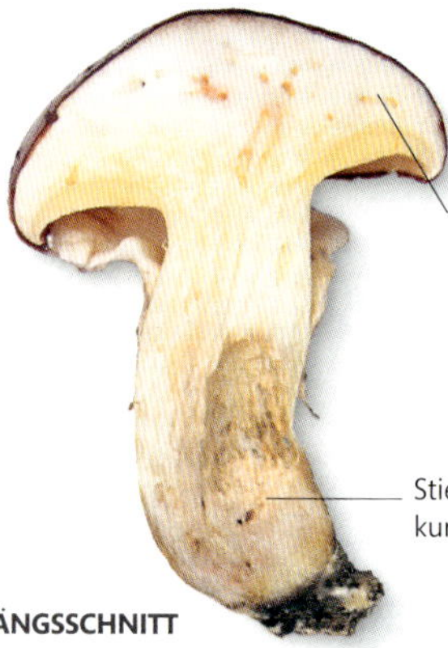

LÄNGSSCHNITT

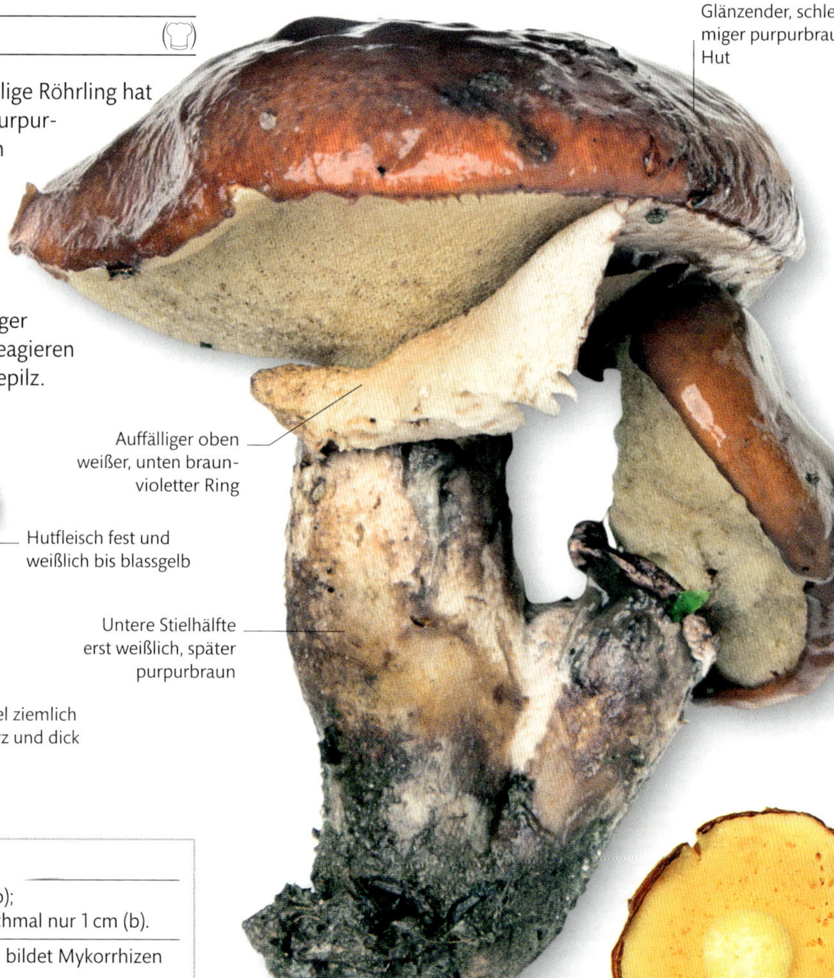

SEITENANSICHT

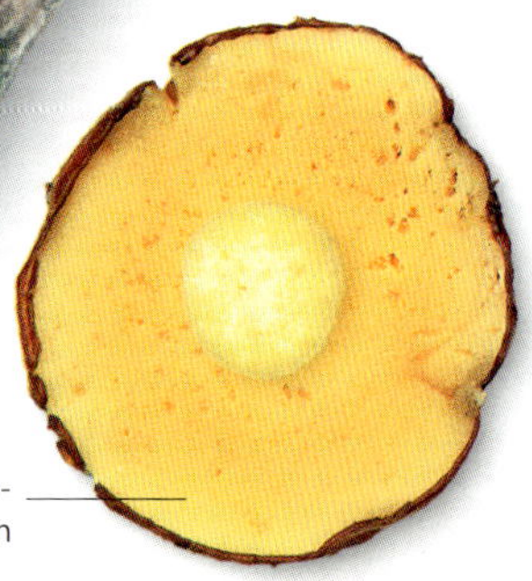

UNTERSEITE

SPORENFARBE Ockerbraun.

GRÖSSE Hut 5–10 cm, bis 15 cm (b); Stiel 5–10 cm (h) x 1,5–3 cm, manchmal nur 1 cm (b).

VORKOMMEN Wälder und Forste; bildet Mykorrhizen mit Kiefern.

VERBREITUNG Gemäßigte Breiten auf der Nordhalbkugel; häufig.

FRUCHTKÖRPER Meist gesellig; Spätsommer bis Herbst.

ZIRBENRÖHRLING

SUILLUS PLORANS

Der Zirbenröhrling scheidet wie *S. granulatus* (siehe S. 346) und wie der Ringlose Butterpilz (*S. collinitus*) jung üppige milchige Tröpfchen ab. Er hat aber andere Mykorrhizapartner und ist unterschiedlich gefärbt. Die Stielbasis ist rosa, wie bei *S. collinitus*, und die Poren sind olivgelb. Der Pilz ist essbar, man findet ihn aber selten in ausreichenden Mengen.

SPORENFARBE Braun.

GRÖSSE Hut 3–8 cm, bis 15 cm (b); Stiel 5–7 cm, bis 10 cm (h) x 1–2 cm (b).

VORKOMMEN Bildet Mykorrhizen mit fünfnadeligen Kiefern, wie der Zirbelkiefer (*Pinus cembra*), vor allem im Gebirge.

VERBREITUNG Lokal in Teilen Mitteleuropas und Asiens.

FRUCHTKÖRPER In kleinen Gruppen; Sommer bis Herbst.

SANDRÖHRLING

SUILLUS VARIEGATUS

Der filzig-feinschuppige Hut dieses hochstieligen, fleischigen Pilzes ist – im Gegensatz zu den meisten Vertretern seiner Gattung – nur bei Feuchtigkeit etwas schmierig. Die kleinen Poren sind braun bis olivbraun und färben sich wie das Fleisch bei Druck blau. Der unangenehme, metallische Geruch erinnert an die Kartoffelboviste (*Scleroderma*, siehe S. 340). Er ist essbar, aber nicht sehr schmackhaft.

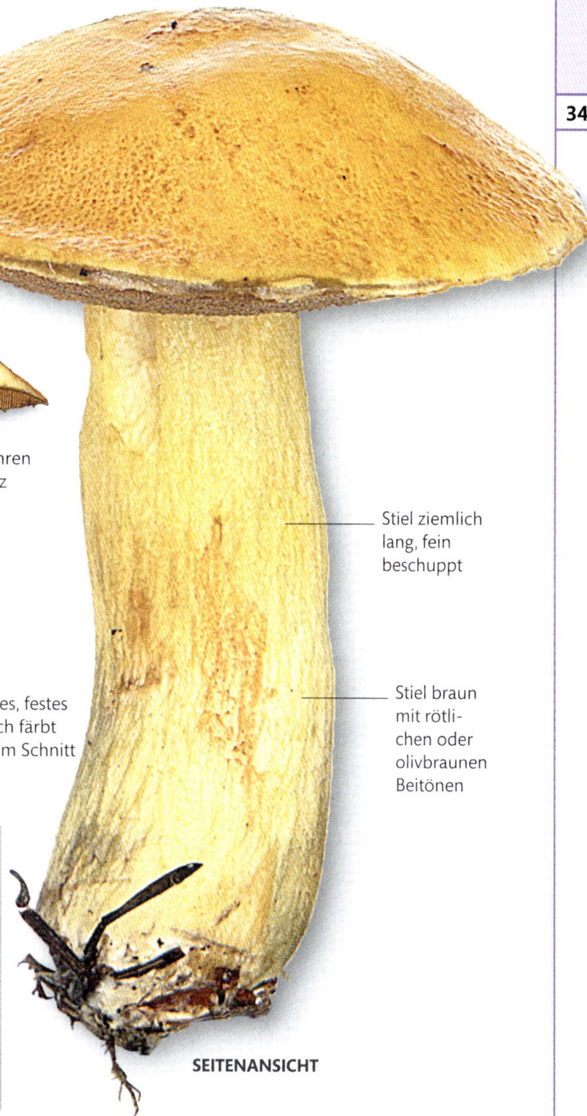

SEITENANSICHT

LÄNGSSCHNITT

UNTERSEITE

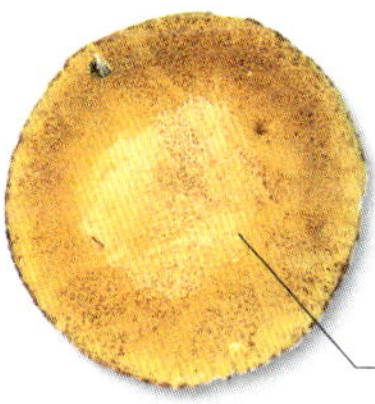

VON OBEN

SPORENFARBE Olivbraun.

GRÖSSE Hut 7–13 cm, manchmal nur 5 cm (b); Stiel 6–10 cm, manchmal nur 4 cm und bis zu 12 cm (h) x 1,5–2 cm, bis zu 3 cm (b).

VORKOMMEN Bildet Mykorrhizen mit Kiefern, oft auf sandigen Böden.

VERBREITUNG In Europa und angrenzenden Teilen Asiens weitverbreitet und häufig.

FRUCHTKÖRPER In kleinen Gruppen; Sommer bis Herbst.

ELFENBEIN-RÖHRLING

SUILLUS PLACIDUS

S. placidus ist an seinem sehr schleimigen Hut, dem dunkel punktierten Stiel und dem Vorkommen unter fünfnadeligen Kiefern zu erkennen. Der ähnliche Kleinsporige Kiefernröhrling (*S. bellinii*) hat einen gedrungeneren Stiel und ist dunkler. Beide sind essbar, sollten aber in Mitteleuropa wegen ihrer Seltenheit geschont werden.

SPORENFARBE Gelbbraun.

GRÖSSE Hut 4–8 cm, bis zu 12 cm (b); Stiel 6–9 cm, bis zu 15 cm (h) x 1–2 cm (b).

VORKOMMEN Bildet Mykorrhizen mit fünfnadeligen Kiefern, wie *Pinus strobus* und *P. cembra*.

VERBREITUNG Gemäßigte Breiten auf der Nordhalbkugel, vorwiegend im Gebirge.

FRUCHTKÖRPER Gesellig in der Nadelstreu; Sommer bis Herbst.

KÖRNCHENRÖHRLING

SUILLUS GRANULATUS

Anders als der Butterpilz (*S. luteus*, siehe S. 344) trägt diese Art keinen Ring am punktierten Stiel. Sehr junge Fruchtkörper sondern aus den Poren und an der Stielspitze weiße, milchige Tröpfchen ab. Die Hutfarbe ist ein Farbton zwischen dem von *S. grevillei* (siehe S. 343) und *S. luteus*, während der Stiel blassgelb ist. *S. granulatus* hat einen dunkleren Hut als der Ringlose Butterpilz (*S. collinitus*), der zudem eine rosafarbene Stielbasis hat. Das Fleisch ist bei jungen Pilzen fest und schmeckt mild und nussig. Ähnlich sind Elfenbein- und Zirbenröhrling (*S. placidus* und *S. plorans*, siehe S. 344-345), die ebenfalls essbar sind; einige Menschen reagieren aber mit Magen-Darm-Erkrankungen.

SPORENFARBE Bräunlich.

GRÖSSE Hut 4–10 cm, bis zu 15 cm (b); Stiel 4–8 cm, bis zu 10 cm (h) x 1–1,5 cm, bis zu 2 cm (b).

VORKOMMEN Bildet Mykorrhizen mit Kiefern, oft auf kalkhaltigen Böden.

VERBREITUNG Gemäßigte Breiten auf der Nordhalbkugel; lokal häufig.

FRUCHTKÖRPER Meist gesellig; Sommer bis Herbst.

SEITENANSICHT

UNTERSEITE

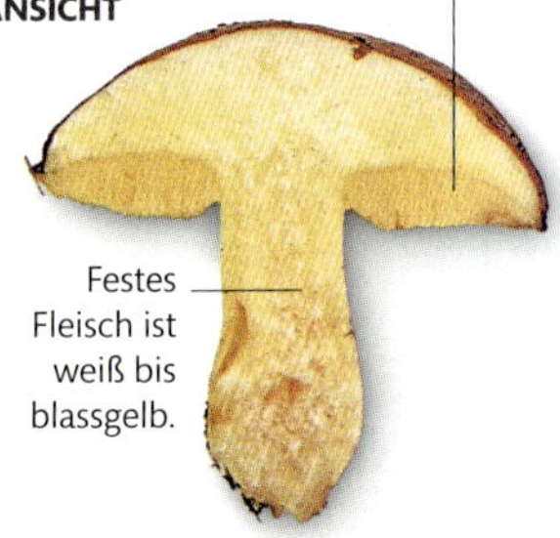

LÄNGSSCHNITT

KUHRÖHRLING

SUILLUS BOVINUS

S. bovinus bildet meist kleine Fruchtkörper mit olivbraunen, zusammengesetzten Poren: Die größeren Poren sind unterteilt in mehrere flachere, feinere Poren. Der ringlose Stiel ist kurz und oft vor dem Abpflücken kaum sichtbar. Den Kuhröhrling findet man oft zusammen mit *S. variegatus* (siehe S. 345) und dem viel selteneren *Gomphidius roseus* (siehe S. 323). Er ist essbar, aber nicht sehr empfehlenswert, denn er ist klein und nicht besonders schmackhaft.

SEITENANSICHT, SCHRÄG

UNTERSEITE

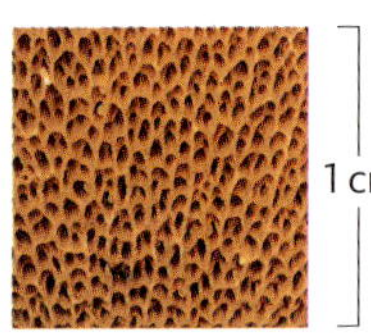

POREN

SPORENFARBE Olivbraun.

GRÖSSE Hut 3–7 cm, bis 15 cm (b); Stiel 3–6 cm (h) x 0,5–1 cm (b).

VORKOMMEN Bildet Mykorrhizen mit Kiefern auf verschiedenen Böden, oft an sandigen Stellen.

VERBREITUNG In Europa und Teilen Asiens, auch Japan, häufig; fehlt in Nordamerika.

FRUCHTKÖRPER Meist gesellig; Spätsommer bis Herbst.

PHALLACEAE (Rutenpilze)

KLASSE AGARICOMYCETES **ORDNUNG** PHALLALES

Diese Familie ist wegen ihrer phallusförmigen Fruchtkörper bekannt. Die Sporenmasse verströmt einen üblen Geruch, der Insekten wie Fliegen und Käfer anlockt, die die Sporen verbreiten. Auch der Regen trägt zur Verbreitung bei. Junge Fruchtkörper sind in einer eiförmigen Struktur eingeschlossen, die aufbricht, wenn sich der Stiel bildet.

STINKMORCHEL

PHALLUS IMPUDICUS

Die meisten Menschen haben diesen Pilz im Sommer schon einmal in einem Stadtpark oder Wald gesehen oder zumindest den fauligen Geruch wahrgenommen. *P. impudicus* ist leicht an der Phallusform und der weißen Farbe zu erkennen. Der Stielteil im jungen Hexenei ist essbar, wenn man ihn herauslöst.

SPORENFARBE Olivbraun.

GRÖSSE Hexenei bis 6 cm (h); Stiel 15–20 cm (h) x 1,5–3 cm, bis zu 4 cm (b).

VORKOMMEN In Laub- und Nadelwäldern auf sauren Böden; auf Sanddünen, wo auch *P. hadrianus* vorkommt.

VERBREITUNG Gemäßigte Breiten auf der Nordhalbkugel; häufig.

FRUCHTKÖRPER Einzeln oder gesellig; Sommer bis Herbst.

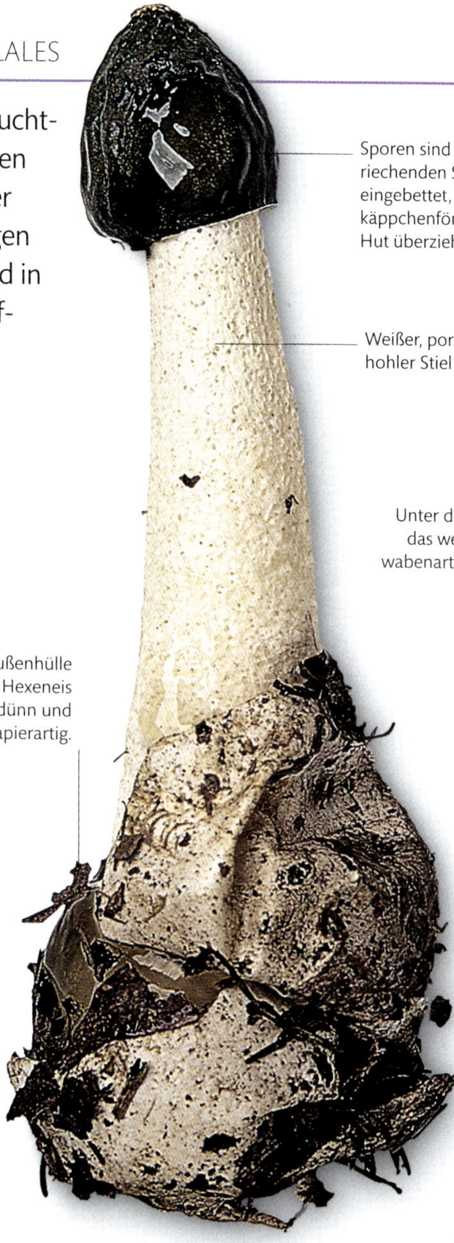

SEITENANSICHT

SEITENANSICHT

LÄNGSSCHNITT

SEITENANSICHT

HUNDSRUTE

MUTINUS CANINUS

Dies ist eine kleinere Ausgabe der Stinkmorchel (*Phallus impudicus*, siehe S. 347), deren Hütchen aber kaum entwickelt ist. Die ähnliche Himbeerrote Hundsrute (*M. ravenelii*), die aus Nordamerika stammt und sich in jüngerer Zeit in Europa in Parks und Gärten ausbreitet, hat einen rötlich getönten Stiel. Die Hundsrute kommt meist in Wäldern vor. Sie ist kein Speisepilz.

SPORENMASSE Olivbraun.

GRÖSSE Hexenei bis 4 cm (h); Stiel 6–12 cm (h) x 1–1,5 cm (b).

VORKOMMEN In dicker Streu, oft bei morschen Baumstümpfen, in Laub- und Nadelwäldern.

VERBREITUNG In Europa recht häufig; weltweite Verbreitung unklar.

FRUCHTKÖRPER Einzeln oder gesellig; Sommer bis Herbst.

TINTENFISCHPILZ

CLATHRUS ARCHERI

Dieser ungenießbare, faulig riechende Pilz stammt von der Südhalbkugel, ist aber mittlerweise in Europa gut eingebürgert. Die vier bis acht an der Basis verbundenen Arme sind unverwechselbar. Eine ähnliche Art kommt in Nordamerika vor, sie hat aber nur drei oder vier miteinander verbundene Arme.

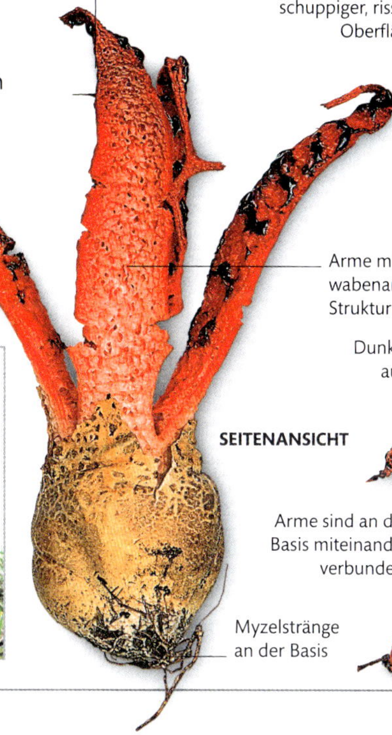

SPORENMASSE Olivbraun.

GRÖSSE Hexenei 3–6 cm (h); Arme 5–10 cm, bis 18 cm (h).

VORKOMMEN In der Streu, auf Sägespänen oder Holzhäckselabfällen; in Wäldern, Parks und Blumenrabatten.

VERBREITUNG Aus Australien und Neuseeland in Europa eingeschleppt.

FRUCHTKÖRPER Meist in Gruppen; Sommer bis Herbst.

ROTER GITTERLING

CLATHRUS RUBER

Dieser ungenießbare Pilz erregt die Aufmerksamkeit. Deutlichste Merkmale des reifen Fruchtkörpers sind die auffällige rote Färbung und der käfigartige Fruchtkörper, der aus einem Hexenei hervorbricht. Die Innenseiten des Gitters sind mit übel riechendem olivbraunem Sporenschleim bedeckt. Weltweit sind ungefähr 17 *Clathrus*-Arten bekannt geworden, die meisten in den Tropen. Einige, wie *Clathrus ruber*, sind leuchtend rot, andere weiß.

SPORENMASSE Olivbraun.

GRÖSSE Hexenei 3–6 cm (h); reife Fruchtkörper bis 12 cm (h) x 9 cm (b).

VORKOMMEN Auf Falllaub und Holzabfällen in Parks und Gärten; wärmeliebend.

VERBREITUNG Weitverbreitet, aber nicht überall; in Europa vor allem im Mittelmeerraum.

FRUCHTKÖRPER In kleinen Gruppen in der Laubstreu; ganzjährig.

GEASTRACEAE (Erdsterne)

KLASSE AGARICOMYCETES **ORDNUNG** GEASTRALES

Bei dieser kleinen, gut abgegrenzten Familie reißt die äußere Hülle (Exoperidie) des Fruchtkörpers sternförmig auf, und die Lappen krümmen sich nach außen. Die Sporen bildende innere Hülle (Endoperidie) wird dabei angehoben. Sie wird zusammengedrückt, wenn Regentropfen aufprallen, sodass die Poren durch ein kleines Loch entweichen. Einige *Geastrum*-Arten schließen sich bei Trockenheit und entfalten sich bei feuchter Witterung.

SEITENANSICHT

Unreife Fruchtkörper sind rüben- oder zwiebelförmig.

HALSKRAUSEN-ERDSTERN

GEASTRUM TRIPLEX

Dies ist vielleicht die bekannteste und sicherlich die am weitesten verbreitete *Geastrum*-Art. Sie ist größer und fleischiger als die meisten ihrer Verwandten. Ihre äußere Hülle spaltet sich beim Aufbrechen normalerweise so, dass sich eine »Halskrause« bildet. Die scheitelständige Öffnung, durch die die Sporen entlassen werden, ist feinfaserig und von einem kreisförmigen Hof umgeben. Erdsterne sind nicht essbar.

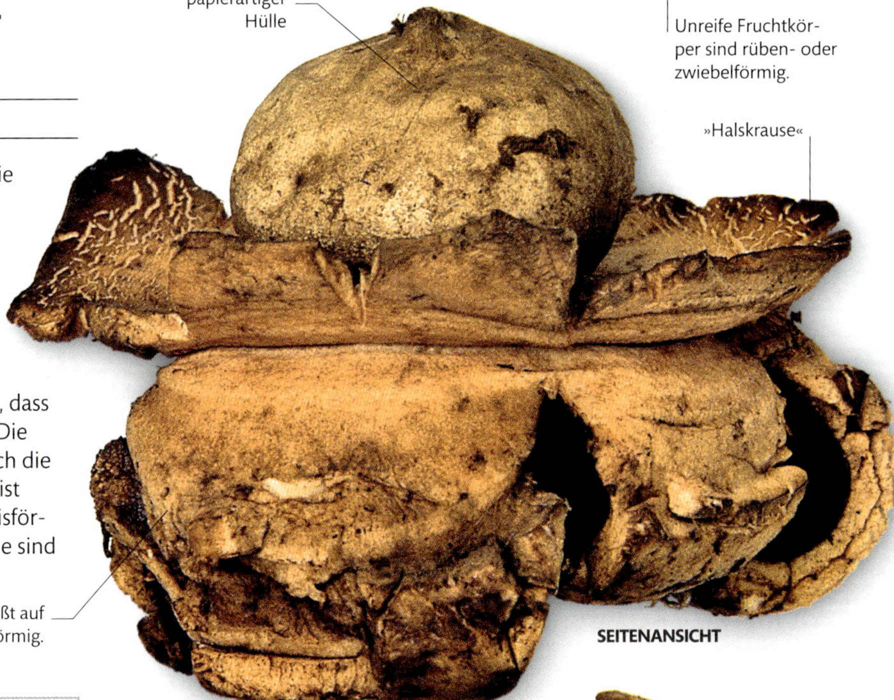

Innenkugel mit papierartiger Hülle

»Halskrause«

Fleischige Außenhülle reißt auf und krümmt sich sternförmig.

SEITENANSICHT

SPORENMASSE Schokoladenbraun.

GRÖSSE Fruchtkörper ausgebreitet 4–12 cm (b).

VORKOMMEN In Gärten, Parks und Wäldern auf nährstoff- und humusreichen Böden.

VERBREITUNG Wärmere Gegenden der gemäßigten Breiten; fast weltweit.

FRUCHTKÖRPER In Gruppen oder Ringen; Herbst.

Öffnung der Innenkugel ist von einem Hof umgeben.

VON OBEN

GEWIMPERTER ERDSTERN

GEASTRUM FIMBRIATUM

Diese Art findet man manchmal zusammen mit *G. triplex* (siehe gegenüber). Sie erinnert an eine kleinere Ausgabe dieser Art. *G. fimbriatum* hat keine Halskrause, denn die äußere Hülle bleibt intakt. Der junge, nicht aufgebrochene Fruchtkörper ist eher kugelig als zwiebelförmig. Um die scheitelständige Öffnung ist kein Hof ausgebildet wie bei *G. triplex*. Der Rötende Erdstern (*G. rufescens*) ist meist fleischrot getönt, und die Innenkugel hat oft einen schwach ausgebildeten Stiel, wenn sie austrocknet.

SPORENMASSE Schokoladenbraun.

GRÖSSE Fruchtkörper ausgebreitet 2–6 cm (b).

VORKOMMEN Meist in der Laubstreu auf kalkhaltigen Böden, unter Laub- und Nadelbäumen.

VERBREITUNG Gemäßigte Breiten auf der Nordhalbkugel; genaue Verbreitung unzureichend bekannt.

FRUCHTKÖRPER In kleinen Gruppen oder Hexenringen; Herbst.

VON SCHRÄG OBEN

VON OBEN

SEITENANSICHT

KLEINER ERDSTERN

GEASTRUM SCHMIDELII

Dieser kleine, ungenießbare Erdstern wächst oft an offenen, grasbewachsenen Standorten. Er ist an der schnabelartig ausgezogenen, gefurchten Mündung der Innenkugel zu erkennen. Anders als bei einigen nahen Verwandten ist bei dieser Art bei Reife die Oberfläche der Innenkugel glatt.

SPORENFARBE Schokoladenbraun.

GRÖSSE Fruchtkörper ausgebreitet 1,5–3,5 cm (b).

VORKOMMEN Auf kalkhaldigen Sanden auf Feldern und Dünen; in lichten Nadelförsten auf Sandböden.

VERBREITUNG In Europa und angrenzenden Teilen Asiens; weltweite Verbreitung unzureichend bekannt.

FRUCHTKÖRPER In Ringen oder kleinen Gruppen; Herbst.

VON OBEN

Ausgetrocknete Innenkugel wird von 1–2 mm langem Stiel emporgehoben.

Mündung deutlich abgesetzt; schnabelförmig und längsfurchig

Jung fleischige, alt papierartige nach außen gerollte Außenhülle

SEITENANSICHT

Innenkugel jung mit mehliger Oberfläche

Fruchtkörper reißt in 5 bis 8 Lappen auf.

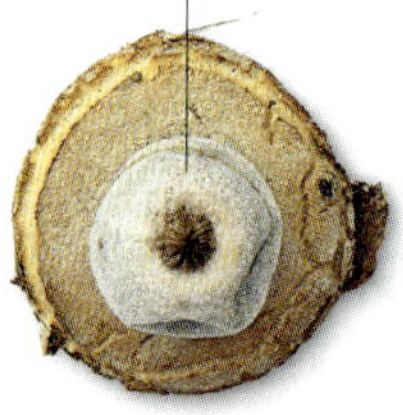

VON OBEN

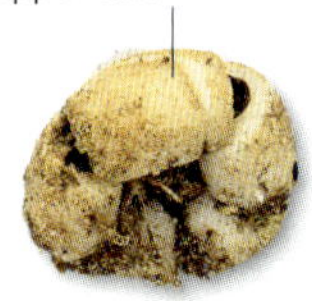

VON SCHRÄG UNTEN

Oberfläche der reifen Innenkugel ist glatt.

VON SCHRÄG OBEN

KRAGEN-ERDSTERN

GEASTRUM STRIATUM

Bei diesem ungenießbaren Erdstern ist die Innenkugel kurz gestielt. Unterhalb der Innenkugel ist ein kragenartiger Rand ausgebildet, der vor allem bei ausgetrockneten Exemplaren zu erkennen ist. Die Oberfläche der Innenkugel ist weißlich grau und feinkörnig. Der Kamm-Erdstern (*G. pectinatum*) ist ähnlich und hat ebenfalls eine gefurchte, schnabelartige Mündung. Er ist größer als *G. schmidelii* (siehe oben), hat keinen Kragen wie *G. striatum* und wächst meist unter Nadelbäumen. Auch der seltene Raue Erdstern (*G. berkeleyi*) ist ähnlich, die Oberfläche der Innenkugel hat aber eine sandpapierartige Textur.

SPORENFARBE Schokoladenbraun.

GRÖSSE Fruchtkörper ausgebreitet 3–6,5 cm (b).

VORKOMMEN Auf besseren Böden, oft in Gärten und Parks, aber auch in Nadel- und Mischwäldern.

VERBREITUNG In Europa weitverbreitet; weltweite Verbreitung unbekannt.

FRUCHTKÖRPER In Reihen, Ringen oder kleinen Gruppen; Herbst.

Innenkugel in Grautönen mit feinkörniger Oberfläche

Kragenartiger Rand unterhalb der Innenhülle

Schnabelartige längsfurchige Mündung

VON OBEN

Graubraune Lappen werden bald papierartig.

SEITENANSICHT

Innenkugel ist gestielt (bei trockenen Fruchtkörpern am besten erkennbar).

Außenkugel reißt in 6 bis 9 Lappen auf.

SEITENANSICHT

TREMELLACEAE (Gallertpilze)

KLASSE TREMELLOMYCETES **ORDNUNG** TREMELLALES

Die Grenzen der Familie sind klar umrissen, seit bekannt ist, dass alle Mitglieder als Parasiten auf anderen Pilzen oder Flechten leben. Die meisten Arten können austrocknen und bilden dann unauffällige, häutige Krusten. Bei Nässe leben sie wieder auf. Die Fruchtkörper können auf diese Weise mehrere Monate alt werden. Die Basidien sind längs geteilt.

VON OBEN

ROTBRAUNER ZITTERLING

TREMELLA FOLIACEA

Dieser braune, ungenießbare Pilz ist an seinen faltigen, sehr gelatinösen Fruchtkörpern leicht zu erkennen, die auf Rinde wachsen, oft in der Nähe von *Stereum*-Arten (siehe S. 67–68). Der Schlauchzitterpilz (*Ascotremella faginea*), ein sehr gelatinöser Schlauchpilz, ist ähnlich.

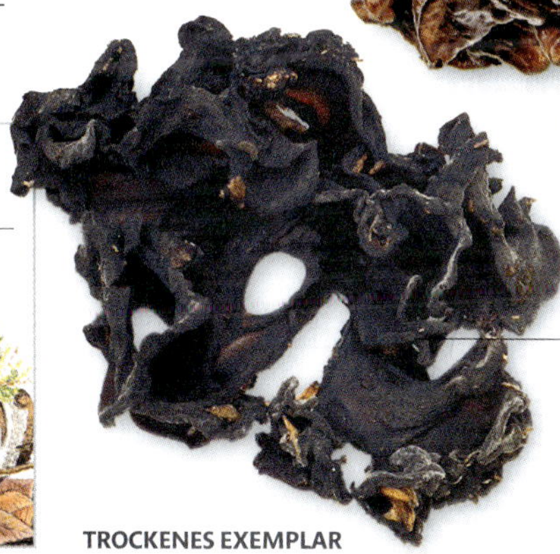

TROCKENES EXEMPLAR

SPORENFARBE Weiß.

GRÖSSE Fruchtkörper 4–12 cm (b).

VORKOMMEN Parasitisch auf *Stereum*-Arten, die auf Laubbäumen, aber auch auf Kiefern in Parks und Wäldern wachsen.

VERBREITUNG Gemäßigte Breiten auf der Nordhalbkugel.

FRUCHTKÖRPER Klumpig auf Totholz; Herbst bis Winter.

GOLDGELBER ZITTERLING

TREMELLA MESENTERICA

Wegen seiner auffälligen gelben Farbe ist dieser Pilz auch an trüben Herbsttagen leicht zu erkennen. Nach anhaltendem Regen kann er jedoch ausbleichen und weiß werden. Gelegentlich beobachtet man auch echte Albinoformen. Bei Trockenheit schrumpfen die Fruchtkörper ein, bei Feuchtigkeit quellen sie aber wieder auf. Obwohl der Pilz nur wenig Geschmack hat, kann er in Suppen verwendet werden.

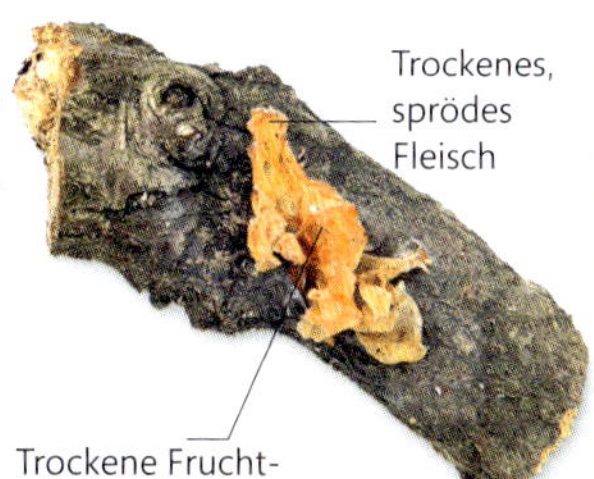

TROCKENES EXEMPLAR

VON OBEN

SPORENFARBE Weiß.

GRÖSSE Zusammenfließende Fruchtkörper 1–6 cm lang.

VORKOMMEN Parasit auf *Peniophora*-Arten, die auf Laubholzästen wachsen; gern in Reisighaufen.

VERBREITUNG Gemäßigte Breiten auf der Nordhalbkugel; häufig.

FRUCHTKÖRPER Brechen einzeln hervor; meist Spätherbst bis Winter.

DACRYMYCETACEAE (Gallerttränenverwandte)

KLASSE DACRYMYCETES **ORDNUNG** DACRYMYCETALES

Die Mitglieder dieser Familie haben einzigartige »stimmgabelförmige« Basidien (siehe S. 54). Die meist orangefarbenen Fruchtkörper sind gallertig bis gummiartig zäh und können recht unterschiedlich geformt sein: keulen-, geweih- oder korallenförmig in der Gattung *Calocera*, pustel- bis polsterförmig bei den bekannten Gallerttränen (*Dacrymyces*). Alle Arten sind Holzzersetzer.

KLEBRIGER HÖRNLING

CALOCERA VISCOSA

Anders als die ähnlichen Korallen- und Keulenpilze (siehe S. 61–63, S. 106–107) wächst dieser ungenießbare Gallertpilz auf morschem Nadelholz. Die Fruchtkörper sind zäh und gummiartig. Es gibt einige andere kleinere Vertreter der Gattung *Calocera*. Der häufigste ist der Laubholzhörnling (*C. cornea*), der unverzweigte Fruchtkörper hat und meist auf Laubholzästen wächst.

SEITENANSICHT

SEITENANSICHT

SEITENANSICHT

SPORENFARBE Weiß.

GRÖSSE Fruchtkörper 3–10 cm (h).

VORKOMMEN Auf morschem Nadelholz in naturbelassenen Wäldern und Forsten.

VERBREITUNG Gemäßigte Breiten auf der Nordhalbkugel; häufig.

FRUCHTKÖRPER Einzeln oder in kleinen Gruppen; Herbst bis Winter.

GLOSSAR

Amyloide Reaktion: Die Sporen färben sich mit Jodreagenzien blau oder violett.

Angeheftet (Lamellen): Die Lamellen sind nur schmal am Stiel angewachsen.

Angewachsen (Lamellen): Die Lamellen sind breit am Stiel angewachsen.

Apothecium: Ein schüssel-, scheiben- oder becherförmiger Fruchtkörper.

Ascus (Pl. Asci): In diesen mikroskopisch kleinen Fortpflanzungsorganen werden bei Ascomycota (Schlauchpilzen) die Sporen gebildet.

Basidie: In diesen mikroskopisch kleinen Fortpflanzungsorganen werden bei Basidiomycota (Ständerpilzen) die Sporen gebildet.

Boreale Zone: Die Ökozone mit borealen Nadelwäldern und Tundra in den kaltgemäßigten Breiten.

Buckel: Ein erhabener Höcker in der Mitte des Pilzhutes.

Cortina: Ein spinnwebartiges Velum, das beispielsweise bei Vertretern der Gattung *Cortinarius* vorkommt.

Frei (Lamellen): Die Lamellen sind nicht mit dem Stiel verbunden.

Fruchtkörper: Diese Struktur stützt die Fruchtschicht (Hymenium), in der die Sporen gebildet werden.

Herablaufend (Lamellen): Der innere Teil der Lamellen zieht sich ein Stück am Stiel herab.

Hygrophan: Hygrophane Hüte trocknen meist von der Mitte her aus und werden dabei heller. Wenn sie wieder feucht werden, färben sie sich vom Rand her dunkel. Sie sind deshalb meistens uneinheitlich gefärbt. Die meisten hygrophanen Pilze sind Lamellenpilze.

Hyphen: Die fadenförmigen Zellen der Pilze, aus denen sich das Myzel und der Fruchtkörper zusammensetzen.

Hymenium: Die Fruchtschicht des Pilzes; von diesem Gewebe werden die Sporen gebildet.

Keimschlitz: Ein dünner Bereich in der Wand einer Spore, durch den die erste Hyphe austritt.

Lamellen: Dünne, blattartige Strukturen an der Unterseite des Hutes, in denen die Sporen gebildet werden.

Lignin: Dieser chemische Stoff im Holz bewirkt die Verholzung. Pilzarten, die zu den Braunfäuleerregern gehören, bauen das Lignin im Holz nicht ab.

Mykorrhiza: Eine Lebensgemeinschaft eines Pilzes und einer Pflanze, deren Hyphen und Wurzeln miteinander in Verbindung stehen; von dieser Beziehung profitieren beide Partner.

Myzelstrang: Ein Strang aus dicht miteinander verschlungenen Hyphen, mit dem der Pilz Nährstoffe aus dem Substrat aufnimmt.

Poren: Die Öffnungen der Röhren von Röhrenpilzen; durch die Poren werden die Sporen entlassen.

Resupinat: Ein Fruchtkörper, der das Substrat flach überzieht und keine Hüte oder abstehende Hutkanten ausbildet.

Ring: Eine häutige oder spinnwebartige Zone am Stiel, die ein Rest der Teilhülle (Velum partiale) ist.

Röhren: In den röhrenförmigen Strukturen unter dem Hut von Röhrlingen befindet sich die Fruchtschicht (Hymenium). An der Hutunterseite sind die Öffnungen der Röhren als Poren sichtbar.

Röhrling: Der Fruchtkörper eines Röhrlings besteht aus Hut und Stiel. Die Hutunterseite ist mit einer Röhrenschicht bedeckt ist, in der die Sporen gebildet werden.

Schleier *siehe* **Cortina**

Seta (Pl. Setae): Dickwandige Haare auf dem Hut, den Lamellen, dem Stiel oder im Fleisch eines Pilzes.

Sklerotium: Manche Pilze bilden solche Dauerformen mit einem dichten Inneren und einer schützenden Rinde aus. Das Sklerotium übersteht Kälte oder Trockenheit.

Sporen: Die mikroskopisch kleinen Vermehrungsstadien der Pilze.

Substrat: Das Material, wie Humus oder Baumrinde, auf dem der Pilz wächst.

Velum partiale: Diese Teilhülle verbindet bei jungen Pilzen den Hutrand mit dem Stiel und schützt das Hymenium. Sie bleibt oft als Ring am Stiel zurück.

Velum universale: Diese Gesamthülle schließt den jungen Fruchtkörper ein. Sie reißt auf, wenn der Fruchtkörper wächst und bleibt manchmal als Volva am Stielgrund oder lockere Schuppen auf dem Hut zurück.

Volva: Der unterer Teil der Gesamthülle (Velum universale), der an der Stielbasis als Scheide erhalten ist.

REGISTER

A

Ackerling
- Südlicher 242
- Trockener 243
- Voreilender 243

Agaricaceae 209–233
Agaricus
- *A. arvensis* 221
- *A. augustus* 220
- *A. bernardii* 218
- *A. bisporus* 215
- *A. bitorquis* 216
- *A. californicus* 222
- *A. campestris* 217
- *A. hondensis* 221
- *A. porphyrizon* 224
- *A. moelleri* 224
- *A. silvaticus* 219
- *A. silvicola* 222
- *A. xanthoderma* 223

Agrocybe cylindracea 242
- *A. pediades* 244
- *A. praecox* 243

Aleuria aurantia 38
Amanita 8
- *A. caesarea* 202
- *A. citrina* 200
- *A. cothurnata* 200
- *A. crocea* 198
- *A. fulva* 197
- *A. gemmata* 203
- *A. muscaria* 201
- *A. pantherina* 204
- *A. phalloides* 199
- *A. porphyria* 206
- *A. rubescens* 207
- *A. spissa* 205
- *A. virosa* 208

Amanitaceae 197–208
Amethystblättriger Klumpfuß 268
Amianth-Körnchenschirmling 181
Ampulloclitocybe clavipes 129
Anemonenbecherling 47
Angebrannter Rauchporling 299
Anhängselröhrling 325
Anis-Zähling 64
Anlaufender Egerlingsschirmling 214
Apfeltäubling 79
Armillaria A. bulbosa (gallica) 153
A. mellea 153
Aschgrauer Helmling 196
Ascocoryne cylichnium 43
Ascomycota 26–53
Ascus 26
Ästchen-Zwergschwindling 173
Asterophora parasitica 160
Ästiger Stachelbart 65
Astraeus hygrometricus 341
Auricularia auricula-judae 56
Auriculariaceae 43–56
Auriscalpiaceae 64
Auriscalpium vulgare 64
Austernseitling 112

B

Baeospora myosura 179
Bankera fuligineoalba 100
Bankeraceae 97-100
Basidien 8
Basidiomycota 54–354
Becherförmiger Duftstacheling 98
Becherling
- Anemonen- 47
- Blasen- 33
- Gelbmilchender 34
- Kastanienbrauner 32
- Kerbrandiger Napf- 36
- Kleinsporiger Grünspan- 45
- Orange- 38
- Scharlachroter Kelch- 31
- Schmutz- 49
- Zäher Stroma- 47
- Zitronengelber Reisig- 46

Behangener Düngerling 237
Behangener Faserling 239
Beringter Flämmling 260
Beschleierter Zwitterling 160
Bestimmungsschlüssel 14–21
Beutelstäubling 228
Birkenblättling 313
Birkenpilz 338
Birkenporling 314
Birnenstäubling 231
Bisporella citrina 46
Bitterer Saftporling 316
Bjerkandera adusta 299
Blasenbecherling 33
Blasser Kokosflocken-Milchling 91
Blassroter Gallertbecher 44
Blauender Kahlkopf 248
Blauender Saftporling 317
Blauer Klumpfuß 275
Blaustieliger Rötelritterling 137
Bleigrauer Bovist 230
Blutblättriger Hautkopf 261
Blutroter Röhrling 331
Blutrotfleckende Koralle 62
Bluttäubling 82
Bolbitiaceae 241
Boletaceae 325–339
Boletus aereus 326
- *B. appendiculatus* 325
- *B. badius* 329
- *B. calopus* 330
- *B. chrysenteron* 332
- *B. edulis* 326
- *B. ferrugineus* 333
- *B. legaliae* 331
- *B. luridiformis* 328
- *B. luridus* 328
- *B. parasiticus* 334
- *B. pinophilus* 334
- *B. porosporus* 333
- *B. pulcherrimus* 330
- *B. pulverulentus* 334
- *B. reticulatus* 327
- *B. rubellus* 331
- *B. satanas* 329
- *B. sensibilis* 332

Bondarzewiaceae 69
Bovist
- Hasen- 228
- Riesen- 229

Bovista plumbea 230
Brandiger Ritterling 143
Brätling 93
Brauner Kellerschwamm 321
Brauner Ledertäubling 77
Braungrüner Rötling 291
Braunschuppiger Dickfuß 264
Braunsporiger Grünspanträuschling 246
Braunstieliger Lacktrichterling 125
Braunwarziger Kartoffelbovist 340
Breitblättriger Rübling 176
Brennender Rübling 167
Bronzeröhrling 326
Buchen-Klumpfuß 267
Buchen-Kohlenbeere 52
Buchenreizker 90
Buchen-Schleimrübling 177
Buchen-Speitäubling 80
Bulgaria inquinans 49
Bulgariaceae 49
Buntstieliger Helmling 194
Büschel-Faserling 240
Büscheliger Rasling 156
Butterpilz 344
Butterrübling 162

C

Calocera viscosa 354
Calocybe gambosa 157
Calvatia gigantea 229
Cantharellaceae 59-60
Cantharellus cibarius 59
Chalciporus piperatus 336
Champignon
- Dünnfleischiger Anis- 222
- Filzigberingter 221
- Kalifornischer 222
- Karbol- 223
- Kleiner Blut- 219
- Perlhuhn- 224
- Purpurfaseriger 224
- Riesen- 220
- Salzwiesen- 218
- Schaf-221
- Stadt- 216
- Wiesen- 217
- Zucht- 215

Chlorociboria aeruginascens 45
Chlorophyllum molybdites 213
- *C. rhacodes* 213

Chondrostereum purpureum 109
Chroogomphus rutilus 324
Clathrus archeri 349
- *C. ruber* 349

Clavaria fragilis 107
Clavariaceae 106-107
Clavariadelphaceae 61
Clavariadelphus pistillaris 61
Clavulina coralloides 57
Clavulinaceae 57
Clavulinopsis corniculata 107
- *C. helvola* 106

Clitocybe connata 130
- *C. metachroa* 132
- *C. nebularis* 130
- *C. odora* 131
- *C. rivulosa* 133

Clitopilus prunulus 289
Coltricia perennis 102
Coniophora puteana 321
Coniophoraceae 321
Conocybe lactea 241
Coprinellus disseminatus 236
- *C. micaceus* 235

Coprinopsis atramentaria 234
- *C. nivea* 235
- *C. picacea* 234

Coprinus comatus 225
Cordicipitaceae 53-54
Cordyceps militaris 53
Cortinariaceae 257–277
Cortinarius alboviolaceus 265
- *C. anserinus (C. amoenolens)* 267
- *C. armillatus* 264
- *C. bolaris* 262
- *C. caerulescens* 275
- *C. calochrous* 268
- *C. caperatus* 277
- *C. cinnamomeus* 260
- *C. flexipes* 268
- *C. hemitrichus* 266
- *C. malachius* 271
- *C. mucosus* 274
- *C. orellanus* 262
- *C. pholideus* 264
- *C. rubellus* 263
- *C. rufo-olivaceus* 272
- *C. semisanguineus* 261
- *C. sodagnitus* 270
- *C. splendens* 272
- *C. torvus* 263
- *C. triumphans* 267
- *C. violaceus* 261

Craterellus cornucopioides 60
- *C. lutescens (C. aurora)* 59
- *C. tubaeformis* 60

Crepidotus mollis 281
- *C. variabilis* 282

Crinipellis scabella 174
Crucibulum crucibuliforme 226
Cyathus striatus 227
Cyphellaceae 109
Cystoderma amianthinum 181
Cystodermella cinnabarina 182

DEF

Dachpilz
- Goldbrauner 297
- Orangeroter 296
- Rehbrauner 294
- Schwarzflockiger 295

Dacrymycetaceae 354
Daedalea quercina 318
Daedaleopsis confragosa 312
Daldinia concentrica 51
Dauerporling 102
Dehnbarer Helmling 188
Dickblättriger Schwarztäubling 70
Dickschaliger Kartoffelbovist 340
Discinaceae 30
Disciotis venosa 28
Dorniger Stachelbart 66
Dumontinia tuberosa 47
Dunkelscheibiger Fälbling 273
Dunkelvioletter Schleierling 261
Dünnfleischiger Anischampignon 222
Düsterer Röhrling 339
Düsterer Rotfußröhrling 333
Echinoderma asperum 209
Echter Pfifferling 59
Echter Zunderschwamm 311
Edelreizker 85
Eichenmilchling 93
Eichenrotkappe 335
Eichenwirrling 318
Eingesenkter Sandborstling 37
Elaphocordyceps ophioglossoides 53
Elfenbeinröhrling 345
Elfenbeinschneckling 113
Entoloma cetratum 288
- *E. clypeatum* 287
- *E. conferendum* 288
- *E. incanum* 291
- *E. lividum* 289
- *E. nitidum* 292
- *E. porphyrophaeum* 290
- *E. rhodopolium* 287

E. sericeum 290
E. serrulatum 292
Entolomataceae 287-292
Erdblättriger Risspilz 280
Erdstern
Gewimperter 351
Halskrausen- 350
Kleiner 352
Kragen- 352
Erd-Warzenpilz 96
Erlen-Schillerporling 103
Eselsohr 35
Exidia plana 55
Falscher Pfifferling 323
Falscher Satansröhrling 331
Falscher Zunderschwamm 104
Faltentintling 234
Faserling
Behangener 239
Büschel- 240
Lederbrauner 240
Wässriger 238
Feinschuppige Erdzunge 42
Feuerfüßiger Schirmpilz 211
Fichtenzapfenrübling 154
Filzigberingter Champignon 221
Fingerhutverpel 28
Fistulina hepatica 110
Fistulinaceae 110
Flammula alnicola 252
Flammulina velutipes 155
Flaschenstäubling 233
Fleischblasser Milchling 90
Fleischbräunlicher Schirmpilz 211
Fleischroter Schönkopf 158
Fliegenpilz 201
Flockenstieliger Hexenröhrling 328
Fomes fomentarius 311
Fomitopsidaceae 314-318
Fomitopsis pinicola 318
Frauentäubling 74
Frostschneckling 114
Fruchtkörper 6
Aufbau 8
Formen 9
Vermessen 13
Frühjahrslorchel 30
Frühlings-Weichritterling 151
Fuchsiger Rötelritterling 134

G

Galerina calyptrata 258
G. marginata 258
Gallenröhrling 338
Gallenstacheling 99
Gallentäubling 72
Gallertfleischiger Fältling 299
Gallertfleischiges Krüppelfüßchen 281
Ganoderma applanatum 301
G. lucidum 301
G. pfeifferi 300
Ganodermataceae 300-301
Geastraceae 350-352
Geastrum fimbriatum 351
G. schmidelii 352
G. striatum 352
G. triplex 350
Gebuckelte Tramete 308
Gefalteter Flechtennabeling 123
Geflecktblättriger Flämmling 259
Gefleckter Rübling 161
Gelbblättriger Ritterling 142
Gelbe Wiesenkoralle 107
Gelber Faltenschirmling 214
Gelber Graustiel-Täubling 73
Gelber Knollenblätterpilz 200
Gelber Raufuß 336
Gelbgestiefelter Schleimkopf 267
Gelbmilchender Becherling 34
Gelbmilchender Helmling 184
Gelbschuppiger Hallimasch 153
Gelbstieliger Zwerg-Muschelseitling 180
Gelbweißer Helmling 190
Gemeiner Erdritterling 148
Gemeiner Schildborstling 39
Gemeiner Spaltblättling 110
Gemeiner Violettporling 104
Gemeiner Weichritterling 152
Gemeiner Weißtäubling 72
Gemeiner Wurzelschwamm 69
Gemeines Stummelfüßchen 282
Geoglossaceae 42
Geoglossum fallax 42
Geopora arenicola 37
Gesägtblättriger Rötling 292
Gesäter Tintling 236
Geschmückter Gürtelfuß 264
Gestiefelter Knollenblätterpilz 200
Getropfter Schleimschirmling 208
Geweihförmige Holzkeule 50
Gewimperter Erdstern 351
Gezonter Ohrlappenpilz 56
Gifthäubling 258
Gilbender Erdritterling 146
Glänzender Lackporling 301
Glatter Schirmpilz 212
Glimmertintling 235
Gloeophyllaceae 298
Gloeophyllum odoratum 298
Goldbrauner Dachpilz 297
Goldfarbener Glimmerschüppling 180
Goldgelbe Wiesenkeule 106
Goldgelber Zitterling 353
Goldröhrling 343
Goldstieliger Leistling 59
Gomphaceae 61-63
Gomphidiaceae 323-324
Gomphidius glutinosus 324
G. roseus 323
Grasgrüner Täubling 76
Graublättriger Schwefelkopf 247
Grauer Lärchenröhrling 343
Grauer Nitrathelmling 196
Grauer Wulstling 205
Graugrüner Milchling 88
Grauvioletter Risspilz 284
Grifola frondosa 319
Großer Bluthelmling 186
Großer Scheidling 294
Großer Schmierling 324
Großsporiger Gallertbecher 43
Größter Saftling 122
Grubenlorchel 30
Grubiger Schleimrübling 178
Grünblättriger Schirmpilz 213
Grünblättriger Schwefelkopf 249
Grünende Koralle 62
Grüner Anistrichterling 131
Grüner Knollenblätterpilz 199
Grüngelbes Gallertköpfchen 48
Grünling 142
Grünroter Risspilz 278
Gurkenschnitzling 175
Gürtelfuß
Geschmückter 264
Pelargonien- 268
Weißflockiger 266
Wohlriechender 263
Gymnopilus penetrans 259
Gymnopus androsaceus 168
G. confluens 166
G. dryophilus 164
G. erythropus 165
G. foetidus 169
G. fusipes 163
G. peronatus 167
Gyromitra esculenta 30
Gyroporaceae 341-342
Gyroporus castaneus 341
G. cyanescens 342

H

Hahnenkamm 61
Halbkugeliger Träuschling 245
Hallimasch
Gelbschuppiger 153
Honiggelber 153
Halsbandschwindling 172
Halskrausen-Erdstern 350
Hapalopilus nidulans 307
Harter Zinnobertäubling 78
Hasenbovist 228
Hasenröhrling 341
Hausschwamm 321
Hebeloma crustuliniforme 275
H. mesophaeum 273
H. sacchariolens 276
H. radicosum 276
Heiderotkappe 337
Heide-Schleimfuß 274
Helmling
Aschgrauer 196
Buntstieliger 194
Dehnbarer 188
Gelbmilchender 184
Gelbweißer 190
Grauer Nitrat- 196
Großer Blut- 186
Olivgelber 190
Olivschneidiger 191
Orangeroter 188
Postament- 195
Rettich- 187
Rillstieliger 195
Rosablättriger 193
Schwarzgezähnelter Rettich-189
Weißmilchender 185
Zerbrechlicher Faden- 192
Helotiaceae *siehe* Leotiaceae
Helvella crispa 29
H. lacunosa 30
Helvellaceae 29
Herber Zwergknäueling 181
Herbstlorchel 29
Hericiaceae 65-66
Hericium cirrhatum 66
H. coralloides 65
Heringstäubling 79
Herkuleskeule 61
Heterobasidion annosum 69
Heudüngerling 236
Honiggelber Hallimasch 153
Hundsrute 348
Hut, Merkmale 10
Hydnaceae, 58
Hydnangiaceae 124-125
Hydnellum peckii 97
Hydnum repandum 58
Hygrocybe calyptriformis 118
H. chlorophana 120
H. coccinea 121
*H. conica*119
H. miniata 122
H. pratensis 115
H. psittacina 117
H. punicea 122
H. virginea 116
Hygrophaner Dickfuß 271
Hygrophoraceae 113-123
Hygrophoropsis aurantiaca 323
Hygrophorus eburneus 113
H. hypothejus 114
Hymenium 8, 9
Hymenochaetaceae 101-104
Hymenochaete rubiginosa 101
Hymenopellis radicata 178
Hyphen 7
Hypholoma capnoides 247
H. fasciculare 249
H. lateritium 252
Hypoxylon fragiforme 52

I J K

Igelstäubling 232
Infundibulicybe geotropa 127
I. gibba 128
Inocybaceae 278-286
Inocybe asterospora 286
I. erubescens 281
I. geophylla 280
I. godeyi 279
I. griseolilacina 284
I. haemacta 278
I. lacera 285
I. lilacea 280
I. rimosa 283
Inonotus hispidus 103
Jodoform-Täubling 78
Judasohr 56
Kaffeebrauner Gabeltrichterling 150
Kahler Krempling 322
Kahlkopf
Blauender 248
Kubanischer 250
Schuppiger 248
Spitzkegeliger 250
Kaiserling 202
Kalifornischer Champignon 222
Kalyptrasporiger Häubling 258
Kammkoralle 57
Kampfermilchling 94
Käppchenmorchel 27
Karbolchampignon 223
Kastanienbrauner Becherling 32
Kastanienbrauner Schirmpilz 209
Kegelhütiger Knollenblätterpilz 208
Kegeliger Risspilz 283
Kerbrandiger Napfbecherling 36
Keulenfüßiger Trichterling 129
Kiefern-Braunporling 317
Kiefernsteinpilz 327
Kirschroter Saftling 121
Kirschroter Speitäubling 81
Klapperschwamm 319
Klebriger Hörnling 354
Kleiner Blutchampignon 219
Kleiner Erdstern 352
Kleiner Flattermilchling 92
Kleinsporiger Grünspanbecherling 45
Klumpfuß
Amethystblättriger 268
Blauer 275
Buchen- 267
Leuchtendgelber 272
Prächtiger 269
Rosavioletter 270
Violetter 272
Knollenblätterpilz
Grüner 199
Gelber 200
Gestiefelter 200
Kegelhütiger 208
Knopfstieliger Büschelrübling 166
Kohlenschüppling 254
Kohliger Kugelpilz 51
Kornblumenröhrling 342
Körnchenröhrling 346
Kragen-Erdstern 352
Krause Glucke 298
Kräuterseitling 112
Kreuzsporiger Rötling 288

Krönchenträuschling 246
Kubanischer Kahlkopf 250
Kuehneromyces mutabilis 257
Kuhröhrling 346
Kupferroter Gelbfuß 324
Kupferroter Lackporling 300

L

Laccaria amethystina 124
L. laccata 125
L. proxima 125
Lachnea scutellata siehe *Scutellinia scutellata*
Lacrymaria lacrymabunda 237
Lactarius aurantiacus 92
L. blennius 88
L. camphoratus 94
L. controversus 84
L. deliciosus 85
L. fuliginosus 87
L. glyciosmus 91
L. helvus 90
L. hepaticus 95
L. necator (L. turpis) 86
L. pallidus 90
L. piperatus 336
L. pyrogalus 88
L. quietus 93
L. rufus 94
L. subdulcis 95
L. tabidus 92
L. torminosus 86
L. trivialis 89
L. vellereus 85
L. volemus 93
Laetiporus sulphureus 315
Langstieliger Knoblauchschwindling 170
Langstieliger Pfeffermilchling 83
Lebenszyklus 7
Leberbrauner Milchling 95
Leberreischling 110
Leccinellum crocipodium 336
Leccinum aurantiacum 335
L. scabrum 338
L. variicolor 337
L. versipelle 337
Lederbrauner Faserling 240
Lentinellus cochleatus 64
Leotia lubrica 48
Leotiaceae 48
Lepiota brunneoincarnata 211
L. castanea 209
L. clypeolaria 210
L. cristata 210
L. ignivolvata 211
L. oreadiformis 212
Lepista flaccida 134
L. irina 135
L. nuda 136
L. personata (L. saeva) 137
Leratiomyces ceres 244
L. squamosus 248
Leuchtender Ölbaumpilz 183
Leuchtendgelber Klumpfuß 272
Leucoagaricus badhamii 214
L. leucothites 216
Leucocoprinus birnbaumii 214
Leucopaxillus giganteus 126
Lichenomphalia umbellifera 123
Limacella guttata 208
Lorchel
Frühjahrs- 30
Gruben- 30
Herbst- 29
Löwengelber Stielporling 305
Lycoperdon echinatum 232
L. expuliforme (Calvatia e., Handkea e.) 228
L. perlatum 233
L. pyriforme 231
L. utriforme (Calvatia u. Handkea u.) 228
Lyophyllaceae 156-160
Lyophyllum decastes 156
L. palustre 156

M

Macrocystidia cucumis 175
Macrolepiota procera 212,
Macrotyphula fistulosa 108
Mairitterling 157
Malerpilz 301
Marasmiaceae 161-183
Marasmiellus ramealis 173
Marasmius oreades 171
M. rotula 172
Maronenröhrling 329
Mäuseschwanz-Rübling 179
Megacollybia platyphylla 176
Mehlräsling 289
Melanoleuca cognata 151
M. polioleuca 152
Mennigroter Saftling 122
Mensularia radiata 103
Meripilaceae 319-320
Meripilus giganteus 320
Meruliaceae 299
Milchling
Blasser Kokosflocken- 91
Eichen- 93
Fleischblasser 90
Graugrüner 88
Kampfer- 94
Kleiner Flatter- 92
Langstieliger Pfeffer- 83
Leberbrauner 95
Milder 92
Nordischer 89
Olivbrauner 86
Rosascheckiger 84
Rotbrauner 94
Rußbrauner 87
Scharfer Hasel- 88
Süßlicher Buchen- 95
Wolliger 85
Zottiger Birken- 86
Milchweißes Samthäubchen 241
Milder Milchling 92
Milder Wachstäubling 77
Mitrula paludosa 44
Mönchskopf 127
Morchel
Käppchen- 27
Speise- 26
Morchelbecherling 28
Morchella esculenta 26
M. semilibera 27
Morchellaceae 26-28
Mutinus caninus 348
Mycena 8
M. acicula 189
M. adonis 189
M. arcangeliana 190
M. cinerella 196
M. crocata 184
M. epipterygia 188
M. filopes 192
M. flavoalba 190
M. galericulata 193
M. galopus 185
M. haematopus 186
M. inclinata 194
M. leptocephala 196
M. olivaceomarginata 191
M. pelianthina 189
M. polygramma 195
M. pura 187
M. stylobates 195
Mycenaceae184-196
Mycetinis alliaceus 170
Mykorrhiza 6, 7
Myzel 7

N O

Narzissengelber Wulstling 203
Nebelgrauer Trichterling 130
Nelkenschwindling 171
Neobulgaria pura 44
Netzstieliger Hexenröhrling 328
Niedergedrückter Rötling 287
Nordischer Milchling 89
Ockerblättriger Rötling 288
Ockergelber Trichterling 128
Ockertäubling 75
Ohrlöffelstacheling 64
Olivbrauner Milchling 86
Olivgelber Helmling 190
Olivschneidiger Helmling 191
Omphalotus olearius 183
Ophiocordycipitaceae 53
Orangebecherling 38
Orangebrauner Ritterling 141
Orangefarbener Heftelnabeling 105
Orangefuchsiger Raukopf 262
Orangegelber Scheidenstreifling 198
Orangeritterling 143
Orangeroter Dachpilz 296
Orangeroter Helmling 188
Orangeroter Träuschling 244
Otidea onotica 35
Oudemansiella mucida 177

P

Panaeolus foenisecii 236
P. papilionaceus 237
P. semiovatus 238
P. stipticus 181
Pantherpilz 204
Papageigrüner Saftling 117
Parasitischer Röhrling 334
Parasol 212
Parasola conopilus 240
Paxillaceae 322
Paxillus involutus 322
Pelargonien-Gürtelfuß 268
Penicillium 6
Perigordtrüffel 41
Perlhuhn-Champignon 224
Perlpilz 206
Peziza badia 32
P. succosa 34
P. vesiculosa 33
Pezizaceae 32-34
Pfefferröhrling 336
Pfifferling
Echter 59
Falscher 323
Trompeten- 60
Phaeoclavulina abietina 62
Phaeolepiota aurea 180
Phaeolus schweinitzii 317
Phallaceae 347-349
Phallus impudicus 347
Phellinus igniarius 104
Phellodon niger 98
P. tomentosus 98
Phlebia tremellosa 299
Pholiota adiposa 251
P. gummosa 255
P. highlandensis 254
P. lenta 256
P. squarrosa 253
Physalacriaceae 153-155
Piptoporus betulinus 314
Pleurotaceae 111-112
Pleurotus cornucopiae 111
P. eryngii 112
P. ostreatus 112
Pluteaceae 293-297
Pluteus
P. aurantiorugosus 296
P. cervinus 294
P. chrysophaeus 297
P. umbrosus 295
Polyporaceae 302-313
Polyporus durus (P. badius) 304
P. brumalis 306
P. leptocephalus (P. varius) 305
P. squamosus 302
P. tuberaster 303
Porling
Angebrannter Rauch- 299
Birken- 314
Bitterer Saft- 316
Blauender Saft- 317
Dauer- 102
Erlen-Schiller- 103
Gemeiner Violett-104
Glänzender Lack- 301
Kiefern-Braun- 317
Kupferroter Lack- 300
Löwengelber Stiel- 305
Riesen- 320
Schuppiger Stiel- 302
Schwarzroter Stiel- 304
Schwefel- 315
Sklerotien-Stiel- 303
Veränderlicher Spalt-106
Winter-Stiel- 306
Zimtbrauner Weich- 307
Porphyrbrauner Rötling 290
Porphyrbrauner Wulstling 207
Porphyrellus porphyrosporus 339
Postament-Helmling 195
Postia caesia 317
P. stiptica 316
Prachtiger Klumpfuß 269
Prächtiger Röhrling 330
Psathyrella candolleana 239
P. multipedata 240
P. piluliformis 238
Pseudoclitocybe cyathiformis 150
Pseudohydnum gelatinosum 54
Psilocybe caerulipes 245
P. cubensis 250
P. cyanescens 248
P. semilanceata 250
Puppen-Kernkeule 53
Purpurfaseriger Champignon 224
Purpurfilziger Holzritterling 138
Purpurschwarzer Täubling 82
Pycnoporus cinnabarinus 310
Pyronemataceae 35-39

R

Ramaria botrytis 61
R. sanguinea 62
R. stricta 63
Rauhaarige Erdzunge 42
Rehbrauner Dachpilz 294
Reifpilz 277
Repetobasidiaceae 105
Rettichhelmling 187
Rhodocollybia butyracea 162
R. maculata 161
Rickenella fibula 105
Riesenbovist 229
Riesenchampignon 220
Riesen-Krempentrichterling 126

Riesenporling 320
Riesenrötling 289
Riesenschirmpilz 212
Rillstieliger Helmling 195
Rillstieliger Seitling 111
Ringdüngerling 238
Rinnigbereifter Trichterling 133
Risspilz
Erdblättriger 280
Grauvioletter 284
Grünroter 278
Kegeliger 283
Rötender 279
Sternsporiger 286
Struppiger 285
Violetter Seiden 280
Ziegelroter 281
Ritterling
Blaustieliger Rötel- 137
Brandiger 143
Frühlings-Weich- 151
Fuchsiger Rötel- 134
Gelbblättriger 142
Gemeiner Erd- 148
Gemeiner Weich- 152
Gilbender Erd-146
Orange- 143
Orangebrauner 141
Purpurfilziger Holz- 138
Schärflicher 147
Schwarzfaseriger 140
Schwarzschuppiger Erd- 149
Schwefel- 144
Seifen- 145
Tiger- 138
Unverschämter 139
Veilchen- 135
Violetter Rötel-136
Röhrige Keule 108
Röhrling
Anhängsel- 325
Blutroter 331
Bronze- 326
Düsterer 339
Düsterer Rotfuß- 333
Elfenbein- 345
Falscher Satans- 331
Flockenstieliger Hexen- 328
Gallen- 338
Gold-343
Grauer Lärchen- 343
Hasen-341
Kornblumen-342
Körnchen- 346
Kuh-346
Maronen- 329
Netzstieliger Hexen- 328
Parasitischer 334
Pfeffer- 336
Prächtiger 330
Rotfuß- 332
Sand- 345
Satans- 329
Schönfuß-330
Schwarzblauender 334
Strubbelkopf- 339
Zimtroter 332
Zirben- 344
Rosablättriger Egerlingsschirmling 216
Rosablättriger Helmling 193
Rosascheckiger Milchling 84
Rosavioletter Klumpfuß 270
Rosenroter Saftling 118
Rosenroter Schmierling 323
Rosshaarschwindling 168
Rotbraune Borstenscheibe 101
Rotbrauner Milchling 94
Rotbrauner Streifling 197
Rotbrauner Zitterling 353
Rötende Tramete 312
Rötender Risspilz 279
Roter Gitterling 349
Rotfußröhrling 332
Rötlicher Lacktrichterling 125
Rötling
Braungrüner 291
Gesägtblättriger 292
Kreuzsporiger 288
Niedergedrückter 287
Ockerblättriger 288
Porphyrbrauner 290
Riesen- 289
Seidiger 290
Stahlblauer 292
Rotrandiger Baumschwamm 318
Rotschuppiger Schleierling 262
Rotstieliger Rübling 165
Rotstieliges Fadenkeulchen 108
Rübling
Breitblättriger 176
Brennender 167
Buchen-Schleim- 177
Butter- 162
Gefleckter 161
Grubiger Schleim- 178
Knopfstieliger Büschel- 166
Mäuseschwanz- 179
Rotstieliger 165
Spindeliger 163
Waldfreund- 164
Rugosomyces ionides 159
Runzeliger Schichtpilz 67
Rußbrauner Milchling 87
Russula
R. aerugina 76
R. claroflava 73
R. cyanoxantha 74
R. delica 72
R. emetica 81
R. fellea 72
R. foetens 71
R. fragilis 81
R. integra 77
R. mairei 80
R. nigricans 70
R. ochroleuca 75
R. paludosa 79
R. puellaris 77
R. rosea (*R. lepida*) 78
R. sanguinea 82
R. sardonia 83
R. turci 78
R. undulata (*R. atropurpura*) 82
R. vesca 75
R. vinosa 73
R. xerampelina 79
Russulaceae 70-95
Rutstroemia firma 47
Rutstroemiaceae 47

S

Safran-Schirmling 213
Saftling
Größter 122
Kirschroter 121
Mennigroter 122
Papageigrüner 117
Rosenroter 118
Schwärzender 119
Stumpfer 120
Salzwiesenchampignon 218
Samtfuß-Krempling 322
Samtfußrübling 155
Sandröhrling 345
Sarcodon scabrosus 99
Sarcomyxa serotina 180
Sarcoscypha austriaca 31
Sarcoscyphaceae 31
Satansröhrling 329
Schafchampignon 221
Scharfer Haselmilchling 88
Scharfer Korkstacheling 97
Schärflicher Ritterling 147
Scharlachroter Kelchbecherling 31
Schirmling
Anlaufender Egerlings- 214
Gelber Falten- 214
Getropfter Schleim- 208
Safran- 213
Stink- 210
Schirmpilz
Feuerfüßiger 211
Fleischbräunlicher 211
Glatter 212
Grünblättriger 213
Kastanienbrauner 209
Riesen- 212
Spitzschuppiger 209
Wollgestiefelter 210
Schizophyllaceae 110
Schizophyllum commune 110
Schizopora paradoxa 106
Schizoporaceae 106
Schmetterlingstramete 309
Schmieriger Schüppling 251
Schmutzbecherling 49
Schmutziger Weißsporstacheling 100
Schneeweißer Ellerling 116
Schneeweißer Tintling 235
Schönfußröhrling 330
Schopftintling 225
Schuppiger Kahlkopf 248
Schuppiger Stielporling 302
Schüppling
Kohlen- 254
Schmieriger 251
Sparriger 253
Strohblasser 255
Tonblasser 256
Zitronengelber Erlen- 252
Schwarzblauender Röhrling 334
Schwärzender Saftling 119
Schwarzer Duftstacheling 98
Schwarzfaseriger Ritterling 140
Schwarzflockiger Dachpilz 295
Schwarzgezähnelter Rettichhelmling 189
Schwarzroter Stielporling 304
Schwarzschuppiger Erdritterling 149
Schwefelporling 315
Schwefelritterling 144
Schwindling
Ästchen-Zwerg- 173
Halsband- 172
Langstieliger Knoblauch- 170
Nelken- 171
Rosshaar- 168
Stink-169
Wiesen-Haar- 174
Scleroderma citrinum 340
S. verrucosum 340
Sclerodermataceae 340
Sclerotiniaceae 47
Scutellinia scutellata 39
Seidiger Rötling 290
Seifenritterling 145
Semmel-Stoppelpilz 58
Sepultaria arenicola siehe Geopora arenicola
Serpula lacrymans 321
Serpulaceae 321
Sklerotien-Stielporling 303
Sommersteinpilz 327
Sommertrüffel 40
Sordariomycetes 50-52
Sparassidaceae 298
Sparassis crispa 298
Sparriger Schüppling 253
Spechttintling 234
Speisemorchel 26
Speisetäubling 75
Spindeliger Rübling 163
Spitzgebuckelter Raukopf 263
Spitzkegeliger Kahlkopf 250
Spitzschuppiger Schirmpilz 209
Sporen 7, 8
Farbe 12
Bildung 12
Stacheling
Becherförmiger Duft- 98
Gallen- 99
Scharfer Kork- 97
Schmutziger Weißspor- 100
Schwarzer Duft-98
Stadtchampignon 216
Stahlblauer Rötling 292
Staubfüßiger Trichterling 132
Stäubling
Beutel- 228
Birnen- 231
Flaschen- 233
Igel- 232
Wiesen- 230
Steife Koralle 63
Steinpilz 326
Stereaceae 67-68
Stereum 13
S. hirsutum 68
S. rugosum 67
Sternsporiger Risspilz 286
Striegelige Tramete 307
Stiel, Merkmale 11
Stinkmorchel 347
Stinkschirmling 210
Stinkschwindling 169
Stinktäubling 71
Stockschwämmchen 257
Striegeliger Teuerling 227
Strobilomyces strobilaceus 339
Strobilurus esculentus 154
Stropharia coronilla 246
S. caerulea 246
S. semiglobata 245
Strohblasser Schüppling 255
Strophariaceae 242-256
Strubbelkopf-Röhrling 339
Struppiger Risspilz 285
Stumpfer Saftling 120
Südlicher Ackerling 242
Suillaceae 343-346
Suillus viscidus 343
S. bovinus 346
S. granulatus 346
S. grevillei 343
S. luteus 344
S. placidus 345
S. plorans 344
S. variegatus 345
Sumpf-Graublatt 156
Sumpf-Haubenpilz 44
Süßlicher Buchenmilchling 95
Süßriechender Fälbling 276

T

Tapinella atrotomentosa 322
Tapinellaceae 322
Tarzetta cupularis 35
Täubling
Apfel- 79
Blut- 82
Brauner Leder- 77
Buchen-Spei- 80
Dickblättriger Schwarz- 70

Frauen- 74
Gallen- 72
Gelber Graustiel- 73
Gemeiner Weiß- 72
Grasgrüner 76
Harter Zinnober- 78
Herings- 79
Jodoform- 78
Kirschroter Spei-81
Milder Wachs-77
Ocker- 75
Purpurschwarzer 82
Speise- 75
Stink- 71
Wechselfarbiger Spei- 81
Weinroter Graustiel- 73
Zitronenblättriger 83
Thelephora terrestris 96
Thelephoraceae 96
Tiegelteuerling 226
Tigerritterling 138
Tintenfischpilz 349
Tintling
Falten- 234
Gesäter 236
Glimmer- 235
Schneeweißer 235
Specht- 234
Tonblasser Schüppling 256
Tongrauer Fälbling 275
Totentrompete 60
Tramete
Gebuckelte 308
Rötende 312
Schmetterlings- 309
Stiegelige 307
Zinnoberrote 310
Trametes gibbosa 308
T. betulina 313
T. hirsuta 307
T. versicolor 309
Träuschling
Braunsporiger Grünspan- 246
Halbkugeliger 245
Krönchen- 246
Orangeroter 244
Tremella foliacea 353
T. mesenterica 353
Tremellaceae 353
Trichaptum abietinum 104
Trichoglossum hirsutum 42
Tricholoma atrosquamosum 149
T. aurantium 143
T. arvernense 141
T. equestre 142
T. fulvum 142
T. lascivum 139
T. pardinum 138
T. portentosum 140
T. saponaceum 145
T. scalpturatum 146
T. sciodes 147
T. sulphureum 144
T. terreum 148
T. ustale 143
Tricholomataceae 126-152
Tricholomopsis rutilans 138
Trichterling
Braunstieliger Lack- 125
Grüner Anis-131
Keulenfüßiger 129
Nebelgrauer 130
Ockergelber 128
Riesen-Krempen- 126
Rinnigbereifter 133
Rötlicher Lack- 125
Staubfüßiger 132
Violetter Lack- 124
Trockener Ackerling 243
Trompeten- 60
Trompetenpfifferling 60
Trüffel
Perigord- 41
Sommer- 40
Weiße 40
Tuber aestivum 40
T. magnatum 40
T. melanosporum 41
Tuberaceae 40-41
Tylopilus felleus 338
Typhula erythropus 108
Typhulaceae 108

U V W

Unverschämter Ritterling 139
Vascellum pratense (*Lycoperdon pratense*) 230
Veilchenblauer Schönkopf 159
Veilchenritterling 135
Veränderlicher Spaltporling 106
Verpa V. bohemica siehe *Verpa conica* 28
V. conica 28
Vielgestaltige Holzkeule 51
Violetter Klumpfuß 272
Violetter Knorpelschichtpilz 109
Violetter Lacktrichterling 124
Violetter Rötelritterling 136
Violetter Seidenrisspilz 280
Volvariella bombycina 293
V. gloiocephala 294
Voreilender Ackerling 243
Waldfreund-Rübling 164
Warziger Drüsling 55
Wässriger Faserling 238
Wechselfarbiger Speitäubling 81
Weinroter Graustiel-Täubling 73
Weiße Trüffel 40
Weißer Büschelrasling 130
Weißflockiger Gürtelfuß 266
Weißmilchender Helmling 185
Weißvioletter Dickfuß 265
Wetterstern 341
Wiesenchampignon 217
Wiesenellerling 115
Wiesen-Haarschwindling 174
Wiesenstäubling 230
Winter-Stielporling 306
Wohlriechender Gürtelfuß 263
Wolliggestiefelter Schirmpilz 210
Wolliger Milchling 85

Z

Zäher Stromabecherling 47
Ziegelroter Risspilz 281
Ziegelroter Schwefelkopf 252
Zigeuner (Reifpilz) 277
Zimtbrauner Weichporling 307
Zitronengelber Reisigbecherling 46
Zitronenblättriger Täubling 83
Zitterzahn 54
Zottiger Schichtpilz 68
Zungen-Kernkeule 53

DANK UND BILDNACHWEIS

Dorling Kindersley dankt:

Susmita Dey, Nandini Gupta und Neha Pande für die Lektorats-Assistenz; Devan Das, Alison Gardener, Nidhi Mehra, Ankita Mukherjee, Simon Murrel, Anjana Nair, Anna Rheinbold, Astha Singh, Jaqui Swann, Duncan Turner und Michael Yeowell für die Unterstützung bei der Gestaltung; Brian Spooner und Geoffrey Kibby für die Beratung; Stephen Crozier für Bildbearbeitung; Sakshi Saluja für die Assistenz bei der Bildrecherche.

Jenny Speller für die Unterstützung bei der Bildrecherche; Peter Holland, der uns mykologische Literatur zur Verfügung stellte; Hilary Bird für das Erstellen des Registers; Ann Kay für die Lektorats-Assistenz; Fiona Wild für das Korrektorat; Mark Bracey für den EDV-Support. Unser besonderer Dank gilt Caroline Liddel und Martin Lewy (Mycologue, Richmond Antiques), die unsere Fotografen unterstützt haben.

Der Autor dankt allen Pilzsammlern, Illustratoren und Herausgebern für ihre wertvolle Arbeit. Ein besonderer Dank gilt den früheren Kollegen bei den Royal Botanic Gardens in Kew, ganz besonders Alick Henrici für seine konstruktive Kritik.

Der Verlag dankt folgenden Personen und Institutionen für die freundliche Genehmigung zur Reproduktion von Fotos:

(Abkürzungen: o=oben; u= unten; m=Mitte; l=links; r=rechts)

2 Photoshot: Hans Reinhard. **6** Biofotos: (ul). Science Photo Library: Andrew McClenaghan (mlo). **13** Dorling Kindersley: Lindsey Stock (mlu). **28** Thomas Læssøe: (um). **42** Thomas Læssøe: (um). **59** Alan R Outen: (um). **61** Jan Vesterholt: (mro). **62** Jens H. Petersen: (um). **64** Thomas Læssøe: (um). **73** Jan Vesterholt: (um). **76** H. Petersen: (ul). **77** Jan Vesterholt: (um). **79** Thomas Læssøe: (um). **82** Jan Vesterholt: (um). **93** Jens H. Petersen: (um). **103** Thomas Læssøe: (um). **106** Thomas Læssøe: (om). **107** Harley Barnhart: (um). **112** Francisco Calonge: (um). **122** Jan Vesterholt: (um). **125** Jens H. Petersen: (um, m, or). **130** Thomas Læssøe: (um). **138** Thomas Læssøe: (um). **142** Thomas Læssøe: (um). **143** 2009 Thomas V. Davis, www.tvdavisastropics.com: (um). **150** Harley Barnhart: (um). **153** Jens Henrik Petersen: (mr). **153** Jan Vesterholt: (um). **153** SuperStock: age fotostock (mr). Jan Vesterholt: (um). **156** Alan R. Outen: (um). **180** Harley Barnhart: (um). **189** S. Elborne: (um). **195** Ermest E. Emmett: (um). **200** K.S. Barnhart: (um). **208** Thomas Læssøe: (um). **211** Eric Rald: (um). **212** Thomas Læssøe: (um). **213** Jens Henrik Petersen: (um). **214** Kit Skates Barnhart: (um). **216** Jan Vesterholt: (um). **221** Harley Barnhart: (um). **222** Kit Skates Barnhart: (um). **224** Jacob Heilmann-Clausen: (um). **228** Thomas Læssøe: (mu). **236** Thomas Læssøe: (um). **237** Jan Vesterholt: (um). **241** Thomas Læssøe: (um). **245** K.S. Barnhart: (um). **250** Gary Lincoff: (um). **260** Jan Vesterholt: (um). **262** Jan Vesterholt: (um). **263** Thomas Læssøe: (um). **268** Jan Vesterholt: (um). **275** Thomas Læssøe: (om). **276** Jan Vesterholt: (um). **287** Nick Legon: (um). **289** Alan R . Outen: (um). **290** Thomas Læssøe: (um). **292** Thomas Læssøe: (um). **301** Thomas Læssøe: (um). **317** Jan Vesterholt: (um). **321** Biofotos: (om). **328** Jan Vesterholt: (um). **329** Jan Vesterholt: (um). **330** Kit Skates Barnhart: (um). **331** Erik Rald: (um). **332** Gordon Dickson: (um). **333** Gordon Dickson: (um). **334** Jan Vesterholt: (um). **337** Jan Vesterholt: (um). **339** Alan R. Outen: (um). **340** S. Elborne: (um). **343** Jan Vesterholt: (um). **344** Dr. Ewald Gerhardt: (um). **345** Emily J. Johnson: (um).

Illustrationen: Pauline Bayne, Evelyn Binns, Angela Hargreaves, Christine Hart-Davies, Sarah Kensington, Vanessa Luff, David More, Leighton Moses, Sue Oldfield, Liz Pepperell, Valerie Price, Sallie Reason, Elizabeth Rice, Michelle Ross, Helen Senior, Gill Tomblin, Barbara Walker, Debra Woodward. Illustrationen auf S. 7, S. 8, S. 26 und S. 54: Liz Pepperell. Pfeile auf S. 7 und S. 13: Janos Marffy.

Alle weiteren Bilder © Dorling Kindersley/Neil Fletcher.

Cover: © Dorling Kindersley

Weitere Informationen unter: www.dkimages.com

NOCH MEHR SPASS UND LESEFREUDE

ISBN 978-3-8310-4277-7

ISBN 978-3-8310-3229-7

ISBN 978-3-8310-4592-1

ISBN 978-3-8310-4100-8

DK
www.dk-verlag.de